冶金设备系列教材之三

湿法冶金设备

主　编　唐谟堂

副主编　曹　刿

中南大学出版社

前　言

　　本教材是根据学校和冶金科学及工程学院对冶金工程专业的教学改革的要求，在本教材试用稿已试用 4 年的基础上而编写的，适于冶金工程专业本科生使用，也可供有关工程技术人员参考。在内容编排上，考虑到本专业以后的发展，书的内容较多，讲授时可酌情删减。

　　冶金设备系列教材共三本，将陆续出版。《冶金设备系列教材之一——冶金设备基础》主要介绍流体力学及传热、传质和动量传递的基本原理和应用基础，流体输送和热平衡计算；另外还讲述流体及颗粒物料输送设备及热交换设备。《冶金设备系列教材之二——火法冶金设备》主要介绍火法冶金设备的分类、结构尺寸、工作原理、应用范围、选择原则及发展趋势等内容；此外，还对耐热及保温材料、燃料与燃烧计算以及燃烧器等作了介绍；还要说明的是，与试用稿比较，本教材之二补充了炼铁高炉、炼钢转炉及电炉等钢铁冶金设备的内容。《冶金设备系列教材之三——湿法冶金设备》对反应槽、储槽、液固分离设备、水溶液电解设备、萃取及离子交换设备、蒸发及浓缩结晶设备等湿法冶金设备的内容作了详细介绍；并对防腐材料及设备防腐等有关知识给予讲述。书中按章附有思考题和习题，以利培养学生运用基本概念和解决实际问题的能力。

　　本教材将《冶金炉》和《化工原理及设备》两本教材合并，内容重组，是冶金工程专业课程体系的一大改革和首次尝试。这对加强冶金工程专业本科生的冶金设备基础和冶金设备工程知识将很有补益。

　　参加本教材编写工作的有中南大学唐谟堂(绪论、《火法冶金设备》的第二篇，《湿法冶金设备》第一、七篇)，李运姣(《冶金设备基础》第一、二篇)，曹剡(《冶金设备基础》第三篇，《湿法冶金设备》第四、五、六篇)，何静(《火法冶金设备》第一篇的第一、二章，第三篇的第二、三章），姚维义(《火法冶金设备》第三篇的第一、四、五章），彭志宏(《火法冶金设备》第一篇的第三章，第四篇，《湿法冶金设备》第二、三篇)；另外曾德文参与了试用稿中篇第一、二章，第五章(部分)，下篇第七章的撰写工作。冶金设备系列教材全书由唐谟堂主编，李运姣、何静和曹刿分别担任《冶金设备基础》、《火法冶金设备》和《湿法冶金设备》的副主编。

中南大学梅炽、任鸿九、李洪桂、刘道德、郭逵、彭容秋、张多默、张启修等老教师及冶金学院领导和原冶金系张传福、刘志宏等领导对本教材的编写提供了不少宝贵建议和组织领导工作，编者在此表示衷心感谢。

由于编者水平有限，编写时间仓促，书中错误一定不少，恳请读者批评指正。

编　者

2002 年 10 月

目　　录

第四篇 萃取设备

第五篇　离子交换设备

第六篇　蒸发结晶设备

第七篇　水溶液电解设备

附　录

绪　　论

0.1　冶金设备的内容

可供开发利用的有64种有色金属，加上铁、锰、铬三种黑色金属共67种，每种金属的冶炼方法均不相同，而且同一种金属有的有多种生产流程。但从冶炼温度及物料干湿状态看，可归纳为火法（干法）及湿法两类过程。焙烧、煅烧、烧结、熔炼、吹炼、精炼、熔盐电解可视为火法过程，广义地讲，干燥及收尘也属此范畴。而湿法过程则包括搅拌及混合、浸出、沉淀、固液分离、溶液电解、蒸发及浓缩、精馏、萃取、离子交换、吸收及吸附、解吸等单元过程。

以上诸过程所遵循的基本原理只有四种，即流体动力学原理、传热原理、传质原理以及化学和物理化学原理。其中化学及物理化学原理在相关课程中已有详细介绍。前三种基本原理简称动量传递、热量传递和质量传递，为冶金设备系列教材之一（《冶金设备基础》）研究的主要内容。火法过程的设备主要是炉窑。冶金炉非常重要，在现代，一种新冶金炉往往就代表着一种新的冶炼方法，如闪速熔炼法，基夫赛特法、悉罗法等等。因此，冶金设备系列教材之二：（《火法冶金设备》）重点研究冶金炉（窑），并对燃料及燃烧、耐火及保温材料、收尘等与火法冶金密切相关的内容亦作系统介绍。冶金炉（窑）种类繁多，每种炉（窑）均是个大系统，它包括炉（窑）本体和炉（窑）热工辅助系统两大部分。炉（窑）本体包括炉基、耐火砌体（炉顶、炉墙、炉底等）、保温砌体、支撑加固结构、运转机构等。炉（窑）热工辅助系统通常包括供风排烟装置、加料装置、供配电装置、炉体强制冷却与余热利用装置、自动检测与过程控制装置等。冶金设备系列教材之三：（《湿法冶金设备》）研究的重点是湿法过程设备，它包括反应设备、固液分离设备、水溶液电解设备、萃取及离子交换设备、蒸发及浓缩设备、精馏设备等。这些设备的分类及用途、特点及选型、现状及发展、典型设备的结构及工作原理、主要尺寸计算等均作详细介绍。此外，还系统介绍设备腐蚀及防腐的有关知识。

通过上述内容的学习以及做习题、实验和课程设计等教学环节，要求学生达到：

（1）掌握冶金设备的基础理论，学会分析与诊断冶金设备运行过程中出现的有关"三传"、燃烧、耐火及保温、腐蚀及防腐等问题的方法。

（2）学会一般冶金设备的计算方法，初步掌握选用标准设备的方法以及设计非标设备的一般方法和知识。

（3）了解冶金设备节能及环保的基本知识，初步学会对现有冶金设备进行节能及环保为目的的技术改造。

0.2　国际单位制和单位换算

本书一律采用国家标准局制订的有关量和单位的国家标准。全套标准均用国际单位制（SI）。SI 制由 7 个基本单位和 2 个辅助单位组成（见表 0－1）。与本课程有关的具有专门名称的导出单位见表 0－2。我国法定计量单位中还包括了 15 个非国际单位制单位，如时间单位制中的分（min）、时（h）、天（d）、质量单位中的吨（t）、体积单位中的升（L）、声级单位中的分贝（dB）等。工程计算中必须先将同一算式中所有物理量换算成同一种单位制，然后进行运算。常用单位换算关系见表3。

表 0－1　SI 单位制

物理量		单位名称	单位代号
基本单位	长度	米	m
	质量	公斤、千克	kg
	时间	秒	s
	电流（强度）	安培	A
	温度	开（尔文）	K
	光强	烛光	Cd
	物质的量	摩尔	mol
辅助单位	平面角	弧度	rad
	立体角	球面度	Sr

表 0－2　具有专门名称的导出单位

物理量	单位名称	单位代号	定义式
力	牛顿	N	$1\ N = 1\ kg \times 1\ m \cdot s^{-2}$
压强、压力	帕(斯卡)	Pa	$1\ Pa = 1\ N \cdot m^{-2}$
能、功、热量	焦耳	J	$1\ J = 1\ N \times 1\ m$
功率	瓦(特)	W	$1\ W = 1\ J \cdot s^{-1}$
电位	伏(特)	V	$1\ V = 1\ J \cdot A^{-1} \cdot s^{-1}$
电阻	欧(姆)	Ω	$1\ \Omega = 1\ V \cdot A^{-1}$

表 0－3　常用单位换算关系

物　理　量	制　外　单　位	对应的国际单位
压力(压强、应力)	1 Bar(巴)	10^{5} Pa
	1 Dyn·cm^{-2}	0.1 Pa
	1 at($= 1$ kgf·cm^{-2})	98066.5 Pa
	1 atm(标准大气压)	101325 Pa
	1 mm H$_2$O($= 1$ kgf·m^{-2})	9.80665 Pa
	1 mm Hg($= 1$ 毛)	133.322 Pa
动力粘度	1 P(泊)($= 1$ Dyn·s·cm^{-2})	0.1 Pa·s
	1 kgf·s·m^{-2}	9.80665 Pa·s
运动粘度	1 st(斯托克斯)	10^{-4} m^2·s^{-1}
	1 m^2·h^{-1}	277.8×10^{-6} m^2·s^{-1}
温度	1 ℃	1 K
	1 ℉(华氏度)	5/9 K
比热	1 kcal·kg^{-1}·K^{-1}	4186.8 J·kg^{-1}·K^{-1}
功、能、热量	1 kg·m	9.80665 J
	1 HP·h(马力·小时)	2.648×10^{6} J
	1 kW·h	3.6×10^{6} J
	1 W·h	3.6×10^{3} J
	1 erg(尔格)	10^{-7} J
	1 Btu($= 0.252$ kcal)	1055.06 J

物 理 量	制 外 单 位	对应的国际单位
功率、热流	1 kcal·h^{-1}	1.163 W
	1 cal·s^{-1}	4.1868 W
	1 HP(马力)	735.499 W≈0.7355 kW
导热系数	1 kcal·(m·h·℃)$^{-1}$	1.163 W·(m·K)$^{-1}$
	1 cal·(cm·s·℃)$^{-1}$	41868×10^3 W·(m·K)$^{-1}$
	1 Btu·(ft·h·℉)$^{-1}$	1.73074W·(m·K)$^{-1}$
	1 Btu·(In·h·℉)$^{-1}$	20.7689 W·(m·K)$^{-1}$
传热系数	1 kcal·(m^2·h·℃)$^{-1}$	1.163 W·(m^2·K)$^{-1}$
	1 cal·(cm^2·s·℃)$^{-1}$	41868 W·(m^2·K)$^{-1}$
	1 Btu·(ft^2·h·℉)$^{-1}$	5.67827 W·(m^2·K)$^{-1}$

第一篇 防腐材料及设备防腐

1 概述

1.1 腐蚀的定义

各种材料、设备和构筑物在外界的大气、水分、阳光、高温和应力作用下，在酸、碱、盐和有机溶剂的物理、化学和电化学因素作用下，以及在生物化学因素作用下引起的变质和破坏现象统称为腐蚀。简言之，物质在环境介质的作用下引起的变质或破坏称为腐蚀。

金属材料的腐蚀主要是由于环境因素的化学和电化学作用引起的损耗或破坏。非金属材料在环境的化学、机械和物理因素作用下，出现的龟裂、氧化、溶胀、强度下降或丧失强度以及重量的增减变化等叫做非金属材料的腐蚀。金属材料在化学、电化学和机械的诸因素同时作用下产生的损耗一般称为腐蚀性磨蚀、磨损腐蚀或摩擦腐蚀。

各种材料的耐腐蚀性是相对的，绝对耐腐蚀的材料是不存在的，所以一定的材料只能适用于一定的环境条件，例如材料所接触的介质种类、浓度、温度、作用时间、压力和材料在该介质条件下的受力状态等。

1.2 设备腐蚀的种类

设备是由金属材料或非金属材料或两者复合构成的，腐蚀种类依材料不同而异。

1.2.1　金属腐蚀的分类

金属腐蚀的分类方法很多，通常是根据腐蚀的机理、腐蚀环境和腐蚀的破坏形式等来分类，具体情况如表 1 – 1 – 1。

表 1 – 1 – 1　金属腐蚀的分类

分类方法	腐蚀名称	腐蚀定义	危害情况
以腐蚀机理分类	①化学腐蚀	金属和非电解质直接发生的不交换电子的化学作用而引起的破坏。	很少见，如铝在纯乙醇中的破坏。
	②电化学腐蚀	金属和电解质发生的交换电子的电化学反应而发生的腐蚀。	非常普遍，危害极为严重。
	③生物化学腐蚀	金属在栖息于土壤内或水中的好气或厌气细菌作用下通过生物化学反应过程而导致的破坏。	较普遍。
按腐蚀环境分类	①大气腐蚀	金属受大气中湿气的作用，在其表面形成一薄层水膜，因而产生的电化学腐蚀。	大气污染严重的工业区腐蚀作用大。
	②水腐蚀	金属在水中的腐蚀，这实际上是一种电化学腐蚀。	冷却、冷凝设备等均受水腐蚀。
	③土壤腐蚀	埋在地下的金属管道设备受土壤中盐类，物质溶液和微生物的作用而引起的破坏。	主要是电化学腐蚀，也伴有生物化学腐蚀，后者加速前者。
	④化学介质剂腐蚀	金属在化学介质中的腐蚀，它是一种最通常，最广泛的电化学腐蚀。	危害最大。
按金属破坏形式分类	①全面腐蚀	金属在腐蚀介质的作用下，腐蚀分布在整个表面上，可分均匀的和不均匀的两种。	危害最小。
	②局部腐蚀	腐蚀作用仅发生在金属的某一局部区域，可分为斑点腐蚀，孔穴腐蚀，缝隙腐蚀，表面下腐蚀，晶间腐蚀，选择性腐蚀，磨损腐蚀，应力腐蚀和腐蚀疲劳等类型。	腐蚀速度很快，有时产生突发性破坏，危害最大。
	③氢侵蚀	腐蚀反应或加工过程中放出氢气，渗透到金属内部引起的金属破坏称为氢侵蚀或氢损伤；常温下产生氢脆，高温（≥260℃）产生氢腐蚀。	危害大。

常见的设备腐蚀情况举例：表1-1-2列举了美国杜邦公司、日本金属工业公司及德国某化工厂的设备腐蚀破坏情况。从表1-1-2中可以看出，均匀腐蚀破坏占较高的比例，但对生产设备不构成威胁，并且可以先预防，而不带来恶性事故。而应力腐蚀、氢脆及腐蚀疲劳等会给设备带来灾难性破坏，并且难以预防。因此，在设备设计，制造，运行时，应予以高度重视。

表1-1-2　部分国外企业设备腐蚀破坏情况（%）

腐蚀破坏形态	美国（杜邦公司1968-1969年统计）	德国（某化工厂1966-1972年统计）	日本（金属工业公司1964-1973年统计）
均匀腐蚀	31.5	33.0	17.8
应力腐蚀	21.6	28.0	38.0
腐蚀疲劳	1.8	11.0	
氢脆	0.5		
孔蚀	15.7	5.0	25.0
晶间腐蚀	10.2	4.0	11.5
磨损腐蚀	7.4	6.0	
空泡腐蚀	1.1	6.0	
磨振腐蚀	0.5		
缝隙腐蚀	1.8		2.2
选择腐蚀	1.1		
非水溶液和高温腐蚀		3.0	
其他腐蚀	6.8	10.0	5.5

注：各类腐蚀事故的统计为100%。

1.2.2　非金属材料的腐蚀

非金属材料的腐蚀主要是在环境的物理、化学、生物化学和应力作用下在材料的表面产生变色、龟裂、松软或脆化，使腐蚀介质进一步向材料内部渗透、扩散，引起溶胀溶解和应力开裂等而导致结构的破坏。非金属材料的腐蚀过程可概括以下六种情况，列于表1-1-3。

表 1 - 1 - 3　非金属材料的腐蚀分类及危害

腐蚀名称	腐 蚀 内 涵	危害情况及预防措施
①银纹与裂纹	高分子材料因介质的渗入首先其表面部分被增塑，降低屈服极限。在应力的作用下，表面产生塑性和大分子高度取向，结果形成银纹。在更大应力的作用下，内部一部分大分子与另一部分大分子完全割断联系，便形成了完全由孔隙组成的裂纹。	银纹的生成与生长，加剧了介质的渗透并成为应力集中点，为发生脆性断裂提供了先决条件，而裂纹是脆性断裂的开始。
②渗透与扩散	一方面介质通过高分子材料表面向内部扩散，另一方面高分子材料中的可溶组分及腐蚀产物又向外扩散渗出进入介质中。	渗透和扩散速度越大，高分子材料的腐蚀就越显著。
③溶胀与溶解	溶剂分子渗入到非晶态高分子材料内部，并发生溶剂化作用，引起体积增大或重量增加，称之为高聚物的溶胀；对于线性结构的高分子材料，溶胀度继续增大，直到充分溶剂化或从表面开始逐渐向溶剂中扩散，最终完成溶解过程。	对高分子材料的力学性能和机械性能有很强的破坏作用。因此，要按照极性相似性原则和溶解度参数相近原则来选择耐某种溶剂腐蚀的材料。
④氧化与水解	大分子链上存在着易被氧化的薄弱环节的高分子材料在辐射或紫外线等外界因素的作用下能被氧化或被氧化性介质直接氧化；键能越强，就越不易氧化。 水与大分子链上的极性键，发生作用使高分子材料产生降解的过程就称为水解。H^+及 OH^- 是水解的催化剂，酸与碱易使极性键产生水解而导致高分子材料的腐蚀。	氧化与水解是高分子材料受到腐蚀破坏的两种最主要的化学反应，因此，其危害最大。 在大分子上引入卤素或具有杂链可提高其抗氧化性；如聚氯乙烯比聚乙烯有更好的抗氧化性，含有苯环的酚醛树脂就具有较好的抗氧化性，添加抗氧化剂也可提高高分子材料的抗氧化能力。耐水解性能主要取决于水解活化能和高聚物的结构及聚集状态，结晶态更能耐水解腐蚀。

续上表

腐 蚀 名 称	腐 蚀 内 涵	危害情况及预防措施
⑤应力开裂	高分子材料在介质和应力的共同作用下，在低于材料正常断裂应力下所发生的开裂叫应力开裂，包括环境应力开裂，溶剂开裂及氧化应力开裂。当高聚物与表面活性剂接触时，产生增塑作用并在较低的应力作用下产生多的银纹，造成应力集中，促使银纹形成，生长，扩大和汇合，直到发生脆性断裂称为环境应力开裂。高聚物浸入与其溶解度参数相近的溶剂中时，产生较大的溶胀和增塑作用，降低材料强度，并在较低的应力下发生开裂，即称为溶剂开裂或龟裂。高聚物与强氧化性介质接触时，大分子链氧化裂解，在应力作用下产生银纹，加快介质的渗入，继续氧化裂解；最终在银纹尖端应力集中，大分子断裂，造成裂纹和开裂即称之为氧化应力开裂。	应力开裂除与介质类型有关外，还与高分材料本身的性质有关。应力开裂危害较大。
⑥微生物腐蚀	材料在真菌、霉菌及细菌作用下所发生的腐蚀称微生物腐蚀。微生物种类繁多，它们生活和繁殖的条件是适宜的温度，水分及养料；在一般情况下，前两个条件均已具备，只要有养料来源的供应，微生物即可生活和繁殖。许多非金属材料均可为之提供养料，微生物在这些材料上生活与繁殖，并使之遭到腐蚀，如光学材料涂层，乃至光学玻璃都会被微生物所腐蚀。玻璃及陶瓷都具有较好的抗菌能力。	常用高分子材料如天然橡胶、各类人造橡胶、酚醛塑料、醇塑料、醇酸清漆、醋酸纤维等及棉花、木材、皮革、纸张纤维素等天然有机物以及不加增塑剂的塑料的抗菌能力都很差。

1.3　设备防腐的意义

在钢铁厂和有色金属冶炼厂中，金属（特别是黑色金属）是制造冶炼设备的重要材料。由于这些设备经常与酸、碱、盐及其他腐蚀介质接触，使设备造成腐蚀破坏。这不仅使大量的金属材料遭到损失，而且使生产不能正常进行，引起停工停产。此外，由于腐蚀的危害，使冶炼厂的机械设备、管道的跑、冒、滴、漏现象时有发生，给环境带来了新的危害。

自 1949 年 H. H. Uhlig 报导，美国因腐蚀每年损失 55 亿美元后，腐蚀问题引起了世界各国的重视。一些工业发达国家曾对金属腐蚀所造成的损失进行过调查，据统计全世界每年因腐蚀报废的钢铁设备约相当于年钢铁产量的 30%，假如其中的 2/3 可回炉再生，也仍有 10% 的钢铁将由于腐蚀而不复存在。显然，金属构件的毁坏，其价值远比金属材料本身的价值大得多。例如：1971 年霍尔（Hoar）委员会发表报告指出：英国因腐蚀防护每年最少花费 13.65 亿英镑，约占其国民生产总值的 3.5%。美国国家标准局（NBS）调查，1975 年美国各种腐蚀损失高达 700 亿美元。1982 年美国的腐蚀损失费和防腐费用共达 1200 亿美元，占国民经济总产值的 4.2%。我国在 1984 年初步调查，每年因金属腐蚀所造成的损失约 210 亿元，相当于我国国民生产总值的 4%。据化工部门对十个化工厂调查，由于腐蚀造成的经济损失为其当年生产总值 3% ~4%。

有色金属湿法冶炼设备所处理的物料一般都具有较强的腐（磨）蚀性，设备的防腐常常成为企业生产上的难题。有色冶金企业的直接腐蚀损失与其产值的比例，估计将高于全国的平均数。如果将设备腐蚀造成的泄漏、停工停产以及环境污染等损失统计在内，上述损失价值会更加惊人。随着冶炼技术的迅速发展，生产过程的强化，冶炼设备多在高压、高温和高速情况下运行，设备的耐蚀和防腐问题就变得更加突出了。因此，在冶金设备的研究，设计和生产部门中，积极开展腐蚀和防腐的研究工作，在设计中合理地设计防腐蚀结构，正确地选用各种耐腐蚀材料及采取有效的防腐措施，使之不受或减轻腐蚀，这对保证设备正常运转，延长其使用寿命，节约金属材料，促进冶金工业的发展具有十分重大的意义。

1.4　耐腐蚀等级的评定

由于腐蚀环境的不同及材料耐蚀能力的差异，世界各国均制定有适合本国国情的标准，而我国是针对不同的材料采用不同的评定标准。

1.4.1　金属材料腐蚀程度的评定方法

金属的腐蚀程度通常是根据金属腐蚀的破坏形式，即全面腐蚀和局部腐蚀两大类分别进行评定的。

1.4.1.1　全面腐蚀的评定

对于金属全面腐蚀的程度，通常以腐蚀率进行定量的描述。腐蚀率有各种不同的表示方法，采用比较多的两种是以腐蚀前后质量变化和厚度（或深度）变化来表示腐蚀率。

1. 以腐蚀重量变化表示的腐蚀率

在腐蚀过程中，由于金属的溶解或腐蚀产物在其表面上的积存，使腐蚀后金属的重量发生变化。其腐蚀率是表示在被腐蚀金属的单位面积上、单位时间内，由于腐蚀引起的质量变化。腐蚀率可用式（1－1－1）计算：

$$K_{质量} = \frac{g_0 - g_1}{S_0 \cdot \tau} \qquad\qquad (1-1-1)$$

式中：$K_{质量}$——腐蚀率，$g \cdot m^{-2} \cdot h^{-1}$；

g_0——腐蚀前金属的质量，g；

g_1——腐蚀后金属的质量，g；

S_0——被腐蚀金属的面积，m^2；

τ——腐蚀时间，h。

2. 以腐蚀深度表示的腐蚀率

金属被腐蚀后，外形尺寸会发生变化，一般都是变薄。以腐蚀深度表示的腐蚀率就是在单位时间内被腐蚀金属的厚度变化。以工程观点看，腐蚀深度或构件变薄的程度，可以直接用来预测部件的使用寿命，所以这种腐蚀率表示方法能更直观地反映出全面腐蚀的严重程度，具有更大的实际意义。其腐蚀率可用（1－1－2）式计算：

$$K_{深} = \frac{K_{质量}}{d} \times \frac{24 \times 365}{1000} = 8.76 \frac{K_{质量}}{d} \qquad\qquad (1-1-2)$$

式中：$K_{深}$——腐蚀率，$mm \cdot a^{-1}$；

d——金属密度；

其他符号意义同前。

为了比较各种金属材料的耐腐蚀性能和选材上的方便，根据金属的腐蚀率（$K_{深}$）的大小，可将金属材料的耐蚀性分成若干等级，但因目前各国标准尚不统一，分别列于下表中。

1.4.1.2　局部腐蚀的评定

由于金属局部腐蚀破坏形式很多，反映在物理和机械性能方面的变化也很不相同，很难把它们定量地表示出来。例如：孔蚀仅在小孔部位反映出腐蚀深度的变化，其他部位基本没有变化，金属损失很小；又如晶间腐蚀，金属的质量和外形尺寸虽然没有明显的变化，但其机械强度却变化很大；所以对于局部腐蚀不能采取上述简单的质量变化或外形尺寸变化来评定，而要根据腐蚀的具体形式，采用相应的能真实反映其物理和机械性能的指标来评定。例如对孔蚀，可以计测孔密度和平均孔深，因引起破坏事故的只是最深的孔，所以测出最大孔蚀深度，应当是表示孔蚀程度的一种较为可靠的方法；对晶间腐蚀和应力腐蚀可用腐蚀前后金属的机械强度变化来评定。

表 1 - 1 - 4　金属材料耐腐蚀性能等级评定与划分

国家	等级	腐蚀深度 / (mm·a^{-1})	腐蚀性能评定	国家	等级	腐蚀深度 / (mm·a^{-1})	腐蚀性能评定
英国、美国	1	<0.05	完全耐腐蚀	日本	1	<0.05	完全耐腐蚀
	2	<0.5	耐腐蚀		2	0.05 ~ 1.0	耐腐蚀
	3	0.5 ~ 1.0	尚能耐腐蚀		3	>1.0	不耐腐蚀
	4	>1.0	不耐腐蚀				
苏联	1	<0.001	完全耐腐	中国 三级标准	1	<0.1	耐蚀
	2	0.001 ~ 0.005			2	0.1 ~ 1.0	基本耐蚀
	3	0.005 ~ 0.01	很耐蚀		3	>1.0	不耐蚀
	4	0.01 ~ 0.05					
	5	0.05 ~ 0.1	耐蚀	四极标准	1	<0.05	优
	6	0.1 ~ 0.5			2	0.05 ~ 0.5	良
	7	0.5 ~ 1.0	尚耐蚀		3	0.5 ~ 1	中等
	8	1.0 ~ 5.0			4	>1.5	不耐蚀
	9	5.0 ~ 10.0	欠耐蚀				
	10	>10.0	不耐蚀				

1.4.2　非金属材料腐蚀程度的评定方法

因为非金属材料和金属材料的腐蚀原理不同，所以对非金属材料的腐蚀程度，不能像金属材料那样用腐蚀率来评定。又因非金属材料种类繁多，评定方法各不相同，大至可分下述几种情况：

1.4.2.1　大多数非金属材料

对大多数非金属材料，一般可采用下列三级标准来评定其耐腐蚀性。

一级：耐蚀，材料良好，有轻微腐蚀或基本无腐蚀；

二级：尚耐蚀，材料可用，有较明显的腐蚀，如轻度变色、变形、失强或增减重等；

三级：不耐蚀，材料不适用，有严重的变形破坏或失强。

上述三级标准主要是根据生产实践经验划分的，具有相当的可靠性。

1.4.2.2　高分子材料

对于一些高分子材料（如塑料、橡胶、玻璃纤维增强塑料、粘合剂等）可参考以下的标准来确定是否可用。

（1）抗弯强度下降＜25％；

（2）质量或尺寸变化＜5％；

（3）硬度（洛氏 M）变化＜30％。

必满足上述条件的，就可以认为这种材料在试验期内或更长一些时间内是可用的。玻璃纤维增强塑料耐蚀性的等级标准如表1－1－5。

表1－1－5　评定玻璃纤维增强塑料耐蚀性的等级标准

等级	质量变化率/%		弯曲强度保持率/%	尺寸变化/%	试验处理	介质外观
	增重	失重				
一级（耐蚀）	持续稳定＜3	＜0.5	渐趋稳定≥85	＜1	不变	不变
二级（尚耐蚀）	渐趋稳定于3－8	0.5－3	渐趋稳定于＜85≥70	1－3	轻微变化	颜色稍变，无沉淀
三级（不耐蚀）	＞8	＞8	＜70	＞3	发生变化	颜色稍变，有沉淀

1.4.2.3　石墨、玻璃、陶瓷、混凝土等非金属材料

这些材料大都可参考金属材料的四级标准来评定，混凝土根据胶结材料可分为多种，下面列出几种不同胶结材料混凝土的一些耐腐蚀性能评定标准。

表1－1－6　沥青砂浆的评定标准（％）

评定项目	耐　蚀	尚耐蚀	不耐蚀
强度变化	＞－15	－15～－35	＜－35
体积变化	0～1	1～3	＞3
质量变化	0～2	2～5	＞5
外观变化	不明显	稍有变化	裂纹、起泡、严重剥落

表1－1－7　硫磺类材料的评定标准（％）

评定项目	耐　蚀	尚耐蚀	不耐蚀
强度变化	－15～－35	－35～－50	＜－50
质量变化	±0.3～±0.7	±0.7～±1.0	≥±1.0
外观变化	不明显	稍有变化	裂纹、起泡、剥落

工业搪瓷的耐酸和耐碱性能是考核其质量优劣的最主要指标。国际、国内评定这两项性能均有标准方法。几种典型工业搪瓷的耐酸，耐碱性能见表1－1－8。

表 1 – 1 – 8　几种典型搪瓷的耐腐蚀性能

搪　瓷	耐酸(20%盐酸煮沸)	耐　碱
日本池袋	$0.05 \sim 0.12$ mm $\cdot$ a^{-1}	60℃,1~5% NaOH 液;$0.05 \sim 0.12$ mm $\cdot$ a^{-1}(A 级)
GL400	(B 级)	100℃,1%~3% NaOH 液:$0.5 \sim 1.25$mm $\cdot$ a^{-1}(B 级)
日本神钢 7701	(A 级)	80℃,4% NaOH 液:0.2mm $\cdot$ a^{-1}(B 级)
德国雪惠梅 7701	0.02 mm $\cdot$ a^{-1}(AA 级)	80℃,4% NaOH 液:0.28mm $\cdot$ a^{-1}(B 级)
中　国	0.02 mm $\cdot$ a^{-1}(AA 级)	80℃,4% NaOH 液:0.11mm $\cdot$ a^{-1}(A 级)
D—10	0.0075g $\cdot$ cm^{-2} $\cdot$ h^{-1}	80℃,4% NaOH 液:0.041mm $\cdot$ a^{-1}(AA 级)
中国 B9	0.0125 g $\cdot$ cm^{-2} $\cdot$ h^{-1}	1% NaOH 液煮沸:0.015mm $\cdot$ a^{-2} $\cdot$ h^{-1}
中国 543	0.0015 g $\cdot$ cm^{-2} $\cdot$ h^{-1}	1% NaOH 液煮沸:0.015mm $\cdot$ a^{-2} $\cdot$ h^{-1}
苏联 2—72	$0.015 \sim 0.025$ g $\cdot$ cm^{-2} $\cdot$ h^{-1}	10% NaOH 液煮沸:$0.115 \sim 0.20$mg $\cdot$ cm^{-2} $\cdot$ h^{-1}
苏联专利　554222	0.0125 g $\cdot$ cm^{-2} $\cdot$ h^{-1}	1% NaOH 液煮沸:0.05mg $\cdot$ cm^{-2} $\cdot$ h^{-1}
美国专利　4193808	0.09 mm $\cdot$ a^{-1}(A 级)	2mol $\cdot$ L^{-1} NaOH 液煮沸:0.105mg $\cdot$ cm^{-2} $\cdot$ h^{-1}
	0.015 g $\cdot$ cm^{-2} $\cdot$ h^{-1}	4% NaOH80℃:0.32mm $\cdot$ a^{-2}(B 级)
国际分级标准	外观变化	腐蚀量/(mm $\cdot$ a^{-1})
AA 级	几乎无光泽变化	<0.05
A 级	略失光泽	$0.05 \sim 0.12$
B 级	失光泽	$0.12 \sim 0.5$
C 级	严重	$0.5 \sim 1.25$

习题及思考题

1 – 1 – 1　什么叫腐蚀?设备腐蚀的种类如何?

1 – 1 – 2　金属材料及非金属材料耐腐蚀等级的评价标准怎样?二者有什么区别?为什么?

1 – 1 – 3　用两种材料制作同样规格的两个设备,其壁厚均为8mm,一种材料在腐蚀介质中产生全面腐蚀,腐蚀率为0.1mm $\cdot$ a^{-1},另一种材料为孔蚀,平均腐蚀率为每个孔 0.08 mm $\cdot$ a^{-1}但个别孔蚀深 1.5 mm $\cdot$ a^{-1},多少年内,两个设备都安全?若运行 6 年,哪种材料不安全?哪种材料很安全?

2　防腐材料及适用范围

2.1　金属防腐材料

有不少金属材料对特定的介质是耐腐的，下面对一些常用的抗腐蚀金属（合金）的性能及适用范围作一介绍。

2.1.1　铸铁和不锈钢

铸铁包括一般铸铁、高硅铸铁及高镍铸铁等，它们在碱性和中性介质中具有一定的抗蚀性能，但在酸性介质中会被严重腐蚀（浓硫酸除外）。铸铁的价格低廉，机械加工性能好，是选材时首先应考虑的对象。

不锈钢的种类较多，耐大气及氧化性酸、碱、盐、有机酸、有机化合物的腐蚀，但不耐非氧化性酸，如盐酸的腐蚀，而且价格较贵。

1. 高硅铸铁

高硅铸铁在介质中其表面能生成保护性很强的氧化硅膜，抗腐蚀性能好，但对氢氟酸、强碱、盐酸的抗腐蚀能力差，特别是在氢氟酸中腐蚀较快。若在高硅铁中加入3%的钼和少量的铬，可改善该材料在盐酸、氯化物、漂白粉等介质中的腐蚀性能，并减少孔蚀。

高硅铸铁只有铸材，它很硬、耐磨性好，但加工困难。

含钼高硅铸铁的主要化学成分（%）为：硅 > 14.25、钼 > 3、铬少量，锰0.65、硫 < 0.05、磷 < 0.1，其余为铁。

2. 高镍铸铁

高镍铸铁是在铸铁中加入14%～32%的镍后，其组织变成奥氏体，韧性，抗拉强度大为提高，其耐蚀性，特别是耐碱腐蚀能力比普通铸铁高。

高镍铸铁主要用作泵、阀、过滤板、反应釜材料，属硬型材料，非常硬，可用于中性、碱性介质和渣浆中作耐磨零件。

3. 铬13不锈钢（马氏体、铁素体）

铬13不锈钢（马氏体、铁素体）含铬量为12%～14%。其牌号有马氏体1Cr13、2Cr13和铁素体1Cr13几种。

铬13不锈钢强度、硬度高，韧性较低。在含有卤素离子的溶液中会产生孔蚀和应力腐蚀破坏。铬13不锈钢常用作零部件，如阀、球轴承等，但不宜用作槽体、管道等设备。

4. 铬17不锈钢（铁素体）

铬17不锈钢含铬为17%～27%，亦称铁素体不锈钢，其钢号为Cr17Ti。

该材料可通过冷加工硬化，其耐蚀性能与其他不锈钢相似，但优于马氏体不锈钢、低于奥氏体不锈钢，在耐应力腐蚀方面比奥氏体不锈钢强。

该材料主要用作耐大气腐蚀的各类零部件，但也可用作硝酸贮槽。

5. 铬18镍9不锈钢（奥氏体）

铬18镍9不锈钢应用最广，可采用冷加工硬化。铬18镍9不锈钢若能加入少量的钛或铌则能增强其耐晶间腐蚀能力，故又称稳定钢。

铬18镍9不锈钢的牌号有：0Cr18Ni9，1Cr18Ni9，1Cr18Ni9Ti，Cr18Mn8Ni5，Cr17Mn13N及Cr25Ni20等。

6. 铬18镍12钼（钛）不锈钢（奥氏体）

铬18镍12钼（钛）不锈钢由于加入2%～4%的钼，其性能比一般铬镍钢好。特别是在非氧化性酸、热的有机酸及氯化物中的耐蚀能力比普通铬镍不锈钢好得多，抗孔腐蚀能力也较强。含钛或含铌的铬18镍12不锈钢及铬26钼1微碳铁素体不锈钢可用作本钢种的代用品。

7. 铬20镍22～30不锈钢（奥氏体）—20号合金

铬20镍22～30不锈钢（奥氏体）—20号合金由于含铬、镍较高，其耐蚀性能比普通不锈钢要好。它可用作处理硫酸、硝酸、磷酸、混酸、亚硫酸、有机酸、碱及盐溶液以及硫化氢等的设备，但不耐浓、热盐酸、湿的氟、氯、溴、碘、王水等的腐蚀。该材料价格比较贵，一般用于腐蚀严重的环境以及高温、高速下磨蚀严重的部件，如阀、泵等。

2.1.2 有色金属及其合金

1. 铝材

铝材有纯铝及硬铝（铝铜合金）两种，耐大气和水的腐蚀，也耐浓硝酸、发烟硫酸及有机酸的腐蚀，但不耐盐酸、氢氟酸、稀硫酸及稀硝酸和碱、氯盐的腐蚀。纯铝的耐蚀性能比合金好，在腐蚀性较强的环境中，一般采用双层铝作设备，接触腐蚀介质的一面用纯铝，外层则用合金铝加固。

2. 铅、铅合金

铅是有名的耐硫酸材料，但铅材不耐硝酸、醋酸、有机酸和碱的腐蚀。

铅有纯铅和硬铅（铅锑合金）两种，纯铅性软，机械强度极低，宜作衬里，如用作槽或管时，须从外部加强。纯铅中加入6%～15%的锑即组成硬铅，其强度可增加一倍，可用作管阀及泵等，但硬铅的耐腐蚀能力略有降低。

3. 铜、青铜及黄铜

铜和青铜的品种有纯铜、铜镍合金、锡青铜、铝青铜和硅青铜几种。这类材料能抵抗硫酸、磷酸、醋酸及稀盐酸的腐蚀，但不耐氧化性的酸，如硝酸、浓硫酸的腐蚀。能抗碱腐蚀，但不耐氨水侵蚀。硫和硫化物对此类材料的腐蚀较严重。

黄铜是含锌约10%～40%的铜合金，它的机械性能比纯铜好，耐蚀性略低于纯铜。但黄铜对硫化物和高温氧化抵抗力比纯铜高，铜及其合金多用于制造换热管、花板、蒸馏塔及筛网等零件。

4. 镍

镍的机械性能接近低碳钢，且有良好的耐腐蚀性，它是耐高浓度热碱液腐蚀的最好材料，同时还能耐中性和微酸性（包括一些稀的非氧化性酸、有机酸）以及有机溶剂的腐蚀，但对氧化性酸、含有氧化剂的溶液及多数熔融金属无抗蚀能力，特别是遇到高温含硫气体，材料会被腐蚀并变脆。

镍材价格较贵，主要用作碱液蒸发器，某些设备的薄层衬里和双金属的被覆层。

5. 镍70铜30合金

镍70铜30合金又名蒙耐尔（Monel）合金。该合金的耐腐蚀性能比镍、铜更好。它能耐氧化性酸的腐蚀，特别是对氢氟酸具有良好的耐腐蚀性能，对浓的热碱液的抗腐蚀能力仅仅稍比纯镍差。

镍铜合金的机械性能、加工性能及耐高温性能都很好，常用于制造碱液蒸发器、盐水处理设备等。

6. 镍铬铁钼合金（合氏合金）

镍铬铁钼合金共有A、B、C、D、F、N几种型号。作为防腐蚀材料应用最广泛的是B型和C型，其次是D型合金。

合金B含钼＞15%，对沸点以下的一切浓度的盐酸都有良好的耐蚀能力，同时对硫酸、磷酸、氢氟酸、有机酸等非氧化性酸、碱、盐液和多种气体均有耐腐蚀能力。

合金C含有铬，耐氧化性酸，如硝酸、硫酸、铬酸与硫酸的混合物及Fe^{3+}、Cu^{2+}、氯酸盐等其他氧化剂介质的腐蚀，但C在盐酸中的耐蚀程度不及合金B优越。

合金D含有硅（铸材），其耐腐蚀性质与高硅铸铁相似。工程中常用作硫酸蒸发盘、管阀以及泵的叶轮等。

合金F含铁较多（约20%），但含镍高，在抗孔蚀和应力腐蚀破坏方面比普通奥氏体不锈钢好，在氧化腐蚀环境中，该材料的抗蚀能力比普通奥氏体不锈钢更好。

镍铬铁钼合金材料价格昂贵，一般只用于介质腐蚀严重而其他材料均不适宜的场合。

7. 镍 76 铬 16 铁 7 合金（因考耐尔合金）

镍 76 铬 16 铁 7 合金的耐蚀性能与不锈钢相似，其耐热性能比不锈钢更好。它既能抵抗热碱溶液的腐蚀，也能耐碱性硫化物的侵蚀，还能抵抗应力腐蚀。该材料主要用于在高温条件下工作的部件。

8. 钛、钛合金

钛材料有纯钛和钛合金两种。该材料在常温下能生成氧化膜因而使之具有优良的保护性能，它能抵抗各种氯化物、次氯酸盐、湿氯、氧化性酸（包括发烟硫酸）、有机酸及碱的腐蚀，但不耐较纯的还原性酸（如硫酸、盐酸）的腐蚀。

钛材的焊接须在惰性气体中进行。钛和钛合金材料一般只限制在 530℃ 以下使用。

加入了合金（铝、锰、钡、锡等）元素的钛材机械强度有所提高。加入少量的稀贵金属元素（0.15% 的钯、铂等）可以提高钛在还原性酸中的耐蚀能力，但钛材在红发烟硝酸、氯化物、甲醇等少数介质中会发生应力腐蚀。

钛材密度小，机械性能良好，抗腐蚀疲劳能力很强，常用作湿腐蚀流体中往复运动的部件，如压缩机的阀板、弹簧等。钛材的另一优点是强度与质量比很高，也广泛用作反应器、换热器、阀等。镀有极薄层铂的钛材是理想的阳极材料，广泛用于食盐电解和阴极保护之中。

钛价格昂贵，一般作成薄层的衬里和双金属应用。

9. 锆、锆合金

锆是活性金属，易生成坚密的氧化膜，使之具有优良的耐蚀性。它耐还原性腐蚀介质、碱液、熔碱及盐液的腐蚀非常好。对大多数酸的抗蚀能力优良，但在氢氟酸、浓硫酸、王水等介质中会受到严重腐蚀。对氧化性环境如硝酸、铬酸也有良好的耐蚀能力，但不耐湿氯及含有氯化物的介质的腐蚀。Fe^{3+} 及 Cu^{2+} 对其产生孔蚀。锆中如含有氮、铝、钛、铁等杂质，其耐蚀性会降低。

2.2 有机防腐材料

有机防腐材料包括树脂、塑料、橡胶等。下面分别加以介绍。

2.2.1 树脂

1. 环氧树脂（Epoxy）

环氧树脂是热固性树脂，一般最高使用温度为 90 ~ 100℃，耐热型的可达 150℃。该材料具有优良的粘结性，广泛用作胶泥、涂料和玻璃纤维增强塑料

（玻璃钢）。也常加入其他填料制成各种模压件，如泵、阀等。与其他树脂混合使用时，性能得到全面改善。

环氧树脂制品耐腐蚀性良好，对稀酸、碱、盐溶液及多种有机溶剂都很稳定，耐水性也很好，但不耐强氧化剂硝酸、浓硫酸等腐蚀。

环氧树脂的耐蚀性与其固化剂的种类、固化条件及施工技术有关。环氧玻璃钢的机械性能优良，机械强度超过聚酯玻璃钢。

2. 呋喃（糠醇）树脂

呋喃树脂是一种热固性树脂，最高应用温度为 180～200℃，主要品种有糠醇树脂、糠醛—苯酚、四氯糠醇树脂等。其特点是耐热性高，耐酸、碱、溶剂等性能优于其他热固性树脂，但不耐氧化性酸或氧化剂的腐蚀，呋喃树脂的缺点是性脆。

在呋喃树脂中常加入石棉或石棉塑料或制成玻璃钢防腐衬里。

3. 聚酯树脂（PR）

用于防腐的聚酯树脂为不饱和聚酯，其品种有双酚 A 型（经环氧改性）、异酞型和一般型。双酚 A 型对稀的非氧化性酸、有机酸、盐溶液、油类有良好耐蚀性，对碱和某些溶剂的耐蚀性也较好，但不耐氧化性酸和多种有机溶剂（卤代烃、酮、醛等）的腐蚀。一般型和异酞型不耐碱蚀。

聚酯树脂玻璃钢易加工成形。可在较低温度（＜50℃）下固化，机械性能仅次于环氧树脂，是玻璃钢中用得最多的品种。但因耐蚀性能欠佳，有时只用作外层结构，里层则用耐蚀性较好的酚醛或环氧玻璃钢。

2.2.2　塑料

1. 聚丙烯（PP）

聚丙烯是热塑性塑料。耐蚀性和聚乙烯相似，且较优。除浓硝酸、发烟硫酸、氢磺酸等强氧化性酸外，它能抵抗大多数有机和无机酸、碱和盐的腐蚀，即使在室外大气中暴露（加入 2% 炭黑的品种），也有较好的抗应力腐蚀能力。

它密度小，强度比聚乙烯高。在常温下耐冲击性良好，但在 0℃ 以下则变差。在正常压力状态下，长期工作温度为 110～120℃。

2. 聚氯乙烯（PVC）

聚氯乙烯具有优良的耐蚀性能，能抵抗酸（包括稀硝酸）、碱、盐、气体、水等的腐蚀，只有浓硝酸、发烟硫酸、醋酐、酮类、醚类、卤代烃类对聚氯乙烯有腐蚀作用。该材质有硬材、软材及抗冲击型三个品种，但后两种材质耐蚀性较前一种差。

聚氯乙烯属热塑性塑料，有一定强度，加工成形良好，可用热空气熔焊。在防腐设备中广泛用硬材作管道、槽体、排烟道及风机等，软材主要用作垫片、绝缘材料和衬里等。该材料的应用温度一般不超过 60～65℃，若用作设备和管道的衬里，使用温度可达 80～100℃。该材料最低工作温度为 −40℃。

3. 氯化聚氯乙烯（CPVC）

氯化聚氯乙烯是聚氯乙烯进一步氯化的改进性材料，含氯量达 68%，也称过氯乙烯或聚二氯乙烯。其主要特点是耐热性能提高，使材料的最高使用温度达 100℃，此外材料的密度增大。该材料的其他性质则与聚氯乙烯相似，它耐酸、碱、氧化剂（包括硝酸、氯酸）和石油产品的腐蚀。但比聚氯乙烯则更易溶于酯、酮、芳烃等有机溶剂中。该材料广泛用作防腐蚀涂料。

4. 聚四氟乙烯（PTFE）

聚四氟乙烯具有非常优良的耐腐蚀和耐热性能，使用温度为 −200～+260℃，并可在 230～260℃ 下长期工作。在腐蚀介质中，除不耐熔融的金属锂、钾、钠、三氟化氯、高温下的三氟化氧和高流速的液氟腐蚀外，在其他腐蚀介质中均有良好的抗腐蚀能力。它有抗粘性和低摩擦系数的特点。该材料的缺点是加工困难、价格昂贵。在工程上常用作垫片、密封环、不能润滑的轴衬等，此外，也有用作管、阀、泵、塔的衬里，其软管（加入石墨粉）可制作换热器。

5. 聚乙烯基酯（PVA）——聚醋酸乙烯酯

聚乙烯基酯属乙烯树脂类，主要品种是聚醋酸乙烯酯，此外还有聚丙酸乙烯酯及与氯乙烯的共聚物等。它的最高工作温度为 90℃（玻璃钢），粘结强度高，能耐稀酸、盐及醇的腐蚀。在酯、酮、芳烃、卤代烃中能够溶解，故可用作涂料及粘结剂。

6. ABS 塑料

ABS 塑料是丙烯腈、丁二烯、苯乙烯的共聚物。该材料具有优良的抗冲击性能，它的抗拉强度、耐热和耐腐蚀性能均较好，同时还耐磨、尺寸稳定。根据材料的不同配方，ABS 塑料有软材、硬材（耐热型）和抗冲击型等几种。它在无机酸、碱和盐中有良好的耐腐蚀能力，但在某些有机介质如酮、酯、卤代烃及不饱和油类及氯气、热浓三氯化锑等无机介质中，若设备处在高应力状况下，则可能产生应力腐蚀而破裂。在工程中常用 ABS 塑料作管子和管件。

7. 尼龙（聚酰胺）

尼龙是聚酰胺的俗称，其品种很多，主要有尼龙 −6 和尼龙 −66，其次是610，612，11，12 等。

尼龙属热塑性塑料，有良好的耐蚀性，能防止稀酸、盐、碱的腐蚀，对烃、酮、醚、酯及油类等介质亦有良好的抗蚀能力，但对强酸、氧化性酸、酚和甲酸无抗蚀能力。

尼龙的强度高，耐磨损，且自身有润滑作用，故广泛用作齿轮、轴承，也可用作热塑料涂层和防腐滤网。

2.2.3　橡胶

1. 天然软橡胶

天然软橡胶对非氧化性酸、碱、盐有较好的抗蚀能力，但不耐氧化性酸如硝酸、铬酸、浓硫酸的腐蚀，也不耐石油产品和多种有机溶剂的腐蚀。在防腐设备上主要用作衬里，也可用作耐酸砖衬里槽的中间层，这些衬里设备广泛用于处理盐酸、稀硫酸、磷酸及氢氟酸等。

另外丁苯胶的顺丁胶与天然橡胶的耐蚀性能基本相同。

2. 天然硬橡胶（Ebonite）

天然硬橡胶和软橡胶相比，其耐蚀、耐温和强度均增高，但耐磨性较低。产品硬而脆，缺乏弹性，和酚醛塑料相似，它不耐硝酸、浓硫酸、石油产品和酮、酯、烃、卤代烃等溶剂的腐蚀，对醋酸、甲酸、亚硫酸等的耐蚀性比天然软橡胶好。它除了作设备衬里外，也可作整体设备，如泵、管阀等。

在天然硬橡胶中加入氯丁或丁基橡胶，可使产品的脆性降低而韧性增加，这种硬橡胶和软橡胶的区别已不明显。

3. 丁基橡胶

丁基橡胶是异丁烯和异戊二烯（或丁二烯）的共聚物，它的耐热性较好，工作温度 90～110℃，－51℃脆化，既耐烯硝酸、铬酸、氧和臭氧等氧化性介质的腐蚀，又对非氧化性酸、碱、盐、乙醇、丙酮、动植物油脂和脂肪酸等溶剂有良好的抗蚀能力，但不耐石油产品的腐蚀。耐候性好，透气性很低。

丁基橡胶的抗拉强度、伸长率、耐寒性，电绝缘性能均较高，主要用作贮槽的衬里，可用天然橡胶粘结，亦可进行热空气焊接。

4. 氟橡胶

氟橡胶的主要品种是全氟丙烯与偏二氟乙烯的共聚物，另一种是三氟氯乙烯和偏二氟乙烯的共聚物。它们的应用温度为 －40～230℃，耐蚀性也非常优良，能抵抗各种酸、碱、盐、烃类及石油产品的腐蚀，但耐溶剂腐蚀不及氟塑料。

氟橡胶价格高，主要用于耐高温和强腐蚀环境中的胶管、垫片、密封圈及某些衬里，也可作为橡胶涂料和胶粘剂等。

5. 氯磺化聚乙烯

氯磺化聚乙烯的特点是对氧化环境有良好的耐蚀性，它能抵抗80%的硫酸、40%的硝酸、50%的铬酸、85%的磷酸和50%的过氧化氢等介质的腐蚀。另外它对碱、盐、大气、臭氧及多种有机物都有良好的抗蚀能力，但在石油和芳烃类介质中不耐腐蚀。

该材料的耐热性好，最高工作温度为 120～140℃，最低工作温度为 −54℃。

由于该材料的价格高，一般只用在普通橡胶不适用的高温及氧化环境中作设备衬里。

2.3 无机非金属防腐材料

无机非金属材料来源广泛，便宜易得，取之不尽，用之不竭，更重要的是它们具有优良的耐腐蚀性，除了氢氟酸和 300℃ 以上的硫酸外，可耐一切酸的腐蚀，但有些不耐碱。

从材料成分看，无机非金属材料大部分是硅酸盐，因此，它们性脆，热稳定性低。

无机非金属防腐材料种类繁多，主要有铸石，玻璃，搪瓷，水泥及其制品等。

2.3.1 铸石

铸石是一种硅酸盐结晶材料，是以玄武岩、辉绿岩等天然岩石或以某些工业废料（如冶金渣、煤矸石等）为主要原料，经过配料，熔融，浇注成形和热处理得到的制品。

铸石具有优良的耐磨性和耐腐蚀性。但它性脆，耐急冷急热性能差，抗拉、抗弯、抗冲击强度均低。铸石的相对密度为 2.9～3.1。铸石的化学组成（%）为：SiO_2 46～50；Al_2O_3 13～16；CaO 7～11；MgO 5～11；$FeO + Fe_2O_3$ 9～17；$Na_2O + K_2O$ 3.5。凡化学组成中二氧化硅的含量不低于 47% 者，都有良好的耐腐蚀性能，为单一矿物（如普通辉石）组成的，耐腐蚀性能也很高。

铸石不能单独用做工程结构材料，多是做设备的衬里。

水玻璃胶泥衬砌铸石砖、板衬里具有较高的耐酸性，能抵抗除氢氟酸、大于 15% 的氟硅酸和过热磷酸之外的任何浓度和不同状态的酸性介质，并可耐各种有机溶剂的腐蚀。

铸石制品除熔融状态碱以外，能耐任何碱性介质的腐蚀，故采用环氧呋喃胶泥衬砌铸石板可用于碱或碱性介质。

2.3.2 陶瓷

1. 耐酸陶瓷

耐酸陶瓷是由粘土、长石、石英等原料经过粉碎、混合、制坯、干燥和高温煅烧等过程而制成的。其主要化学成分（%）为：SiO_2 60～70；Al_2O_3 20～30；

CaO 0. 3 ~ 1. 0；MgO 0. 1 ~ 0. 8；Fe_2O_3 0. 5 ~ 3. 0；K_2O 1. 5 ~ 2. 5。

耐酸陶瓷制品的表面都要上釉，釉层与基体结合紧密坚固，可提高耐酸陶瓷的耐水性和耐腐蚀性能。

耐酸陶瓷的耐酸性能好，可在沸腾温度下耐任何浓度的铬酸、蚁酸、乳酸、脂肪酸等有机酸，及96%的硫酸的腐蚀；在沸点以下可耐任何浓度的盐酸、醋酸、草酸等的腐蚀，但不耐氢氟酸，耐碱性也差。

耐酸陶瓷主要用来制作耐酸的管道，容器和塔器等，也可用来制作耐酸瓷砖。因它抗拉强度低、性脆、不能制作高压容器，在剧热剧冷变化时和硬物敲击下易碎裂。

2. 氮化硅陶瓷

氮化硅陶瓷是一种极好的耐蚀性材料，能耐沸腾的硫酸、盐酸、醋酸和30%浓度的氢氧化钠溶液的腐蚀，但不耐氢氟酸。它的抗氧化温度可达1000℃。此外氮化硅陶瓷还有较高的强度、极好的耐磨性；热膨胀系数小，可经受急冷急热的变化。主要用来制作耐蚀、耐磨、耐高温的精密零部件。

2.3.3 玻璃

玻璃是具有非晶体结构的非金属无机材料，是一种酸性氧化物或碱性氧化物组成的复杂盐类。根据形成玻璃的主要氧化物性质的不同，可分为硅酸盐玻璃（主要含 SiO_2）、硼酸盐玻璃（主要含 B_2O_3）、磷酸盐玻璃（主要含 P_2O_5）和由纯二氧化硅组成的石英玻璃等。腐蚀工程中多数是采用硼酸盐玻璃和石英玻璃。

硼酸盐玻璃又称耐热玻璃，它的耐腐蚀性和热稳定性由所加氧化硼的数量而定，但玻璃中氧化硼含量大于13%时，反而会降低玻璃的耐蚀性。硼酸盐玻璃的化学成分（%）为：SiO_2 80 ~ 80. 5，B_2O_3 10. 5，CaO 2，Na_2O 4. 5，Al_2O_3 2 ~ 2. 5，Fe_2O_3 1. 17。

石英玻璃可分为透明石英玻璃和不透明石英玻璃两种。前者外观上与普通玻璃完全相似，不同的是，它是无色的并含少量空气泡，SiO_2 含量 >99. 7%；后者不透明，存在着大量小空气泡，SiO_2 >99. 3%。

石英玻璃的特点是线膨胀系数小，在20℃时只有 $0. 4 \times 10^{-6}$，能耐急冷的变化，加热至 700 ~ 900℃ 的石英制品投入冷水中也不会破裂。

石英玻璃在高温下除氢氟酸和磷酸外，对其他任何浓度的任何酸都是耐蚀的。石英玻璃还能耐20℃以上的稀碱液，但浓碱液可使它溶解；可耐500℃以上氯、溴和碘的腐蚀。锡、锌、铅、铜、银等金属可以在石英设备中溶蚀，但铝和镁即使在真空或惰性气体中溶蚀却会使石英玻璃毁坏。

2.3.4 工业搪瓷

工业搪瓷实际上为二氧化硅含量较高的玻璃釉，将它涂在金属铁等设备的内表面，能抵抗高温加压下介质的腐蚀。下面介绍几种我国生产的工业搪瓷。

B_9 搪瓷：是一种典型的工业搪瓷，因含有大量的 SiO_2 和 B_2O_3，所以能耐酸的腐蚀，但耐碱性差。其化学组成（%）为 $SiO_2 + B_2O_3$ 72.9%，$Na_2O + K_2O$ 20.75，$MnO_2 + CoO$ 1.33，Al_2O_3 3.24，F 1.65。

D_7 搪瓷：是含有较高量的 ZrO_2 和 TiO_2、耐酸碱性能均优良的一种工业搪瓷。化学成分（%）为 $SiO_2 + B_2O_3$ 66.5，$ZrO_2 + TiO_2 + Al_2O_3$ 14.5，$Mo_2O_3 + V_2O_5$ 5，$Li_2O + Na_2O + K_2O$ 13.75；CaO 1.0。

D_7 搪瓷在酸碱腐蚀过程中，试样失重与腐蚀时间均呈抛物线关系，所以其耐蚀性优于 B_9 搪瓷，其原因可能是在表面生成了耐腐蚀的保护膜。

另一种耐蚀性能优良的工业搪瓷就是 D_1，它是一种低温烧结耐酸耐碱搪瓷，与 D_7 型属于同一系列，耐蚀性能与 D_7 搪瓷相仿。

2.3.5 混凝土

凡用胶结材料同骨料相互结合而制成的复合体都可称为混凝土。防腐混凝土包括耐碱的和耐酸的两类。

1. 耐碱混凝土

普通混凝土中硅酸盐水泥呈碱性，有一定的耐碱蚀能力，再加具有较高耐碱性的石灰石类骨料及适当的添加剂等，就制成了耐碱混凝土，温度在 50℃ 以下时，能耐浓度 15% 以下的氢氧化钠等强碱的腐蚀。

2. 耐酸混凝土

又称水玻璃混凝土，它是以水玻璃为胶结材料，以氟硅酸钠为固化剂，与耐酸材料（如石英岩、安山岩、铸石碎块等）、细骨料（石英砂）和耐酸粉按一定比例调制而成的。

耐酸混凝土具有良好的耐酸性能，可耐大多数无机酸和有机酸的腐蚀，尤其是耐强氧化性酸（硫酸、铬酸、硝酸）的性能更为突出，也可耐某些有机溶剂和盐溶液的腐蚀，但它不耐氢氟酸、氟硅酸、300℃ 以上的热磷酸、碱性盐（pH >8）的腐蚀。由于它在水的长期作用下会溶解、在高级脂肪酸中不稳定，所以不能用于长期浸水的设备和有高级脂肪酸浸蚀的设备。

3. 硫磺混凝土

硫磺混凝土是以硫磺胶泥（又称硫磺水泥）或硫磺砂浆为胶结材料，与耐酸骨料（耐酸石子）按一定比例调制而成的，故称硫磺粘结材料。

　　硫磺混凝土的耐酸性能较好，在常温下能耐任何浓度的硫酸、盐酸、磷酸、硼酸和草酸，40%以下的硝酸，25%左右的铬酸，中等浓度的乳酸、醋酸等的腐蚀。对某些有机溶剂、盐类和弱碱也有一定的耐蚀性。但不耐浓硝酸、强碱和极性有机溶剂的腐蚀。当采用石墨粉作填料时，还可耐一定浓度的氢氟酸和氟硅酸。

　　旧的硫磺粘结材料可以加热再利用，但要特别强调的是硫磺粘结材料的耐火性差，应严禁与明火接触。

2.3.6　石墨

　　人造石墨是由焦炭在2000～2400℃的温度下煅烧而成的，它既具有非金属材料的某些特点，如优良的化学稳定性；又具有金属材料的某些特性，如良好的导电和导热性能。但人造石墨中有许多孔隙，孔隙之间互相贯通，这不仅影响了石墨的机械强度和加工性能，而且会造成腐蚀介质的渗漏，为克服这些缺点通常利用各种浸渍剂（如酚醛树脂、呋喃树脂等）或粘结剂（如水玻璃等）对人造石墨进行浸渍、压形和浇注等加工处理，使其变成不透性石墨制品。

　　不透性石墨制品的机械强度和加工性能都比人造石墨有明显地提高，热稳定性和导热性除浸渍型石墨制品外，均比人造石墨降低，但还是优于其他非金属材料。因浸渍剂和粘结剂的耐化学腐蚀的性能不如人造石墨，所以在耐蚀性能方面也比人造石墨有所降低，但它仍不失为优良的耐蚀材料。它能耐多种无机和有机酸腐蚀，特别突出的是能耐沸点以下任河浓度的盐酸和氯盐溶液和48%以下的氢氟酸浓度在67%以下的氢氧化钠及某些有机溶剂（如丙铜、丁醇、氯仿、甲醇等）的腐蚀。

　　由于不透性石墨具有许多优良的性能，所以广泛用来制造各种类型的加热器、冷却器、吸收塔、离心泵、球心阀、流体输送管件等。也可制成石墨砖，作为防腐设备的衬里。

2.3.7　木材

　　木材在室温下只能耐一些稀化学溶液的腐蚀。

2.4　防腐材料的适用范围和选用方法

　　一般利用材料腐蚀性能图来选择耐腐蚀材料，下面列举了硫酸、硝硫混酸、盐酸、氢氟酸及烧碱等几种主要腐蚀介质中的材料的耐腐蚀性能图，利用这些性能图，可很方便地确定防腐材料。

2.4.1 材料在硫酸中的耐腐蚀性能

图 1 − 2 − 1 表示了材料在硫酸中的耐腐蚀性能。

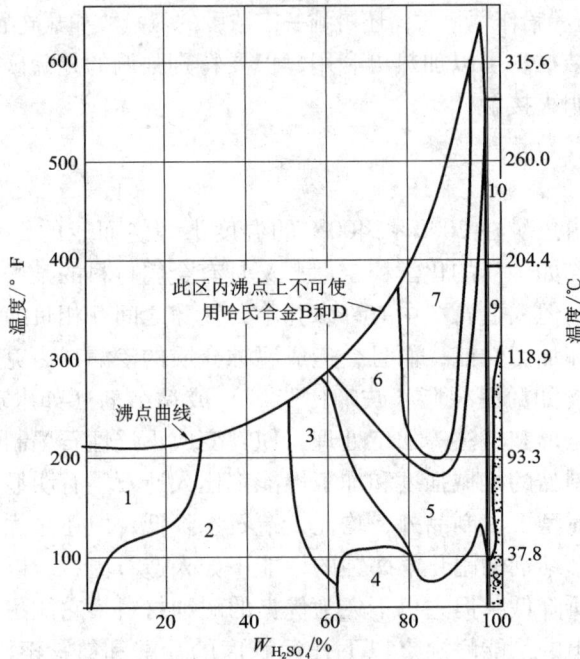

图 1 − 2 − 1 材料在硫酸中的耐腐蚀性能

图中 1 区：10% 铝青铜（不含空气），哈氏合金 B 及 D，铬 20 镍 22 ~ 30 不锈钢，铜（不含空气），蒙耐尔合金（不含空气），铬 18 镍 12 钼（钛）不锈钢（含空气 10% 以下的酸），铅、锆、钨、钼、金、银、铂、钽，酚醛塑料，橡胶（至 76.7℃），不透性石墨。

2 区：高硅铁，哈氏合金 B 及 D，铬 20 镍 22 ~ 30 不锈钢（至 65.6℃ 止），镍铸铁（20% 以下，23.9℃），铬 18 镍 12 钼（钛）不锈钢（含空气 25% 以下，23.9℃ 的酸），铜（不含空气），蒙耐尔合金（不含空气），10% 铅青铜（不含空气），铅、钽、金、银、钨、铂、锆、钼，酚醛塑料，橡胶（至 76.7℃），不透性石墨。

3 区：高硅铸铁，哈氏合金 B 及 D，铬 20 镍 22 ~ 30 不锈钢，蒙耐尔合金（不含空气），铅、钽、金、银、铂、锆、钼，玻璃，不透性石墨。

4 区：碳素钢，高硅铁，哈氏合金 B 及 D，铬 20 镍 22 ~ 30 不锈钢（至 65.6℃ 止），铬 18 镍 12 钼（钛）不锈钢（80% 以上），镍铸铁，铅（小于 96% H_2SO_4），钽、金、铂、锆，不透性石墨（96% 以下）。

5 区：高硅铁，哈氏合金 B 及 D，铅（至 79.4℃，96% H_2SO_4），铬 20 镍 22 ~ 30

不锈钢（至65.6℃止），金，铂，钽，不透性石墨（至79.4℃及96% H_2SO_4）。

6区：高硅铁，哈氏合金B及D（0.508~1.27mm·a^{-1}），钽，金，铂，玻璃。

7区：高硅铁，钽，金，铂，玻璃。

8区：玻璃，碳素钢，18铬8镍，铬20镍22~30不锈钢，哈氏合金C，金，铂。

9区：玻璃，18铬8镍，铬20镍22~30不锈钢，金，铂。

10区：玻璃，金、铂。

2.4.2 材料在混酸（室温）中的耐腐蚀性能

图1-2-2所示是材料在室温下，在 H_2O - H_2SO_4 - HNO_3 体系中的耐腐蚀性能（腐蚀率小于0.508mm·a^{-1}）。值得注意的是，当混酸中含水量低时，普通钢亦可用。通常使用的 HNO_3 - HF 混酸特别适用于酸洗不锈钢，在这种环境中可以应用非金属材料如环氧、不透性石墨及耐酸砖等。此外这些非金属材料也适用于硝酸和盐酸混合液。

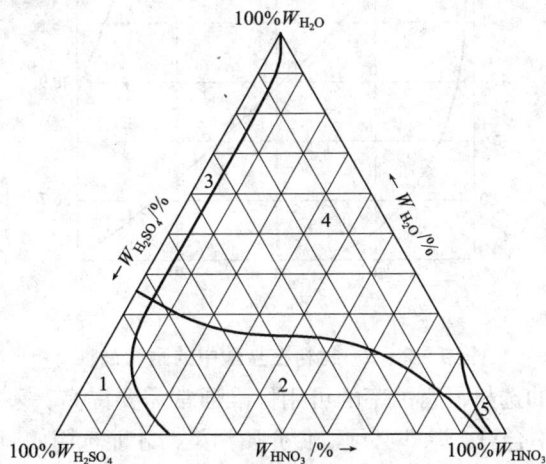

图1-2-2 室温下材料在硫酸-硝酸（混酸）中的耐腐蚀性

图中1区：碳素钢，高硅铁，铬20镍22~30不锈钢，钽，铂，玻璃。

2区：铸铁，碳素钢，高硅铁，铬20镍22~30不锈钢，18铬8镍，铅，钽，金，玻璃。

3区：高硅铁，铬20镍22~30不锈钢，钽，铂，金，玻璃。

4区：高硅铁，18铬8镍，铬20镍22~30不锈钢，钽，铂，金，玻璃。

5区：高硅铁，18铬8镍，铬20镍22~30不锈钢，铝，钽，铂，金，玻璃。

2.4.3 材料在盐酸中的耐腐蚀性能

从腐蚀和选材角度看，盐酸是常用酸中最难处理的酸。即使是相当稀的酸，或是含一定量盐酸的生产溶液，选用材料时都要极其慎重。这种酸对多数常用材料的腐蚀均很强，如果盐酸中存在空气或氧化剂，腐蚀将更严重。仍至会使设备发生一些意外事故，如含有一定量三氯化铁的热浓盐酸，常引起设备孔蚀破坏。

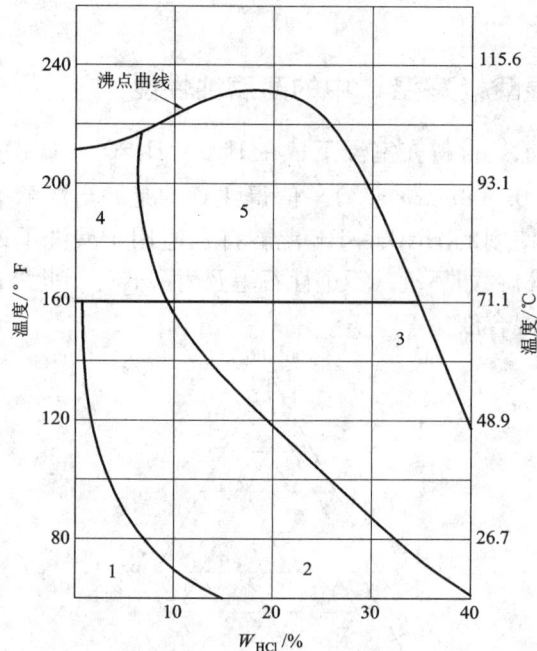

图 1－2－3 材料在盐酸中的耐腐蚀性

对耐盐酸腐蚀的选材，腐蚀率的可用标准通常需要提高。采用腐蚀率非常低的材料，在经济上很不合算。除非必须避免介质污染，才能选用如钽这样的贵重材料。

图 1－2－3 所示是材料在盐酸中的腐蚀性能图。在腐蚀率小于 $0.508\text{mm} \cdot \text{a}^{-1}$ 的前提下，各种材料在盐酸中所能适应的温度、浓度在性能图上可以方便查得。

图中 1 区：镍钼耐蚀合金，含钼高硅铁（不含 $FeCl_3$），硅青铜（不含空气），铜（不含空气），哈氏合金 B，蒙耐尔合金（不含空气），钛（室温，10%以下的 HCl），镍（不含空气），钨，锆，银，铂，钽，酚醛石棉塑料，橡胶，聚氯乙烯，玻璃，搪瓷。

2 区：镍钼耐蚀合金，含钼高硅铁（不含 $FeCl_3$），硅青铜（不含空气），哈氏合金 B，银，钼，钽，锆，橡胶，玻璃，酚醛石棉塑料，聚氯乙烯，不透性石墨、搪瓷。

3 区：镍钼耐蚀合金，含钼高硅铁（不含 $FeCl_3$）哈氏合金 B（不含氟），钼，锆，银，铂，橡胶，酚醛石棉塑料，聚氯乙烯，不透性石墨、搪瓷。

4 区：镍钼耐蚀合金，含钼高硅铁（不含 $FeCl_3$）哈氏合金 B（不含氟），钨，银，铂，钽，锆，蒙耐尔合金（不含空气 0.5% 以下 HCl），不透性石墨、搪瓷。

5 区：镍钼耐蚀合金，哈氏合金 B（不含氟），银，铂，钽，锆，玻璃，不透性石墨、搪瓷。

2.4.4 材料在氢氟酸中的耐腐蚀性能

氢氟酸和氟有毒，处理这类介质必须十分慎重。氢氟酸具有独特的腐蚀性能，高硅铸铁、陶瓷及玻璃，在一般情况下对多数酸都耐蚀，但很容易受氢氟酸的腐蚀；而镁材对许多种酸的耐蚀性都很差，但却耐氢氟酸的腐蚀。

图 1-2-4 表示了不同材料在氢氟酸中的耐蚀性能（腐蚀率小于 0.508mm·a^{-1}）。

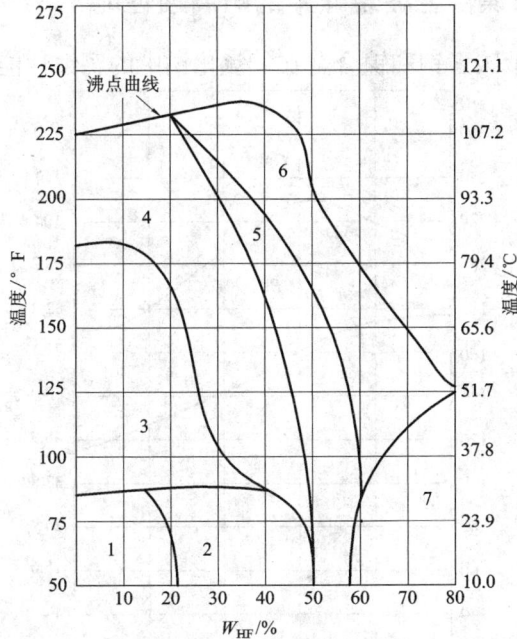

图 1-2-4 材料在氢氟酸中的耐腐蚀性能

图中 1 区：蒙耐尔合金（不含空气），铜（不含空气），70 铜 30 镍（不含空气），铅（不含空气），镍（不含空气），20 号合金，镍铸铁，哈氏合金 C，铬 25 镍 20 不锈钢，铂，银，金，橡胶，酚醛石墨塑料，不透性石墨。

2 区：蒙耐尔合金（不含空气），70 铜 30 镍（不含空气），铜（不含空气），铅（不含空气），镍（不含空气），20 号合金，哈氏合金 C，铂，银，金，橡胶，酚醛石墨塑料，不透性石墨。

3 区：蒙耐尔合金（不含空气），70 铜 30 镍（不含空气），铜（不含空气），铅（不含空气），20 号合金，哈氏合金 C，钽，银，金，橡胶，酚醛石墨塑料，不透性石墨。

4 区：蒙耐尔合金（不含空气），70 铜 30 镍（不含空气），铜（不含空气），铅（不含空气），哈氏合金 C，铂，银，金，酚醛石墨塑料，不透性石墨。

5 区：蒙耐尔合金（不含空气），70 铜 30 镍（不含空气），铜（不含空气），铅（不含空气），哈氏合金 C，铂，银，金，酚醛石墨塑料，不透性石墨。

6 区：蒙耐尔合金（不含空气），哈氏合金 C，铂，银，金，酚醛石墨塑料。

7 区：碳素钢，蒙耐尔合金（不含空气），哈氏合金 C，铂，银，金，酚醛石墨塑料。

2.4.5　碳素钢和镍合金在烧碱中的耐腐蚀性能

图 1 - 2 - 5 表示碳素钢和镍合金在氢氧化钠中的腐蚀性能。

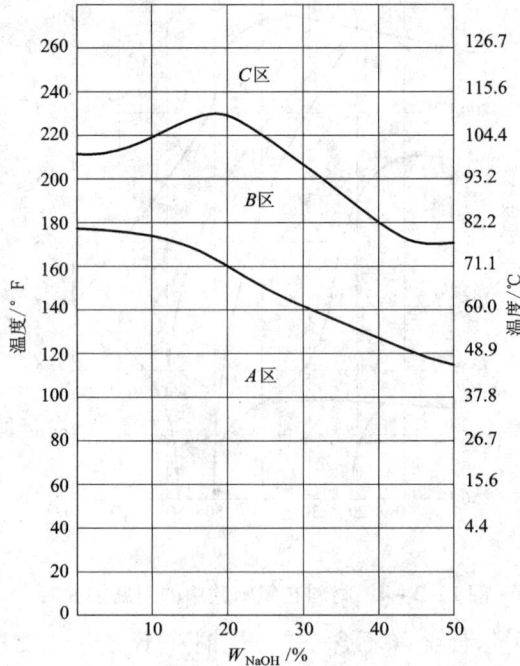

图 1 - 2 - 5　碳素钢和镍合金在烧碱中的应用范围

图中 A 区可使用碳素钢，且构件不必消除内应力。在 C 区则应考虑采用镍合金材料，B 区当采用碳素钢构件时，必须消除内应力，以延长其耐蚀寿命，在

B 与 C 区域镍合金适用于做阀门。

习题及思考题

1-2-1　耐腐蚀材料共分几大类？它们的性能与特点如何？

1-2-2　耐腐蚀金属材料，有机高分子材料及无机非金属材料中，各举出其耐腐蚀性能特别优异的 1~2 种材料。

1-2-3　哪些材料耐浓盐酸及氯盐溶液腐蚀？

1-2-4　如何选用耐高浓度强碱及氢氯酸的耐腐蚀材料？

3 冶金设备防腐方法

冶金设备防腐没有一种万能的方法。为防止设备的腐蚀，可采用各种措施，这些措施除了从设备的选材及合理的结构设计外，还须充分考虑设备所处的工作环境，以寻求在特定工作条件下材料的耐腐蚀性能，本节从结构材料自身防腐、结构材料表面衬涂防腐层、电化学防腐三个方面来讨论冶金设备的防腐问题。

3.1 结构材料自身防腐

针对具体的腐蚀环境选择合适的金属或合金或非金属材料作为结构材料是设备防腐蚀的重要手段，这样可使设备制作简化，不必单独进行防腐处理。

3.1.1 金属或合金结构材料自身防腐

在选用金属或合金作为自身防腐的结构材料时，可定性地按金属（合金）—腐蚀介质组合进行选用。这种方法所选用的材料一般具有最高的耐腐蚀性能。金属（合金）—腐蚀介质组合情况如下：

（1）钢 – 浓硫酸。

（2）铝 – 非污染大气。

（3）铅 – 稀硫酸。

（4）锡 – 蒸馏水。

（5）钛 – 热的强氧化性溶液。

（6）不锈钢 – 硝酸。

（7）蒙耐尔合金 – 氢氟酸。

（8）哈氏合金 – 热盐酸。

（9）镍、镍合金 – 碱。

对于硝酸，首先考虑采用的材料是不锈钢，因为它对硝酸在较宽的温度和浓度范围内均有良好的抗蚀能力。处理蒸馏水的设备多数是采用锡或镀锡板、管材制造。

另外，可按材料 – 环境体系选用金属材料作为结构材料，具体选用如下：

（1）在还原性环境中，通常选用镍、铜及其合金。

（2）对氧化性环境，采用含铬的合金。

（3）对氧化性极强的环境，宜用钛及钛合金。

金属和合金品种有数万种之多，仅不锈钢就有几十种，在选用金属材料时，对冶炼设备所处的"材料－环境"体系，都应进行详尽的调查研究，确切了解某种材料在给定的腐蚀环境中的抗蚀性能，切不可盲目选用。

根据腐蚀环境选择耐腐蚀的金属材料作为结构材料时一般应遵守的原则为：

（1）根据腐蚀介质的性质、温度和压力选材

介质的性质（氧化性或还原性）、浓度、介质中的杂质均直接影响腐蚀速度。介质温度升高，腐蚀速度加快；介质处在低温时则材料会产生冷脆；介质压力高则对材料的强度、耐蚀能力的要求也高。

（2）根据冶炼设备的类型、结构选择材料

例如泵体、泵的叶轮，除要耐蚀外，还要求材料具有良好的抗磨及铸造性能；换热器则要求材料还应具有良好的导热能力等。

（3）根据产品要求选择材料

某些产品要求清洁，防止金属离子污染等，虽然介质不具有腐蚀性质，但在选材时亦应慎重对待。

（4）根据材料货源及价格选材

选材时应立足国内资源，应大力推广耐腐蚀铸铁、低合金钢及无铬镍不锈钢的应用。高铬镍不锈钢尽可能少用。我国国内钛资源丰富，在钛材质量、价格均佳的前提下应提倡使用。

3.1.2 选用耐腐蚀的非金属材料作为结构材料

耐腐蚀的非金属材料分无机和有机两类，前者性脆，后者强度低。因此，只有非反应器类的设备才采用耐腐非金属材料作结构材料。如用环氧玻璃钢制作储酸槽，运酸槽及风机等，用塑料制作储液槽，过滤槽，抽滤槽（聚丙烯）及管道，阀门、风机、泵等；用麻石（花岗石）制作储酸槽，抽滤槽等，用耐酸陶瓷制作小型过滤槽等。

3.2 结构材料表面衬、涂、镀防腐层

在金属结构材料表面衬、涂、镀防腐层的方法是防止金属腐蚀的常用措施之一。防腐层的作用是使金属设备与腐蚀介质隔开，以阻碍金属表面上产生微电池作用。例如铁容器表面覆盖铅，即可防止硫酸的侵蚀。同样，用酚醛漆覆盖在铁表面，就可防止铁在盐酸中不致受到破坏。防腐层应选用合适的耐腐蚀材料，采

用机械或物理方法将其贴附于被保护设备的表面上。防腐层耐腐蚀材料有金属和非金属覆盖层两类，分别叙述如下。

3.2.1　金属覆盖层

用耐蚀性较强的金属或合金，把易腐蚀的金属表面完全遮盖住，以防止介质腐蚀的方法叫金属覆盖层保护。

金属保护层覆盖在主体金属表面的方法有多种，常用的有低熔点金属在钢表面上的热镀，如镀锌、镀锡、镀铅等；零件表面的渗镀，如渗铝、渗铬；电镀，如镀金、银、铜、镍、铬等；喷镀，如喷镀不锈钢、铝、锌、锡等以及采用堆焊、复合及碾压等方法。这些方法均能使耐腐蚀保护层牢固地附着在主体金属表面上，以保护主体设备免遭破坏。较厚的覆盖层是采用板管做成金属衬里。近年来，钽被看成"完全耐腐蚀的材料"，但它很贵，只能作内衬。

3.2.2　非金属涂层保护

非金属覆盖层保护可分为涂层保护和衬里保护两类。非金属保护具有优良的防腐蚀能力，在冶炼设备的防腐中已占有十分重要的地位，是一种具有广阔前景的防腐方法。

非金属涂层保护又称涂料保护；涂层应满足如下要求：

（1）涂层材料在腐蚀介质中非常稳定。

（2）所形成的涂层（如漆膜）完整无孔，不会透过介质。

（3）涂层与主体金属粘结牢固，具有一定机械强度和适当硬度与弹性。

涂层材料繁多，分类方法也多种多样，通常按涂层的成膜物质分类，如油脂漆、醇酸树脂漆、酚醛树脂漆等。

选用涂料时应特别注意产品的性能指标，在同一类产品中其性能差别很大，不同种类的产品其性能各有优劣。在选用时一般应注意下述几点：

（1）根据设备所处的腐蚀环境选择涂料性能。

（2）设备在环境中运转时会对涂层材料造成什么影响，如温度、湿度的变化，机械摩擦与碰撞等是否能保持涂料的稳定性。

（3）要求涂料的干燥速度。

（4）对涂料的颜色、光泽及施工方法有何要求。

（5）涂料的成本。

具体选用时应根据腐蚀环境参照涂料手册中在该条件下的腐蚀数据表进行选用。

除了非金属涂层以外，非金属衬里保护是应用最广和最重要的防腐方法。非金属衬里用材料有塑料板、橡胶板、瓷板、瓷砖、陶板、辉绿岩板、石墨板及玻璃钢等，下面分别详细介绍非金属材料衬里防腐。

3.2.3　硬聚氯乙烯衬里

由于硬聚氯乙烯塑料既可作防腐结构材料，也可作衬里防腐材料。硬聚氯乙烯衬里方法一般有松套衬里、螺栓固定衬里、粘贴衬里三种。

1. 松套衬里

以钢壳为主体，里面加衬硬聚乙烯薄板作为防腐层，衬里和钢壳不加以固定，因而钢壳不限制硬聚氯乙烯的收缩，这种衬里方法即是松套衬里。

松套衬里常用于尺寸较小的设备。由于衬里底部转角容易产生应力集中，因此底角以采用折边圆角结构为宜。

松套衬里的施工与其他衬里施工方法相似。钢壳内壁应符合硬聚氯乙烯塑料板施工要求，如内壁和底部均平整，不允许有电焊疤等局部凸起等。

因硬聚氯乙烯塑料线膨胀系数比钢材大 5 ~ 7 倍，故衬里应考虑补偿装置。

2. 螺栓固定衬里

对于尺寸较大的设备，采用螺栓将衬里层固定在钢壳上的衬里方法，叫螺栓固定衬里。螺栓固定衬里可以防止衬里层从钢壳上脱落。

这种衬里方法对钢壳表面要求不高，只要把焊缝等突出部分磨平即可。衬里施工比较简单，施工进度较快，但由于衬里层和钢壳之间没有紧紧贴服，加上膨胀节本身耐压能力也不高，致使这种结构的设备使用压力仍不能过高。

3. 粘贴衬里

用粘贴剂把聚氯乙烯薄板（2 ~ 3mm）粘贴在钢壳内表面的衬里方法，就叫粘贴衬里。粘贴衬里不仅使衬里层不会从钢壳上脱落，而且使衬里层与钢壳之间的空隙为胶粘剂所填满因而提高设备的工作压力。粘结硬聚氯乙烯的胶粘剂主要有过氯乙烯胶液及聚胺胶液（即乌里当），后者比前者粘结强度高，但不耐腐蚀，故应用焊条将各板缝处封焊。

3.2.4　软聚氯乙烯衬里

与硬聚氯乙烯比较，软聚氯乙烯强度低，耐腐蚀性也低，它不仅具有较好的耐温性、耐冲击性及良好的弹性，而且施工方便，速度快，成本低，因而在防腐中经常采用。软聚氯乙烯的施工方法主要有松套法，螺栓固定法，内衬钢箍法和粘贴法。

1. 松套法

松套法衬里与基体间不加以固定。此种方法施工比较简单，整体性好，塑料的热膨胀量不受基体限制，一般适用于容积不太大的设备。

2. 螺栓固定法

与硬塑料的螺栓固定法相似，但软聚氯乙烯衬里的焊缝一般采用搭接，因此设计下料时应把搭宽（40～50mm）计算在内，软板的长度和宽度应尽可能大，拼焊工作尽可能在设备外部进行。

3. 内衬钢箍法

对于较大的设备，为防止衬里脱落，筒体环向须加固定箍。内衬钢箍法施工是采用搭接焊、烫焊形式，不用胶粘剂。

4. 粘贴法

与硬聚氯乙烯粘衬里相似，粘贴法施工时，先将钢壳内壁焊缝凸出处铲平，同时对内壁进行表面喷砂处理，然后在既粗糙又平整、清洁的内壁上涂刷两层或三层胶粘剂，把3mm厚的软聚氯乙烯板贴紧于粘合剂上，稍加用力，并在用力的同时，钢壳外部用喷灯加热，以便使软聚氯乙烯板能更好地贴紧于钢壳内壁，而软聚氯乙烯板间接缝，采取较大的斜面接触。

3.2.5 玻璃钢衬里

3.2.5.1 玻璃钢衬里的特点及分类

我国1960年以后才开始用玻璃钢防腐衬里，成功解决了许多腐蚀问题。

玻璃钢衬里就是在金属、混凝土及木材为基体的设备内表面，用手工贴衬玻璃纤维织物并涂刷胶液形成玻璃钢防腐层。其主要优点是：施工方便，技术容易掌握；整体性能好，强度高，使用温度高，混凝土等基体粘结力强，适于大面积和复杂开关设备以及非定型设备的成形；成本低，因而可与传统的砖板衬里，橡胶衬里，聚氯乙烯衬里等相媲美。

玻璃钢衬里除上述优点外，也有不足之处：施工操作环境较差，衬里的质量决定于施工技术和胶液配比的准确程度，因而易出现质量不稳定的缺陷。

按树脂种类、配合比、热处理温度高低不同，玻璃钢衬里可分为九种，如表1-3-1所示。

表1-3-1 玻璃钢衬里种类

序号	玻璃钢名称	固化及热处理类型	固化剂	层 间 结 构 底层	中间层	面层
1	环氧玻璃钢	低温	乙二胺	环氧	环氧	环氧
2	环氧玻璃钢	中温	间苯二胺	环氧	环氧	环氧
3	环氧玻璃钢	高温	聚酰胺或酸酐	环氧	环氧	环氧
4	环氧/酚醛	低温	乙二胺	环氧	环氧/酚醛	酚醛（钠型）
5	环氧/酚醛	中温	间苯二胺	环氧	环氧/酚醛	酚醛（钠型）
6	环氧/呋喃（7:3）	中温	间苯二胺	环氧	环氧/呋喃	环氧－呋喃或酚醛－呋喃
7	酚醛玻璃钢	中温	苯磺酰氯	环氧或酚醛	酚醛	酚醛（钠型）
8	酚醛玻璃钢	高温	热固化	环氧或酚醛	酚醛	酚醛（钠型）
9	双酚A型聚酯	低温	过氧化环己酮萘酸钴	环氧（乙二胺）	双酚A聚酯	双酚A聚酯

3.2.5.2 玻璃钢衬里用原材料

1. 合成树脂

合成树脂是玻璃衬里的关键材料即其底漆的关键成分。常用的合成树脂有环氧、酚醛、呋喃、聚酯和聚氨酯，其中，由于环氧树脂和以环氧为基的环氧－酚醛、环氧－呋喃、环氧－聚酯的改性树脂的性能优越，在防腐工程中越来越引起人们的重视；而耐腐蚀的酚醛树脂和聚酯树脂也有了批量生产，为玻璃钢衬里在设备防腐蚀上的应用开辟了广阔的前景。

玻璃钢衬里是通过树脂底漆将设备基体表面与它们粘结起来形成一个整体的，因此粘附力大小及温度对冷热交变的影响情况，就成为选择树脂底漆的依据。按其综合性能比较以环氧最优；以环氧为基的环氧－呋喃、环氧－酚醛次之；酚醛－呋喃、酚醛较差；而呋喃最劣。这是因为固化时树脂的体积收缩率是呋喃＞酚醛＞环氧，而树脂同碳素钢的粘结力是环氧＞酚醛＞呋喃。

2. 玻璃布

玻璃布是玻璃钢衬里的增强材料。由于平纹布编织紧密，表面平整，且各向强度较为一致，因而设备防腐中习惯用平纹布。从设备防腐的目的来说，要求玻璃布耐腐蚀性好、树脂易于浸透、铺覆性好、易排除气泡，且与树脂粘结力大和便于施工。因此，在衬里时，还选用斜纹布和缎纹布，特别是无捻粗纱方格布，比平纹更为优越。

玻璃布厚度的选择与施工方法、操作条件、铺设层数等因素有关。一般化工设备的手工贴衬施工中，玻璃布的厚度宜选用0.1~0.5mm。

3. 辅助材料

辅助材料包括固化剂、填料、增韧剂、增塑剂、稀释剂等数种。

（1）固化剂　固化剂在常温下能使各种树脂充分交联固化。常用的环氧树脂的固化剂为乙二胺（EDA）、二乙烯三胺（DTA）、多乙烯多胺（PEDA）、间苯二胺（MPDA）和咪唑；酚醛树脂的固化剂为苯磺酰氯、苯磺酸、硫酸乙酯、对甲苯磺酰氯与盐酸（7:3）等；呋喃树脂的固化剂为苯磺酰氯、对甲苯磺酰氯、苯磺酸、石油磺酸、硫酸乙脂等，与酚醛树脂固化剂基本一样。

聚酯树脂的固化机理不同于上述几种树脂，要使其达到充分交联，必须使用交联剂和引发剂。交联剂和引发剂的选用参照有关手册进行。

（2）填料　在衬里用胶液中加入一定量的填料，可以增加胶液的稠度，增大粘度，降低反应热，延长使用期；能降低热膨胀系数，减少收缩率；提高衬里的抗冲击韧性和抗磨损能力，提高衬里的粘结强度，耐热性和耐腐蚀能力。

作为防腐蚀衬里的主要填料有辉绿岩粉、石英粉、瓷粉、石墨粉、钛白粉和立德粉。

（3）增韧剂和增塑剂　增韧剂与树脂起化学反应成为树脂固化体系中的一个组成部分而长期起作用，而增塑剂不起反应，固化时可能逸出。

环氧树脂用增韧剂有聚酰胺树脂650及601、聚硫橡胶、聚酯树脂和酚醛树脂，其用量（%）分别为：80及45，10~20，10~20及10~20。

环氧、酚醛和呋喃树脂常用的增塑剂为苯二甲酸二丁酯及邻苯二甲酸二丁酯等，用量为10%。

聚酯一般不单独加入增塑剂，在配制引发剂时用一些邻苯二甲酸二丁酯，用量为2%。

（4）稀释剂　稀释剂可降低树脂胶液的粘度，增加流动性和浸润性，便于施工操作，并降低反应热，延长胶液的使用期限。

环氧树脂所用活性稀释剂有环氧丙烷丁基醚（501#）和脂环族环氧树脂（6206#），用量为10%~15%。

环氧树脂所用非活性稀释剂有丙酮、二甲苯、苯及乙醇等；酚醛树脂主要用乙醇；呋喃树脂可用环氧树脂所用的全部非活性稀释剂，以二甲苯、苯和联苯较好。非活性稀释剂的用量均以5%~15%为宜。

聚酯树脂最理想的稀释剂是其交联剂苯乙烯。

3.2.5.3　玻璃钢衬里金属基体的预处理及要求

金属基体要有足够刚度和强度。在运输、吊装及工作负荷下不得产生变形。设备壳体尽量采用平法兰连接结构。金属设备上所有气焊工作必须在喷砂前结束，焊缝要饱满，不准点焊或局部焊，残留焊渣、节瘤、毛刺需用砂轮、扁铲人工清理干净。人孔、管接头不得伸出设备内表面，相贯线上焊接要堆焊成圆弧过渡，贴衬后的设备严禁再进行焊接。

贴衬表面要平整，设备基体一律用对接，加强筋应在设备的外表面，所有转角处必须做成半径不小于10mm的圆弧形。

玻璃钢衬里设备的连接管的内径一般不小于50mm，长度不超过2200mm；对内径大于50mm的管子，其长度可适当加长。

设备表面宜用喷砂除锈，除锈后的表面应全部均匀露出银灰色金属基体。要特别注意法兰、转角及凹坑处的喷砂质量。

已经喷砂好的表面，立即用压缩空气吹净表面浮尘，并用毛刷或白布蘸120#溶剂汽油洗刷表面一次，除去油污。除油后的表面，应立即涂刷底漆。

3.2.5.4　玻璃钢衬里施工工艺

1. 技术要求及设计

（1）层间结构设计　玻璃钢衬里按技术要求层间结构可以分为底层、中间层和面层。

底层　底层由底漆、底层腻子和底布三者组成，其作用在于粘结玻璃钢层与金属基体表面。底布宜选用厚度为0.1~0.2mm的中碱或无碱无捻粗纱方格布。底层含胶量控制在40%~50%，厚度0.2~0.4mm。

中间层　中间层起着面层与底层间的过渡作用，并与面层共同组成耐腐蚀的防渗层。玻璃布宜选用厚度为0.2~0.4mm的中碱或无碱无捻粗纱方格布，含胶量应控制在50%~60%，层厚为2~2.5mm。

面层　面层由面层布、面层腻子和面漆三者组成，是主要的防腐层。玻璃布宜选用厚度为0.3~0.5mm的有碱或无碱无捻粗纱方格布（或玻璃毡）等。面层含胶量应控制在65%~75%，层厚在1~1.5mm之间。

（2）温度要求　玻璃钢衬里施工现场温度应大于15℃，相对湿度不大于80%，为了防止凝露，每次涂胶时，应使基体表面温度比周围空气温度高5℃。

（3）干燥时间　每道工序间必须留有足够的自然干燥时间，干燥至不粘手后，再加热至40~60℃一昼夜。

2. 施工

（1）玻璃布预处理及下料　石蜡型浸润剂的玻璃布，使用前一般用电炉或烘箱加热脱蜡。用电炉时温度控制在360~400℃，加热5~7min；用烘箱时，温度控制在200~250℃，加热30~40min。至外观呈金黄色为好。经除蜡后的玻璃布，要正卷放置于干燥处，严防受潮。

聚醋酸乙烯型或有机硅烷基浸润剂的玻璃布，直接可以使用。

玻璃布下料应按设备形状与施工部位及贴衬方式剪成需要的长度与形状。剪好的布不准拆选，用纸管或硬聚氯乙烯管卷好备用，并按部位、层次编号，避免施工时混乱。

（2）胶液的配制　配制时配料称量要准确，液体料可折算成体积计量，量具要分开专用，不准混用，更不准随意改变配方。固化剂称量误差不大于2%。配料用完后的工具立即用丙酮清洗干净，以备再用。

底漆、腻子、胶液、面漆随用随配，每次配制数量以30min用完为宜。环氧类一次不宜超过3kg，酚醛、呋喃、聚酯一次不超过5kg。

配料顺序为：先在水浴上将环氧树脂加热至40～50℃，搅匀后加入增塑剂，当温度下降至30℃左右时加入稀释剂，最后加入固化剂。用料前要加填料，搅拌好后立即使用。

为使用方便，减少乙二胺的刺激气味，固化剂乙二胺和间苯二胺可先配成1∶1的丙酮溶液。

有关各类玻璃钢衬里用胶料的基本配方从有关手册及书籍中可查得。

（3）刷底漆及刮腻子　底漆要涂布均匀，漆膜厚薄要一致，一次涂刷不宜过量，漆膜厚度控制在0.1mm以内。涂完后表面不应有漏刷、流淌和结瘤等现象。

底漆全部刷完后，于室温下自然干燥24h，待初凝不粘手后，才可加热固化处理及刮腻子。

刮腻子时应按凹凸坑的深浅及过渡圆弧的大小，选用韧性大的油灰刀，在欲刮表面上抹少量腻子，用力来回刮抹3～4次，然后再添腻子找平。腻子刮完后在室温条件下自然固化24h，凡有分层龟裂处要铲掉重抹。

（4）贴布操作　贴布方法有间断法、连续法和分段连续法三种。

间断法。每贴一层布后，自然固化或热固化处理，经修整和腻子找平，再贴第二层，依次顺序贴至所需厚度。此法时间长，但质量好。

连续法。一次同时贴衬若干层，每层之间互相重叠错位，贴完后在室温下自然固化。本法的施工速度较快。

分段连续法。按层间的结构分段连续，即每阶段为连续法，分段固化处理。

贴布顺序依设备形状而定。一般原则是：先里后外，先上后下，先器壁后底部，斜坡处由低至高。连续贴衬一次最多不超过四层。布贴好以后，用毛刷由中间向上下、左右推赶，用力要匀，布无皱褶，纤维纵横垂直。而后用毛刷沾胶由中间向四周蹬刷，不要拉刷，以免起皱。胶量以均匀浸透布为准，不宜太多，以免产生流痕和暗瘤，影响下层施工。

（5）面层腻子及面漆施工　进行面层腻子施工前，应将表面节瘤、毛刺、气泡及分层等缺陷加以修整，然后用砂布或碎砂轮片拉毛，扫净后，用油灰刀将腻子均匀涂刮一层，将低洼及布纹交织孔填平。面层腻子厚度0.2mm，以提高表面密实性。

面漆要涂两遍，分次进行，涂漆要匀，防止流淌和积胶。面漆厚度在0.1~0.2mm之间为宜。

（6）热固化处理　贴衬完工后，必须进行热处理使之充分固化。根据玻璃钢品种及施工条件的不同，可选择下列任何一种热固化处理方法。

分段热固化。在每一段施工完成后进行中间热固化处理，所需温度比标准要求低些，时间短些，等全部施工完后，再按标准要求进行最后热固化处理。

一次性热固化。在每一阶段施工完后，经常温或稍通入40~50℃热风干燥，直至全部施工完后，进行最后的热处理。

加压热固化。能耐压的密封容器及设备，可将预热至一定温度的压缩空气逐渐通入设备中，慢慢升温升压，压力为98066.5~147100Pa，温度按标准升温条件进行。

热固化处理时，要严格掌握升温速度，升温速度不大于$5℃ \cdot h^{-1}$，降温速度不大于$10℃ \cdot h^{-1}$。50℃以下可随炉冷却或自然冷却。

3.2.6　砖板衬里

3.2.6.1　砖板衬里简介

所谓砖板衬里，就是在金属或混凝土等为基体的设备内壁，用胶泥衬砌耐腐蚀砖板等块状材料，将腐蚀介质与基体设备隔离，从而起到防腐作用。

砖板衬里在我国防腐工作中应用较早，在生产设备防腐中占有重要的地位。据估计，约占化工、冶金生产中全部防腐设备的一半。

砖板衬里具有以下优点：

应用广泛。选用不同材质的砖板和不同胶泥可防止多种腐蚀介质及不同温度下的腐蚀。

材料丰富。砖板衬里用原材料立足于国内，价廉易得，便于推广，各地轻工系统中小企业等均有生产。

工艺简单。砖板衬里施工工艺简单，方法成熟，容易掌握。

使用寿命长。一台砖板衬砌质量良好的设备在正常情况下可使用十至数十年，如某台合成盐酸贮罐容量50t，已使用十四年，目前仍继续使用。

砖板衬里除具有上述优点以外，亦存在如下不足：

整体性差。衬里由多条胶接缝将多块连成一体，局部施工不良或使用不当即可造成设备腐蚀穿孔。

劳动强度大。砖板衬里施工大部分为手工操作，工期较长，因而劳动强度大。不能承受冲击振动。砖板材料大多属于脆性材料,抗冲击强度最大不超过 $3kg \cdot cm^{-2}$,故在外力冲击下衬里较易破裂。

不便运输吊装。砖板衬里的衬层厚,衬里后增重较多,因而不便搬动。

易龟裂粉化。常用的砖板衬里材料耐温性差,尤其是耐温剧变性差,往往因使用中温度剧变而发生龟裂或粉化。

3.2.6.2 砖板衬里用胶泥

胶泥是砖板衬里使用的粘度较大、加入填料较多、固化前酷似粘土状的一种胶料。

胶泥种类很多,可划分为无机的硅质胶泥即水玻璃胶泥和有机树脂类胶泥,各种胶泥都由胶粘剂、固化剂、填料、改进剂或辅助材料四个基本部分组成。

胶粘剂是胶泥中主要成分,它使粉料的每个颗粒得到润湿并粘结成一整体。胶泥的耐腐蚀性能与物理机械性能基本上由胶粘剂的性质所决定。

固化剂亦称硬化剂,它使得胶粘剂和填料形成可以使用的胶泥,并具有良好的施工性能。在一定的时间里,通过固化剂和胶粘剂的化学作用,使胶粘剂凝聚或交联将胶泥变成耐腐蚀的坚实固体。

填料为各种耐腐蚀的无机矿物粉、石墨粉或无机盐粉料。加入填料,可以使胶粘剂粘度增大、流动性降低,从而改进胶泥的施工性能。填料还可以降低固化时放热引起的温升,亦可降低胶粘剂固化的收缩率和热膨胀系数,提高粘结力,减少胶粘剂用量、降低成本。当然,胶泥中加入填料也会带入空气、增加胶泥孔隙率、降低抗冲击和抗拉强度等。

改进剂或辅助材料是为了改善施工及使用性能的各种组分,如在树脂胶泥中加入增韧剂、增塑剂,以增加胶泥韧性。

胶泥的选用是砖板衬里的关键环节。被选用的胶泥应具有良好的耐腐蚀性能、较好的物理机械性能、结构密实、耐渗透、固化收缩率小、粘合强度高、热稳定性好等优点;胶泥应均匀、无气泡和块状物,稠度符合施工要求。

1. 水玻璃胶泥的组成与配方

水玻璃胶泥是由水玻璃、惰性填料和固化剂调配制成。由于水玻璃胶泥具有耐氧化性酸、耐高温、资源丰富和便于施工等优点,因而是砖板衬里中广泛应用的,耗量最大的一类胶泥。

水玻璃 水玻璃俗称泡花碱,分为钠水玻璃和钾水玻璃两类,其组成可用通式 $X_2O \cdot nSiO_2$ 表示(X 代表 Na 或 K)。由于钠水玻璃与钾水玻璃相比,价格比较便宜,故目前国内多用钠水玻璃。

水玻璃的模数 n 是水玻璃规格的一项重要指标,它是水玻璃中 SiO_2 与 Na_2O(或 K_2O)物质的量的比值:

$$n = \frac{SiO_2 \text{ 物质的量}}{X_2O \text{ 物质的量}} \qquad (1-3-1)$$

水玻璃密度是表示水玻璃性能的另一项重要指标，它既与溶液中的固体物质总量有关，还取决于溶液的化学组成。水玻璃密度过小时会引起胶泥粘结力小，不易施工，同时造成强度下降，但是水玻璃模数不能太高，密度也不能太大。

一般来说，砖板衬里中硅质胶泥的水玻璃模数为 2.6~2.65（夏季）和 2.8~2.85（冬季）。水玻璃的密度为 $1.38 \sim 1.45 \text{g} \cdot \text{cm}^{-3}$，以 $1.442 \sim 1.45 \text{g} \cdot \text{cm}^{-3}$ 为佳。

填料　水玻璃胶泥常用填料有辉绿岩粉、69#耐酸灰、石英粉、瓷粉等等，其物理和机械性能及使用的一些技术要求在有关手册中可查到。

以上各种填料中，辉绿岩粉应用广泛，效果较好，用它制成的耐酸胶泥和耐酸混凝土具有结构密实、强度高、耐酸、耐磨性能好以及改善抗渗性等优点。

固化剂　水玻璃胶泥固化剂可分为含氟固化剂和不含氟固化剂两类。不含氟固化剂是为克服含氟固化剂的不足近几年提出的新产品，其中以磷酸铝作为非含氟固化剂在国内得到应用。

含氟固化剂中最为常用的是氟硅酸钠（Na_2SiF_6）和它与氧化铅（PbO）复合的强化剂。氟硅酸钠的物理性能及技术指标见有关手册。

改性剂　在水玻璃中通常加入适量糠醇树脂或糠酮树脂（通常为水玻璃加入的10%）等改性剂，便可以使胶泥密实度增大，机械强度有所提高，渗透性减小。

配方　水玻璃胶泥是由水玻璃、填料和固化剂组成的。填料与水玻璃之比为1∶0.7（作灰浆用）至100∶35（作砌筑用），即亦根据衬砌用途具体选定；硬化剂含量应占水玻璃含量的 12%~15%，硬化剂可预先配制在填料中。当水玻璃的密度为 $1.42 \sim 1.5 \text{g} \cdot \text{cm}^{-3}$，模数在 2.5~3.0 之间时，硬化剂投加量可通过下式进行计算：

$$K = \frac{1.5AP}{B} \qquad (1-3-2)$$

式中：K——水玻璃反应完全所需氟硅酸钠的质量，kg；

　　　A——水玻璃加入量，kg；

　　　P——水玻璃中 Na_2O 的含量，%；

　　　B——氟硅酸钠纯度，%。

水玻璃胶泥施工参考配方及水玻璃胶泥的质量标准，参照有关手册。

2. 合成树脂胶泥

树脂类胶泥包括酚醛、呋喃、环氧以及它们各种类型的改性树脂胶泥，其中，酚醛树脂胶泥具有耐非氧化性酸（包括氢氟酸）、耐酸性有机介质和有机溶剂的性能，经改性后还具有一定的耐碱性能，因而它应用范围最为广泛。

酚醛胶泥是由酚醛树脂、固化剂和填料按一定比例调配制成的。酚醛树脂的质量指标见有关手册。

3.2.6.3 固化剂

能使酚醛树脂分子之间产生交联、缩短其由粘液状态变成固化状态时间的酸性物质称为酚醛树脂的固化剂（或硬化剂）。通常采用对甲基苯磺酰氯、苯磺酰氯和硫酸乙酯等，作酚醛树脂的固化剂，其性能见有关手册。

酚醛胶泥常用的填料有石英粉、硅石粉、瓷粉、石墨粉等，要求耐酸度 > 95%，细度为 100~200mesh，可溶性杂质 < 1%，水分 < 1%，而碳酸盐应全无（这一点十分重要）。

酚醛胶泥的配比为：酚醛树脂：100（质量比），固化剂：5，填料：150 ~200。

酚醛胶泥施工参考配方见有关手册。配制时，准确称量酚醛树脂，然后慢慢加入定量的固化剂（液体）搅匀，再加入填料，激烈搅拌，使树脂、硬化剂及填料散布均匀。如果采用改性胶泥，在称量酚醛树脂后加入定量二氯丙醇或其他的改性剂混匀即可。配制的胶泥应在半小时内用完。

3.2.7 橡胶衬里

橡胶衬里具有良好的物理机械性能、耐腐蚀性能和耐磨性能，作为金属设备的衬里，与基体粘着力强，施工容易，检修方便，衬里后设备增重小，所以橡胶衬里设备在石油、化工、制药、有色冶金和食品等工业部门得到广泛应用。

衬里施工用的橡胶料由橡胶、硫化剂和其他配合剂混合而成，称为生橡胶板（未硫化橡胶板）。施工时，按工艺要求，贴于设备表面后再加热硫化，使橡胶变成结构稳定的防护层。未硫化橡胶板是目前橡胶衬里的常用胶板，它主要是天然橡胶或天然橡胶与丁苯橡胶的混炼胶。根据胶板中硫化剂（以硫磺含量%计）的加入量不同，所得橡胶制品的物理机械性能有很大区别，按橡胶含硫量的不同，可将橡胶分为硬橡胶（含硫量 > 40%）、半硬橡胶（含硫量 10%~40%）、软橡胶（含硫量 1%~4%）三种，还有粘贴板用的胶浆片（含硫量 38%~39%）。各类胶板的种类、牌号、配方见有关手册。

目前，衬里胶板除了常用的未硫化胶板外，还使用硫化胶板、自硫化胶板和非硫化胶板。它们适用于没有热硫化设备的中小工厂以及在无法进行热硫化的大型设备内制作橡胶衬里。

橡胶的工作温度与其寿命有关，温度过高，会加速橡胶老化、破坏橡胶与主体金属间的结合力，导致脱落；温度过低，橡胶的弹性会降低（橡胶的膨胀系数比金属大三倍）。

橡胶衬里结构形式和适用范围见有关手册。

选用橡胶衬里时应注意如下几点：

（1）当介质的腐蚀性强、温度变化不大、设备无机械振动时，宜用 1～2 层硬橡胶。

（2）为避免腐蚀性气体的渗透，一般宜用二层硬橡胶而不采用软橡胶。

（3）介质中含有固体悬浮物需考虑衬里耐磨时，可采用软橡胶作面层，硬橡胶作底层。

（4）大型设备需设置衬里时，若需防冻，一般用硬橡胶作底层，软橡胶作面层，特殊寒冷的地区，可采用二层半硬橡胶。

（5）需进行机械切削加工的橡胶衬里，如泵、离心机转鼓、鼓风叶轮、阀等的衬里，均应选择硬橡胶。

（6）在有些情况下，硬橡胶还可作为砖板衬里的不透性底层。

（7）橡胶衬里的层数一般为 1～2 层，对泵、风机等设备一般需要用 2～3 层，每层厚度在 2～3mm 之间。

（8）在设备有激烈振动的情况下，不能选用橡胶衬里。

（9）在同一设备上，不能同时采用硫化条件不同的二种硬橡胶或橡胶衬里。

（10）在真空条件下，一般不采用软橡胶作底层。

3.3　电化学防腐

3.3.1　概述

3.3.1.1　定义

根据金属电化学腐蚀机理发展起来的一类防止金属腐蚀的方法称为电化学防腐。电化学防腐可分为阴极保护和阳极保护两种。

阴极保护是利用一个外电源或一种连接在金属设备上的活泼金属，往金属设备源源不断地输送电子，使腐蚀电池的阳极转变为阴极或使腐蚀电池阴、阳极电位差等于零，这样金属腐蚀过程即停止。

阳极保护是用一个外电源使金属设备变成阳极，在金属表面电子流向电源的正极，同时金属表面即形成耐腐蚀性薄膜而纯化，腐蚀速度因而显著降低。

3.3.1.2　发展及应用

阴极保护法是英国的德斐（Davy）在 1824 年最先提出的。他建议，用铁块做牺牲阴极来防止海船底铜包皮在海水中的腐蚀。

大约在 1890 年，艾迪逊（Edisobn）曾经进行了用外加电流对海水中的船舶实现阴极保护的试验。

直到20世纪40年代后，阴极保护才开始应用于石油化工设备的防腐，阴极保护技术得以迅速发展和广泛应用。

阴极保护可以用来防止各种土壤和各种水溶液对钢、铁、铅与黄铜等金属的腐蚀，又能防止各种不锈钢或铝等可钝化金属的点腐蚀，还能有效地防止黄铜、低碳钢、镁、铝的应力腐蚀开裂，防止大多数金属的交变应力腐蚀（腐蚀疲劳），防止坚铝和18-8不锈钢的晶间腐蚀以及黄铜的脱锌腐蚀。

阳极保护法是艾德莱努（Edeleanu）于1954年首先提出的。1958年首次在加拿大应用到工业上以防止碱性纸浆蒸煮锅的腐蚀。随后，阳极保护陆续应用到硫酸、磷酸、有机酸、液体肥料等系统中的防腐。

在我国，20世纪60年代初才开始阳极保护的研究。并分别于1967，1978年，在碳铵生产的碳化塔、CO_2发生器以及在含有少量尿素的18%～20%氨水贮槽上采用了恒电位阳极保护。

阳极保护可以用来保护那些阳极化后容易钝化的金属和合金（如碳钢和不锈钢），但不能用来保护锌、镁、镉、银、铜或铜基合金。另一方面，由于卤素阴离子能破坏钢铁和不锈钢的钝态，也不能用阳极保护法来保护盐酸或酸性氯化物中的这些金属，但可用阳极保护法防止接触盐酸介质的钛设备的腐蚀。

3.3.2 阴极保护

3.3.2.1 阴极保护的原理

金属置于电解质溶液中，因形成腐蚀电池会发生如下电化学反应：

$$Me - ne \rightarrow Me^{n+} \tag{1-3-3}$$

由于金属作为腐蚀电池的阳极而失去电子，所以金属发生腐蚀。如果在腐蚀电池上连接辅助阳极，使电子流入金属，那么上述的阳极反应就将向左进行，于是金属的腐蚀溶解就不再进行，即得到完全保护。

由此可见，阴极保护需要用辅助阳极。如果用电位更负的金属作为辅助阳极，则由所形成的电池电动势来驱动保护电流，在这种情况下，保护电流靠该金属的溶解提供，这就是牺牲阳极保护法；如果用外部的直流电源提供保护电流，靠电源电压来驱动电流，辅助阳极作为导体（如高硅铸铁等）只起传输电流作用，这就是外加电源阴极保护法。两种保护法的工作原理分别如图1-3-1（a）及（b）所示。

利用艾万思（Evans）腐蚀极化图（如图1-3-2所示），可以更加形象和定量地说明阴极保护的原理。

未加阴极保护时，金属的阳极极化曲线Ea^0S和阴极极化曲线Ec^0S相交于

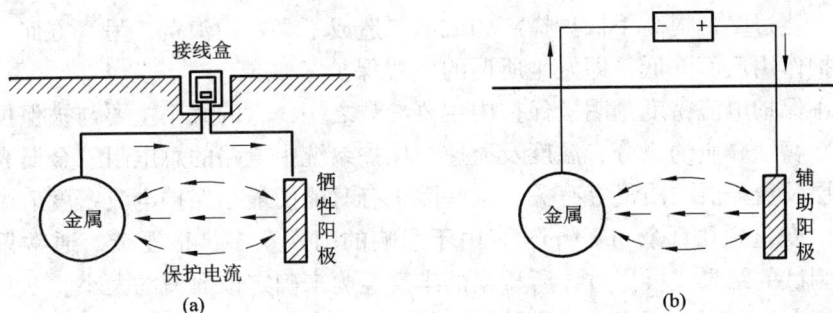

图 1 – 3 – 1　阴极保护工作原理示意图

（a）牺牲阳极保护法　　（b）外加电流保护法

S，S 点所对应的电位 E_0 为腐蚀电池的自然腐蚀电位，所对应的电流 I_0 为该腐蚀电池的自然腐蚀电流。进行阴极保护时，由于向金属施加了阴极电流 I_1，金属的电位 E_0 向更负的方向移动到 E_1，于是腐蚀电流也就从 I_0 下降到 I_1'，因而金属腐蚀的速度相应地降低。继续加大阴极极化电流，则腐蚀电位逐渐向 E_a^0 靠拢，腐蚀电流逐渐减小。当外加阴极电流达到 I_p 时，腐蚀

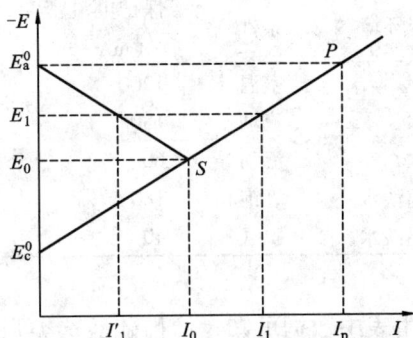

图 1 – 3 – 2　阴极保护极化图

电位移到与 E_a^0 相等，腐蚀电流下降到零，这时金属不再发生腐蚀，也就是说金属受到了完全保护。

由此可见，从理论上要使金属受到完全保护，必须把金属阴极极化到金属中阳极组分的起始电位。实际经验表明，只要把金属阴极极化到比其自然腐蚀电位负 $0.2 \sim 0.3V$，即可达到金属的完全保护。

3.3.2.2　阴极保护的主要参数

1. 最小保护电流密度

所谓最小保护电流密度，就是使金属腐蚀达到最低程度时所需要的保护电流密度的最小值。

最小保护电流密度对于所加电流能否达到完全保护来说很重要。如果外加阴极电流密度小于该数值，则达不到完全保护，只是可以降低腐蚀速度，但达不到使腐蚀降到最低程度的目的。但是，所加阴极极化电流也不是越大越好，如果大于最小保护电流密度，虽说肯定能起到完全保护作用，但采用过大数值时，一方

面消耗电能过多，提高了保护措施的成本，造成不必要的浪费；另一方面，还可能使保护作用反而降低，即发生所谓的"过保护"现象。

最小保护电流密度是阴极保护中主要参数之一，它的大小主要与被保护金属的种类、腐蚀介质的成分、温度及流速、保护系统中电路的总电阻、金属表面有否覆盖层及覆盖层的质量等有关，这些因素有时能使最小保护电流密度值由几个 $mA \cdot m^{-2}$ 变化到几百个 $mA \cdot m^{-2}$。由于影响的因素众多，很复杂，通常只能根据实际测试的结果或根据过去所积累的丰富经验来确定该数值的大小。

钢铁在不同腐蚀环境中所需的最小保护电流密度如表 1-3-2 所示。

表 1-3-2　钢铁的保护电流密度

环境	条件	保护电流密度 / ($mA \cdot m^{-2}$)	环境	条件	保护电流密度 / ($mA \cdot m^{-2}$)
稀 H_2SO_4	室温	1200	中性土壤	细菌繁殖	400
海水	流动	150	中性土壤	通气	40
淡水	流动	60	中性土壤	不通气	4
高温淡水	氧饱和	180	混凝土	含氯化物	5
高温淡水	脱气	40	混凝土	无氯化物	1

由表中数据可知，像稀硫酸这类强腐蚀介质所需的保护电流密度非常大，以致在实际上很难应用阴极保护。

2. 最小保护电位

所谓最小保护电位，就是使金属腐蚀达到最低程度时的电位最小值。

最小保护电位与最小保护电流密度不同，它受腐蚀介质的种类、温度和流速等因素的影响较小。有些金属结构材料的保护电位早已测得，是已知的参数，例如，钢铁在天然水或土壤中的最小保护电位约为 -0.77V（相对硫酸铜电极）或 -0.45V（相对于标准氢电极）；在细菌繁殖很强烈的土壤中钢的最小保护电位是 -0.87V 左右（相对于硫酸铜电极）或 -0.55V（相对于标准氢电极）。

对于不知最小保护电位的金属，采用阴极保护时，其保护电位常采用比自然腐蚀电位负 0.2~0.3V 的办法来确定。例如，测得输送石油的地下钢管的自然腐蚀电位为 -0.55V（相对于硫酸铜电极），进行阴极保护时最小保护电位就取 -0.75~0.85V。自然腐蚀电位能够迅速容易测定，因而最小保护电位就很容易确定。

3.3.2.3 外加电源阴极保护系统

图 1-3-1（b）我们可以看出，外加电源阴极保护系统包括辅助阳极、参

比电极、直流电源及其他附件（如阳极屏、电缆及绝缘装置）。

在外加电源阴极保护时，辅助阳极的作用是使电源从阳极经过介质到被保护金属结构的表面上，因而，理想的阳极材料应该具有下列性能：导电性能良好，阳极与电解质溶液之间的电阻率低；排流量大；耐腐蚀，消耗电少，寿命长；具有一定的机械强度，耐磨损、冲击和震动，可靠性高；易于加工成各种形式；材料易于获得且价格便宜。常用的辅助阳极材料及性能，从有关手册中可查得。

在外加电源阴极保护中，用参比电极来测量被保护结构的电位并向控制系统传送讯号，以便调节保护电流的大小，使结构的电位处于给定的范围内。一些重要参比电极的特性及应用范围见有关手册。这些参比电极最普遍的有银/氯化银电极、铜/硫酸铜电极、锌及锌合金电极和甘汞电极。

在外加电源阴极保护中，直流电源的作用是提供保护电流。目前常用的直流电源有蓄电池组、直流发电机、整流器、恒电位仪、太阳能电池及风力发电机（需有蓄电池组配合）等。

为了防止电流短路，扩大电流分布范围，确定阴极保护效果，在阳极周围涂装屏蔽层，即阳极屏。目前使用的阳极屏有涂层、薄板和覆盖绝缘层的金属板三类。

电缆的作用是连接直流电源和被保护结构、辅助阳极及参比电极的形式。

3.3.3　阳极保护

3.3.3.1　阳极保护原理

生成一层高耐腐蚀性的钝化膜，使金属与腐蚀介质隔开，阳极保护是使金属处于稳定的钝化状态的一种防腐方法，其原理是：对于那些采用能够钝化的金属制成的设备在使用电解质溶液作介质的情况下，利用外加电源往金属设备输送电流使之进行阳极极化，达到一定电位，金属表面的腐蚀速度便显著降低，使金属得到保护。

与阴极保护相似，并不是输入电流越大，阳极保护的效果越好。利用金属的恒电位阳极极化曲线如图 1 - 3 - 3 所示，可以更加清楚地说明阳极保护的原理。

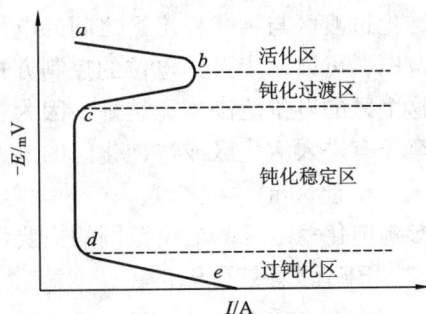

图 1 - 3 - 3　活化 - 钝化金属的阳极极化曲线

能够钝化的金属，外加阳极电流后，从 a 点开始，金属的电流随电位的增高（即电位往正向移动）逐渐增大；到达 b 点时，电流突然减小，这是因为在金属表面已经开始生成了一层高电阻、耐蚀钝化膜；电位上升到 c 点以后，继续升高电位，而电流仍保持在一个基本恒定的微小值上；当电位上升到 d 点时，电流以又开始随电位的增高而增大，这是因为钝化膜由于过高的电位被破坏，金属得以进行新的阳极反应。

由上述情况可知，恒电位阳极极化曲线可分为如下几个区：从 a 点到 b 点的电位范围为活性区；b 点到 c 点的电位范围称为钝化过渡区；c 点到 d 点电位范围称为钝化稳定区；d 点以后的电位范围称为过钝化区。由此可见，进行阳极保护时，要使金属设备表面生成耐腐蚀的钝化膜，必须首先对设备输入较强的阳极电流，使钝化膜逐渐形成。b 点是金属建立钝化的临界点，它所对应的电流 Ib 称为致钝电流（或叫临界电流）。钝化膜形成以后，输入很小的阳极电流就可以使钝化膜保持稳定，因此对应 cd 段的电流 I_m 称为维钝电流。

3.3.3.2　阳极保护的主要参数

阳极保护的主要参数有三个：致钝电流密度、维钝电流密度和钝化电位范围。

1. 致钝电流密度

使金属在给定环境条件下发生钝化所需的最小电流密度就是致钝电流密度。根据致钝电流密度，可以大致估计出对金属设备进行阳极保护直流电源的容量。

2. 维钝电流密度

使金属在给定环境条件下维持钝态所需的电流密度就是维钝电流密度。根据维钝电流密度可以估算阳极保护的效果和耗电量或维持费用。

影响维钝电流密度的因素有金属材料、腐蚀介质的性质（温度、浓度、pH 值等）和维钝时间，在维钝过程中，维钝电流密度随时间延长而逐渐减小，最后趋于稳定。

3. 钝化区电位范围

钝化过渡区与钝化稳定区之间的电位范围就是钝化区电位范围。根据钝化区电位范围，可以初步选择电位的控制方式和参比电极。

这个区的电位范围越宽越好，因为它可以允许电位在较大的数值范围内波动而不至于有进入活化区或过钝化区的危险。为了便于控制电位，这个区的电位范围应该不小于 50mV。

影响钝化稳定区的电位范围的主要因素是金属材料和腐蚀介质的性质。

3.3.3.3　阳极保护系统及设计

1. 阳极保护系统

阳极保护系统一般由阳极、辅助阴极、参比电极、直流电源和导线组成。图 1 - 3 - 4 所示，为硫酸贮槽的阳极保护系统。

在阳极保护中，辅助阴极连接大直流电源的负极，其作用是使电源、电极

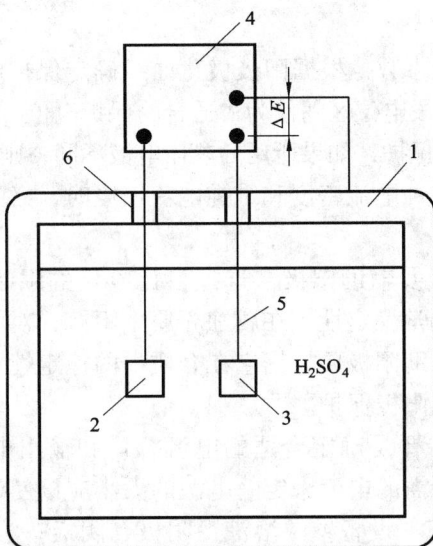

图 1 – 3 – 4　硫酸贮槽的阴极保护系统
1—阳极　2—辅助阴极　3—参比电极　4—恒电位仪　5—绝缘导线　6—绝缘塞

（容器壁）、容器内的电解液构成电路，这样电流就可流通，达到被保护的金属表面上，从而实现阳极保护。

由于辅助阴极浸没在腐蚀介质中，且在通电的情况下工作，因而阴极材料的选择必须考虑其长期稳定性、价格及尺寸大小。一般来说阴极是由金属材料制成的，常用的阴极有铂、不锈钢及碳钢等。

在阳极保护中，参比电极的作用是用来测量被保护设备的电位，并给出讯号使电位控制在合适的范围内，在进行阳极保护时，要根据介质的性质选用合适的参比电极。

在阳极保护中，电源的作用是在阴极－阳极电路中提供直流电。蓄电池组可作为电源，但是通常以交流电作为最初的电源，经过变压和整流，再供保护需用。

2. 阳极保护系统的设计

阳极保护系统必须仔细设计，因为这种保护方法只有在活性－钝性的阳极极化行为的情况下才有效。如果这种方法设计不当，可能会加速腐蚀，这样就很危险。阳极保护系统的设计主要包括以下内容：

（1）测绘阳极极化曲线　一般用恒电位法来测绘。根据阳极极化曲线的特征，就可以确定是否可以实行阳极保护。凡是阳极极化曲线上有活性—钝性转变、致钝电流密度不太大、钝化区的电位范围足够大的系统，就可以进行阳极保护。

（2）确定阳极保护参数　根据阳极极化曲线确定保护电位范围，在此范围内选择所需电流最小的一段电位区间作为最适合的保护电位。实验室试验所得数据可以直接用于现场的设备保护，如果所用的参比电极不同，则将电位换算后再用。

从极化曲线计算致钝电流密度和维钝电流密度时，必须注意它们与时间的密切关系。

（3）选择参比电极及辅助阳极　选择参比电极的限制因素为电极在腐蚀性介质中的适用性和电化学稳定性。在腐蚀介质中不溶，对溶液及温度变化应具有电化学稳定性。选择辅助阳极要根据它在介质中的稳定性，它应该是惰性的，或者在外加电流时能受到阳极保护。

（4）决定电源　主要是确定合适的电流容量和输出电压。电流容量可由预先考虑的使设备钝化所需的电流来定。电源的大小应该使设备在合适的时间内钝化。输出电压根据电缆、设备壁、溶液、阴极、阴极—溶液组成电路的电阻来定，其中阴极—溶液接触电阻是主要的因素。

习题及思考题

1-3-1　试说明各种防腐方法的原理及作用。

1-3-2　如何进行湿法及火法冶金设备的防腐？

1-3-3　硫酸介质的反应设备宜选用什么结构材料和防腐材料？还是两者兼用一种材料？

1-3-4　试比较环氧玻璃衬里和塑料衬里的优缺点？它们对氧化性酸性介质能适用吗？

1-3-5　$10m^3$ 以上的大型设备宜用什么防腐方法经久耐用？

1-3-6　埋在地下的石油、天然气管道采用何种防腐形式最佳？

1-3-7　一钢板做的沉降槽，使用多年后，沉降槽的周边出现斑点泄露现象。为了延长其使用寿命，在沉降槽外表面泄露点处焊上钢板，消除了泄露现象，但不到一年，新焊的钢板处出现了严重的泄露现象。这是为什么？如何处理这种情况？

1-3-8　两水管工（乔和阿伦）在新的公寓安装水管。公寓外的主线水管是普通钢管，公寓内的水管为铜管，其接头处在公寓外的地下。阿伦想在在两管的接头处安装一绝缘套因为他听说这样可以防腐（阿伦读书很多）；乔不同意并指出，土壤中的湿度会使得其绝缘套毫无价值。谁是对的？正确的程序该如何进行？

第二篇
湿法混合反应器

1　概述

湿法混合反应器包括湿法搅拌混合反应器和管道反应器两类。

湿法搅拌混合操作的主要过程是把液体盛装在一个容器内，利用浸没于液体中的旋转叶轮（搅拌器）或其他方式搅动流体，实现两种或多种物料间的均匀混合，加速传热和传质过程。完成这一混合操作过程的装置称为湿法搅拌混合反应器。

湿法搅拌混合反应器又可分为两大类，一类是机械搅拌混合反应设备，即利用叶轮（搅拌器）旋转搅动液体实现搅拌混合；另一类是利用流体流动搅动物料实现搅拌混合操作，这种设备称之为流体搅拌混合设备，空气流是常用的搅动流体，因此，一般称气流搅拌混合设备。

机械搅拌混合反应器的基本结构如图 2－1－1 及表 2－1－1，它包括罐体、搅拌器、搅拌轴、搅拌附件、轴封及传动装置等部分。在湿法冶金生产中，习惯上称机械搅拌混合反应器为反应槽、反应罐、反应釜等，按生产过程亦称之为浸出槽、净化槽、还原槽、氧化槽、中和槽、水解槽、置换槽等，本书统称为机械搅拌混合反应器。机械搅拌混合反应器的分类方法多种多样，常见的分类方法有：按安装方式可分为立式和卧式两类；按罐体结构及材料可分为碳钢、不锈钢、碳钢衬橡胶、碳钢衬搪瓷、碳钢衬塑料、碳钢衬环氧玻璃钢、碳钢衬铸石、碳钢衬瓷砖（块）、碳钢衬不透性石墨、碳钢衬不锈钢及碳钢衬钛等十一类；按操作压力可分为常压与加压两类。

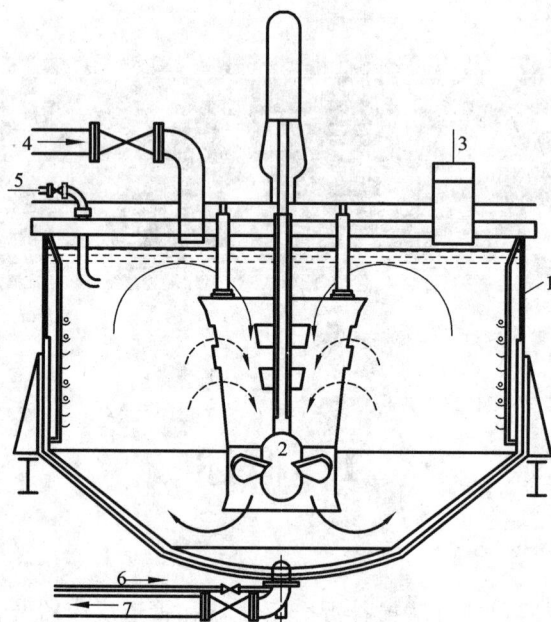

图 2 - 1 - 1 机械搅拌设备的结构

1—槽体　2—搅拌叶轮　3—进料管　4—进液管　5—蒸气管　6—压缩空气管　7—排料管

表 2 - 1 - 1　机械搅拌槽反应的基本组成

组成部分	作用	类型
容器	提供反应空间	密封或敞开 圆筒形，上部为平板或球形封头，下部为椭圆形或锥斗封头
换热器	吸热或放热	在容器内部或外部设置换热器
搅拌器	混合反应器内各种物料	由搅拌轴和叶轮组成，转动由电动机减速箱减到搅拌器所需转速后，再通过联轴节带动
轴封装置	防止槽内介质泄漏	机械密封和填料密封
其他结构	操作及控制	各种接管、人孔、手孔及槽体支座等

　　气流搅拌混合设备的种类不如机械搅拌的多，在有色冶金中常用的气流搅拌混合反应设备有：鼓泡塔、帕秋卡槽、空气升液搅拌槽及空气机械搅拌槽等。液流搅拌混合反应器主要是流化床反应器，它利用上升液体与悬浮其中而上下翻腾的固体颗粒物料形成流体化状态，加速反应过程。

2　机械搅拌反应器

2.1　立式机械搅拌反应器

立式机械搅拌罐是有色金属湿法冶炼生产中应用最广泛的搅拌罐类型。这种设备可在常压下操作，也可在加压的情况下操作。这种中小型搅拌罐在国内已标准化，而且进行系列生产。

立式机械搅拌罐是由搅拌装置、罐体及搅拌附件三部分组成。其构成形式如下：

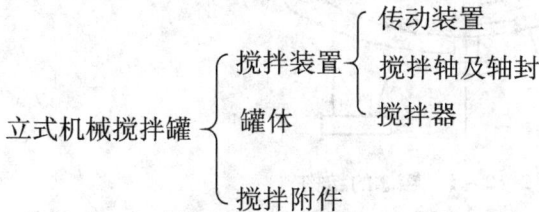

$$\text{立式机械搅拌罐} \begin{cases} \text{搅拌装置} \begin{cases} \text{传动装置} \\ \text{搅拌轴及轴封} \\ \text{搅拌器} \end{cases} \\ \text{罐体} \\ \text{搅拌附件} \end{cases}$$

立式机械搅拌罐的结构如图 2-1-1 所示。

工业上应用最广泛的立式机械搅拌罐的特征如下：

（1）在搅拌罐顶盖的上方装设有传动装置，而且搅拌轴的中心线和罐体中心线是相重合的。

（2）在搅拌轴上可装设一层、两层或更多层搅拌器。

（3）在罐体上可根据需要装设换热部件和搅拌附件等。

2.1.1　罐体的结构

罐体是盛装被搅拌物料的容器。

常用的罐体是立式圆筒形容器，它有顶盖、圆筒和罐底，并通过支座安装在平台或基础上。为了满足不同湿法生产工艺的要求，或搅拌设备自身结构的需要，一般在罐体上装有各种用途的部件。例如，连接底座、进出料液管、检测部件和换热部件等。

罐体的结构如图 2-2-1 所示。

罐体的部件种类繁多，根据搅拌设备的特点，本节着重介绍其中常用部件的

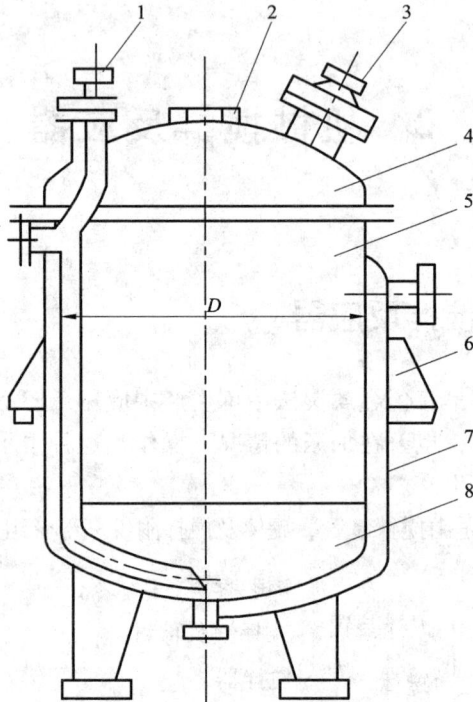

图 2 - 2 - 1　罐体的结构

1—压出管　2—连接底座　3—人孔　4—顶盖　5—圆筒　6—支座　7—夹套　8—罐底

结构类型，当进行罐体设计时，凡是与一般压力容器相同的零部件，均应按照有关标准规范和压力容器设计参考资料进行设计。例如，圆筒、封头（顶盖或罐底）的强度设计；安全泄放装置、支座、开孔补强、管法兰和设备法兰的设计等等。

在湿法冶炼生产中，许多溶液具有强烈的腐蚀作用，会使罐体内壁上产生严重的腐蚀。为了防止溶液腐蚀，常在罐体内壁上衬贴耐腐蚀的金属或非金属材料。

2.1.1.1　罐体的盛装物料系数

罐体的盛装物料系数是搅拌设备的主要参数之一。该系数是指罐体的有效容积（即操作时盛装物料容积）与罐体的几何容积（全容积）之比，即：

$$K_c = \frac{V}{V_j} \qquad (2-2-1)$$

式中：K_c——盛装物料系数；

　　　V——罐体的有效容积，m^3；

V_j——罐体的几何容积，m^3。

搅拌设备中的盛装物料系数 K_c 一般根据实际生产条件或试验结果确定，通常可取 0.6 ~ 0.85。如果物料在搅拌过程中要起泡沫或呈沸腾状态，应取低值；如果物料在搅拌过程中平稳，可取高值。当硫化镍电解阳极泥在搅拌罐内加热融硫和沸腾炉烟灰在搅拌罐内浆化时，建议 K_c 分别取 0.65 和 0.75 左右。

2.1.1.2 罐体的高径比

罐体的圆筒高度与内径（见图 2 – 2 – 2）之比，称为罐体的高径比，即：

$$K_g = \frac{H_t}{D} \qquad (2-2-2)$$

式中：K_g——罐体高径比；

  H_t——圆筒高度，m；

  D——罐体内径，m。

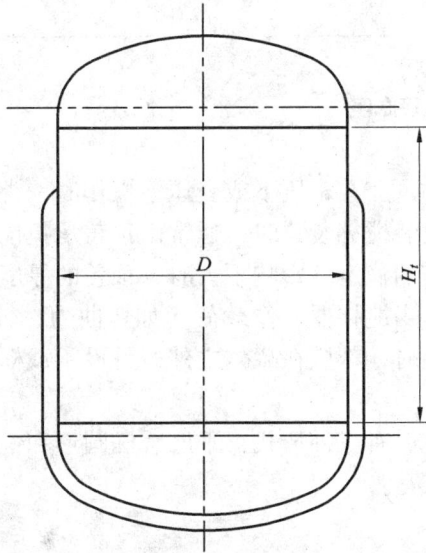

图 2 – 2 – 2 罐体的圆筒高度 H_t 和内径

选择罐体的高径比 K_g 应考虑下面几个主要因素：

（1）罐体高径比 K_g 对搅拌器功率的大小有较大影响。一定结构的搅拌器的直径同罐体内径是有一定比例关系的。随着罐体高径比 K_g 减小，即高度 H_t 减小而内径 D 增大，搅拌器的直径也相应增大。在固定的搅拌转速下，搅拌器功率与搅拌器直径的 5 次成正比。所以，随着罐体内径的增加，搅拌器功率增加很多，这对需要较大功率的搅拌过程是适宜的，否则高径比 K_g 可考虑大些。

（2）罐体高径比 K_g 对夹套传热效果也有较大的影响。在容积一定时，高径

比 K_g 越大则罐体接触料液部分的表面积越大，夹套的传热面积越大，传热表面距离罐体中心越近，料液的温度梯度越小，这对提高夹套的传热效果是有利的。因此，单从夹套传热角度来考虑，一般高径比 K_g 要取大些。

（3）某些物料的搅拌过程要求有较大的高径比 K_g，例如发酵罐之类，为了使通入罐体内的空气与发酵液有充分的接触时间，需要有足够的液面高度，就希望高径比 K_g 取大些。

具体高径 K_g 数值可参照表 2 - 2 - 1 选择。

表 2 - 2 - 1　　几种搅拌罐高径比 K_g 的推荐值

种类	罐体内物料类型	K_g
一般搅拌罐	液固相或液液相物料	1 - 1.3
	气液相物料	1 - 2
发酵罐类		1.70 - 2.50

2.1.1.3　顶盖、罐底和连接底座

1. 顶盖

立式搅拌罐罐体的顶盖在常压下或受压下操作时，常分别选用平盖和椭圆形盖。在椭圆形顶盖上安装搅拌装置时，通常由顶盖承担搅拌器的操作载荷。当搅拌器的操作载荷对顶盖的稳定性影响不大时，顶盖的厚度可不另外加强，否则可适当增大顶盖的厚度。当搅拌器操作载荷（如弯曲力、轴向力和机械震动力等）较大或罐体的刚性较差时，都应在罐体之外，另设承载框架。

2. 罐底

搅拌设备的罐底一般有三种形式：平底、椭圆形和锥形底。平底罐仅适用于常压状态下操作。

3. 连接底座

连接底座焊接在罐体顶盖上，用以连接减速器支架和轴封装置的部件。连接底座有整体式和分装式之分。常用连接底座的结构如图 2 - 2 - 3 所示。各种连接底座的特点如下：

图 2 - 2 - 3a：连接底座与封头顶盖接触处做成平面，加工方便，结构简单。在连接底座外周焊一圆环并与顶盖焊成一体。

图 2 - 2 - 3b：适用于衬里设备。衬里设备也可使用图中 a 所示的连接底座，亦可如图中 b 那样用衬里层包裹。

图 2 - 2 - 3c：适用于碳素钢或不锈钢制的设备。

图 2 - 2 - 3d：分装式连接底座，即轴封连接底座与减速器支架连接底座是

分开的，适用于两连接底座直径相差很大的设备。

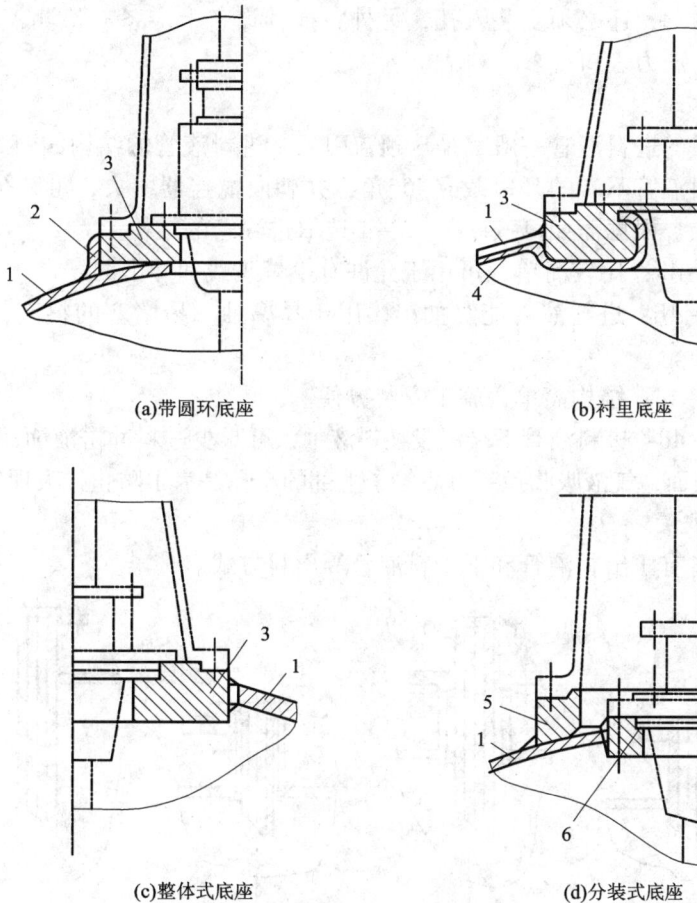

(a)带圆环底座　　　　　　　　　(b)衬里底座

(c)整体式底座　　　　　　　　　(d)分装式底座

图 2 - 2 - 3　常用连接底座的结构

1—罐体的顶盖　2—圆环　3—连接底座　4—衬里层　5—支架连接底座　6—轴封连接底座

　　为了保证既与减速器牢固地连接，又使穿过轴封装置的搅拌轴顺利地转，要求轴封装置与减速器安装时要有一定的同轴度，这时常采用整体式连接底座。如果减速器连接底座与轴封连接底座的直径相差很大时，做成一体不经济，则采用分装式连接底座。

　　连接底座的材料应根据搅拌罐体内料液的腐蚀情况按第一篇所述防腐原则来选择。

2.1.1.4　进出料液管和检测部件

　　搅拌设备要进行生产操作，必须有进出的料液管。为了观察搅拌设备的料液搅拌和反应状况，必须安装视镜。有的搅拌设备直径较大，内部又要经常地检查或进行人工清理，还必须安装入孔，另外，搅拌设备上应备有检测仪表的管口，如温度计口、压力表口等。

1. 进料液管

搅拌设备的进料液管一般都是从顶盖引入，进料液管的结构如图 2 - 2 - 4 所示。这种进料液管下端的开口截成 45°角，并朝向搅拌器中央，可减少料液飞贱到罐体内壁上。根据需要可按图 2 - 2 - 4 选取进液管的结构。

图 2 - 2 - 4a：比较简单，可用于允许有少量飞贱和冲击的场合。

图 2 - 2 - 4b：进料液管能够抽出，用于易腐蚀、易堵塞的料液，清洗和检修都比较方便。

图 2 - 2 - 4c：结构简单，施工安装方便。

图 2 - 2 - 4d：进料液管下端浸没在料液中，可减少进料冲击液面而产生气泡，有利于稳定液面，气液吸收效果好。管子上部的小孔是为了防止虹吸现象而设的。

2. 出料液管

搅拌设备有压出料液管和下出料液管等出料方式。

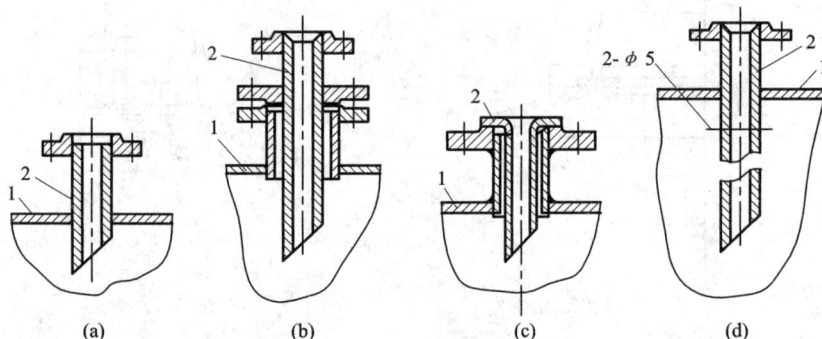

图 2 - 2 - 4 进料液管的结构

a—短管式 b—法兰活套式 c—翻边式 d—长管式

1—顶盖 2—进料液管

压出料液管适用于搅拌罐上出料，结构如图 2 - 2 - 5 所示。采用压出料液管出料时，在搅拌设备内充压缩空气或惰性气体，靠着气体的压力作用使罐体内料液自出液管底部管口压出，输送到下道工序的设备中去。为了减少搅拌时引起出液管的晃动，在罐体内要用固定管卡（图 2 - 2 - 5d）或活动管卡（图 2 - 2 - 5c），将压出料液管固定。当罐体的顶盖与圆筒焊在一起时，压出料液管可采用图 2 - 2 - 5a 所示的结构，罐体内使用活动管卡。为了检修压出料液管，在罐体上须留有人孔。如果压出料管不需要检修时，可将其直接焊在枯盖上，在罐体内使用固定管卡，当罐体的顶盖采用可拆连接时，压出料液管的结构如图 2 - 2 -

5b 所示。为将罐体内的料液全部压出，压出料液管的下端管口应安装在罐体的最低处，为加大压出料液管的入口截面，下管口可截成 45°～60°角。

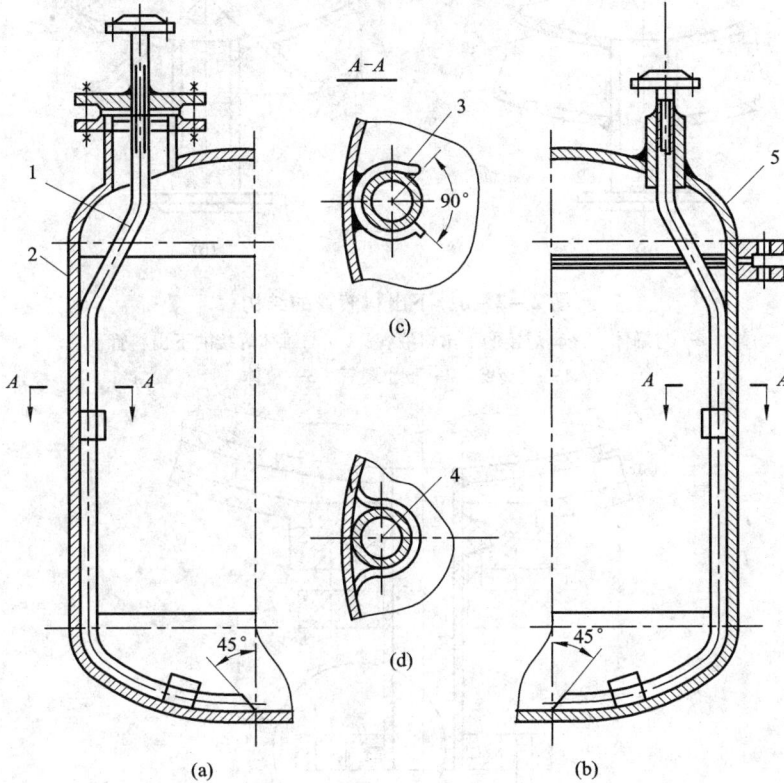

图 2 - 2 - 5　压出料液管的结构

a—与罐体可拆压出料管结构　b—与罐体焊接压出料管结构　c—活动管卡结构　d—固定管卡结构
1—压出料液管　2—焊接罐体　3—活动管卡　4—固定管卡　5—可拆罐体

　　搅拌设备的下出料液管和一般容器一样，应设置在罐体的最低处。当罐体外面焊接有不可拆卸的整体夹套时，下出料液管的结构如图 2 - 2 - 6 所示。

　　图中 a 型是下出料管与罐体、夹套同时焊在一起，它适用于罐体温度与夹套壁温度大致相等的场合。图中 b 是在下出料液口处的夹套作成一凹陷部分。下出料液管不与夹套壁相焊，而是焊在罐体上，使得焊缝易于检查。当罐体外面有可拆的整体夹套时，下出料液管与夹套的间隙，须采用密封装置来密封，其密封形式可选用填料式结构，如图 2 - 2 - 7 所示。为了能够装卸夹套，下出料液管的法兰盘应选用可拆连接，图中 a 为活套法兰连接，图中 b 为螺纹连接。

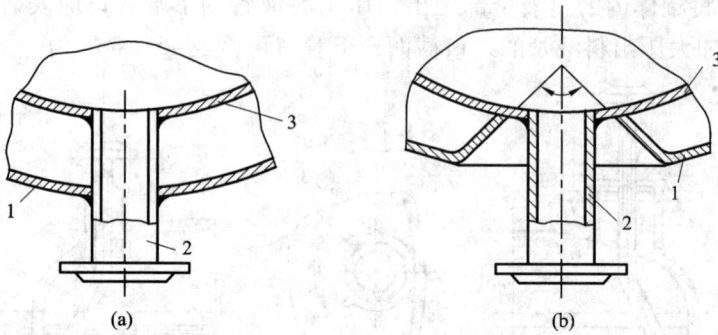

图 2 - 2 - 6　下出料液管的结构

a—与罐体、夹套焊接的下出料液管　b—与罐体焊接的下出料管
1—夹套壁　2—下出料管　3—罐体

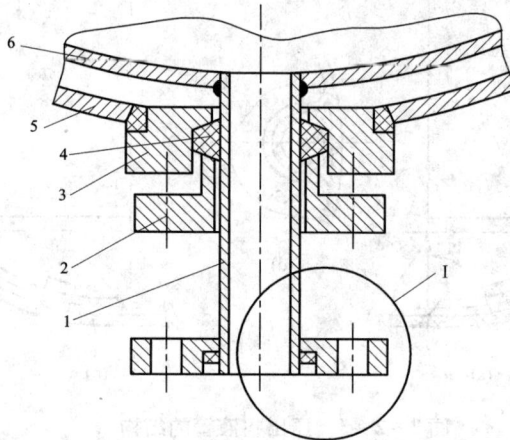

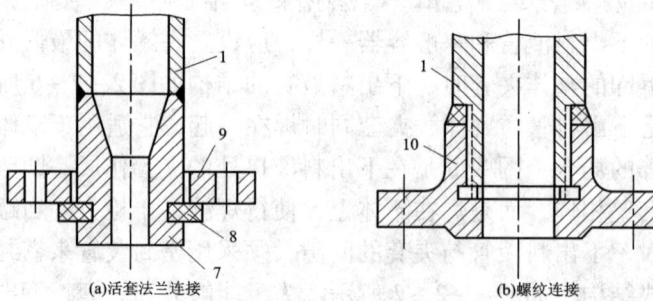

(a)活套法兰连接　　　　　　　(b)螺纹连接

图 2 - 2 - 7　密封填料式结构

1—下出料管　2—压盖　3—填料箱　4—填料　5—夹套壁
6—罐体　7—短节　8—半长块　9—活套法兰　10—螺纹法兰

3. 温度计套管

搅拌设备内料液的温度主要利用放在套管中的长温度计或热电偶来进行测量。温度计套管的结构如图 2-2-8 所示。这类套管是用金属材料制作的，常用材料有碳素钢、不锈钢和镍基合金等。当搅拌粘度很高的料液时，温度计套管受到很大的弯曲力矩，为防止管子弯曲或折断，套管的上部壁要厚一些，或者采用多层套管。多层套管除最里层外，其余各层套管都要钻平衡孔，使套管夹层中的气体与大气相连通。为了建立良好的传热条件，可在套管内注入一些机油或其他高沸点液体，然后把温度计或热电偶插入套管。

4. 保温视镜

设备在高温操作时，由于罐体内外温度差较大，容易在视镜镜片的内表面上结露而妨碍视线，此时可采用图 2-2-9 所示保温视镜的结构。这种结构安装两块镜片，使中间隔层中的空气被周围的蒸汽间接加热，减少每块镜片的内、外温度差，从而防止在镜片上结露。如果在操作视镜容易挂泡沫或物料而影响观察时，可装设冲洗管，如图中右侧所示。

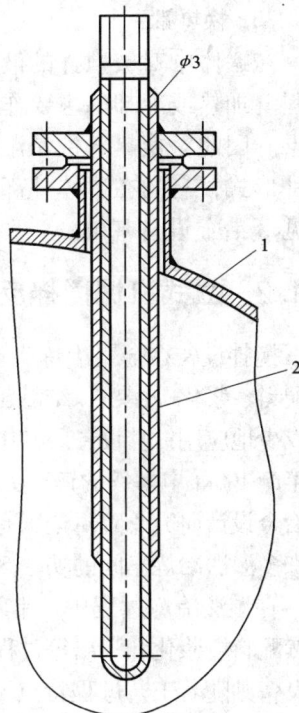

图 2-2-8　温度计套管结构
1—罐体　2—套管

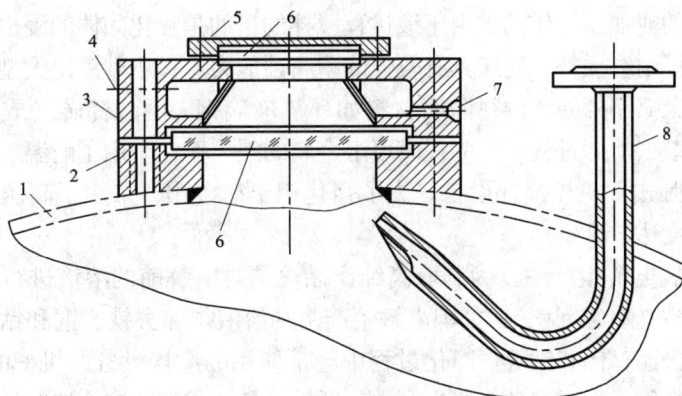

图 2-2-9　保温视镜的结构
1—罐体　2—底座　3—带隔层压盖　4—蒸汽入口
5—压盖　6—镜片　7—冷凝液出口　8—冲洗管

2.1.1.5 换热部件

在罐体中对被搅拌的液体进行加热或冷却是湿法冶炼生产中经常遇到的换热过程。加热或冷却的主要作用是维护生产中最佳的操作条件，以取得最好的工艺效果。因此，换热部件是湿法生产中很重要的部件之一。搅拌设备的传热部件有多种形式，有的在罐体外部设置夹套，有的在罐体内部设置蛇管等，具体设计方法见《冶金设备基础》。

2.1.2 立式机械搅拌反应器的应用

搅拌设备在金属冶炼生产中的应用范围很广，尤其是在湿法冶炼的各工序中，如配料、浆化、浸出、结晶、溶解、还原、分解和萃取等，为了加强冶炼过程，都或多或少地应用搅拌设备。其中立式常压机械搅拌罐占搅拌设备的绝大多数。一座大型的年产100kt电解锌的锌冶炼厂，主流程中就配有搅拌设备80多台。1978年北京有色冶金设计研究总院对全国有色系统冶炼厂的搅拌设备作了调查和功率测试，结果表明许多湿法冶炼车间的功率50%以上是消耗在搅拌作业上。

在湿法冶炼过程中，常常用精矿或焙砂作原料进行生产。在处理这些物料时，虽然配料、浆化和浸出等过程都要求颗粒物料在液体中处于悬浮状态，但所使用的搅拌设备则随着工艺过程特点不同而有所不同。配料工序和为颗粒物料输送的浆化工序，都须将颗粒物料制备成矿浆，通常是在常压立式搅拌罐中进行。由于要求颗粒物料在液体中处于悬浮状态，而使罐体和搅拌器经常受到磨损，因此往往采用耐磨衬里的罐体和包橡胶的叶轮。在从颗粒物料中将可溶金属提取出来的浸出工序中，采用的搅拌设备较多，除机械搅拌设备外，还有空气搅拌设备，而机械搅拌设备有立式、卧式，常压操作的或加压操作的。由于该过程搅拌的目的是强化固体的浸出，因此使用的搅拌设备除了耐磨损外，还应具有较强的耐腐蚀能力。锌焙砂浸出大型搅拌罐的罐体多采用混凝土捣制外壳，内衬防腐材料如环氧玻璃钢、耐酸瓷砖（或板）等。近年来，在镍钴湿法冶炼过程中，为提高可溶金属的浸出率，采用了耐温、耐压的单室立式（或多室卧式）机械搅拌设备。为了强化铝土矿浸出，采用了高压立式搅拌反应器，操作温度达265℃。

在有色金属电解生产中，为制取高纯产品，须对电解前的溶液进行净化，即除去溶液中的杂质（有害元素），如镍电解生产中的溶液须除去铁、铜和钴等，锌电解前的溶液须除去铜、镉和钴等。净化过程中经常使用的搅拌设备有机械的和空气的，多为立式常压操作，在重有色金属生产中，搅拌设备中与腐蚀溶液接触的紧固件，多采用耐蚀的金属材料制作，如不锈钢、钛合金及镍基铬钼合金等材料。

在氢还原法生产镍粉过程中，镍的晶粒是在循环中逐渐长成颗粒的，纯镍的颗粒密度较精矿大，因此须采用大搅拌强度的机械搅拌设备。

在氧化铝的生产中搅拌设备有机械搅拌和空气搅拌两种，搅拌设备的罐体内径达 8～14m，总高度达 31m，有效容积达 1000～4500m³，机械搅拌有推进式和挂链式。若采用空气搅拌则要有一个提供稳定压力和流量的空气压缩机。目前，由于空气压缩机站的维修费用高、能耗大，因此氧化铝厂正在大力研究用新型机械搅拌装置来替代空气搅拌设备。近年在生产中加大罐内料液的循环量，人们采用了五层叶轮搅拌罐。

2.2　其他机械搅拌反应器

在湿法冶炼生产中，绝大多数情况下是采用立式机械搅拌设备来进行物料搅拌的，但是在某些场合下选用其他类型的搅拌设备是必要的。因此，简单地介绍几种其他常用搅拌设备，例如卧式机械搅拌罐、挂链式搅拌罐、五层叶轮搅拌罐等。

2.2.1　卧式机械搅拌反应器

搅拌器安装在卧式罐体（容器）上的搅拌装置，称为卧式搅拌罐。它可用于搅拌气液非均相系的物料。采用卧式搅拌罐可降低设备的安装高度，提高搅拌设备的抗震性，改善悬浮条件等。近些年来，在镍钴提取中，常采用连续作业的多室卧式搅拌罐。图 2-2-10 所示的为四室卧式搅拌槽的结构。

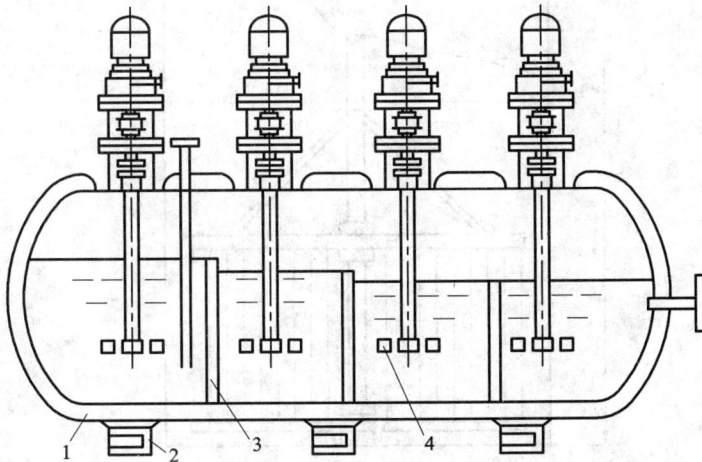

图 2-2-10　四室卧式机械搅拌罐的结构

1—罐体　2—支座　3—隔板　4—搅拌器

　　多室卧式机械搅拌罐的各搅拌室用竖隔板分开，通常为3~5室。每个搅拌室都配有一套搅拌装置。矿浆从卧式搅拌罐一端泵入，依次从上一搅拌室溢流进入下一搅拌室，直至从搅拌罐的另一端排出。为了减少短路和返混，各搅拌室内隔板高度沿矿浆流动方向逐渐降低。为保证气体能从矿浆中分离出来和减少安全阀、管口堵塞的可能性，在罐体的上部必须有足够的自由空间，一般料液平均驻填率为65%（静态），其中第一搅拌室（矿浆泵入端）平均充填率需保持83%（静态）。每个搅拌室的长度一般等于罐的内径。

2.2.2　挂链式搅拌反应器

　　挂链式搅拌罐结构比较简单，在氧化铝生产中它得到了广泛应用。它的搅拌器主要由架叶、链条、耙子等组成。图2-2-11所示为挂链式搅拌罐的结构。

　　挂链式搅拌罐的尺寸差别较大，搅拌器转速为5.2~16.5r. min^{-1}。挂链式搅拌罐的类型和规格见表2-2-3。

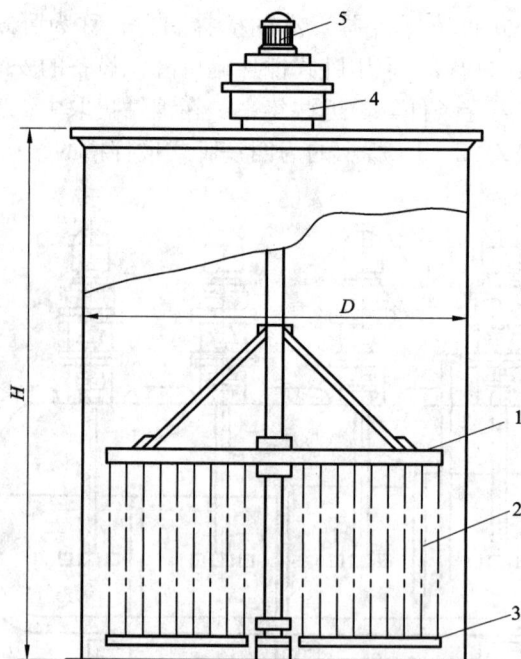

图2-2-11　挂链式搅拌罐的结构

1—桨叶　2—链条　3—耙子　4—减速器　5—电动机

表 2 - 2 - 3　挂链式搅拌罐的类型和规格

序号	规格 $D \times H$/m	有效容积/m³	搅拌器转速 / ($r \cdot min^{-1}$)	电动机功率/kW
1	2×2	5.5	15.5	2.6
2	2×3	8.5	15.5	2.6
3	3×3	19	15.5	4.2
4	3×4	25	16.5	5.5
5	4×4	45	12.8	6.6
6	4×6	63	12.8	6.6
7	5×5	88	13	13
8	6×6	154	11	17
9	6×9	229	11	17
10	7.5×6	239	8.3	17
11	8×8	360	7.5	17
12	9×9	513	7.1	22
13	10×10	706.5	6.3	30
14	12×12	121.5	5.2	30
15	8×12	520	7	28

2.2.2.3　五层叶轮搅拌反应器

五层叶轮搅拌罐的结构如图 2 - 2 - 12 所示。搅拌部件是由四层 HPM 螺旋桨式叶轮和一层 TPM 涡轮式叶轮组成。该搅拌罐在氧化铝生产中得到应用，其特点如下：

（1）在铝酸钠分解过程中能保持固体颗粒处于悬浮状态，并分布均匀，使固液之间有充分机会进行接触，对溶液的分解有利。

（2）料液在罐体内的循环量大，可达 76000m³·h⁻¹，在罐内循环次数约17 次·h⁻¹。

（3）为保证氢氧化铝晶粒的附聚和长大，同时避免氢氧化铝晶粒破损，采用了较低的叶端线速度，设计为 2.84m·s⁻¹。

（4）为保持罐底少积料，靠近底部的叶轮选用了 TPM 涡轮式叶片，以便向上提料液，并加强底部的搅动。

（5）罐内上四层的叶轮采用了 HPM 螺旋桨式，为轴向流叶片，可节省能量。

五层叶轮搅拌罐的主要技术性能：罐体的内径为 14m，总高度 31m，有效高度 29.3m，总容积 4770m³，有效容积 4500m³。搅拌系统由电动机、三角皮带、减速器和搅拌器组成。电动机型号为 Y225M - 4W，额定功率 45kW，转速 1480 r·min⁻¹；减速器低速轴带油泵，油泵的排油经冷却、过滤后送上部轴承、齿轮处，低速轴下部轴承用干油润滑，皮碗密封；搅拌叶轮的转速为 6.45 r·min⁻¹，总排料量 76000m³·h⁻¹，搅拌功率 33.3kW，第 1～4 层桨型为 HPM - 8400 - 2D，螺旋式叶轮直径 8400mm，带 2 个可拆卸叶片，第 5 层桨型为 TPM - 950 -

4G，涡轮式叶轮直径9500mm，带4个可拆卸叶片。

挡板和立轴结构：挡板作用是变径向流为轴向流，消除旋涡，挡板宽度为1200mm，挡板与罐壁距离为500mm，挡板为2块，其中一块与溢流管合一，若罐内设有冷却水管，与挡板也可合一使用。立轴长约30m，空心管结构，空心管规格为$\phi 580 \times 16$mm。为方便安装将立轴分三段，由法兰连接而成，下部带ϕ 250mm十字轴头。立轴下部轴头放在罐底的底轴承当中，如图2-2-12中的放大图所示，是为了防止轴摆动。底轴承高度约为100mm，内衬铸铁套，间隙为20mm。

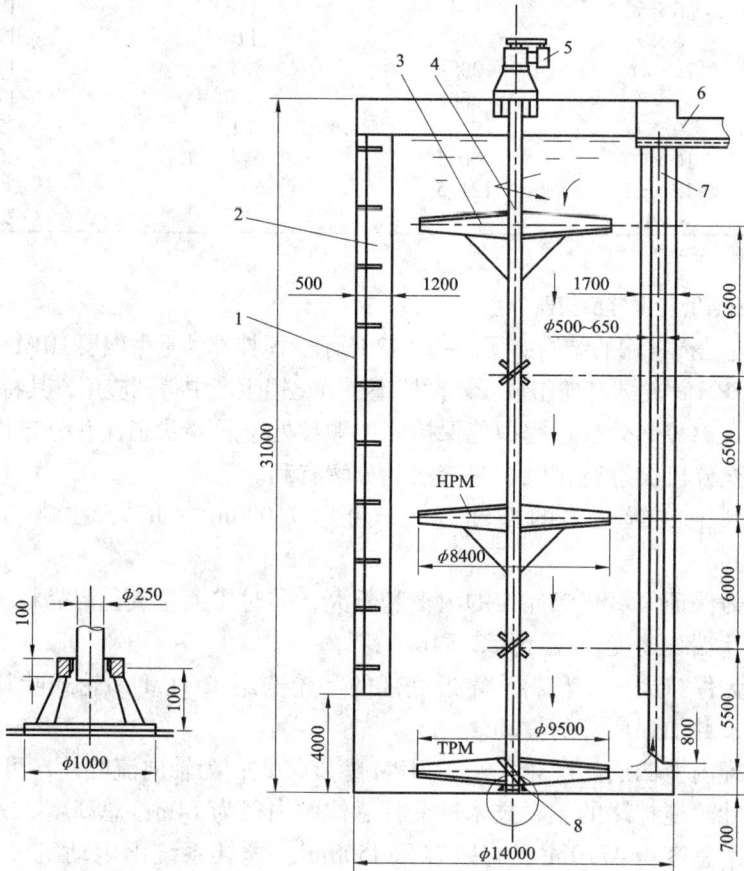

图2-2-12　五层叶轮搅拌罐的结构

1—罐体　2—挡板　3—搅拌部件　4—立轴
5—传动装置　6—液溜槽　7—液溜管　8—底轴承

锥形支架：为支持搅拌系统全部重量和搅拌器操作载荷，在罐顶大梁与减速器之间设置锥形支架。在罐顶上还设有一块 2000×2000（mm）的固定架，在拆卸减速器时，用以临时支撑搅拌装置。

该五层叶轮搅拌罐在铝酸钠分解条件下的保证指标：罐内任意两点固体含量差不大于罐内平均固体含量的 3%；在最高固含量的情况下，停电半小时可以再启动。

2.3 机械搅拌器

搅拌器是机械搅拌设备实现物料搅拌操作的核心部件。

2.3.1 搅拌器的工作原理

搅拌器的工作原理是通过搅拌器的旋转推动液体流动，从而把机械能传给液体，使液体产生一定的液流状态和液流流型，同时也决定着搅拌强度。

搅拌器旋转时，自桨叶排出一股液流，这股液流又吸引夹带着周围的液体，使罐体内的全部液体产生循环流动，这属于宏观运动。离开桨叶具有足够大速度的液流，与周围液体接触时，形成许多微小的漩涡，造成微观扰动。液流的这种宏观运动和微观扰动的共同作用结果促使整个液体搅动，从而达到搅拌操作的目的。液流运动速度快、扰动强烈，造成明显的湍动，就会获得良好的搅拌效果。

桨叶的几何形状、尺寸大小、转动快慢及物料的物理特性（如粘度、密度）等，都决定着物料的搅拌程度和搅拌器功率消耗的大小。

2.3.2 搅拌器的分类

搅拌器的类型较多，常用搅拌器的形状与名称如图 2-2-13 所示。

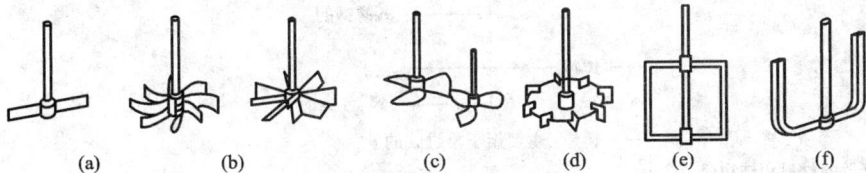

（a）　　　（b）　　　（c）　　　（d）　　　（e）　　　（f）

图 2-2-13 常用的搅拌器的形状与名称

a—桨式 b—开启涡轮式 c—推进式 d—圆盘涡轮式 e—框式 f—锚式

按常见的四种分类方法将搅拌器分类如下：

```
                              ┌── 平直叶
                    ┌── 桨式 ──┤
                    │         └── 折叶
                    │              ┌── 平直叶
                    │              │
按搅拌器的形式为 ──┤── 开启涡轮式 ──┤── 折叶
                    │              │
                    │              └── 弯叶
                    │              ┌── 直叶
                    │── 圆盘涡轮式 ──┤── 折叶
                    │              └── 弯叶
                    │── 推进式
                    │── 锚式
                    └── 框式
```

```
                              ┌── 平直叶开启涡轮式
                    ┌── 径向流型 ──┤── 弯叶开启涡轮式
                    │              │── 平直叶圆盘涡轮式
                    │              └── 弯叶圆盘涡轮式
按液体流型分 ──┤── 轴向流型 ──┬── 推进式
                    │              └── 折叶开启涡轮式
                    │              ┌── 框式
                    └── 水平环向流型 ──┤── 锚式
                                   └── 桨式（速度高的有径向分流，折叶的有轴向分流）
```

```
                              ┌── 圆盘涡轮式
                    ┌── 高速 ──┤── 开启涡轮式
                    │         └── 推进式
按搅拌器的转速分 ──┤         ┌── 桨式
                    └── 低速 ──┤── 锚式
                              └── 框式
```

```
                              ┌── 碳素钢的
                              │── 不锈钢的
                    ┌── 焊接 ──┤
                    │         │── 钛的
                    │         └── 镍基合金的
按搅拌器的材料和结构分 ──┤── 铸造（主要用于推进式的）
                    │         ┌── 玻璃钢的
                    │         │── 橡胶的
                    └── 包覆 ──┤
                              │── 氟塑料的
                              └── 搪瓷的
```

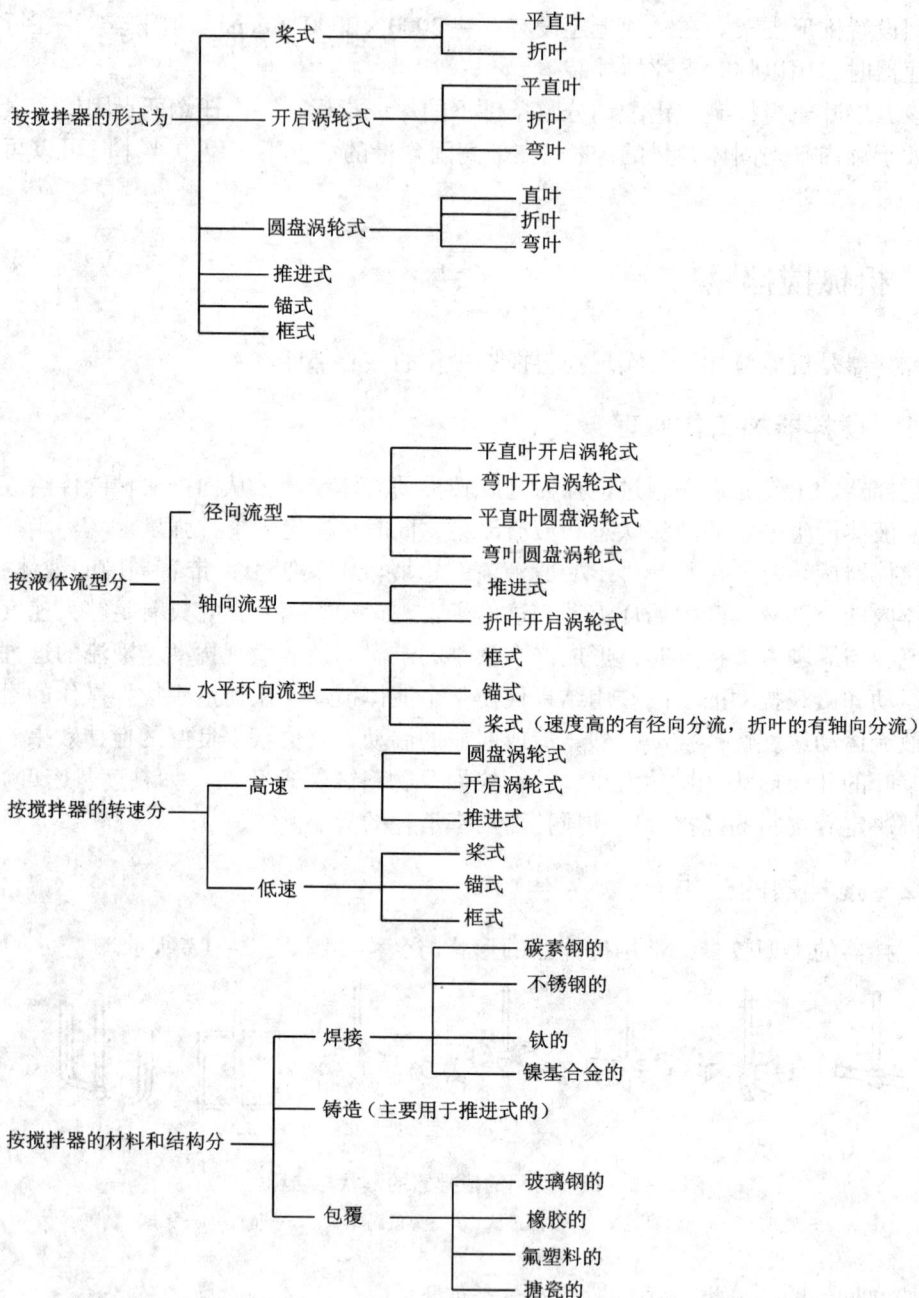

2.3.3 搅拌器的结构及参数

为搅拌过程提供能量与造成液体的流动状态，除需要合理的搅拌器尺寸和安装位置外，还需要有合理的搅拌器结构。所谓合理的结构主要指：搅拌器制造工艺合理；搅拌器与搅拌轴的连接方式牢靠；搅拌的安装维护方便等等。搅拌器的形状与加工多数都是比较简单的，只有推进式搅拌器的形状比较特殊、加工难度较大。搅拌器的材料种类繁多，其中钢制的应用较普遍。故将以钢制桨叶搅拌器的结构为例加以介绍。

目前，搅拌器的设计生产仍以单件为主，所以在结构方面的限制不十分严格，设计者可有较大的选择余地。

2.3.3.1　桨式搅拌器

桨式搅拌器是搅拌器结构中最简单的一种。桨叶一般用扁钢制作，很少用铸造的。小型桨式搅拌器的结构常用整体式的，即将桨叶焊在轮毂上，装配搅拌轴上，用键和止动螺钉固定，其结构如图2－2－14所示。

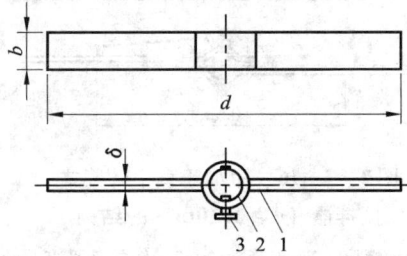

图2－2－14　整体平直叶桨式搅拌器的结构

1—平直桨叶　2—轮毂　3—固定螺栓

应用较多的结构是可拆式的，即桨叶一端制出半个轴环套，用螺栓将两片桨叶对开地夹紧在搅拌轴上。当桨径小于0.60m时，可用一对螺栓固定，当桨径为0.70～1.10m时，可用两对螺栓固定。当桨径大于1.10m时，为可靠起见，在用螺栓夹紧的同时还要用一穿轴螺栓使桨叶与搅拌轴固定。

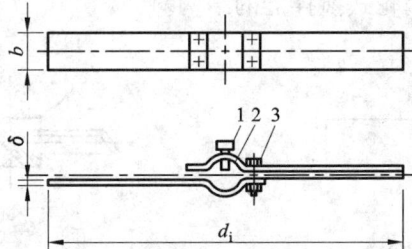

图2－2－15　对开可拆平直叶桨式搅拌器（d_i = 0.70～1.10m）的结构

1—固定螺钉　2—可拆平直桨叶　3—夹紧螺栓

为提高桨叶的强度和刚度，可在桨叶的单侧或两侧上加筋板。为了减轻桨叶的重量，筋板应该是短的、变截面的，这种结构如图2－2－16所示。

桨叶搅拌器中的折叶桨多用扁钢制作（如图2－2－17），也有的采用角钢制作。角钢的抗弯强度比同样截面积的扁钢要好。将角钢以一定角度安放，同样可起到折叶桨的作用。折叶桨与搅拌轴的连接方式与平直桨的相同。

2.3.3.2　涡轮式搅拌器

涡轮式搅拌器与桨式搅拌器相比，桨叶数量多，桨叶种类多，桨叶转速高，所以其结构比桨式复杂。各种涡轮搅拌器都是用键与止动螺钉将轮毂连接于搅拌轴上，同时在搅拌轴的底部拧入轴端的螺钉或轴端螺母挡住轮毂。

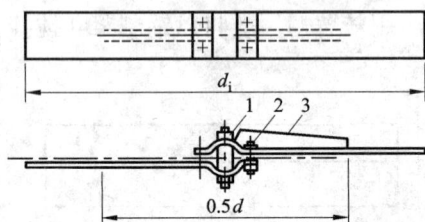

图 2 – 2 – 16　短加筋直平叶桨式
搅拌器（$d_i \geqslant 1.10\text{m}$）的结构

1—穿轴螺栓　2—夹紧螺栓　3—短加筋平直桨叶

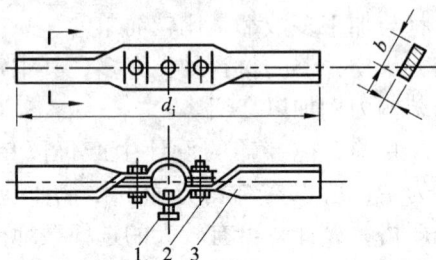

图 2 – 2 – 17　拆叶桨搅拌器
（$d_i \leqslant 0.60\text{m}$）的结构

1—固定螺钉　2—夹紧螺栓　3—折桨叶

（1）开启涡轮式搅拌器

开启涡轮式搅拌器多是将桨叶直接焊在轮毂上，折叶开启涡轮式搅拌器通常在轮毂上开槽，桨叶嵌入后焊接。平直叶开启涡轮式和折叶开启涡轮式搅拌器的结构分别如图 2 – 2 – 18 和图 2 – 2 – 19 所示。大直径的开启涡轮式搅拌器，为了便于安装，也可将全部桨叶或径向对称的一对桨叶作成与轮毂可拆连接。图 2 – 2 – 20 所示为可拆开启涡轮式搅拌器的结构。

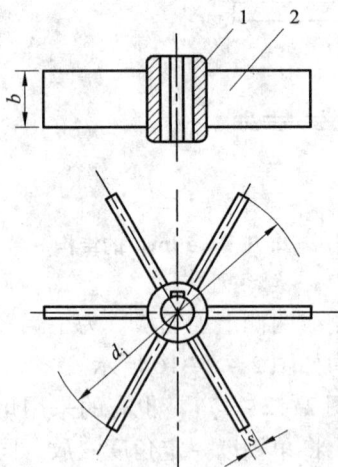

图 2 – 2 – 18　平直叶开启涡轮式搅拌器结构

1—轮毂　2—平直桨叶

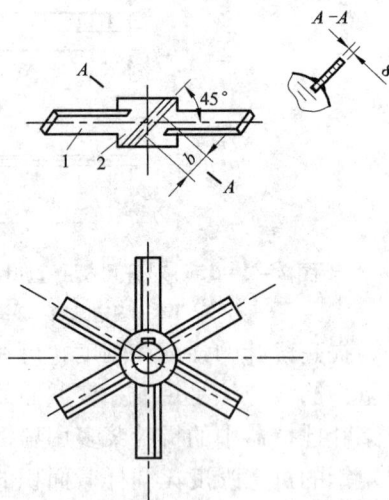

图 2 – 2 – 19　折叶开启涡轮式搅拌器

1—折桨叶　2—轮毂

（2）圆盘涡轮式搅拌器

圆盘涡轮式搅拌器的结构比开
启涡轮式复杂。圆盘涡轮式搅拌器
中的圆盘多数是焊在轮毂上，而桨
叶与圆盘的连接方式有多种形式。
当桨径 $d_i \leqslant 0.40\mathrm{m}$ 时，桨叶与圆盘
的连接方式常用焊接，其结构如图2
－2－21 所示；当桨径 $d_i > 0.50\mathrm{m}$
时，考虑到拆卸方便，多采用可拆
的螺栓连接结构，如图2－2－22 所示。

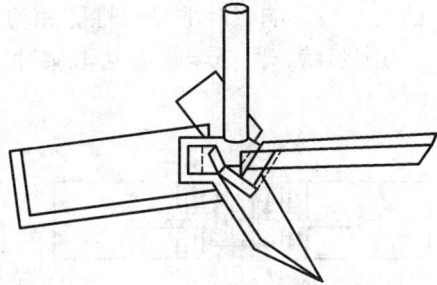

图 2 - 2 - 20　可拆开启涡轮式搅拌器结构

为了减少桨叶的外廓尺寸，以便于其从人孔处进出，可将径向对称的一对桨
叶制成可拆的，其结构如图2－2－23 所示。

圆盘涡轮搅拌器的圆盘直径 d_p 一般取桨叶直径 d_i 的2/3，圆盘的厚度 δ_p 要
保证一定的刚性以支撑周边的桨叶。

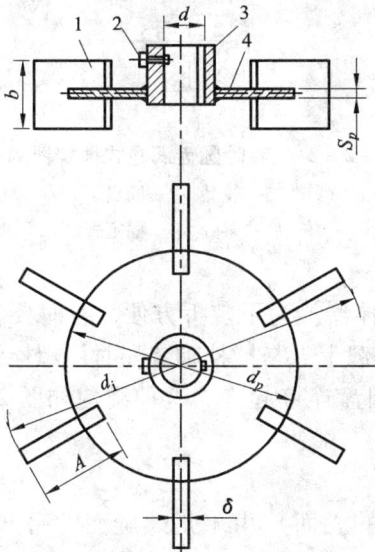

图 2 - 2 - 21　焊接圆盘涡轮式
搅拌器（$d_i \leqslant 0.40\mathrm{m}$）的结构

1—平直桨叶　2—固定螺钉　3—轮毂　4—圆盘

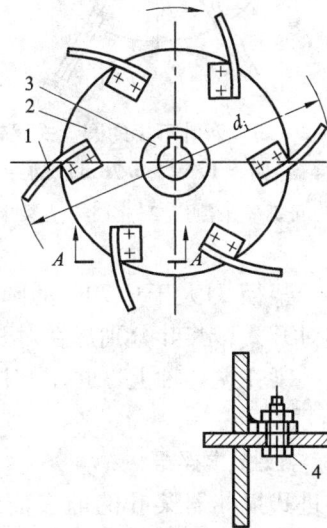

图 2 - 2 - 22　可拆圆盘涡轮式
搅拌器的结构

1—可拆后弯桨叶　2—圆盘　3—轮毂　4—连接螺栓

弯叶圆盘涡轮式搅拌器的结构特点主要是桨叶呈弯曲形状，而其余结构都与
平直叶式的相同。图2－2－24 所示为弯叶圆盘涡轮式搅拌器的结构。桨叶后弯

角 θ_h 的大小会影响桨叶的排出性能和动力消耗，一般弯角 θ_h 为45°或60°，弯叶都近似为圆弧状，圆弧半径 R 可取桨叶直径 d_1 的3/8。

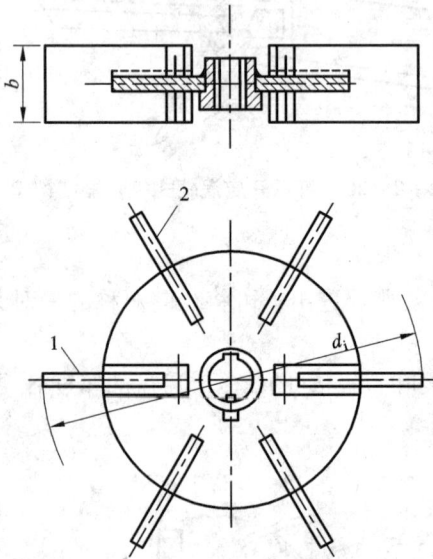

图 2 - 2 - 23　两叶可拆的圆盘式涡轮式
搅拌器（$d_i = 0.50 \sim 0.70\text{m}$）的结构
1—可拆平直桨叶　2—固定平直桨叶

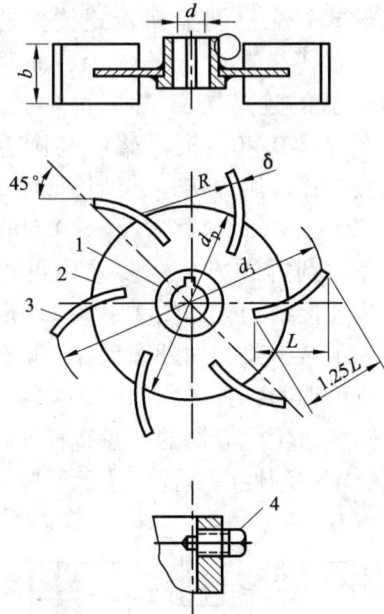

图 2 - 2 - 24　弯叶圆盘涡轮式搅拌器的结构
1—轮毂　2—圆盘
3—后弯桨叶　4—固定螺钉

对于桨径 d_i 大于 0.70m 的圆盘涡轮式搅拌器。为了装拆方便，有时要将圆盘制成对开式，桨叶分别焊在对开式圆盘的轮毂上，与搅拌轴装配时用螺栓将对开轮毂夹紧在搅拌轴上，并用螺栓将两个半圆盘连接起来。这种结构如图 2 - 2 - 25 所示。

2.3.3.3　推进式搅拌器

推进式搅拌器桨叶的前表面（推压液体的表面）由于是螺旋面的一部分，其升角自桨叶根部向桨叶前端逐渐变化，所以形状复杂。推进式搅拌器桨叶的加工比常用的桨式、涡轮式都困难。推进式搅拌器桨叶与轮毂的连接方式有的是铸成一体。有的是将模锻出来的桨叶焊在轮毂上。搅拌器的轮毂用键和止动螺钉连接于搅拌轴上，再用螺母拧在轴端托住轮毂。其结构如图 2 - 2 - 26 所示。该结构也适用于其他桨型。推进式搅拌器桨叶的展开面可用计算方法求出。

2.3.3.4　锚式与框式搅拌器

锚式与框式搅拌器的外廓接近于罐体的内壁，以便带走罐壁上的残留物或液

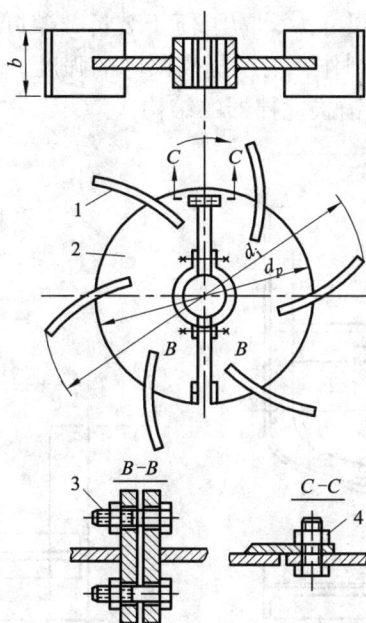

图 2 - 2 - 25　对开圆盘涡轮式搅拌器的结构

1—后弯桨叶　2—可拆圆盘　3—夹紧螺栓　4—连接螺栓

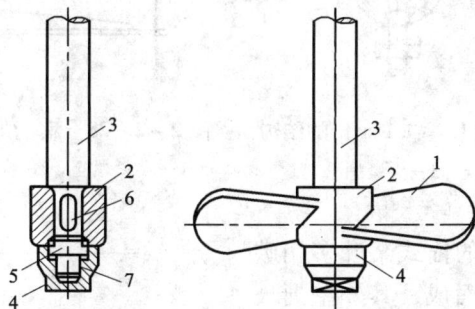

图 2 - 2 - 26　推进式搅拌器的结构

1—桨叶　2—轮毂　3—轴　4—盖帽　5—螺母　6—键　7—开口销

层。为提高桨叶的刚性，常常要在锚式与框式桨叶上增加一些立叶和横梁，这样就使得锚式与框式的结构形状出现了多种形式。

锚式、框式桨叶与搅拌轴的连接方式类似于桨式，即桨叶与搅拌轴连接的一端制成半圆状的轴环，然后将两侧桨叶的两个半环用螺栓夹紧在搅拌轴上，同时用穿轴螺栓来固定桨叶与搅拌轴。图 2 - 2 - 27 所示为锚式搅拌器（$d_i \leqslant 1.4\text{m}$）

的结构。由于桨叶的外廓尺寸大，为了便于装拆，桨叶之间多数是用螺栓连接，桨叶多采用扁钢、角钢等制作，为了提高桨叶的强度，也可采用加筋的桨叶。图 2-2-28 所示为扁钢加筋锚式搅拌器的结构。

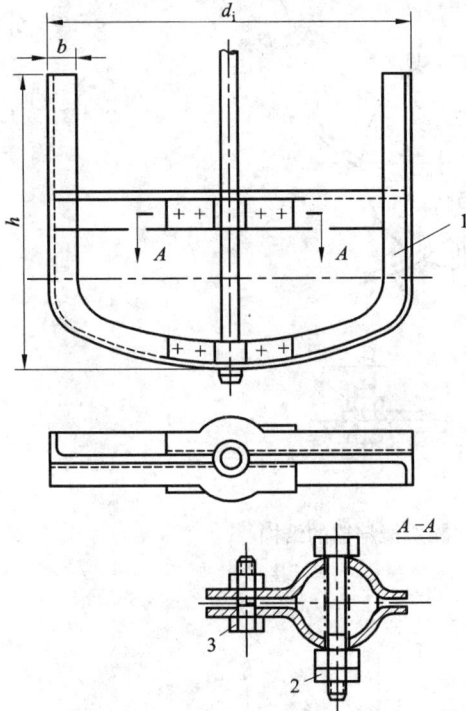

图 2-2-27　锚式搅拌器 $（d_i \leqslant 1.14m）$ 的结构
1—桨叶　2—穿轴螺栓　3—夹紧螺栓

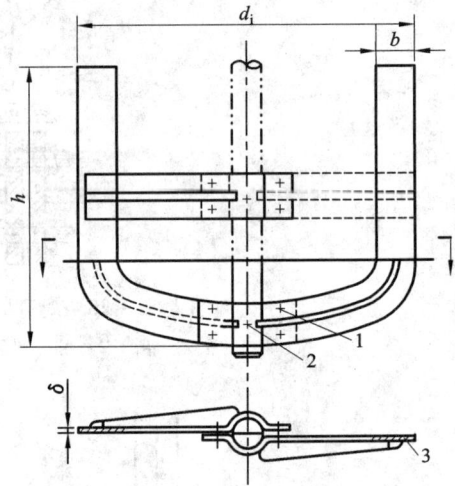

图 2-2-28　扁钢加筋锚式搅拌器的结构
1—夹紧螺栓　2—穿轴螺栓　3—加筋桨叶

搪玻璃搅拌罐中的锚式桨叶多用碳素钢圆管或扁钢焊接而成，其外壁搪玻璃，其结构如图 2-2-29 所示。

桨叶上增加立叶与横梁时，须考虑不致妨碍工艺上的测温要求。立叶与横梁的宽度可取与桨叶宽度值相同。

搅拌器的参数主要指它的尺寸比例、运转条件以及介质的粘度范围。

尺寸参数包括搅拌器的直径 d_i、罐体的内径 D、桨叶的宽度 b、桨叶的数

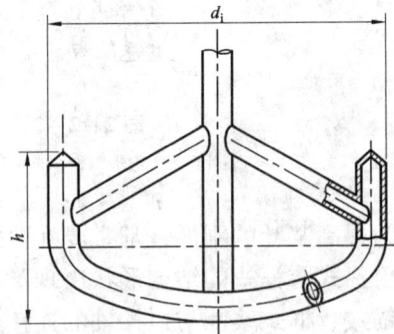

图 2-2-29　搪玻璃锚式搅拌器的结构

量 n_y、拆叶角 θ、后弯角 θ_h、搅拌器转速 n、桨叶前端的线速度 v（即叶端线速）、圆盘涡轮的桨叶长度 L、推进式桨叶的螺距 S 以及框式、锚式桨叶的高度 h。

2.3.4　搅拌器的选用

在选用搅拌器时，除了要求应能达到工艺要求的搅拌效果外，还应保证所需功率较小，制造和维修容易、费用较低。目前多根据实践选用，也有通过小型试验来确定的。

1. 根据被搅拌液体的粘度大小选用

由于液体的粘度对搅拌状态有很大影响，所以根据搅拌介质粘度的大小来选型是一种基本方法。图 2 - 2 - 30 就是这种方法的选型图，几种搅拌器都随着粘度的高低而有不同的使用范围，随着粘度的增高使用顺序为推进式、涡轮式、桨式、锚式等。这个选型图对推进式搅拌器分得较细，推荐大容量液体用低转速，小容量液体用高转速。桨式搅拌器在实际生产中由于结构简单，用挡板可以改善液流流型，所以在低粘度时应用得较普遍。

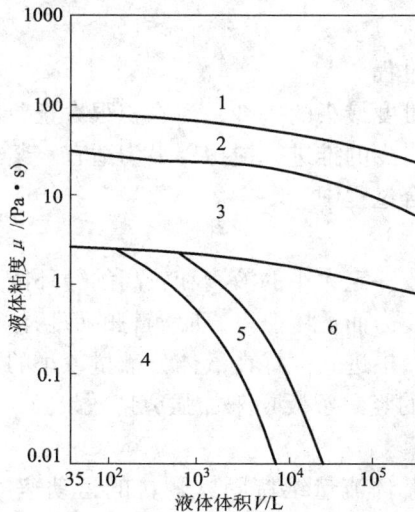

图 2 - 2 - 30　根据粘度的选型图

1—锚式　2—桨式　3—涡轮式　4—涡轮式、推进式（1750r · min^{-1}）

5—涡轮式、推进式（1150r · min^{-1}）　6—涡轮式、推进式（420r · min^{-1}）

2. 根据搅拌器类型的适用条件选用

表 2 - 2 - 4 是各种搅拌器适用条件表，该表使用条件比较具体，不仅有搅拌

目的，还有推荐介质粘度范围、搅拌器转速范围和罐体容积范围等。现对其中几个主要过程作如下说明：

表 2-2-4 搅拌器的适用条件

搅拌器类型	对流循环	湍流扩散	前切流	低粘度液混合	高粘度液混合传热反应	分散	固体溶解	固体悬浮	气体吸收	结晶	换热	液相反应	罐容积范围/m³	转速范围/(r·min⁻¹)	最高粘度/(Pa·s)
涡轮式	0	0	0	0	0	0	0	0	0	0	0	0	1~100	10~300	50
桨式	0	0	0	0			0	0			0	0	1~200	10~300	2
折叶开启涡轮式	0	0		0		0	0	0			0	0	1~1000	10~300	50
推进式	0	0		0		0	0	0			0	0	1~1000	100~500	50
锚式	0				0						0		1~100	1~100	100

注：本表中空白表示不适或不详，0 为适合。

（1）低粘度液混合过程

这是搅拌器过程中难度最小的一种，当容积很大且要求混合时间很短时，采用循环能力较强消耗动力少的推进式搅拌器最为适宜。桨式的因其结构简单，广泛应用在小容量液体混合过程中。

（2）分散过程

它要求搅拌器能造成一定大小的液滴和较高的循环能力。涡轮式搅拌器因具有高剪切力和较大循环能力而适用。平直叶涡轮的剪切作用比拆叶后弯叶的剪切作用大，所以更为适合。推进式搅拌在液体分散量较小的情况下可用。分散操作都有挡板（罐体内壁上的竖向条板）来加强剪切效果。

（3）固体悬浮过程

它要求较大的液体循环流量维持固体颗粒的运动速度，使颗粒不至沉降下去。开启涡轮式搅拌器适用于固体悬浮，其中后弯叶开启涡轮式搅拌器液体流量大，桨叶不易磨损，更为合适。桨式的适用于固体粒度小、固液密度差小、固相浓度较高、沉降速度低的固体悬浮。使用挡板时要注意防止固体颗粒在挡板角落上堆积。一般固液比低时，才用挡板，而折叶桨式、折叶开启涡轮式、推进式都有轴向流，也可不用挡板。

（4）固体溶解过程

它要求搅拌器有剪切流和循环能力，所以涡轮式是最合适的。推进式的循环能力大，但剪切流小，适用于小容量的溶解过程。桨式的必须借助于挡板提高循环能力，适用于容易悬浮起来的溶解操作。

（5）结晶过程

结晶过程的搅拌是很困难的，特别是要求严格控制晶体大小的时候。通常小直径的快速搅拌，如涡轮式的，适用于微粒结晶，而大直径的慢速搅拌，如桨式的，可用于大晶体的结晶。在结晶操作中要求有较大的传热作用，而又要避免过大的剪切作用时，可考虑用推进式搅拌器。

（6）换热过程

换热过程往往是与其他过程共同存在，如果换热不是主要过程，则搅拌满足其他过程的要求即可；如果换热是主要过程，则要满足较大的循环流量，同时还要求液体换热表面上有较高的流动速度，以降低液膜阻力和不断更换热液面。换热量小时可以在罐体外部设置夹套，用桨式搅拌器，加上挡板，换热量还可大些。当要求换热量很大时，罐体内部应该设置蛇管，这时采用推进式或涡轮式搅拌器更好，内部蛇管还可起到挡板作用。

2.3.5 搅拌附件

搅拌附件常指搅拌罐内为了改善液体流动状态而增设的附件，如挡板、导流筒等。在某些场合下这些附件是不可缺少的。在选择搅拌附件时，要和搅拌器选型综合考虑，以达到预期的搅拌效果。

有时搅拌罐内的某些部件，如传热蛇管、温度计套管等，虽然不是专为改变流动状态而设的，但是因为它对液体流动有一定的阻力，也会起到这方面的部分作用。

2.3.6 搅拌器和搅拌轴的计算

2.3.6.1 搅拌器功率的计算

搅拌器功率的计算是按现有搅拌器的研究成果进行的。由于这些功率研究成果多数是以均相液体搅拌系统在功率关联式的基础上进行实验得到的。因此对非均相的液液、液固、液气流体搅拌系统，需要加以校正。流体可分为牛顿型和非牛顿型。在单位面积上的粘性力与速度梯度的一次方成正比的流体，称为牛顿型流体，如：气体、水和许多通常遇到的液体。而在工业生产中所遇到的某些高分子溶液、胶体溶液等，这些流体所反映出的特性是不符合牛顿粘性定律的，故称为非牛顿型流体。由于非牛顿型流体的搅拌问题，比牛顿型的更为复杂，目前，只能依靠有限的经验进行解决，因此，本节仅介绍牛顿型流体的搅拌功率计算。

1. 功率关联式的通式

搅拌器的功率消耗 P 与下列因素有关：搅拌器直径 d_i 和转速 n；液体的密度 ρ 和粘度 μ；重力加速度 g；叶轮的形状和罐体的形状、尺寸等。

通过因次分析方法，可得出以下功率关联式：

$$\frac{K (Re)^e (Fr)^f}{Np} = 1 \qquad (2-2-3)$$

式中：Np——搅拌的功率准数，

$$Np = \frac{P}{\rho n^3 d_i^5}$$

Re——搅拌的雷诺数，

$$Re = \frac{\rho n d_i^2}{\mu} \qquad (2-2-4)$$

Fr——搅拌的弗劳德数，$Fr = \dfrac{n^2 d_i}{g} \qquad (2-2-5)$

e、f——指数；

K——常数，代表系统几何形状的总形状因数；

P——搅拌器功率，W；

ρ——液体的密度，$kg \cdot m^{-3}$；

n——搅拌器的转数，$r \cdot s^{-1}$；

d_i——搅拌器的直径，m；

μ——液体的粘度，$Pa \cdot s$；

g——重力加速度，$g = 9.81 m \cdot s^{-2}$。

将式 2-2-4 变化为下列形式，即是功率关联式的通式：

$$\varphi = \frac{Np}{(Fr)^f} = K (Re)^e \qquad (2-2-6)$$

式中：φ——功率函数

2. 均相系搅拌的搅拌器功率

许多科技工作过去对均相系搅拌器功率进行了各种实验，有些从得到的实验曲线中整理出功率算图，有些从理论上推出了与实验基本吻合的功率数学关联式，但由于实验都是在一定条件下进行的，所以在应用它们时必须符合算图或公式中所限定的条件。下面介绍几种计算搅拌功率的方法。

（1）$\varphi-Re$ 算图（Rushton 算图）——推进式、涡轮式和桨式搅拌器

算图制作者们对多种搅拌器在粘度为 $0.001 \sim 40 Pa \cdot s$ 和 Re 数在 10^6 以内下的范围内进行了实验，得到了功率函数 φ 与 Re 数关系曲线，如图 2-2-31 所

示。从曲线上可以看出搅拌罐中的液流状态，可根据 Re 数的大小分层流、过渡流和湍流。

Re 数小于 10 ~ 30 时为层流区，这时重力对液体流动几乎没有影响，所以 Fr 数可忽略不计，即式 2 - 2 - 6 中的指数 $f = 0$，这样式 2 - 2 - 6 则变成如下公式：

$$\varphi = Np = \frac{P}{\rho n^3 d_i^5} = K (Re)^e \qquad (2-2-7)$$

由图 2 - 2 - 31 看出这些搅拌器在层流区时 φ 与 Re 是直线关系，说明 e 值应为常数。在这个区域内各搅拌器的直线斜率都是一致的，为 -1（tg135°），所以在层流区内，式 2 - 2 - 7 还可写为：

$$\varphi = Np = \frac{P}{\rho n^3 d_i^5} = K (Re)^{-1}$$

所以
$$P = \varphi \rho n^3 d_i^5 = K \mu n^2 d_i^3 \qquad (2-2-8)$$

即在层流区内搅拌器功率和液体粘度、搅拌器转速的二次方、搅拌直径的三次方成正比。

Re 数在 $3 - 10^4$ 之间时为过渡流区，这时的 $\varphi - Re$ 曲线变化复杂，各种搅拌器的这段曲线都不相同，说明 e 值不再是常数，而是随着 Re 数而变化。当搅拌设备没有挡板时，随着 Re 数的增加，液面的中心处要出现漩涡，Fr 值的影响变大。因此，在无挡板而 $Re > 300$ 时，功率函数 φ 为：

$$\varphi = \frac{Np}{Fr^f} = \frac{P}{\rho n^3 d_i^5} \left(\frac{g}{n^2 d_i} \right)^{\left(\frac{\beta - \lg Re}{\gamma} \right)}$$

式中：β，γ——系数，依搅拌器形式的不同可以从表 2 - 2 - 5 中查得

所以
$$P = \varphi \rho n^2 d_i^5 \left(\frac{n^2 d_i}{g} \right)^{\frac{\beta - \lg Re}{\gamma}} \qquad (2-2-9)$$

表 2 - 2 - 5 β、γ 值

搅拌器形式	d_i/D	β	γ
3 叶推进式	0.47	2.6	18.0
	0.37	2.3	18.0
	0.33	2.1	18.0
	0.30	1.7	18.0
	0.22	0	18.0
6 叶涡轮式	0.30	1.0	40.0
	0.33	1.0	40.0

而当过渡流区内 $Re < 300$ 时，还不会出现大的漩涡，这时就不必考虑 Fr 值的影响，搅拌器功率仍可用式 2 - 2 - 7 计算。其中 e 值不是常数，是随 Re 数而

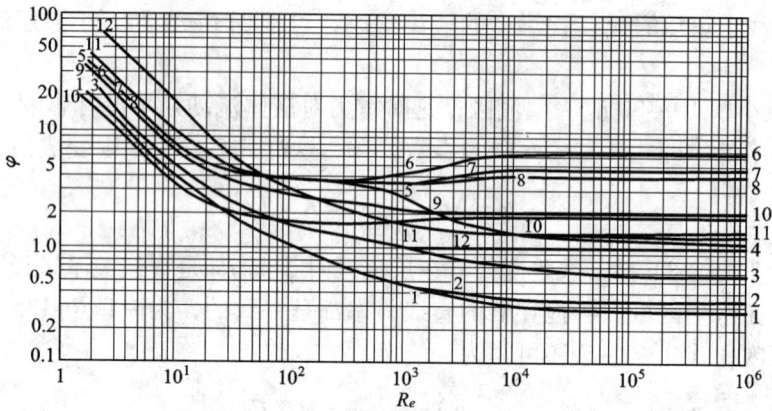

图 2 - 2 - 31　　φ - Re 算图

曲线：1—三叶推进式，$S = d_i$，NBC（无挡板）　2—三叶推进式，$S = d_i$，BC（有挡板：$n_d = 4$，$b_d = 0.1D$）　3—三叶推进式，$S = 2d_i$，NBC　4—三叶推进式，$S = 2d_i$，BC　5—六片平直叶圆盘涡轮，NBC　6—六片平直叶圆盘涡轮式，BC　7—六片弯叶圆盘涡轮式，BC　8—六片箭叶圆盘涡轮式，BC　9—八片折叶开启涡轮（45°）式，BC　10—平直叶桨式，BC　11—六片闭式涡轮，BC　12—六片闭式涡轮式带有 20 时的静止导向器，曲线 5、67、8、11、12 为 $d_i : L : b = 20 : 5 : 4$；曲线 10 为 $b : d_i = 1 : 6$　各曲线符合 $d_i : D = 1 : 3$，$C : D \approx 1 : 3$，$H = D$

S—螺距　d_i—搅拌器直径　n_d—挡板数　b_d—挡板宽度　L—圆盘涡轮桨叶长度　b—桨叶宽度　D—罐体内径　C—搅拌器桨叶安装高度（高罐底）　H—液面高度

变化的数。计算时可直接由 Re 从算图上查得 $φ$，再由式 2 - 2 - 7 计算。

在 $Re > 10^4$ 时流动状态进入湍流区，有挡板的是采用全挡板条件，由于挡板的存在消除了液面漩涡，所以 Fr 数的影响也可不计。同时由于高速流动的液体惯性力很大，液体粘滞力的影响也变小了，因而这时的 $φ$ 和 Np 基本上都不随 Re 数变化，而为一个常数。这时功率函数 $φ$ 为：

$$φ = Np = \frac{P}{ρn^3 d_i^5} = \mathrm{const}$$

所以　　　　　　　　$P = φρn^3 d_i^5 = (Np) ρn^3 d_i^5$　　　　　　　　（2 - 2 - 10）

即在湍流区全挡板条件下，Np 等于常数，而搅拌器功率与液体密度、搅拌器转速的立方和搅拌器直径的五次方成正比。

从算图中可以看到各种搅拌器在功率方面的差别。在 Re 数相同时，轴流型搅拌器（如推进式的）功率最小，而径流型搅拌器（如涡轮式的）则功率最大。同一种搅拌器有挡板的比无挡板的功率大。有了挡板可使推进式搅拌器的功率增加一半，使涡轮式搅拌器的功率增加 5 倍。各种形式的搅拌器功率在层流区相差不大，不像湍流区那样悬殊。

（2）Np – Re 算图（Betes 算图）——开启涡轮式、圆盘涡轮式搅拌器

Np – Re 算图（如图 2 – 2 – 32）用于计算开启涡轮式和圆盘涡轮式搅拌器功率。图中的曲线是在全挡板条件下作出的，各曲线的几何条件限制是：搅拌器直径 d_i 为 1/3D（罐体内径），搅拌器桨叶离罐底的安装高度 C 为 1/3D，液层深度 H 为 D。该算图的用法和 φ – Re 算图一样，由于算得的 Re 在图上根据相应的搅拌器的曲线找到 Np，利用式 2 – 2 – 10 即可求得搅拌器功率。从 Np = Re 图上也可看出同样都是 6 叶开启涡轮，桨叶宽的（b/d_i = 1/5）比桨叶窄的（b/d_j = 1/8）功率要大些，平直叶圆盘涡轮也有这种情况。从 Np – Re 图上可看出折叶涡轮的功率最低，因为它的流型更接近于轴流型。

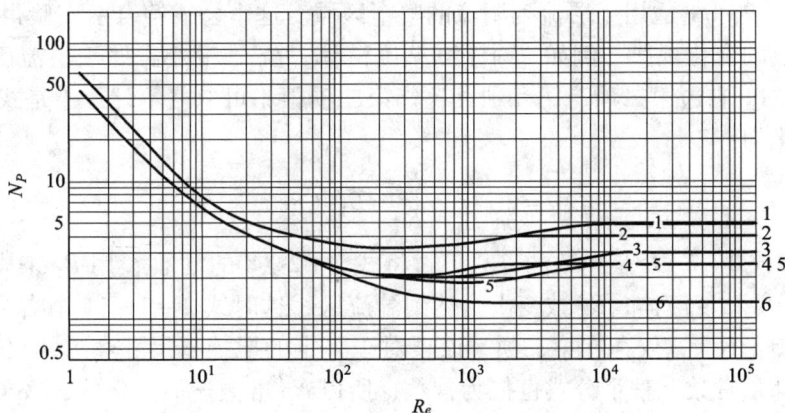

图 2 – 2 – 32　Np – Re 算图

曲线：1—六片平直叶圆盘涡轮式，b/d_i = 1/5　2—六片平直叶开启涡轮式，b/d_i = 1/5　3—六片平直叶圆盘涡轮式，b/d_i = 1/8　4—六片平直叶开启涡轮式，b/d_i = 1/8　5—六片弯叶开启涡轮式，φ_h = 45°，b/d_i = 1/8　6—六片折叶开启涡轮式，φ = 45°b/d_i = 1/8

b—桨叶宽度　d_i—搅拌器直径　φ_h—后弯角　φ—折叶角

（3）永田进治公式——双叶桨式搅拌器

日本永田进治等人在对双叶桨式搅拌器的流体阻力计算中，推出双叶桨式功率准数计算式，这个计算式中考虑的因素较多，适用性较广。永田进治的无挡板和有挡板双叶桨式的功率准数计算式，分别介绍如下：

无挡板时双叶桨式功率准数 Np 的计算式如下：

$$Np = \frac{P}{\rho n^3 d_i^5} = \frac{B_1}{Re} + B_2 \left[\frac{10^3 + 1.2\ (Re)^{0.66}}{10^3 + 3.2\ (Re)^{0.66}} \right]^u \left(\frac{H}{D} \right)^{(0.35 + b/D)} (\sin\varphi)^{1.2} \quad (2 – 2 – 11)$$

$$B_1 = 14 + (b/D) [670 (d_i/D - 0.6) 2 + 185] \tag{2-2-11a}$$

$$B_2 = 10^{1.3 + 4(b/D - 0.5)^2 - 1.13(d_i/D)} \tag{2-2-11b}$$

$$u = 1.1 + 4 (b/D) - 2.5 (d_i/D - 0.5)^2 - 7 (b/D)^4 \tag{2-2-11c}$$

式中：H——液面高度，m；

　　　D——罐体内径，m；

　　　b——桨叶宽度，m；

　　　φ——桨叶折叶角，℃；

　　　其他符号同式 2-2-3。

作者认为 2-2-11c 中右边第四项，即 7 $(b/D)^4$，当 $b/D \leqslant 0.3$ 时可忽略不计，目前使用的桨式搅拌器大都符合这个条件。

式 2-2-11 适用于层流到湍流的整个区域。这个公式符合由实验得到的 Np-Re 曲线的变化规律。例如，对于高粘度液体，Re 数变小，属于层流区，这时式 2-2-11 右边第二项与第一项相比，第二项很小可忽略不计，于是式 2-2-11 可简化为：

$$Np = \frac{P}{\rho n^3 D_i^5} \approx \frac{B_1}{Re} = B_1 (Re)^{-1}$$

它与式 2-2-8 是一致的，只不过将式 2-2-8 的常数 K 用 B_1 来表示。再如，对于低粘度液体，Re 数变大，达到湍流区，这时式 2-2-11 中右边第一项很小可忽略不计，仅存在第二项，该项对于一定的搅拌器尺寸和罐体尺寸而言，B_2 和 u 都是常数，整个分式也似为常数，所以 Np 准数近似为常数，这与式 2-2-10 的结论一致。

永田进治等人的实验证明，搅拌器在罐体内的安装高度对功率的影响很小，所以式中没有考虑安装高度这一参数。式中反映了搅拌器直径 d_i、桨叶宽度 b、桨叶折叶角 ϑ、液面高度 H、罐体内径 D 等对功率的影响。

全挡板条件双叶桨式功率准数 Np 的计算式，永田进治等人提出这时要计算双叶桨式的临界雷诺数，将其代入式 2-2-11 中置换 Re 数，求得的计算式就是全挡板板条件双叶桨式的功率准数 Np 计算式。双叶桨式有平直叶和折叶两种形式，下面分别介绍它们的临界雷诺数计算式。

平直叶桨式的临界雷诺数 Re_c，计算公式如下：

$$Re_c = \frac{25}{b/D} (d_i/D - 0.4)^2 + \left[\frac{b/D}{0.11 (b/D) - 0.0048} \right] \tag{2-2-12}$$

折叶桨式的临界雷诺数 Re_c，计算公式如下：

$$Re_c = 10^{4(1 - \sin\theta)} Re \tag{2-2-13}$$

由上述可知，利用永田进治公式可以计算出双叶桨式搅拌器的功率准数及功率。为了计算方便，永田进治公式中的几个系数可利用算图查得。令 $B_3 = \dfrac{10^3 + 1.2\ (Re)^{0.66}}{10^3 + 3.2\ (Re)^{0.66}}$，这样，式 2-2-11 简化，$B_1$、$B_2$、$u$、$B_3$ 和 Re 可分别从图 2-2-33、图 2-2-34、图 2-2-35、图 2-2-36 和图 2-2-37 的算图查得。

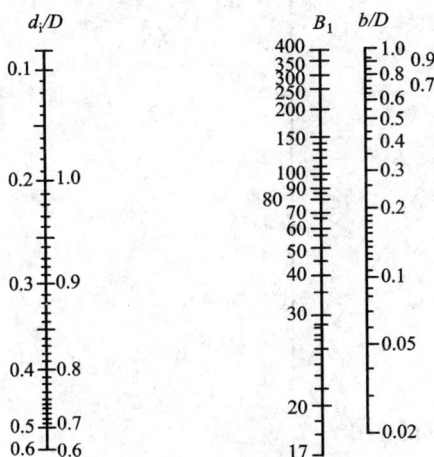

图 2-2-33　B_1 的算图

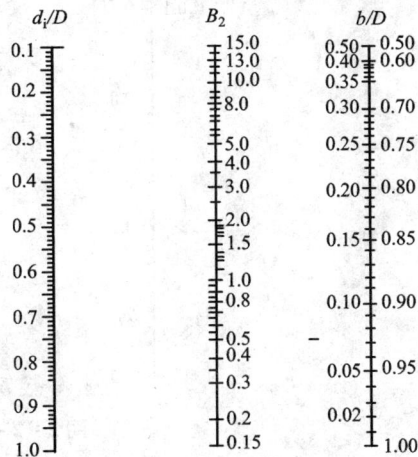

图 2-2-34　B_2 的算图

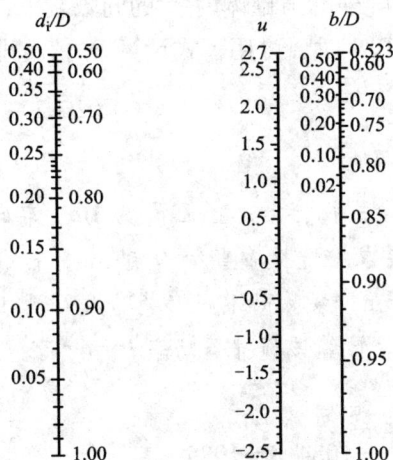

图 2-2-35　u 的算图

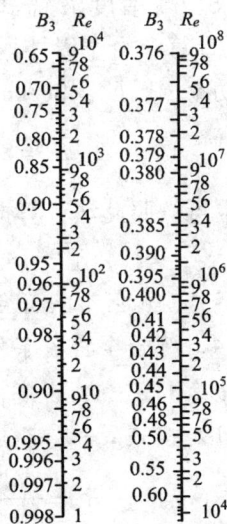

图 2-2-36　B_3 的算图

（4）锚式搅拌器功率

锚式搅拌器主要用于高粘度液体层流搅拌。锚式搅拌器功率，永田进治认为

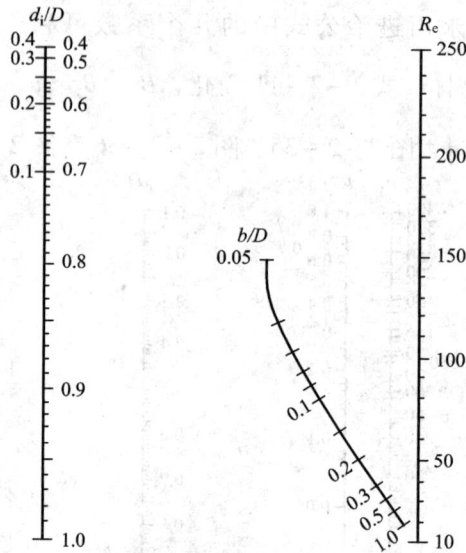

图 2-2-37 Re 的算图

层流时可用式 2-2-11 来计算。式 2-2-11 中的桨式搅拌器直径和桨叶宽度 b 分别用锚式搅拌器直径和高度 h 代入计算，且锚式桨叶的宽度 b 必须满足 $b/D \geqslant 0.1$ 的要求。高粘度液锚式搅拌器的功率准数 Np 可用其近似式，即 $Np = B_1 (Re)^{-1}$ 计算。由于搅拌器直径增大，使桨叶外廓与罐体内壁的间隙减小，增大了搅拌功率，因此，Beckner 提出当 $d_i/D > 0.9$ 时，可用下式计算 B_1 值，即：

$$B_1 = 82 \left(\frac{2D}{D - d_i} \right)^{0.25} \qquad (2-2-13)$$

框式也可按照此法计算搅拌器功率。

【例 2-2-1】 有一六片平直叶圆盘涡轮式搅拌器，直径 d_i 为 1m，转速 n 为 1.13r·s^{-1}，几何形状符合 $\varphi - Re$ 算图的要求。搅拌罐直径 D 为 3m，挡板数量级 n_d 为 4，符合全挡板条件。流层深 H 为 3m，桨叶离罐底安装高度 C 为 1m。液体粘度 μ 为 1Pa·s，密度 ρ 为 960kg·m^{-3}。计算该搅拌器功率 P。

解：（1）按式 2-2-4 求 Re：

$$Re = \frac{\rho n d_i^2}{\mu} = \frac{960 \times 1.13 \times 1^2}{1} = 1084.8 \approx 1085$$

（2）从图 2-2-32 上查得 $Np = 4.2$。

（3）按式 2-2-10 求搅拌器功率 P：

$$P = (Np) \rho n^3 d_i^5 = 4.2 \times 960 \times 1.13^3 \times 1^5 = 5817.76 （W） \approx 5.82 （kW）$$

（3）非均相系搅拌的搅拌器功率

上述的搅拌器计算只适用于均相液体的搅拌，对非均相系统的搅拌，需要加以校正。

① 非均相的液液搅拌系统

非均相的液液搅拌系统，搅拌器功率是通过计算混合物系的平均密度 $\bar{\rho}_y$ 和平均粘度 $\bar{\mu}_y$ 来校正的，即算出 $\bar{\rho}_y$ 和 $\bar{\mu}_y$ 后，再利用均相系搅拌器功率的求法算出非均相系搅拌的搅拌器功率。下面介绍混合物系平均密度 $\bar{\rho}_y$ 和平均粘度 $\bar{\mu}_y$ 的计算方法。

平均密度 $\bar{\rho}_y$ 可按下列计算：

$$\bar{\rho}_y = \varphi_f \rho_f + (1 - \varphi_f) \rho_e \qquad (2-2-15)$$

式中：$\bar{\rho}_y$——非均相的液液系统的平均密度，$kg \cdot m^{-3}$；

φ_f——分散相的容积分率；

ρ_f——分散相的密度；$kg. \cdot m^{-3}$；

ρ_e——连续相的密度，$kg \cdot m^{-3}$。

平均粘度 $\bar{\mu}_y$，在两相的液体粘度都较低时，可按下式计算：

$$\bar{\mu}_y = \mu_f^{\phi f} \mu_e^{1-\phi f} \qquad (2-2-15)$$

式中：$\bar{\mu}_y$——非均相的液液系统的平均粘度，$Ps \cdot s$；

μ_f——分散相的粘度，$Pa \cdot s$；

μ_e——连续相的粘度，$Pa \cdot s$。

其他符号同上式。

用 $\bar{\rho}_y$ 和 $\bar{\mu}_y$ 代替均相系搅拌器功率计算式中的 ρ 和 μ，计算出的功率为非均相系液液搅拌系统的搅拌功率。

② 气液搅拌系统

气液搅拌系统是通过通气系数 ϕ_t 来校正搅拌器功率的。通气系数 ϕ_t 可按下式计算：

$$\phi_t = \frac{q_t}{n d_i^3} \qquad (2-2-17)$$

式中：ϕ_t——通气系数；

q_t——通气速率，$m^3 \cdot s^{-1}$；

n——搅拌器转速，$r \cdot s^{-1}$；

d_i——搅拌器直径，m。

通气时搅拌器功率 P_t 与不通气时液体搅拌器功率 P 之比值与通气系数 ϕ_t 之间的实验关系如图 2-2-38 所示。只要计算出通气系数 ϕ_t 和不通气液体搅拌器功率 P，通过该图即可计算出通气时的搅拌器功率 P_t。

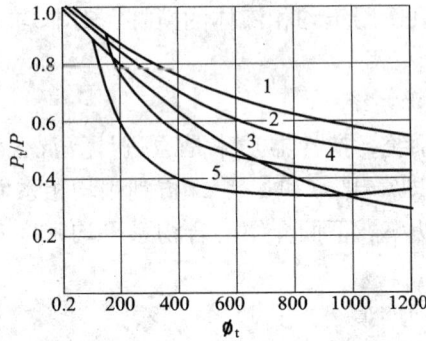

图 2 – 3 – 38　P_t/P 与 ϕ_t 的关系

1—平直八叶圆盘涡轮式搅拌器　2—平直八叶上侧圆盘涡轮式搅拌器

3—平直十六叶上侧圆盘涡轮式搅拌器　4—平直六叶圆盘涡轮式搅拌器

5—平直叶双桨式搅拌器　搅拌条件：$d_i = D/3$；$H = D$；$C = D/3$；全挡板

　　从图 2 – 2 – 38 中可以看出通气系数 ϕ_t 越大，则 P_t/P 值越小，从式 2 – 2 – 17 中又可看出通气系数 ϕ_t 与通气速度 q_t 成正比关系变化，因此通气速率 q_t 越大通气时搅拌器功率 P_t 就越小。

　　③固液搅拌系统

　　当固液系统中固体颗粒的量不大时，可近似地将其看作是均一的悬浮状态。这时可用平均密度 $\bar{\rho}_g$ 和平均粘度 $\bar{\mu}_g$ 分别代替原液相的密度和粘度计算出固液系统的搅拌器功率。

　　平均密度 $\bar{\rho}_g$ 可用下式计算：

$$\bar{\rho}_g = \phi_g \rho_g + \rho\ (1 - \phi_g)$$

式中：$\bar{\rho}_g$——固液系统的平均密度，$kg \cdot m^{-1}$；

　　　ρ_s——固体颗粒的密度，$kg \cdot m^{-1}$；

　　　ϕ_g——固体颗粒的容积分率；

　　　ρ——液相的密度，$kg \cdot m^{-1}$；

　　悬浮液的平均粘度 $\bar{\mu}_g$ 可用下式计算：

当 $\varphi \leqslant 1$ 时 $\bar{\mu}_g = \mu\ (1 + 2.5\varphi')$　　　　　　　　　　（2 – 2 – 18）

当 $\varphi > 1$ 时 $\bar{\mu}_g = \mu\ (1 + 4.5\varphi')$

式中：$\bar{\mu}_g$——悬浮液的平均粘度，$Pa \cdot s$；

　　　μ——液相的粘度，$Pa \cdot s$；

　　　φ'——固体颗粒与液体的体积比。

　　4. 搅拌过程功率

　　搅拌过程功率是指完成搅拌过程所需要的功率。目前，搅拌器功率的研究成果较多，不少结论也趋于一致，而搅拌过程功率的研究成果并不多。下面介绍几种以搅拌过程的难易程度来确定搅拌过程功率。

（1）按液体单位体积的平均搅拌功率推荐值确定搅拌过程功率

液体单位体积的平均搅拌功率的大小，常用来反映搅拌的难易程度。同样一种搅拌过程，通常取液体单位体积的平均搅拌功率作为搅拌罐一个常用的比拟放大基准。

对于在雷诺数 $Re > 10^4$ 以上的湍流区的操作过程，液体单位体积的平均搅拌功率 P_v 的推荐值见表 2 – 2 – 6。

表 2 – 2 – 6　P_v 的推荐值

搅拌过程的种类	液体单位体积的平均搅拌功率 $P_v/$（$kW \cdot m^{-3}$）
液体混合	0.067
固体有机物悬浮	0.197 – 0.295
固体有机物溶解	0.295 – 0.394
固体无机物溶解	0.984
气体分散	2.958

注：表中的功率单位符号原资料为马力，没有说明单位制，编者暂按英制单位换算成千瓦（kW）

根据表 2 – 2 – 6 的数据，只要操作时液体体积一定，通过计算就可确定某种搅拌过程的功率。

上述数据适用于涡轮式搅拌器。在选定具体搅拌器后，就由该搅拌器的功率准数 Np 来确定搅拌器的规格。几种涡轮式搅拌器的功率准数 Np 如下：

六片折叶开启涡轮 Np 为 1.25；六片平直叶圆盘涡轮 Np 为 5.4（当搅拌为气体分散过程时 Np 为 3.4 – 4.2）。搅拌器直径 d_i 的选择一般取罐体内径 D 的 1/3，如果液体单位体积的搅拌功率值较高时，也可取 $d_i/D = 1/2$。搅拌器的层数，如 $H/D \leqslant 1.2$ 时取一层，液体高度 H 每达到 1.2D 时就可再取一层，多层的功率可按各层平均分配。

当定出搅拌过程功率 P、搅拌器类型以及该搅拌器在 $Re > 10^4$ 时的 Np 值和搅拌器直径 d_i 之后，就可按功率准数的公式 $Np = P/（\rho \cdot n^3 \cdot d_i^5）$ 计算所需的最低转速 n。为了选用标准转速，必要时也可将 d_i 作少量调整。最后在 d_i、n 都确定之后，还要对搅拌器的叶端线速度 v 作校核。本算法的涡轮式搅拌器叶端线速度，建议不超过 $6.5 m \cdot s^{-1}$。

（2）按搅拌过程功率算图确定搅拌过程功率

按搅拌过程功率算图确定搅拌过程功率，实际上就是按已知条件通过查算图来确定搅拌过程功率。搅拌过程功率的算图如图2-2-39所示。

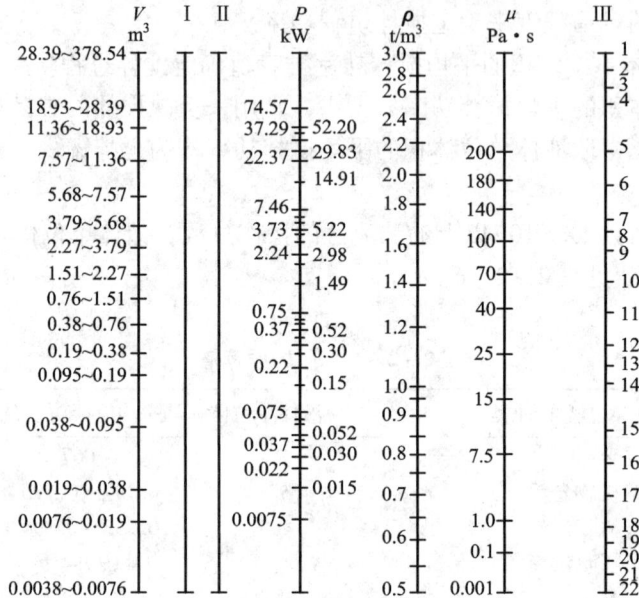

V/m³	I	II	P/kW	ρ/(t/m³)	μ/(Pa·s)	III
28.39~378.54				3.0 2.8 2.6		1 2 3 4
18.93~28.39			74.57	2.4		
11.36~18.93			37.29　52.20	2.2	200	5
7.57~11.36			22.37　29.83	2.0	180	6
			14.91	1.8	140	
5.68~7.57			7.46		140	7
3.79~5.68			3.73　5.22	1.6	100	8 9
2.27~3.79			2.24　2.98			
1.51~2.27			1.49	1.4	70	10
0.76~1.51			0.75	1.2	40	11
0.38~0.76			0.37　0.52			12
0.19~0.38			0.22　0.30		25	13
0.095~0.19			0.15	1.0	15	14
0.038~0.095			0.075	0.9		15
			0.037　0.052		7.5	16
0.019~0.038			0.022　0.030	0.8		17
			0.015	0.7	1.0	
0.0076~0.019			0.0075		0.1	18 19 20
0.0038~0.0076				0.5	0.001	21 22

图2-2-39　搅拌过程功率的算图

V—液体容积（原资料中液体容积单位 gal 没有说明是美制还是英制的，编者按美制换算成为法定计量单位）　P—搅拌过程功率　ρ—液体密度　μ—液体粘度　I、II-参考线　III-搅拌过程线
搅拌过程线III上的编号说明：1—高速搅拌　2—乳化（安定）　3—固体悬浮（难度大）　4—气体吸收（溶解度小）　5—固体溶解　6—传热（快速）　7—接触　8—乳化（不安定，常用）　9—中速搅拌　10—气体吸收（溶解度中等）　11—固体悬浮（常用）　12—气体的水洗　13—水洗（液）　14—传热（常用）　15—结晶大小调整　16—水洗（固体）　17—萃取（液液）　18—固体悬浮（容易）　19—搅拌　20—气体吸收（溶解度大）　21—调和（互溶）　22—低速搅拌

　　算图用法：连接已知液体容积值与液体粘度值，连线与参考线 I 交于一点，再连接该点与已知液体密度值，连续与参考线 II 相交一点，将该点与某一搅拌过程相连，则连线与搅拌过程功率线相交，这时搅拌过程功率线上交点的数值，就是所确定的某一搅拌过程的搅拌过程功率。

　　知道了搅拌过程功率之后，即可按搅拌过程的特点来选择搅拌器，选择桨叶尺寸与转速。在预定出这些数据后，用计算搅拌器功率的方法，试求出搅拌器的功率准数 Np 和搅拌器功率，使这个搅拌器功率适当地大于搅拌过程功率。

　　（3）按搅拌等级确定搅拌过程功率

　　美国 Chemical Engineering 杂志于 1976 年发表了按搅拌等级确定搅拌过程功率的方法，该方法适用于涡轮搅拌器，它是先根据具体工艺过程的要求选择等级，然后进行一系列的计算，确定所需的搅拌过程功率。

5. 确定电动机额定功率

确定电动机的额定功率时，应考虑搅拌过程的功率消耗、传动机构和轴封的功率损失及某些促使传动时功率增加的不利因素。电动机的额定功率可按下式确定：

$$P_e = (K_q P + P_m) / \eta \qquad (2-2-19)$$

式中：P_e——电动机的额定功率，W；

K_q——启动时的功率系数；

P_m——轴封功率损失，W；

η——传动机构的效率；

P——搅拌器功率，W。

在多数情况下，式中的系数 K_q 可取 1，这是因为一般异步电动机在启动时允许约 30% 的超载。此外，所选的电动机功率，通常都是圆整到比计算功率略大的标准数值。

当搅拌密度差很大且分层很快的两种物料时，或者在搅拌过程中的物料阻力增大而计算中又很难精确地估计时，启动时功率系数 K_q 建议按如下选取；对于推进式搅拌器，取 $K_q \le 1.3$；对于桨式搅拌器，取 $K_q \le 2$；对于涡轮式搅拌器，$K_q \le 2.5$。在特别重要的情况下，启动时功率系数 K_q 应以实验方法来确定。

在固相悬浮操作中，要注意不能使桨叶沉埋在固相沉淀层进行启动。由于这时启动功率很大，会使电动机、桨叶和轴等出现事故。如果按这时的启动功率来选择电动机和设计桨叶、轴等也是不经济的。在这种情况下可提高桨叶的安装位置，使桨叶高于固相沉淀层（但还要考虑使桨叶下面的沉淀层颗粒也能逐渐被悬浮起来），有时还可以在固相沉淀层内设置气体吹入管，使固相层在搅拌前被悬浮起来，然后再启动搅拌器。

2.3.6.2 搅拌器强度的计算

为了保证过程能正常连续地运行，搅拌器必须有足够的强度。搅拌器强度的计算主要是确定搅拌器桨叶的厚度。在计算搅拌器桨叶的强度时，粗略计算所用的功率可用电动机的额定功率 P_e 来计算。实际上在计算搅拌器桨叶强度所用的功率时，要考虑到传动机构效率、轴封摩擦功率损失和启动时电动机的过载等因素，因此搅拌器桨叶强度计算所用的功率 P_j 可按下式求得：

$$P_j = K_d \eta P_e - P_m \qquad (2-2-20)$$

式中：P_j——桨叶强度计算用的功率，W；

K_d——启动时电动机的过载系数；

η——传动机构效率；

其他符号同式（2-2-19）。

1. 平直叶双桨式搅拌器的强度计算

由于平直叶双桨式搅拌器桨叶的强度计算方法具有代表性，可用来分析其他搅拌器的桨叶强度计算，所以下面较为详细地介绍该搅拌器桨叶厚度和强度的计算。图2-2-40为平直叶双桨式搅拌器的简图。图中 a 所示为无加强筋的，b 和 c 所示分别为单侧有加强度筋的和两侧有加强筋的，$A-A$ 和 $B-B$ 分别表示轮毂处（桨叶根部处）和筋片端部处的断面。这些断面处桨叶厚度和强度计算如下。

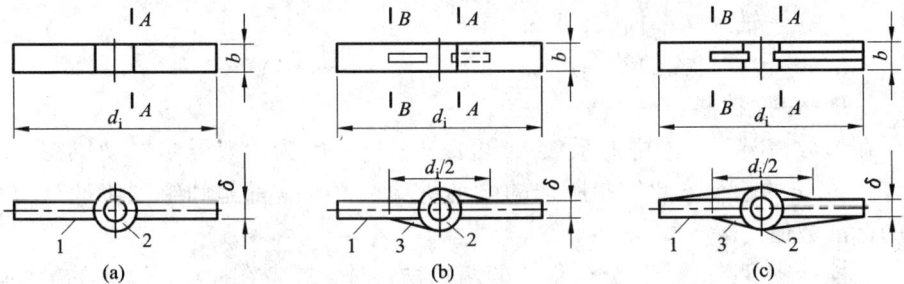

图 2-2-40　平直叶双桨式搅拌器的简图

a—无加筋的　b—单侧有加强筋的　c—双侧有加强筋的

1—桨叶　2—轮毂　3-加强筋　$A-A$、$B-B$-轮毂处和筋片端部处的断面

（1）$A-A$ 和 $B-B$ 断面处的弯矩

双桨式搅拌器具有两个完全一样的对称桨叶，其桨叶计算功率可看作为均匀分配于两个桨叶上。而作用在桨叶上的液体阻力使桨叶产生弯矩，其最大弯矩出现在桨叶根部处，即图2-2-41$A-A$ 断面处，该断面是危险断面。由于是双桨叶，所以此处的弯矩值等于搅拌轴所受扭矩的一半，即：

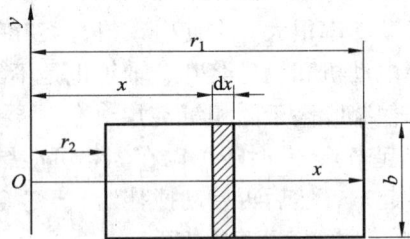

图 2-2-41　桨叶计算的简图

$$M_{A-A} = \frac{1}{2} \times \frac{P_j}{2\pi n} \approx 0.08\frac{P_j}{n} \qquad (2-2-21)$$

式中：M_{A-A}——$A-A$ 断面处的弯矩，N·m；

n——桨叶的转速，r·s^{-1}；

P_j——桨叶强度计算用的功率，W。

若在桨叶上设有短的加强筋（图2-2-40中的 b 和 c）时，还须计算筋片

端部处的 $B-B$ 断面弯矩。在计算该断面弯矩时需要找到桨叶上液体阻力的合力作用点。图 $2-2-41$ 为桨叶计算的简图。桨叶单元面积 bdx 上液体阻力的合力作用点，在 y 轴上的 $b/2$ 处，在 x 轴上的 x_0 处。x_0 的大小可由下式计算：

$$x_0 = \frac{3}{4} \times \frac{r_1^4 - r_2^4}{r_1^3 - r_2^3} \qquad (2-2-22)$$

如果桨叶自轮毂处起，则 $r_2 = 0$，这时 $x_0 = 3/4r_1$。式 $2-2-21$ 的弯矩，即是作用于 $x_0 = 3/4\gamma_1$ 处的合力对桨叶根部的弯矩。筋片端部处的 $B-B$ 断面的弯矩计算（见图 $2-2-40$）应当是，当该断面在 $1/2$ 桨长处时，M_{B-B} 可由下式求得：

$$M_{B-B} = 0.027\frac{P_j}{n} \qquad (2-2-23)$$

式中：M_{B-B}——$B-B$ 断面处的弯矩，$N \cdot m$；

　　　其他符号同式 $2-2-21$。

（2）桨叶的抗弯截面系数

常用桨叶断面的形状如图 $2-2-42$ 所示，图中 a 为矩形的，b 为单侧筋形的，c 为双侧筋形的。

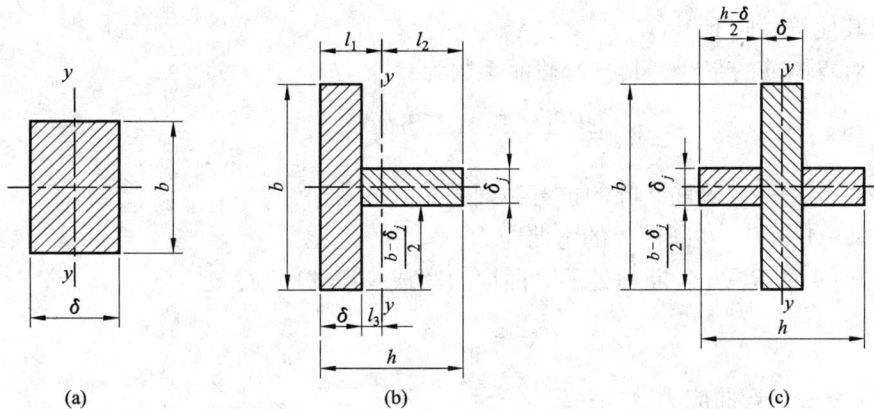

图 $2-2-42$　常用桨叶断面的形状

a—矩形桨叶　b—单侧筋桨叶　c—双侧筋桨叶

对无加强筋矩形断面的桨叶，其抗弯截面系数为：

$$W_w = \frac{b\delta^2}{6} \qquad (2-2-24)$$

式中：W_w——无加强筋矩形断面桨叶的抗弯截面系数，m^3；

　　　b——桨叶的宽度，m；

δ——桨叶的厚度，m。

如果进行桨叶厚度校核时，考虑到腐蚀的影响，所取的 b 和 δ 应比实际的要小。对单侧筋的桨叶，其对 $y-y$ 轴的抗弯截面系数为：

$$W_{\mathrm{d}} = \frac{I_y}{l_2} \tag{2-2-25}$$

式中：W_{d}——单侧桨叶的抗弯截面系数，m^3；

　　　I_y——$y-y$ 轴的截面惯性矩，m^4；

$$I_y = \frac{1}{3}\left[bl_1^3 - (b-\delta_j)\,l_3^3 + \delta_j l_2^3 \right] \tag{2-2-25a}$$

$$l_1 = \frac{1}{2}\left[\frac{\delta_j h^2 + (b-\delta_j)\,\delta^2}{\delta_j h + (b-\delta_j)\,\delta} \right] \tag{2-2-25b}$$

$$l_2 = h - l_1 \tag{2-2-25c}$$

$$l_3 = l_1 - \delta \tag{2-2-25d}$$

l_1、l_2、l_3——与 $y-y$ 轴的距离，m；

δ_j——加强筋的厚度，m；

h——桨叶断面的高度，m；

其他符号同上。

对双侧筋的桨叶，其抗弯截面系数为：

$$W_{\mathrm{L}} = \frac{\sigma \delta_j h^3 + (b-\delta_j)\,\delta^3}{6h} \tag{2-2-26}$$

式中：W_{L}——双侧筋桨叶的抗弯截面系数，m^3。

（3）$A-A$ 和 $B-B$ 断面处的弯曲应力

$A-A$ 和 $B-B$ 各断面处的弯曲应力写成一般式则为：

$$\sigma = \frac{M}{W}$$

式中：σ——弯曲应力，Pa；

　　　M——该断面处弯矩，$N \cdot m$；

　　　W——该断面处的抗弯截面系数，m^3。

计算出弯曲应力 σ 后，应该满足应力校核公式：

$$\sigma \leqslant [\sigma]$$

式中：$[\sigma]$——所用材料的许用应力，Pa。

（4）平直叶和弯叶开启涡轮式的强度计算

对于平直叶和弯叶开启涡轮式搅拌器的桨叶强度计算，都可用计算平直叶桨式搅拌器桨叶的方法进行。这时可以认为各桨叶分配的动力消耗是相等的，于是每个桨叶上的轮毂处弯矩值应为：

$$M_{A-A} = 0.159 \frac{P_j}{n_y n} \qquad (2-2-27)$$

式中：n_y——开启涡轮的桨叶片数；

其他符号同式（2-2-21）。

2. 折叶双桨式的强度计算

折叶双桨式搅拌器的简图如图 2-2-43 所示。折叶双桨的折叶角 θ 多数为 45°或 60°。其危险断面仍然是桨叶根部的 $A-A$ 断面。双桨折叶断面的主惯性轴都不与搅拌轴线平行。作用在折叶桨表面上的液体阻力对折桨叶根部 $A-A$ 断面的主惯性轴 $x-x$ 所产生的弯矩为：

$$M_z = 0.08 \frac{P_j}{n \sin\theta} \qquad (2-2-28)$$

式中：M_z——折叶桨 $A-A$ 断面 $x-x$ 轴上的弯矩，N·m；

θ——折叶桨的折叶角，（°）；

其他符号同上。

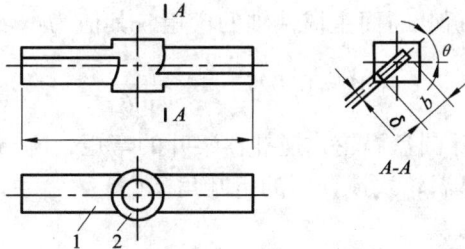

图 2-2-43　折叶双桨式搅拌器的简图

1—桨叶　2—轮毂　$A-A$—桨叶根部处的断面

该断面的抗弯截面系数 $W_z = b\delta^2/6$，m^3。$A-A$ 断面的弯曲应力 $\sigma_2 = M_z/W_z$，Pa。该弯曲应力满足校核公式：$\sigma_z \leqslant [\sigma]$

折叶开启涡轮的折叶强度也可按下述方法计算，即认出各桨叶的受力均等，用下式求出 M_g 值。

$$M_g = 0.159 \frac{P_j}{n_g n \sin\theta} \qquad (2-2-29)$$

式中：M_g——折叶开启涡轮式搅拌器桨叶的弯矩，N·m；

其他符号同上。

然后除以该断面的抗弯截面系数即得到 $A-A$ 断面的弯应力。

3. 圆盘涡轮式搅拌器的强度计算

圆盘涡轮式搅拌器的桨叶数量以 6 叶和 8 叶的较为常见。圆盘涡轮式搅拌器桨叶简图见图 2 - 2 - 44。在强度计算时，按各桨叶受力相等来处理，这样，桨叶计算功率除以桨叶数即得一个桨叶的动力消耗。下以 6 叶为例，每个桨叶的危险断面是 $A - A$，该断面的弯矩值为：

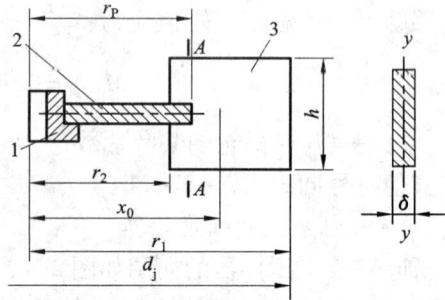

图 2 - 2 - 44　圆盘涡轮式搅拌器桨叶的简图
1—轮毂　2—圆盘　3—桨叶

$$M_p = 0.027 \frac{(x_0 - r_p) \, P_j}{x_0 n} \qquad (2 - 2 - 30)$$

式中：M_p——6 叶圆盘涡轮式搅拌器桨叶 $A - A$ 断面处的弯矩，N·m；

　　　x_0——桨叶上液体阻力的合力作用位置（由式 2 - 2 - 22 计算），m；

　　　r_p——圆盘半径，m；

　　　其他符号同式 2 - 2 - 21。

这个弯矩值对平直叶、弯叶圆盘涡轮式搅拌器都是适用的。对折叶圆盘涡轮式搅拌器应当求出对折叶断面主惯性轴的弯矩，其值为：

$$M_s = 0.027 \frac{(x_0 - r_p) \, P_j}{x_0 n \sin\theta} \qquad (2 - 2 - 31)$$

式中：M_s——6 片折叶圆盘涡轮式搅拌器桨叶的弯矩，N·m；

　　　θ——折叶圆盘涡轮式搅拌器的折叶角，（°）；

　　　其他符号同上式。

平直叶、弯叶圆盘涡轮式搅拌器的抗弯截面系数 W_p 值可用式 2 - 2 - 24 计算，折叶的弯矩是对断面主惯性轴的，所以折叶圆盘涡轮搅拌器桨叶的抗弯截面系数 W_p 也用式 2 - 2 - 24 计算，平直叶、弯叶圆盘涡轮搅拌器桨叶的 $A - A$ 断面处应力值 $\sigma_p = M_p / W_p$，应满足校核公式 $\sigma_p \leqslant [\sigma]$；折叶圆盘涡轮式搅拌器桨叶的 $A - A$ 断面处应力值，$\sigma_s = M_s / W_s$，也应满足校核公式 $\sigma_s \leqslant [\sigma]$。

4. 桨叶强度计算中的安全系数

在上述桨叶的强度计算中，没有涉及到的因素还有不少，如液体阻力的不均衡性、液体对桨叶的冲击、桨叶后表面所受到的气蚀作用等，这些因素都要影响桨叶的强度，所以单从弯曲应力来计算桨叶厚度可能还不够安全。另外，制造过程中出现的缺陷也应加以考虑。为了保证桨叶在操作中的安全，采用安全系数的办法来处理这些问题。

根据桨叶的材料不同，制造工艺不同，桨叶强度计算的安全系数 n_b 值参考表 2 - 2 - 7 选取，n_b 是以材料强度极限为基准的安全系数。

表 2 - 2 - 7　桨叶强度计算的安全系数 n_b

材料	碳素钢	铸钢	铸铁	不锈钢	铸不锈钢	铝	铸铝
n_b	3	4.2	8	3.5	5	4	6

有些搅拌过程要求搅拌装置在运转时不得随意中断，否则将影响产物品质甚至酿成事故，这时的搅拌器设计必须有更大的安全系数。

2.3.6.3　搅拌轴的计算

由于搅拌设备中的电动机动力是通过搅拌轴传递给搅拌器的，因此搅拌轴必须有足够的强度和刚度，为确定搅拌轴的最小截面尺寸，须进行强度、刚度或临界转速等计算，以便保证搅拌轴安全平衡地运转。

1. 搅拌轴的扭转强度计算

搅拌设备中的搅拌轴承受扭转和弯曲的联合作用，其中以扭转作用为主，所以在工程中常用近似的方法进行强度计算。一般是假定搅拌轴只承受扭转的作用，然后用增加安全系数以降低材料许用应力的办法来处理。轴的扭转强度条件是：

$$\tau = \frac{T}{W_n} \leq [\tau]_d \qquad (2-2-32)$$

式中：τ——截面上最大剪应力，Pa；

T——轴所传递的扭矩，N·m；

W_n——抗扭截面系数，m^3；

$[\tau]_d$——降低后的扭转许用剪应力，Pa。

常用轴材料的许用剪应力 $[\tau]_d$ 值，一般可按表 2 - 2 - 8 选取。

搅拌轴为实心轴（$W_n = \pi d^3/16$）时，可按式 2 - 2 - 32 变成直接求轴径 d 的公式：

$$d \geq 0.932 \sqrt[3]{\frac{P_e}{n[\tau]_d}} \qquad (2-2-33)$$

式中：d——实心圆轴的轴径，m；

P_c——搅拌轴传递的功率，W；

n——轴的转速，r·s^{-1}；

$[\tau]_d$——扭转许用剪应力，Pa。

表 2 – 2 – 8 常用轴材料的 $[\tau]_d$ 值

轴的材料	$[\tau]_d$/Mpa
Q275、35	19.6 – 29.40
45	29.40 – 39.20
40Cr（调质）	39.20 – 50.96
2Cr13（调质）	39.20 – 49.00
1Cr18Ni9Ti	14.7 – 24.50

注：1. 表中 $[\tau]_d$ 值是考虑了弯曲的影响而降低了的许用扭转应力；2. 转动中弯矩较小的取较大值，弯矩较大的取较小值；3. 轴径大的取较小值，轴径小的取较大值；4. 操作条件好的取较大值，操作条件差的取较小值。

为减轻圆轴的质量，有时采用无缝钢管来做空心的搅拌轴。空心圆轴的计算如下：

$$d_w \geqslant 0.932 \sqrt[3]{\frac{P_c}{n[\tau]_d \phi_n}} \qquad (2-2-34)$$

式中：d_w——空心圆轴的外径，m；

ϕ_h——空心圆轴换算系数，即：

$$\phi_h = 1 - K_b^4 \qquad (2-2-34a)$$

为了计算方便，可由表 2 – 2 – 9 查得：

K_b——空心圆轴内、外径之比，得：

$$K_b = d_n/d_w \qquad (2-2-34b)$$

d_n——空心圆轴的内径，m；

其他符号同上。

表 2 – 2 – 9 空心圆轴的 ϕ_h 和 K_b 值

$K_b = d_n/d_w$	1/4	1/3	1/2	1/1.6	1/1.4	1/1.25
$\phi_h = 1 - K_b^4$	0.9961	0.9877	0.9375	0.8474	0.7397	0.5904

搅拌轴开有键槽、通孔时，削弱了轴的有效截面，降低了轴的强度，这时必须将上述计算所得的轴径适当增大，以保证明最小的轴径尺寸。开一个键槽或一个浅孔时，应将轴的直径增大 4% ~ 5%；轴的同一横截面位置开两个键槽或浅孔时，应将轴径增大 7% ~ 10%。如果轴处于腐蚀介质中工作，还要增加 2 ~ 4mm。

2. 搅拌轴的刚度计算

为了防止搅拌轴产生过大的扭转变形，以免在运转中引起震动造成轴封失效，应将轴扭转变形限制在一个允许的范围内，这就是搅拌轴要进行的刚度计算。工程上以单位长度的扭转角〔φ〕作为扭转的刚度条件，即：

$$\varphi = \frac{180T}{\pi GI_p} \leqslant [\varphi]$$

式中：φ——轴扭转变形的扭转角，（°）/m；

　　　T——轴所传递的扭矩，N·m；

　　　G——切变模量，Pa，对于碳钢及合金钢 $G = 7.95 \times 10^{10}$ Pa；

　　　I_p——截面的极惯性矩，m⁴；

　　　〔φ〕——许用扭转角，（°）/m。

搅拌轴为实心圆轴（$I_p = \pi d^4/32$）时，可将式 2 – 2 – 35 变成直接求轴径 d 的公式：

$$d \geqslant 3.105 \sqrt[4]{\frac{P_c}{Gn[\varphi]}} \qquad\qquad (2-2-36)$$

式中：d——实心圆轴的轴径，m；

　　　P_c——搅拌轴传递的功率，W；

　　　n——轴的转速，r·s⁻¹；

　　　其他符号的说明同前。

从式 2 – 2 – 35 中可看出，扭转变形的扭转角 φ 的大小与扭矩 T 成正比，与 GI_p 成反比。GI_p 值越大，扭转变形越小。工程上将 GI_p 称为扭转刚度。

许用扭转角的选择应按实际情况而定，一般有如下规定：

在精密稳定的传动中，〔φ〕可选取 0.25～0.5°/m；

在一般传动和搅拌轴的计算中可选取〔φ〕为 0.5～1°/m；

对精度要求低的传动中可选取〔φ〕＞1°/m。

在选取轴径时应同时满足刚度和扭转强度计算两个条件。一般按刚度条件计算的轴径较扭转强度条件计算的为大，所以对搅拌轴来说通常主要以刚度条件确定轴径。如果刚度条件计算的结果较之扭转强度的结果相差很大时，可考虑改变轴的材料，即选用强度较差的材料，但仍然要满足强度条件的要求。当转速较低功率又较大时，强度条件是不可忽视的。

3. 搅拌轴的扭矩和弯矩合成计算

上述轴的扭矩强度计算方法，是假定轴只承受扭矩而忽略弯矩的影响。下面介绍一种考虑弯矩的情况计算搅拌轴轴径的方法。

搅拌轴的主要作用是传递从传动装置到搅拌器的力矩。轴的受力情况是很复杂的。力和力矩是搅拌器在液体中旋转中产生的，对一个典型搅拌轴（如图2-2-45）来说，主要受下述的各力和力矩作用：

扭矩 T；

液体作用力产生的弯矩 M；

轴和搅拌器的重力 F_w；

由于设备内外压力差，作用到轴截面上的向上推力 F_p，由搅拌驱动装置的轴承来承担。底装式的搅拌器，该推力 F_p 变成一个向下的力，并加到 F_w 上。

搅拌器叶片产生轴向液流时的反推力 F_t，此力与 F_w 相比可以忽略不计。

上述中的各力，为了在图中表示方便，将 F_w、F_p、F_t 分别如箭头所示，实际是加于轴中心的轴向力。

按扭矩和弯矩合成力矩计算如下：

搅拌轴传递的最大扭矩应大于搅拌器产生的扭矩，密封装置所消耗功率较小可忽略不计，于是可以认为轴所传递的最大扭矩就是各层搅拌器扭矩的总和，即：

$$T_{max} = \sum \left(0.159 \frac{P}{n} \right) \qquad (2-2-37)$$

式中：T_{max}——作用在搅拌轴上的最大扭矩 N·m；

P——层搅拌器功率，w；

n——搅拌轴的与缝 r·s^{-1}。

最大弯矩 M_{max} 是液体的作用力与变层搅拌器到最下一个轴承的间乘积的总和，即：

$$M_{max} = \Sigma \left(F_h L \right) \qquad (2-2-38)$$

式中：M_{max}——作用在轴上的最大弯矩，N·m；

F_h——作用在一层搅拌器上的水平方向流体动力，N，可由下式计算：

$$F_h = 0.048 \frac{P K_f}{n d_i} \qquad (2-2-38a)$$

d_i——搅拌器直径，m；

L——从流体动力作用点至最下一个轴承的距离，m；

K_f——系数，在正常的操作条件下，即搅拌轴位于罐体中心及搅拌器不是

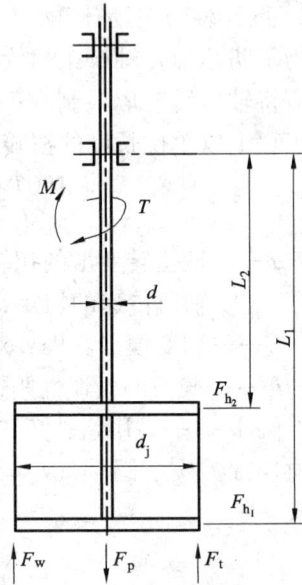

图2-2-45 搅拌轴受力和力矩

长期在液面上操作时，K_f 可取 1；在下列情况下可取 $K_f > 1$：①搅拌轴不安装在罐体中心；②有冲击载荷；③搅拌器长期在液面上操作。

由于弯矩和扭矩联合作用，所以可进行合成解出作用在轴上的剪应力和拉应力。下面两个公式分别是满足剪应力和拉应力条件关系式的最小轴径 d_τ 和 d_t，即：

$$d_\tau = \left[\frac{16 \sqrt{T_{max}^2 + M_{max}^2}}{\pi \left[\tau \right]} \right]^{1/3} \tag{2-2-39}$$

$$d_t = \left\{ \frac{16 \left[M_{max} + \sqrt{T_{max}^2 + M_{max}^2} \right]}{\pi \left[\sigma_t \right]} \right\}^{1/3} \tag{2-2-40}$$

式中：d_τ——用剪切应力计算的最小轴径，m；

$\left[\tau \right]$——正常操作下轴的许用剪应力，Pa；

d_t——用拉应力计算的最小轴径，m；

$\left[\sigma_t \right]$——正常操作下轴的许用拉应力，Pa。

从两个轴径值中取较大值就是所求搅拌轴的最小轴径 d。

碳素钢和普通牌号不锈钢（如 0Cr18Ni9、Cr18Ni2Mo3Ti 等），推荐在正常操作条件下许用剪应力 $\left[\tau \right]$ 为 41.16MPa，许用拉应力 $\left[\sigma_t \right]$ 为 68.60MPa。这些数值已经考虑了动载荷、键和制动螺钉产生的集中应力等的影响。其他材料的许用应力，可按材料的屈服强度的比值换算取得。

4. 搅拌轴的临界转速计算

当搅拌轴的工作转速恰好等于或接近于搅拌轴的固有频率时，搅拌轴系统将发生剧烈振动，出现所谓共振现象。发生共振现象时的转速称为轴的临界转速。为了防止共振给轴造成损坏，搅拌轴不能在临界转速及接近临界转速时工作。低速搅拌轴一般不会产生共振，因为这时的转速远远低于临界转速。

搅拌轴、搅拌器等构成一个转动系统，它在理论上有多个临界转速，通常将最低的临界转速称为第一临界转速，以 n_L 表示。搅拌轴的工作转速 n 应当远离临界转速。根据工作转速与临界转速的关系，将轴分成刚性轴和挠性轴。刚性轴的工作转速低于第一临界转速。满足 $n \leqslant 0.7 n_L$ 的条件。挠性轴的工作转速 高于第一临界转速，满足 $n \geqslant 1.3 n_L$ 的条件。挠性轴在工作时，转速由低到高要通过临界转速。但由于时间很短。很快地通过临界转速，则轴又趋于平稳运转，所以挠轴也是能安全工作的。

在湿法冶金中，搅拌轴一般为刚性轴。

临界转速的大小，取决于轴材料的弹性特性、轴的形状和大小、轴的支承方式和轴上回转零件的质量等，而与偏心距无关。

（1）多层搅拌器的搅拌轴临界转速计算

图 2 - 2 - 46 为多层搅拌器的搅拌轴计算简图。复杂系统的临界转速计算有许多近似方法，这里介绍其中一种，即等效质量法计算临界转速。多层搅拌器的搅拌轴其临界转速可用下式计算：

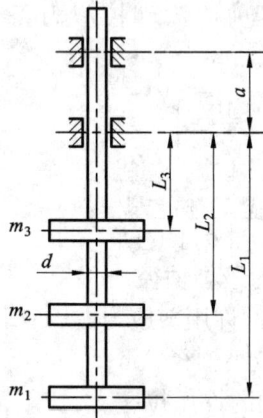

图 2 - 2 - 46   多层搅拌器的搅拌轴临界转速计算简图

$$n_L = \frac{1}{2\pi} \sqrt{\frac{3EI}{m_d L_1^2 \ (L_1 + a)}} \qquad (2 - 2 - 41a)$$

式中：n_L——轴的临界转速，$\mathrm{r \cdot s^{-1}}$；

    E——轴材料的弹性模量，Pa；

    I——轴的截面惯性矩，$\mathrm{m^4}$；

    m_d——搅拌器、搅拌轴的等效质量，kg，可按下式计算：

$$m_d = m_1 + m_2 \ (\frac{L_2}{L_1})^3 + m_3 \ (\frac{L_2}{L_1})^3 + m_z \phi_b \qquad (2 - 2 - 41a)$$

式中：m_1、m_2、m_3——各搅拌器的质量，kg；

    L_1、L_2、L_3——相应轴段的长度，m；

    a——轴的支承点距离，m，推荐按下面关系式选取；

$$a \geqslant \ (0.2 \sim 0.25) \ L_1 \qquad (2 - 2 - 41b)$$

    m_z——搅拌轴外伸段质量，kg；

    ϕ_b——系数，随外伸段长度 L_1 与支承点距离的比值 L_1/a 而变化，见表 2 - 2 - 10。

如果是单层搅拌器时，则搅拌器、搅拌轴等效质量的计算式 2 - 2 - 41a 中，只有右边的第一项和第四项。

表 2 - 2 - 10　双支承一端外伸等断面轴的等效质量系数 ϕ_b

L_1/a	1	1.2	1.4	1.6	1.8	2.0	2.5	3.0	3.5	4	5
ϕ_b	0.279	0.275	0.271	0.268	0.226	0.264	0.259	0.256	0.254	0.252	0.249

【例 2 - 2 - 2】　如图 2 - 2 - 46 那样的搅拌轴，有两层搅拌器，a 为 0.3m，L_1 为 1.5m，L_2 为 1.0m，搅拌器的质量 m_1 和 m_2 各为 13kg，轴的直径为 0.065m，轴的材料为 45$^\#$ 钢。轴的工作转速为 5r·s^{-1}。试求临界转速，说明此搅拌轴系统能否安全工作。

解：

（1）利用式 2 - 2 - 41a 计算 m_d

搅拌轴外伸段直径为 $\varnothing 0.065m$，每米长度的质量为 26.05kg·m^{-1}，外伸端长度为 1.5m，其质量 $m_z = 1.5 \times 26.05 = 39.08$kg。$L_1/a = 1.5/0.3 = 5$，按表 2 - 2 - 10 查得 $\phi_b = 0.249$。

按式 2 - 2 - 41a 求 m_b：

$m_d = m_1 + m_2 \ (L_2/L_1)^3 + m_z\phi_b = 13 + 13 \ (1.0/1.5)^3 + 39.08 \times 0.249 = 26.58$kg

（2）利用式 2 - 2 - 41 计算 n_L：45 钢的 $E = 1.96 \times 1010$Pa.

按式 2 - 2 - 41 求临界转速 n_L：

$$n_L = \frac{1}{2\pi}\sqrt{\frac{3EI}{m_d L_1^2 \ (L_1 + a)}} = 0.159 \sqrt{\frac{3 \times 1.96 \times 10^{10} \times \frac{\pi}{64} \times 0.065^4}{26.58 \times 1.5^2 \ (1.5 + 0.3)}} = 10.66 \approx 11 \text{r·s}^{-1}$$

（3）求工作转速与临界转速之比：

$$\frac{n}{n_L} = \frac{5}{11} = 0.455 < 0.70$$

即此轴工作转速为临界转速的 0.7 以下时，又属刚性轴，所以能够安全工作。

（2）几种支承方式的不计轴质量的单圆盘的临界转速计算公式，见表 2 - 2 - 11。

表 2 - 2 - 11　几种支承方式的不计轴质量的单圆盘的临界转速计算公式

图　　例	临界转速 n_L 计算公式
	$n_L = 0.159 \sqrt{\dfrac{3EI}{mL_1^3}}$
	$n_L = 0.159 \sqrt{\dfrac{3EI}{mL_1^2 \, (L_1 + a)}}$
	$n_L = 0.159 \sqrt{\dfrac{3EI}{mL_1^2 \, (a - L_1)}}$
	$n_L = 0.159 \sqrt{\dfrac{3EIa^2}{mL_1^3 L_2^2 \, (3a - L_2)}}$
	$n_L = 0.159 \sqrt{\dfrac{3EIa^3}{mL_1^3 L_2^2}}$

注：n_L—轴的临界转速，$r \cdot s^{-1}$　E—轴材料的弹性模量，Pa　I—轴的截面惯性矩，m^4　m—圆盘质量，kg　L_1、L_2—相应的轴段长度，m　a—轴的支点间距离，m

2.4　搅拌混合反应器的传热装置

搅拌混合反应器的传热装置有各种形式，在槽内装设加热蛇管，既可加热又可冷却。但装在槽内的加热蛇管，对于含有固体颗粒物料容易在其上堆积和挂料，不但影响传热效果，而且增加搅拌液体的阻力。所以常用夹套加热或冷却。夹套与器身的间距视容器公称直径 D_g 的大小而异，一般取 50～200mm，如表 2-2-12所示，表中 D_P 为夹套直径，平套上端应高于反应槽里的液面高度在 50～100mm 之间，以保证传热良好。

表 2 – 2 – 12 夹套与器身的间距

D_g/mm	500 – 600	700 – 1800	2000 – 3000
D_p/mm	D_g + 50	D_g + 100	D_g + 200

夹套设有加热、冷却介质的进出口。如果是加热，由加热介质常用蒸汽，进口管应靠近夹套上端，冷凝水底部排出。如果冷却介质是液体，则进口管应安在底部，使液体从底部进入，上部流出。有时，对于较大型的反应器，为了得到较好的传热效果，在夹套空间装设螺旋导流板，以提高介质的流动速度和避免短路。

常用传热介质及其适用温度如表 2 – 2 – 13 所示。

表 2 – 2 – 13 常用传热介质

加热介质	适用温度/℃	冷却介质	适用温度/℃
水蒸气	120 ~ 250	冷却水	≅300
热水	60 ~ 120	致冷水	5 ~ 10
热煤油（液相）	150 ~ 300	不冻液	– 20 ~ 0
热煤油（蒸气相）	300 ~ 350	氟里昂、液氨	– 50 ~ – 20
感应加热	150 ~ 400		
熔融金属	400 以上		
火焰	500 以上		

反应器的外套形式因通过夹套内的传热介质为液相或蒸汽而异。表 2 – 2 – 14 为常用外夹套形式。通过冷却水或热煤油时，为增大外夹套的传热系数，在外套内设螺旋形挡板，增大圆周方向的流速；以蒸汽或热煤油蒸气而加热时，采用一般的外套形式；使用高压蒸汽加热时，用半割管圈外套形式，以减少反应器本体的板厚。

表 2 - 2 - 14　工业反应器所用传热外套的类型

类型	一般性外套	有搅拌喷嘴的外套	有涡旋挡板的外套	半割管外套	有内部涡旋挡板的外套
外套的构造					
特点	一般性外套，适用于低压蒸气	把冷却水变换为同向流，传热系数 $h_t = 6200 \sim 10500 \mathrm{kJ} \cdot (\mathrm{m}^2 \cdot \mathrm{h} \cdot ℃)^{-1}$	增大同方向流速可得大 h_t，$h_t = 8400 \sim 16800 \mathrm{kJ} \cdot (\mathrm{m}^2 \cdot \mathrm{h} \cdot ℃)^{-1}$	高压蒸汽用外套，可减小本体的板厚	本体的板厚大时，可减小传热面的板厚

　　槽内部的传热装置型式多种多样，表 2 - 2 - 15 为其示例。在槽内设置传热管时，要考虑不妨碍搅拌混合，反应生成物不易附着等问题。对需要大量热交换的反应器，仅在槽内设置传热装置不够，还可在槽外设置热交换器。

表 2 - 2 - 15　槽内传热装置类型

蛇管管圈	D 型挡板	板圈	发夹型列管

3 气流搅拌混合反应器

鼓入气体反应剂（空气、氧气、CO_2 等）或过热蒸汽来实现湿法冶金过程的反应器称气流搅拌混合反应器。采用机械搅拌存在困难时，用气流搅拌比机械搅拌更有利。气流搅拌反应器是重要的湿法冶金设备，常用的气流搅拌反应器有帕秋卡槽和鼓泡塔，其与机械搅拌槽的对比见表 2－3－1。

表 2－3－1 气流搅拌与机械搅拌的对比

对比因素	气流搅拌	机械搅拌
需搅拌器否	不需要 容易操作和维修	需要 须经常维修方能正常运转
能耗	较高（对 $100m^3$ 帕秋卡槽压气机电机容量约 60kW）	较低（对 $100m^3$ 机械搅拌槽电机容量仅约 20kW）
设备制作费用	低	较高
对反应过程影响	有利于气－液或气－固反应，但传质与混合不如机械搅拌	可避免气体中氧的氧化作用，搅拌强烈有利于传质 大型搅拌槽多采用

3.1 帕秋卡槽

3.1.1 槽型及特点

帕秋卡槽（图 2－3－1）是一种矿浆搅拌槽。有一锥形底，锥角 0～90°，一般为 60°，有利于沉落下来的矿砂在槽内循环。从槽的底部引入气体，对槽内的矿浆进行搅拌。帕秋卡槽的高径比一般为 2.5～3.0，有的高达 5，一般槽径 3～4m，高 6～10m，大槽槽径可达 10～12m，高达 30m；多用混凝土捣制，内衬防腐材料（环氧玻璃钢、瓷砖、耐酸瓷板等）。根据中央循环管的长短和有无，帕秋卡槽的槽型有如图 2－3－2 所示的 A、B、C 三种形式，特点见表 2－3－2。不同的帕秋卡槽矿浆循环量（重要参数）随液深的变化关系如图 2－3－3。图中曲线 A、B、C 分别是 A 型槽、B 型槽及 C 型槽的循环量特性。

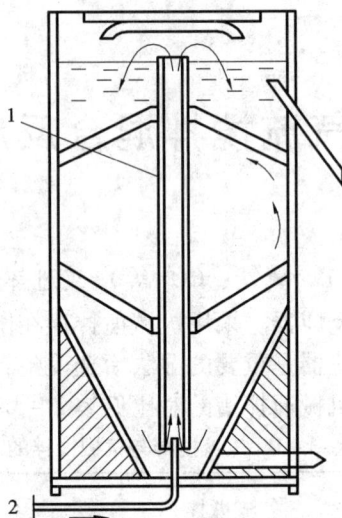

图 2-3-1　帕秋卡槽

1—中央循环管　2—压缩空气管

表 2-3-2　帕秋卡槽的槽型与特点

槽型	结构特点	矿浆循环流动特性	充气功能
A 型槽	中心管由底部伸至槽顶液面	矿砂全部提起，底无积砂	最差
B 型槽	中心管由底部伸至槽内液体中	槽底清洁	次之
C 型槽	无中心管	槽底积砂	最好

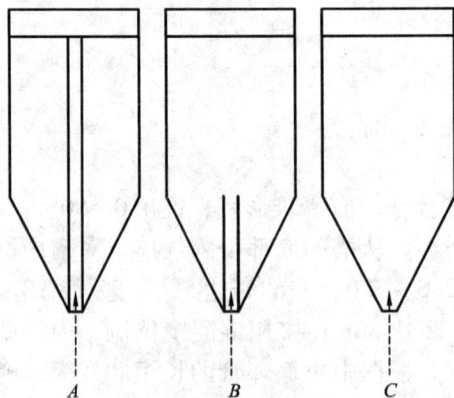

图 2-3-2　帕秋卡槽的基本类型

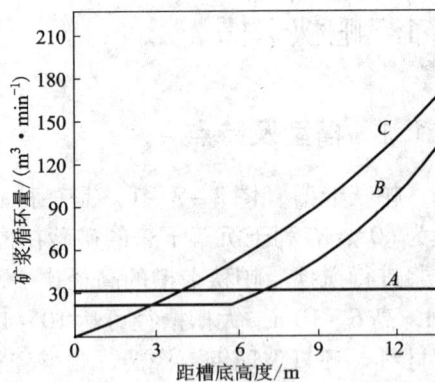

图 2-3-3　帕秋卡槽中矿浆的循环流动特性

3.1.2 主要参数计算

帕秋卡槽高度一般不限，较高的槽能得到较好的搅拌。对于大工业生产一般取槽高度 H（m）为：

$$H = （2 \sim 5）D$$

式中：D——槽内径，m；

2～5——为比例系数，对大槽取小值，小槽取大值。

循环管内径 d 可按下列比例选取：

对于 $D \leqslant 1400\text{mm}$ $d = （0.08 \sim 0.1）D$ mm

$D > 1400\text{mm}$ $d = （0.10 \sim 0.12）D$ mm

搅拌所需的空气压力 p（Pa）用下式确定：

$$p = \left[H_L\rho_L + \frac{\rho_g\omega^2}{2g}（1 + \Sigma\zeta） \right] \times 9.8 + p_0 \qquad (2-3-1)$$

式中：H_L——被搅拌液体的高度，m；

ρ_L——被搅拌液体或矿浆的密度，$kg \cdot m^{-3}$；

ρ_g——压缩空气的密度，$kg \cdot m^{-1}$；

g——重力加速度，$m \cdot s^{-2}$；

ω——空气在管内的流速，$m \cdot s^{-1}$；

$\Sigma\zeta$——摩擦阻力系数与局部阻力系数的总和；

p_0——槽内液面上的压力，Pa。

如果预先不知道空气管长度，粗略计算时可按液柱阻力 $H_L\rho_L \times 9.81$ 的 120% 加上 p_0 考虑，即

$$p = 1.2 H_L\rho_L \times 9.8 + p_0 \qquad (2-3-2)$$

搅拌所需空气量可按下式估算：

$$V = KF \qquad (2-3-3)$$

式中：V——搅拌空气量，$m^3 \cdot min^{-1}$；

F——槽内静止液面的表面面积，m^2；

K——空气消耗系数，$m^3 \cdot (m^2 \cdot min)^{-1}$；在常压下搅拌液体粘度低于 $0.1\text{Pa} \cdot s$，液固质量比不小于 3：1（固体密度不大于 $3000\text{kg} \cdot m^{-3}$，液体密度不大于 $1500\text{kg} \cdot m^{-3}$），固体颗粒约为 0.1mm 的悬浮液时，可取 $K = 0.1$。但在需要强烈搅拌的锌焙砂浸出情况下，空气消耗量为上述指标的 8～10 倍，即 $K = 0.8 \sim 1.0 \ m^3 \cdot (m^2 \cdot min)^{-1}$，而生产实际中已达 1.5～1.6 $m^3 \cdot (m^2 \cdot min)^{-1}$。

3.2　鼓泡塔

　　鼓泡塔是经圆筒形塔底部的气体分散器连续鼓入气体，进行气液接触的气流搅拌槽反应器，用于气液反应或气液固反应。图 2 – 3 – 4 为一般鼓泡塔的简图。图中 a 是广泛应用的塔式，如氧化铝工业所用的鼓泡预热器，b 与 c 多用于液相氧化或微生物反应。标准型鼓泡塔的类型与特点见表 2 – 3 – 3。

　　鼓泡塔底部装有不同结构的鼓泡器（见图 2 – 3 – 5）。钟罩形鼓泡器具有锯齿形边缘，以便将空气或气体分散成细小的气泡。鼓泡器的孔径通常取 3 ~ 6mm（对于空气在水中鼓泡，最大孔径是 6 ~ 7mm）。

表 2 – 3 – 3　标准型鼓泡塔

类型	结构特点	气流速度	
		$\omega_{空塔}/cm \cdot s^{-1}$	$\omega_{孔}/m \cdot s^{-1}$
普通泡塔	气体自塔底多孔通入	15 ~ 20	—
通风管式鼓泡塔	通风管与外圆环横截面积之比各为 0.8 ~ 1.0 及 0.5 ~ 0.6	1 ~ 25	—
多孔板式鼓泡塔	开孔率 1% ~ 40%，多孔板孔径 1 ~ 20mm 板间距为塔径的 1 ~ 10 倍	6 ~ 11	4

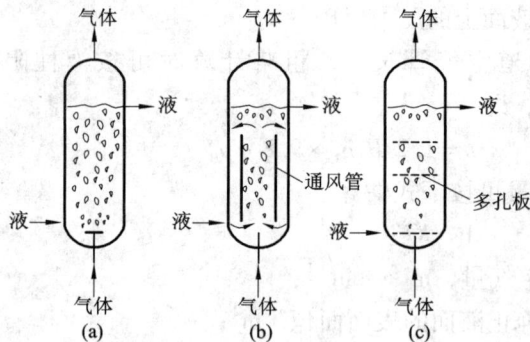

图 2 – 3 – 4　标准型鼓泡塔

1—鼓泡塔　2—供风管式鼓泡塔　3—多孔板式鼓泡塔

　　鼓泡搅拌所需气体总压力 $p_总$（Pa）是空气管道中流动阻力、喷嘴处静压力和流过喷嘴压降等之和，即

$$p_总 = \Delta p_总 + （p_1 + \rho_L H \times 9.8） + p_0 \tag{2 – 3 – 4}$$

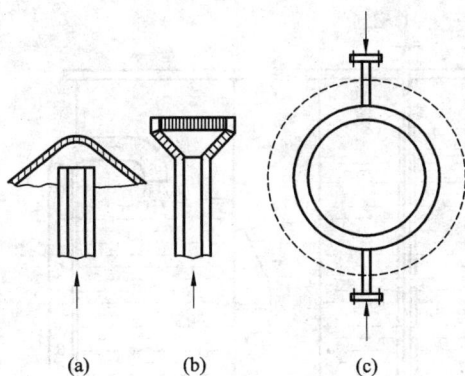

图 2 – 3 – 5 鼓泡器的部分结构

a—钟罩形 b—供气喷嘴 c—环形鼓泡器

式中： $\Delta p_总$——气体输送管道中的压降，Pa；

p_0——槽内液面上方的静压力，Pa；

p_1——气体通过小孔或喷嘴的压降，Pa。

气体用量取决于预期的搅拌激烈程度。有经常数据表明，在液深 2.74m 的情况下，$1m^2$ 塔横截面的气体用量是：

适度搅拌 $0.2m^3 \cdot (m^2 \cdot min)^{-1}$；

充分搅拌 $0.4 m^3 \cdot (m^2 \cdot min)^{-1}$；

激烈搅拌 $0.95 m^3 \cdot (m^2 \cdot min)^{-1}$。

如果液深减小到约 0.9m，则由于粘度增大，搅动困难，故产生同样搅拌强度的气体用量必须加倍。

3.3 空气升液搅拌槽

除了鼓泡方式以外，气流搅拌还可以按照空气提升或空气升液器原理进行（见图 2 – 3 – 6），通过送入中心风管的压缩空气，使料浆循环来实现搅拌。料浆与空气混合，形成气体 – 料浆混合物，其密度远低于料浆，因而使混合物沿管内空间上升，并由槽上部溢出。

在料浆面变化不定的设备中，最好安装分段式空气升液器，即用分段的管件代替外管，浆料面降低时，气体 – 料浆混合物的提升高度也降低，从而减少能耗。

当帕秋卡槽中央导流筒损坏时，可用空气升液搅拌的扬器液代替。如某厂 $100m^3$ 浸出槽的 ∅500 导流筒损坏，改用 ∅200 扬液器（扬液器直径：风管直径 =4∶1）直插槽底，外加 2 根 ∅38mm 不锈钢风管以搅拌矿浆，如图 2 – 3 – 7 所

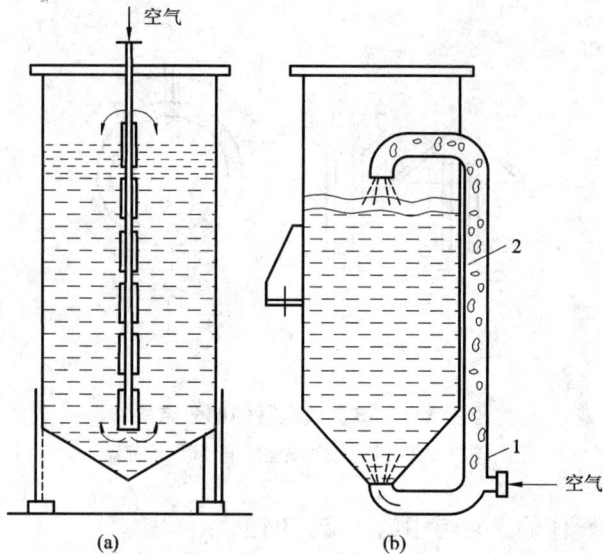

图 2 – 3 – 6　空气升液器

a—分段式　b—送出式　1—压缩空气管　2—物料流动管

示。空气升液搅拌广泛用于大容积设备中。在大直径贮槽中，为了更均匀地搅拌整个容器中的料浆，除了中央空气升液管外，还在贮槽周围彼此等距离地安装 3 – 4 根空气升液管。

以空气升液方式搅拌很稠密的料浆时，槽内每 $100m^3$ 容积的空气消耗量为 $0.9 \sim 1.2\ m^3 \cdot (m^2 \cdot min^{-1})^{-1}$。空气压力取决于槽的高度，通常为 $15 \times 10^4 \sim 40 \times 10^4\ Pa$。

图 2 – 3 – 8 是借助空气升液管使物料流通的搅拌槽系列，这是目前在大型设备（容积为 $500 \sim 30000m^3$）中流动悬浮物料的现实方式，唯能耗较大。此外，借助加热及搅拌所需蒸汽的压力，使物料流通的反应器系列，用来实现压煮溶出过程（图 2 – 3 – 9）的装置称为压煮器。

有关压煮器台数的选定是在冶金工艺计算基础上，按下式确定：

$$n = \frac{V_{进}}{V_R \cdot Z} \qquad\qquad (2 – 3 – 5)$$

式中：n——所需压煮器台数；

　　　$V_{进}$——进入浸出工序的矿浆体积，$m^3 \cdot d^{-1}$；

　　　V_R——压煮器的有效容积，m^3；

　　　Z——压煮器一昼夜浸出的周期数，可由下式确定

$$Z = \frac{24}{\Sigma\tau_{周}} \qquad (2-3-6)$$

式中：$\Sigma\tau_{周}$——每周期的持续时间（包括装料、预热、保温、卸料的总持续时间），h。若为连续作业，只考虑在压煮器内的停留时间。

$V_{进}$——是物料平衡表中的矿浆量和加热用蒸汽冷凝的水量。为此，应计算直接加热所需蒸汽的消耗量：

$$m = \frac{Q_{总}}{I_2 - I_1} \qquad (2-3-7)$$

式中：$Q_{总}$——加热矿浆和补偿压煮器器壁热损失所需的热量，kJ；

I_2、I_1——进入和离开压煮器的蒸汽的热焓，$kJ \cdot kg^{-1}$。

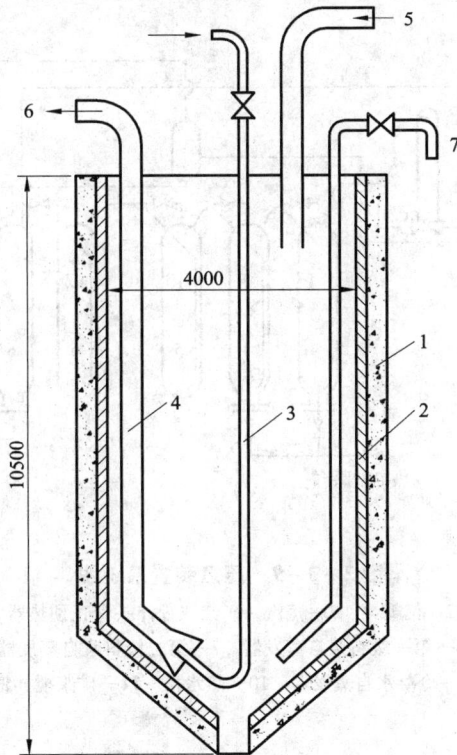

图 2 - 3 - 7 空气扬液搅拌槽

1—槽体 2—槽内衬 3、7—压缩空气管 4—扬液器 5—进料管 6—出料口

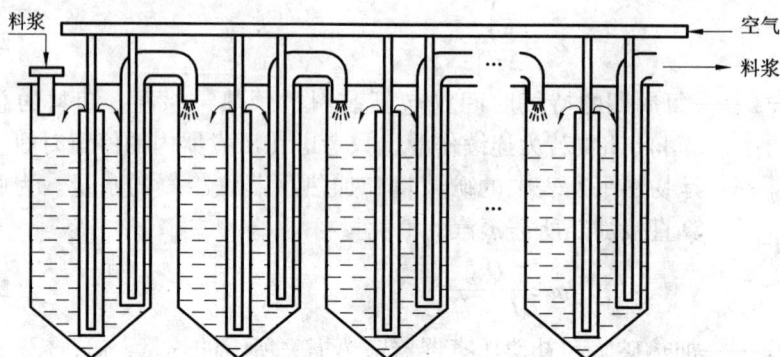

图 2-3-8　用空气升液管连接的搅拌槽系列

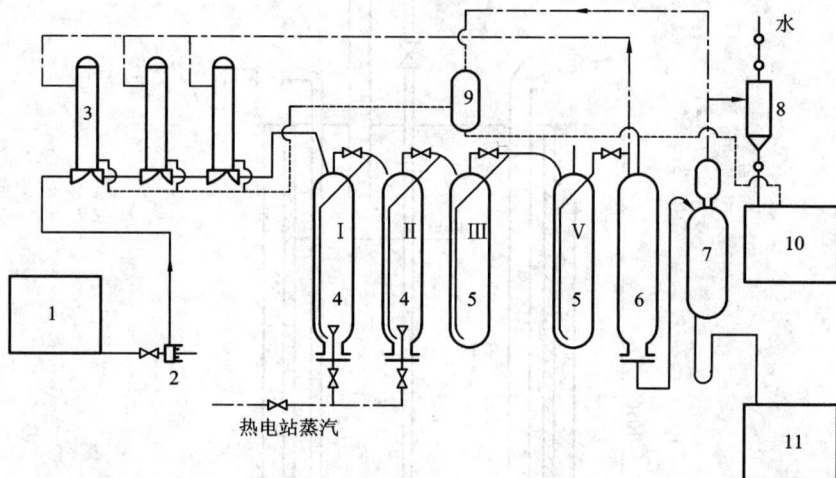

图 2-3-9　压煮装置系统图

1—原矿浆搅拌槽　2—活塞泵　3—蒸汽-矿浆双程浮头管壳预热器　4—加热的压煮器
5—反应压煮器　6—第一级料浆自蒸发器　7—第二级料浆自蒸发器　8—格板预热器
9—冷凝水自蒸发器　10—热水槽　11—矿浆搅拌槽

3.4　空气机械搅拌槽

空气机械搅拌用于搅拌含有大量粗粒级固态颗粒的料浆，也用在气体反应剂消耗量不大，而搅拌又必须十分强烈的场合，它有不同结构，表 2-3-4 列出具有中心空气升液管的叶轮搅拌器技术数据。在推进式、涡轮式、圆盘式和其他形式的搅拌器下面都可通入气体实现鼓泡搅拌。

表 2 - 3 - 4　具有中心空气升液管的叶轮搅拌器技术数据

槽尺寸			搅拌器直径	电动机功率	空气用量
直径/m	高度/m	容积/m³	/m	/kW	/ (m³·min⁻¹)
1.8	3.0	7.5	1.35	0.7	0.2 - 0.4
3.6	3.6	35.0	3.3	1.5	0.4 - 0.6
4.5	4.5	70.0	3.8	3.0	0.6 - 0.8
7.5	5.0	220.0	6.0	5.0	0.9 - 1.2
8.0	6.0	300.0	6.8	5.5	1.4 - 1.8
9.0	7.0	440.0	7.2	10.0	2.5 - 3.5

注：搅拌器转数 $2.5 \sim 3.7$ r·min⁻¹，升液管中空气压力 $6 \sim 220$ kPa。

4 流化床反应器

利用上升液体使悬浮其中的颗粒物料呈上下翻腾的流态化状态，浸出物料中的可溶物质，称为流态化浸出；或洗脱其中颗粒夹带的溶液，称为流态化洗涤；或用金属粉末将溶液中的金属离子置换分离富集，称为流态化置换；或用金属粉末电极将溶液中的金属离子电积提取分离，称为流态化电积。流态化技术在湿法冶金中的应用显示具有优于传统机械搅拌的一系列特征（表2-4-1）。

表2-4-1 液—固流化床反应器与机械搅拌槽反应器的对比

对比因素	机械搅拌槽反应器	流化床反应器
混和搅拌	须机械搅拌	可全部水力操作
作业液固比	一般大于3~4	可低于3甚至1，故贫矿也可获得浓的浸出液
设备多级串联	需多台设备组合方能建立浓度梯度	可在单台设备中建立浓度梯度，可免去串联系统中的级间液固增稠、分离和输送等设备
设备单位产能	不高	高、设备容积小、占地小

国内外对液-固流态化反应器作了多方面的开发研究，其常见形式如图2-4-1所示。固体颗粒由顶部加入，固体渣料由底排出，溶液从底部切线方向供给，浆料由浓相区排出，上清液由澄清区溢流排出。反应器横截面沿高度变化，流化床层中发生激烈的搅拌和液流对颗粒的环流，使得外扩散阻力急剧下降，过程强化，因而显著提高相关的湿法冶金设备的单位产能。表2-4-2所列数据。表明流化床反应器能达到较高产能。

表2-4-2 流化床反应器的单位生产能力

不同作业	流化床达到的单位产能	与搅拌槽对比
流态化浸出	湿法炼锌酸浸中性浓泥时生产能力达 $22 \text{ t} \cdot (\text{m}^3 \cdot \text{d})^{-1}$（固体）	较机械搅拌高17倍
流态化置换	湿法炼锌锌粉置换除铜镉时生产能力达 $3~4\text{m}^3 \cdot (\text{m}^3 \cdot \text{h})^{-1}$	较机械搅拌高8~10倍

　　图 2 - 4 - 2 表示内径为 1m 的流态化洗涤器的主要尺寸。在 φ1m 的洗涤器中镍矿氨浸矿渣氨洗镍处理能力达到 110 t · $(m^3 \cdot d)^{-1}$，有效洗涤比为 0.327t 水 · t^{-1}矿；水洗氨达到 140 t · $(m^3 \cdot d)$ -1，有效洗涤比为 0.317 t$_水$ · t$^{-1}_矿$，带走氨 2kg · t$^{-1}_{焙砂}$。

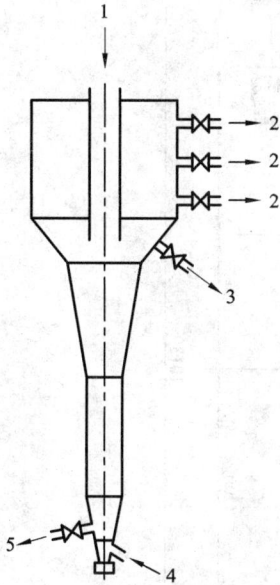

图 2 - 4 - 1　流化床反应器常见类型

1—固体物料　2—上清液　3—矿浆
4—溶液　5—渣料

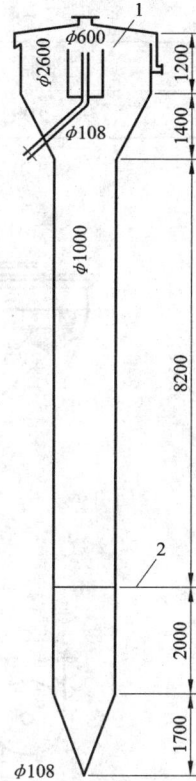

图 2 - 4 - 2　流态化洗涤器

1—布浆管　2—洗液进管

　　图 2 - 4 - 3 为容量 20m^3 的流态化置换器的结构和尺寸。槽体由钢焊成，内衬防腐层，溶液沿切线方向由锥底部进入，锥底部分内衬橡胶。锌粉由加料机从顶部加入，被搅拌分散并与上升溶液接触。一般每小时的处理能力为槽容积的 3 ~ 4 倍，其生产能力达 60 ~ 80m^3 · h^{-1} 或 3 ~ 4 m^3 · $(m^3 \cdot h)^{-1}$。

　　流态化置换器需要台数 N 计算式为：

$$N = \frac{Q}{q \cdot V_R} \qquad\qquad (2 - 4 - 1)$$

式中：Q——须处理的上清液量，$m^3 \cdot h^{-1}$；

q——单位容积处理能力，$m^3 \cdot (m^3 \cdot h)^{-1}$；

V_R——置换器的有效容积，m^3。

置换器内各区段直径根据各区段溶液流速计算数据见表 2－4－3。

表 2－4－3 流态化置换器各区段溶液流速

区段	进液管	下部	中部	顶部
流速/（$m \cdot h^{-1}$）	90～108	75～80	33～40	3～4

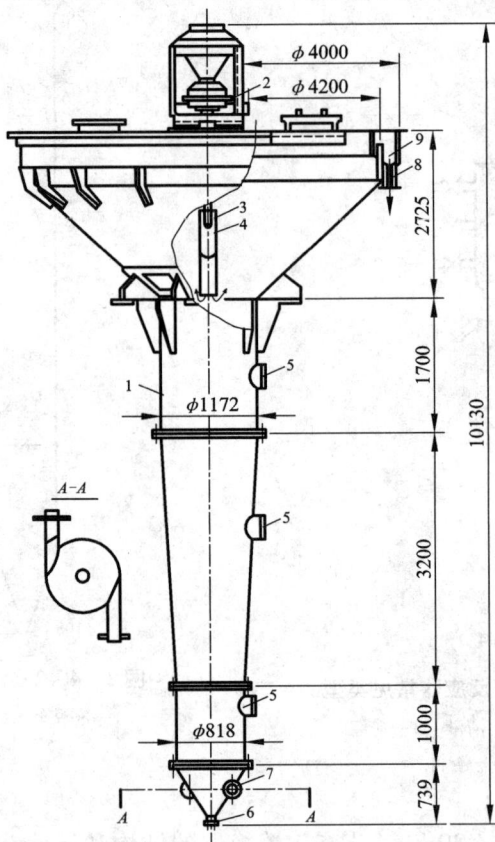

图 2－4－3 流态化置换器

1—槽体 2—加料圆盘 3—搅拌机 4—下料圆管

5—窥视孔 6—放渣口 7—进液口 8—出液口 9—溢流堰

国外有的工厂将流态化置换器巧妙地串联组合作业，如将净化液含镉降至 0.5 mg·L^{-1} 以下，产出含镉 80%～90% 的镉渣。

5　管道反应器

本节以氧化铝生产为例介绍管道反应器及管道化溶出技术。

5.1　溶出管道系统

所谓管道溶出，按照 K·别尔费茨（Bielfeldt）的定义是"溶出过程在管道中进行，且热量通过管壁传给矿浆"。管道化溶出有单流法和多流法两种。

5.1.1　德国单流法溶出管道系统

德国联合铝业公司是世界上采用管道化溶出技术生产氧化铝最多的国家。为了提高处理不同种类铝土矿的能力，在总结已有运行经验的基础上，设计出一套最新的 RA – 6 型管道化溶出装置，并于 1980 年 8 月在利泊厂投产。图 2 – 5 – 1 为其工艺流程图。

LWT 是原矿浆 – 溶出矿浆热交换管，外管 $\varnothing 368mm$，内装 4 根 $\varnothing 100mm$ 管，长 160m。

$BWT_1 \sim BWT_8$ 是溶出矿浆经 8 级自蒸发产生的二次蒸汽—矿浆热交换管，共有 10 段，每段长 200m，除 BWT_4 和 BWT_5 各有两段外，其他各有一段。外管直径 $BWT_1 \sim BWT_6$ 为 $\varnothing 406mm$，BWT_7 和 BWT_8 为 $\varnothing 508mm$。同样，外管内装 4 根 $\phi 100mm$ 管。

$SWT_1 \sim SWT_4$ 是熔盐加热管，外管 $\varnothing 406mm$，长 75m，内装 4 根 100mm 管。

保温反应管直径 350mm。

$E_1 \sim E_8$ 是 8 级矿浆自蒸发器，其规格 $E_1 \sim E_8$ 是 $\varnothing 2200 \times 4500$（mm），$E_7$ 是 $\varnothing 2600 \times 4500$（mm），$E_8$ 是 $\varnothing 2800 \times 4500$（mm）。

$K_0 \sim K_7$ 是 8 级冷凝水自蒸发器，其规格 $K_0 \sim K_3$ 为 $\varnothing 1000 \times 1400$（mm），$K_4 \sim K_6$ 为 $\varnothing 1400 \times 1800$（mm），$K_7$ 为 3300 × 5000（mm）。

温度小于 85℃的原矿浆，用高压泵送入管式反应器系统，经 LWT 管使温度达 85 ~ 90℃，在 BWT 管中用二次蒸汽加热到 220 ~ 225℃，再在熔盐加热管中使温度达到 280℃，矿浆在保温反应管中充分反应后，经 8 级自蒸发系统和 LWT 换热管降温后排出。

RA – 6 型管道化溶出系统，配备有较先进的检测、控制和数据处理系统。

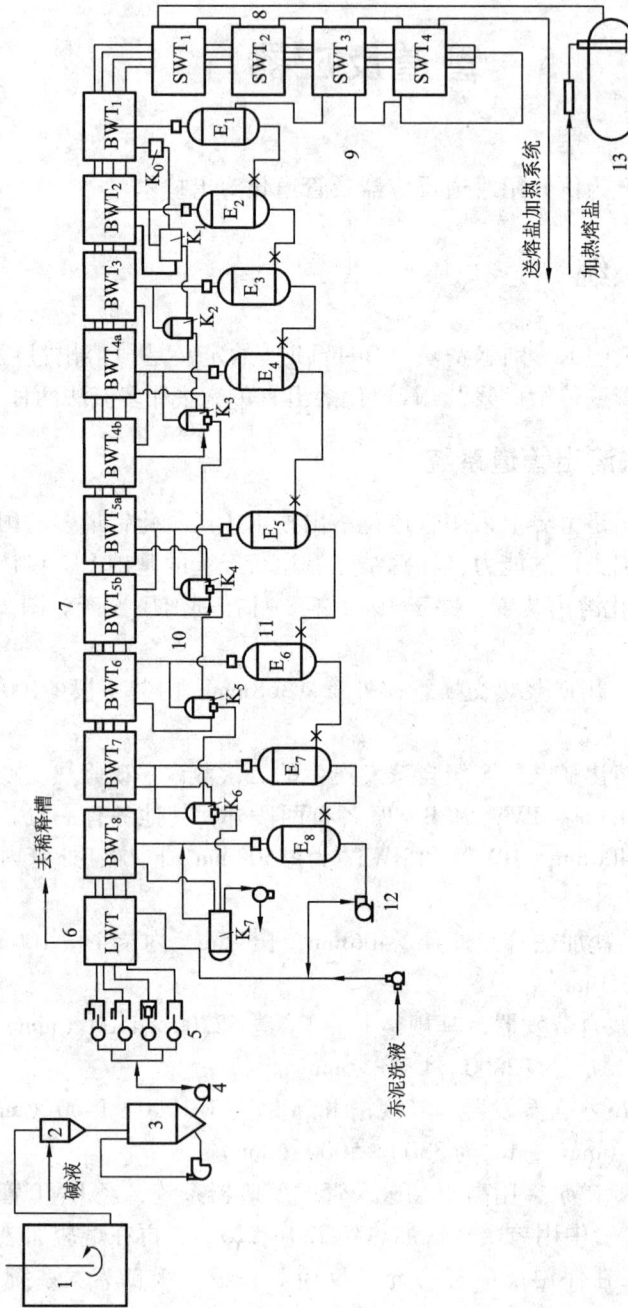

图2-5-1　RA-6型管道化溶出流程图

1—矿浆槽　2、3—混合槽　4—泵　5—高压泵　6、7、8—管式加热器　9—保温反应器
10—冷凝水自蒸发器　11—矿浆自蒸发器　12—泵　13—熔盐槽

控制系统有：调节熔盐温度来控制溶出温度、矿浆自蒸发器的液面调节、调节隔膜泵的液力偶合器来控制原矿浆流量。

配备有 POP11/24 型计算机，每 2s 记录一次 146 个测量点的数据，每 5min，计算一次各单元的传热系数。

RA－6 型溶出装置的技术特点：

（1）溶出温度 280℃，是目前世界上最高的温度；

（2）属多管单流法。原来是在一个大管中装 2 根 ϕ159mm 管，现改为装 4 根 ϕ100mm 管使传热面积增加 25.8%。

（3）为了防止在加热管中生成钛渣结疤，在保温反应管中加入石灰乳。

（4）采用了矿浆—矿浆、矿浆—蒸汽、矿浆—熔盐 3 种管式热交换器，使溶出过程每吨 Al_2O_3 热耗降到 3.5GJ。

（5）8 级自蒸发流程中，管式反应器中的冷凝水进入冷凝水自蒸发器中，而该蒸发器产生的二次蒸汽又进入原管式反应器中。为建立压力差，保证汽液顺利流动，将矿浆自蒸发器和冷凝水自蒸发器按不同平面配置。

（6）熔盐炉采用最新式的劣质煤流态化燃烧装置，成本低，热效率高（90%），烟气净化好。

（7）采用卧式 12 个隔膜腔的埃姆利希（Emlish）泵，以适应四管管式反应器需要。

5.1.2　匈牙利多流法溶出管道系统

匈牙利多流法管道化溶出系统见图 2－5－2。

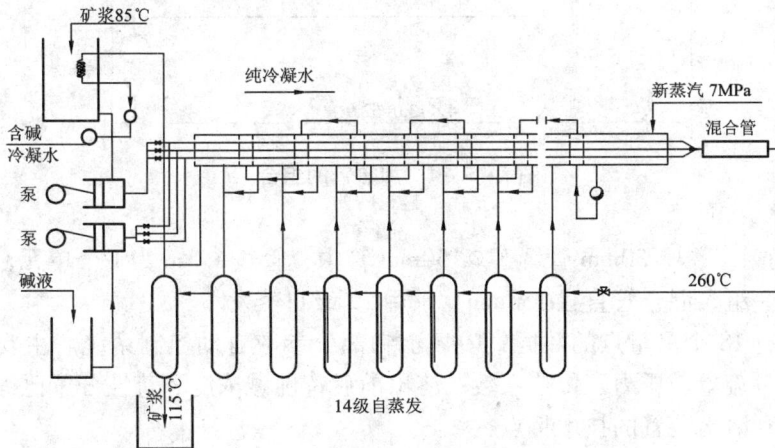

图 2－5－2　马丁厂溶出系统图

　　碱液和经过预脱硅的矿浆，分别用高压泵送入管式反应器中，开始用高温溶出矿浆产生的二次蒸汽加热到 215℃，最后用新蒸汽加热到 248℃（最高达 260℃）。已加热的碱液和矿浆在混合管中合流充分溶出后，进入多级自蒸发系统降温，排入稀释槽。

　　马丁厂有大小两套溶出装置。

　　大装置：3 根 ∅67mm 管置于 ∅200mm 管中，管长 13m 为 1 个单元（图 2 - 5 - 3），每 4 根单元构成 1 组（图 2 - 5 - 4），二次蒸汽加热段管长 780m，新蒸汽加热段管长 298m，混合管直径 200mm。反应时间随矿石溶出性能而定，一般为 3 ~ 12min。采用 14 级自蒸发。

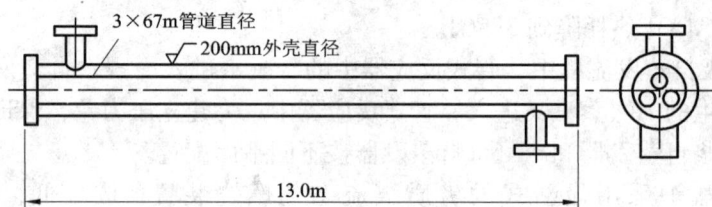

图 2 - 5 - 3　管道反应器的加热单元

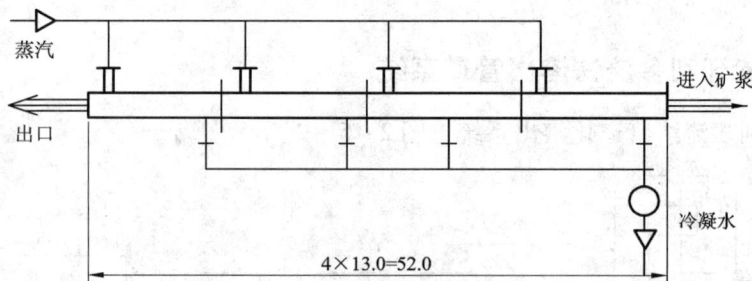

图 2 - 5 - 4　加热管的组合

　　小装置：3 根 ∅50mm 管置于 ∅150mm 管中，管长 6.5m 为 1 个单元，每 7 个单元构成一组，混合管直径 150mm。采用 12 级自蒸发。

　　配备有 18 个测量点的数据集中显示和部分参数自动控制系统。主要测量参数有温度、流量、压力、传热系数、溶出前后苛性碱浓度和苛性分子比等。

　　匈牙利溶出装置的技术特点：

　　（1）属管道多管多流法。在结构上是 1 根大管子中装 3 根小管子，在工艺上是多流作业。1 根管中走碱液，2 根管中走矿浆，然后合流。这种多流法与一般双流法的最大差别是，前者矿浆和碱液是同时加热到相同的温度然后合流；后者是矿浆不加热仅碱液加热，然后合流。

（2）3根管交替输送矿浆和碱液，用碱液清除结疤，从而有较高的传热系数（平均 1795W/（m^2·℃））和运转率（达 96%～98%）。

（3）溶出温度低（243～248℃），为得到好的氧化铝溶出率，采用较长的溶出时间。

这套装置在工业运行中已出现一些问题。碱液洗结疤效果不好，每运行 20～25d 还需进行酸洗和高压水清洗，同时管道腐蚀严重，每年需更换一次。此外，还需要增加高压泵台数。因此，进入 20 世纪 90 年代就改为单流法运行。

5.1.3 管道化溶出技术的工业应用

管道化溶出技术在德国得到普遍应用。匈牙利也有 1 个 100kt/a 的工厂采用这项技术，处理的是一水软铝石型或三水铝石—水软铝石型铝土矿，它与高压釜溶出相比，都到得了较好的技术经济效果。

具体表现在：

（1）可以实现高温低浓度溶出。经处理后溶出与分解的碱液浓度接近，这样就可以减少乃至取消蒸发作业，显著降低能耗（20% 以上）；

（2）由于溶出温度高，多级自蒸发产生的二次蒸汽量大，可以提供更多的赤泥洗水，从而减少赤泥带走的碱和氧化铝损失；如果赤泥洗水量不增加，则蒸发水量就可以减少，降低蒸发汽耗；

（3）设备表面积比高压釜少，减少热损失；

（4）氧化铝溶解度大，溶出液苛性分子比低（低于 1.45），显著提高循环效率；

（5）由于溶出温度高和高湍流作用，即使是铝针铁矿中的氧化铝也能提取出来，氧化铝相对溶出率大于 95%；

（6）根据同位素 140La 测量，即使串联高压釜数达 10 台，仍有 50% 的物料达不到平均停留时间而排出釜外。但是物料在管式反应器中，几乎全部都能达到平均停留时间。由于溶出时间不够，使得高压釜的溶出率低于管式反应器，对于三水铝石型铝土矿二者相差 3%；

（7）溶出速度快，时间短。对于三水铝石型铝土矿，在将矿浆加热到 280℃的过程中，氧化铝就全部溶出，不需要保温溶出反应时间，对于一水软铝石型土铝土矿，在加热过程中的低温段可溶出 20%，在 210～260℃溶出 70%，只有 10% 需要保温溶出 5min；

（8）矿浆紊流程度高，有利于传热。管式反应器平衡传热系数高达 1500～

2500W/（$m^2 \cdot ℃$），而高压釜只有 400~600 W/（$m^2 \cdot ℃$）；

（9）用熔盐加热，很容易调整熔盐与矿浆之间的温度差（达 100~150℃），这就可以减少换热面积；

（10）管式反应器制造容易；

（11）管道化溶出装置没有机械搅拌等运动部件，维护费用低；

（12）可用化学或高压水方法清洗结疤，清洗速度快，而且无笨重体力劳动。

（13）由于管道化溶出装置的质量与面积之比只有 120~140kg/m^2，而高压釜则高达 250~280kg/m^2，同时前者的传热面积只有后者的一半，因此，管道化溶出装置的投资少 20%~40%。

5.2　单管预热 (150℃) —高压釜溶出系统

山西铝厂和广西平果铝厂都从法国引进了单管预热（150℃）—高压釜溶出技术。我们把它也归为强化溶出技术，是因为它的溶出温度达 260℃，而且采用了先进的管式反应器来预热矿浆。图 2-5-5 为山西铝厂溶出系统流程图。

固含为 300~400g/l 的矿浆在 $\varnothing 8m \times 8m$ 加热槽中，从 70℃ 加热到 100℃，再在 $\varnothing 8m \times 14m$ 预脱硅槽中常压脱硅 4~8h。预脱硅后的矿浆配入适量碱液，使固含达 200g/l。温度 90~100℃。用高压橡胶隔膜泵送入 5 级 2400m 长的单管预热器（外管 $\varnothing 335.6mm$，内管 253mm）中，用前 5 级矿浆自蒸发器产生的二次蒸汽加热，使矿浆温度提到到 155℃。然后进入 5 台 $\varnothing 2.8m \times 16m$ 加热高压釜中，用后 5 级矿浆自蒸发器产生的二次蒸发加热到 220℃，再在 6 台 $\varnothing 2.8 \times 16m$ 反应高压釜中用 6MPa 高压新蒸汽加热到溶出温度 260℃。最后在 3 台 $\varnothing 2.8m \times 16m$ 终端高压釜中，保温反应 45~60min。高温溶出矿浆经 10 级自蒸发，温度降到 130℃ 以下送入稀释槽。

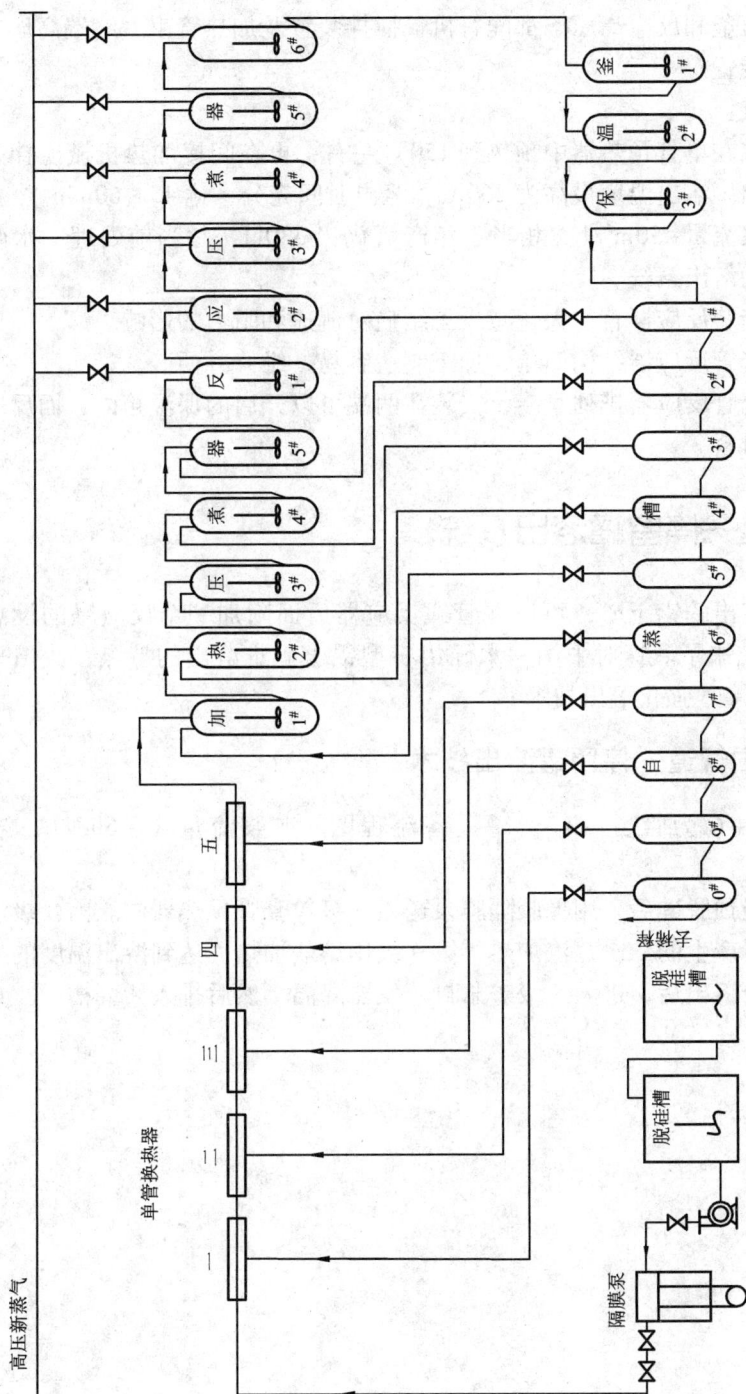

图2-5-5 山西铝厂引进法国的单管预热-高压釜溶出系统

加热高压釜和反应高压釜都配有机械搅拌装置及加热管束，终端高压釜中只有机械搅拌装置。

技术特点：

（1）矿浆在单管预热器中预热到150℃左右，再在间接加热机械搅拌高压釜中加热、溶出。溶出温度最高为260℃，溶出时间充分，达45~60min。

（2）矿浆流量450m³/h，相当于年产氧化铝330kt，是当前处理一水硬铝石型土矿最大的溶出系统。

（3）单套管反应器直径大，减少了结疤对流速和阻力的影响。

（4）单套管反应器结构简单，加工制造容易，维修方便。

（5）单套管反应器排列紧凑，安装在两端可以开启的保温箱内，而反应器本身不敷保温材料。

5.3　管道—停留罐溶出系统

对于难溶出的铝土矿，可以在管式反应器后面附加一个反应罐的设想，在1972年就提出来了。针对中国一水硬铝石型铝土矿难溶出的特点，我国采用了"管道-停留罐"强化溶出技术。

5.3.1　中国管道—停留罐溶出技术

图2-5-6为管道-停留罐设备流程图。矿浆流量4~6m³/h，溶出温度300℃。

原矿浆经预脱硅后，用橡胶隔膜泵送入9级单套管预热器中。前8级用8级矿浆自蒸发器产生的二次蒸汽加热，第9级用熔盐加热。达到溶出温度的矿浆在停留罐中充分溶出后，进入8级矿浆自蒸发器降温，然后排入稀释槽。

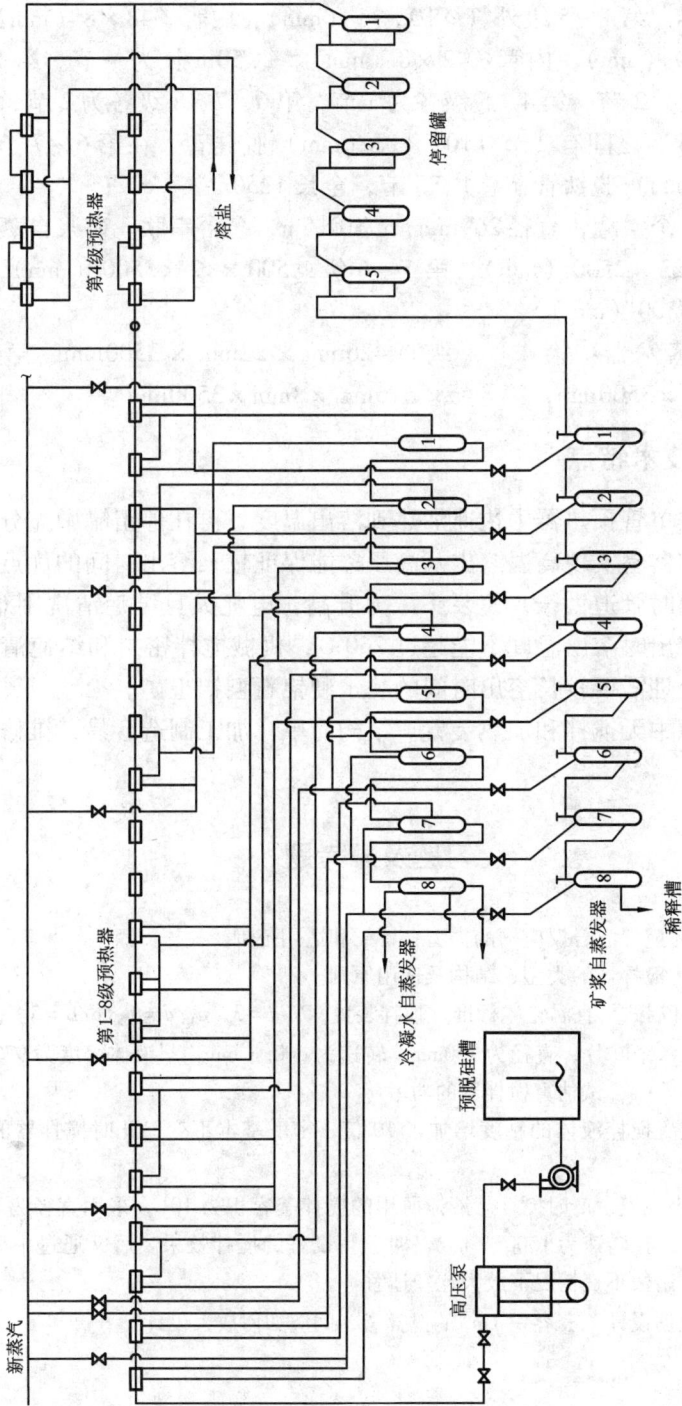

图2-5-6 中国管道-停留罐

（图中标注：停留罐、第4级预热器、熔盐、第1~8级预热器、冷凝水自蒸发器、矿浆自蒸发器、稀释槽、预脱硅槽、高压泵、新蒸汽）

单管预热器：第 1～5 级外管 $\varnothing 102 \times 5$（mm），内管 $\varnothing 48 \times 8$（mm），第 6～9 级外管 $\varnothing 89 \times 7$（mm），内管 $\varnothing 42 \times 8$（mm）。每 50m 长为一节。第 1、2 级各为 1 节，第 3 级为 2 节，第 4、5 级各为 3 节，第 6、7、8 级各为 2 节，第 9 级为 5 节。在第 5～6 级之间有 2 节 $\varnothing 102 \times 12$（mm）脱硅管，在第 6～7 节之间有 2 节 $\varnothing 102 \times 12$（mm）脱钛管；总共 25 节，全长 1250m。

停留罐是一个空罐，直径 269mm，高 10.5m，多台串联。矿浆自蒸发器：第 1～4 级 $\varnothing 426 \times 22 \times 2500$（mm），第 5～6 级 $\varnothing 500 \times 12 \times 3500$（mm），第 7～8 级 $\varnothing 820 \times 10 \times 3500$（mm）。

冷凝水自蒸发器：第 1～4 级 $\varnothing 426\text{mm} \times 22\text{mm} \times 3500\text{mm}$，第 5～7 级 $\varnothing 402\text{mm} \times 9\text{mm} \times 3500\text{mm}$，第 8 级 $\varnothing 616\text{mm} \times 8\text{mm} \times 3500\text{mm}$。

5.3.2　主要技术特点

（1）矿浆在单管预热器中快速加热到溶出温度，再在停留罐中充分溶出。它利用了管式反应器易实现高温溶出及高压釜能保证较长溶出时间的优点，又克服了纯管道化溶出时管道太长，使泵头压力升高，电耗大且结疤清洗困难的缺点，以及纯高压釜溶出时溶出温度不能超过 260℃，机械搅拌密封和结疤清洗困难的缺点。适合于处理需要较长溶出时间的一水硬铝石型铝土矿。

（2）停留罐中无搅拌和加热装置。结构简单，加工制造容易，维修方便，容易清洗结疤。

习题及思考题

2-0-1　试述搅拌混合反应槽的类型、特征和适用范围。

2-0-2　试述搅拌器的类型、结构及选用原则。

2-0-3　某开启式平直涡轮"标准"搅拌装置，$D/d = 3$，$n_1/d = 1$，$d/b = 5$。搅拌槽内设有档板，搅拌器有六个叶片，直径为 150mm，转速为 300r·min^{-1}，液体密度为 970 kg·m^{-3}，粘度为 1.2×10^{-3}Pa·s，试估算搅拌器的功率。

若上述搅拌装置搅拌液体的粘度增加了 10 倍，密度基本不变，此时搅拌器的功率有何变化？

2-0-4　在小规模生产时搅拌某液体所用的搅拌釜容积为 10L，采用直径为 75mm 平直叶开启涡轮搅拌器，在转速为 1500r·min^{-1} 时获得良好的搅拌效果。后又通过中型生产试验得知在保持搅拌雷诺数不变情况下放大比较适宜。

现欲将以上数据设计一套容积 1m^3 的搅拌釜，问应如何放大设计？

第三篇
液固分离设备

1　概述

1.1　基本概念

固液分离系指从悬浮液分离出固相和液相的过程。完善的固液分离应是干固体和液体完全分开，但实际分离过程中，分离出的固相总是含有少量溶液，液相中也常留有一些细小的固体颗粒。因此，广义地讲固液分离应包括澄清、浓密、分级及过滤等过程。

1.2　液固分离设备的分类及应用

固液分离可分为两大类。一类是液体运动受制约，而固体颗粒自由运动，如重力沉降设备，离心沉降设备，浮选机等；另一类是固体颗粒运动受制约而液体自由运动，如过滤设备及湿式筛分设备等。

在湿法冶金工艺中，常用到的固液分离设备是浓密机、水力旋流器、真空过滤机、板框压滤机及离心过滤机等。

选用何种液固分离设备，主要取决于矿浆的性质、投资及处理费用（见表3－1－1）。实践中往往两种方法配合使用。一般来说，当处理大量低含固量的固体悬浮液时，首先采用沉降浓缩，将固体颗粒从大量的液体中浓缩分离出来；其后再进行过滤、离心脱水、干燥等分离操作，这是最经济合理的方法。

表 3 – 1 – 1　沉降和过滤的适宜条件和处理费用

方法	所用设备	适宜条件	处理费用
沉降	沉降槽	粘度成分较高；难过滤的粘性浆料；低固体悬浮物的大量矿浆	每吨固体的处理费用往往不到过滤费用的20%。
过滤	过滤机	易过滤浆料；对滤液质量要求高的净化溶液，有熟练工人，机修条件好	较高

1.3　凝聚、絮凝和絮凝剂

　　由于固液分离过程中处理的悬浮液有时具有某种胶体性，这种胶体性严重影响固液分离效果。采用凝聚与絮凝的方法可使很细小的颗粒相互附聚，以破坏胶体和改善固液分离过程。加入某些离子以降低固液界面双电层的斥力，使胶态分散体不稳定而发生聚集的现象叫做"凝聚"。而胶体悬浮液由于溶液与连续相中的高分子聚合物的作用，而发生聚集的现象叫做"絮凝"。从实用出发，有的文献将凝聚和絮凝通称为"絮凝"。絮凝技术比较古老，但随着高效合成絮凝剂的使用，大大地改善了固液分离的效果。应用规模最大的是水净化和废水处理。在过滤操作中，悬浮液先经絮凝或凝聚处理，固体颗粒便形成疏松的聚集体，过滤时，形成的滤饼孔隙大，比表面大，滤速快。在沉降过程中加入絮凝剂，悬浮液中原有的粒度、形状不同的细小颗粒聚集成大的球形聚集体，其沉降速度较原有的显著提高。

　　目前使用的主要聚合物电解质絮凝剂为聚丙烯酰胺的各种衍生物，它们可分为非离子型、阴离子型、阳离子三大类（表 3 – 1 – 2）。

表 3 – 1 – 2　一些合成絮凝剂及其单体

聚电解质絮凝剂	非离子型	聚丙烯酰胺	$\left[CH_2-CH_2\atop CONH_2\right]_x$
		聚氧化乙酰	$\left[O-CH_2-CH_2\right]_x$
	阴离子型	丙烯酰胺共聚物	$\left[CH_2-CH\atop COOH\right]_x\left[CH_2-CH\atop CONH_2\right]_y$
		聚丙烯酸	$\left[CH_2-CH\atop COOH\right]_x$

续表

凝电解质絮凝剂	阳离子型	聚胺	$\begin{array}{c}\{CH_2-CH_2NH-CH_2CH_2NH\}_x\end{array}$
		丙烯酰胺共聚物	$\begin{array}{ccc}\left[\begin{array}{c}CH_2-CH\\\ \ \|\\COOHN_2\end{array}\right]_x\left[\begin{array}{c}CH_2-CH\\\ \ \|\\CH_2\\\ \ \|\\N^+Cl^-\\\diagup\quad\diagdown\\H_3C\ \ CH_3\end{array}\right]_y\end{array}$
			$\left[\begin{array}{c}CH_2-CH\\\ \ \|\\COHN_2\end{array}\right]_x\left[\begin{array}{c}CH_2-CH\\\ \ \|\\CO\\\ \ \|\\ONa^+\end{array}\right]_y$

| 单体 | 丙烯酰胺 | 丙烯酸钠 | 季铵盐 |
| | $\begin{array}{c}CONH_2\\\ \ \|\\H_2C=CH\end{array}$ | $\begin{array}{c}O^--Na^+\\\ \ \|\\C=O\\\ \ \|\\H_2C=CH\end{array}$ | $\begin{array}{c}O\qquad\qquad R_1\\\ \|\qquad\qquad\ \|\\C-O-C_2H_4-N^+\ Cl^-\\\ \|\qquad\qquad\diagup\ \diagdown\\H_2C=CH\quad R_2\ \ R_3\end{array}$ |

　　应用最多的聚丙烯酰胺絮凝剂是一种非离子型聚合物，由于其中极性胺基的存在，容易通过搭桥作用而形成团状絮凝物，促进液固分离。

2 沉降分离设备

2.1 概述

2.1.1 沉降的基本概念

悬浮液与一般液体不同，具有一些特殊性质，当固体颗粒直径大于 $0.1\mu m$ 时，悬浮液不稳定，尤其当液相密度与固相的密度相差较大时，因受重力作用，固体颗粒会形成沉淀而与液体分离，工业上将这种分离方法称为重力沉降。重力沉降适宜处理固液相密度差比较大、固体含量不太高、而处理量比较大的悬浮液。

重力沉降操作一般分为浓缩和澄清两类。浓缩操作的目的主要是为了将悬浮液增稠，而澄清操作的目的是为了从比较稀的悬浮液中除去少量悬浮物。这两种沉降操作所用的设备分别称为沉降槽或澄清槽。

当悬浮液中固体含量很少时，固体颗粒沉降不受其他颗粒的干扰，这种沉降称为自由沉降，反之，当悬浮液固体含量高时，每个颗粒的沉降都受到周围颗粒的影响，这种沉降则称为干涉沉降。在生产中遇到的悬浮液，固体含量较高，主要为干涉沉降。

将悬浮液加入槽中，经过一定时间之后分出清液与沉渣，此种装置为间歇式沉降槽，简称为沉降槽。而悬浮液连续加入，连续流出清液和排出沉渣的槽子称为连续沉降槽。由于间歇式沉降槽用的比较少，所以常把连续沉降槽也简称为沉降槽。

2.1.2 沉降设备的结构及分类

2.1.2.1 沉降设备的结构

沉降设备的类型较多，但其结构形式大同小异，现以悬挂式中心传动沉降槽为例，说明沉降设备的结构。如图 3－2－1 所示，该设备主要由底部呈圆锥形的槽体、工作桥架、刮泥机构、传动装置、传动立轴、立轴提升装置、刮泥装置（刮臂和刮板）等组成。由于该设备的刮泥装置的重量和转矩均由工作桥架承受，所以叫悬挂式中心传动沉降槽。

该沉降槽的工作过程：悬浮液通过进料管道加到进料筐内，经中心进料筐布水后，澄清液流沿径向以逐渐减小的流速向沉降槽的周边流去，悬浮液中悬浮颗粒在重力作用下被分离而沉降下来，然后由刮板刮集至集泥槽内，在液体槽压力作用下，经底流排出口排出。刮泥装置一般是由成十字形的四条刮臂组成，在刮臂底部装有许多与刮臂成45°角的刮板。刮臂固定在立轴端部。当传动装置转动时，通过传动立轴和传动刮臂，经刮板将槽底的底流缓慢地刮至槽底出口处。但当刮臂的负荷太大或者槽底需进行清理时，可通过立轴顶部的提升装置将它提起。

2.1.2.2 沉降设备的分类

沉降设备的结构类型有多种。下面介绍几种常见的分类方法。

1. 按设备操作形式分类

按设备的操作形式，可分为间歇式沉降设备和连续式沉降设备。在间歇操作中，将悬浮液注入槽内，呈静止状态停留一定时间，以使悬浮粒降到槽底；然后把澄清液倾析出来，再将沉渣用人力或机械取出，或者从底流排出口排出。连续式沉降槽注入悬浮液、排出澄清液和沉渣都是连续进行，这种沉降槽机械化程度高，管理方便，已广泛用于大、中型冶炼厂。

2. 按悬浮液流动方向分类

若根据悬浮液在沉降槽中的流动方向，它还可分为平流式、辐流式和竖流式等几种。其槽体形状有箱形槽、圆形槽和锥形槽等。冶炼厂用于处理矿浆的沉降槽主要是采用辐流式沉降设备进行连续作业。

辐流式沉降槽的结构有单层沉降槽和多层沉降槽两类，图3-2-1所示即为单层结构的沉降槽。在多层沉降槽中，又分有双层结构、三层结构及四层、五层结构等。图3-2-2为在氧化铝生产中采用的五层赤泥沉降槽结构示意图。

3. 按工件原理及操作方式分类

多层沉降槽根据其工作原理及操作方式还可分为闭式、开式、连接式和平衡式几种，图3-2-3为四种双层沉降槽简图。闭式沉降槽如图3-2-3a所示。沉降槽各层间完全分开，主轴穿过的孔采用特殊橡皮隔板密封。各层之间的进料、溢流及沉渣的排出均单独进行。其最大缺点是各层间的密封装置不能可靠工作，并难于进行维修。此外，下层泥浆面若因某种原因而下落时（例如由于停止进料），层间底板就承担了该层泥浆液柱的全部重量。这在槽体结构设计上是不允许的。这种老式沉降槽基本已淘汰。

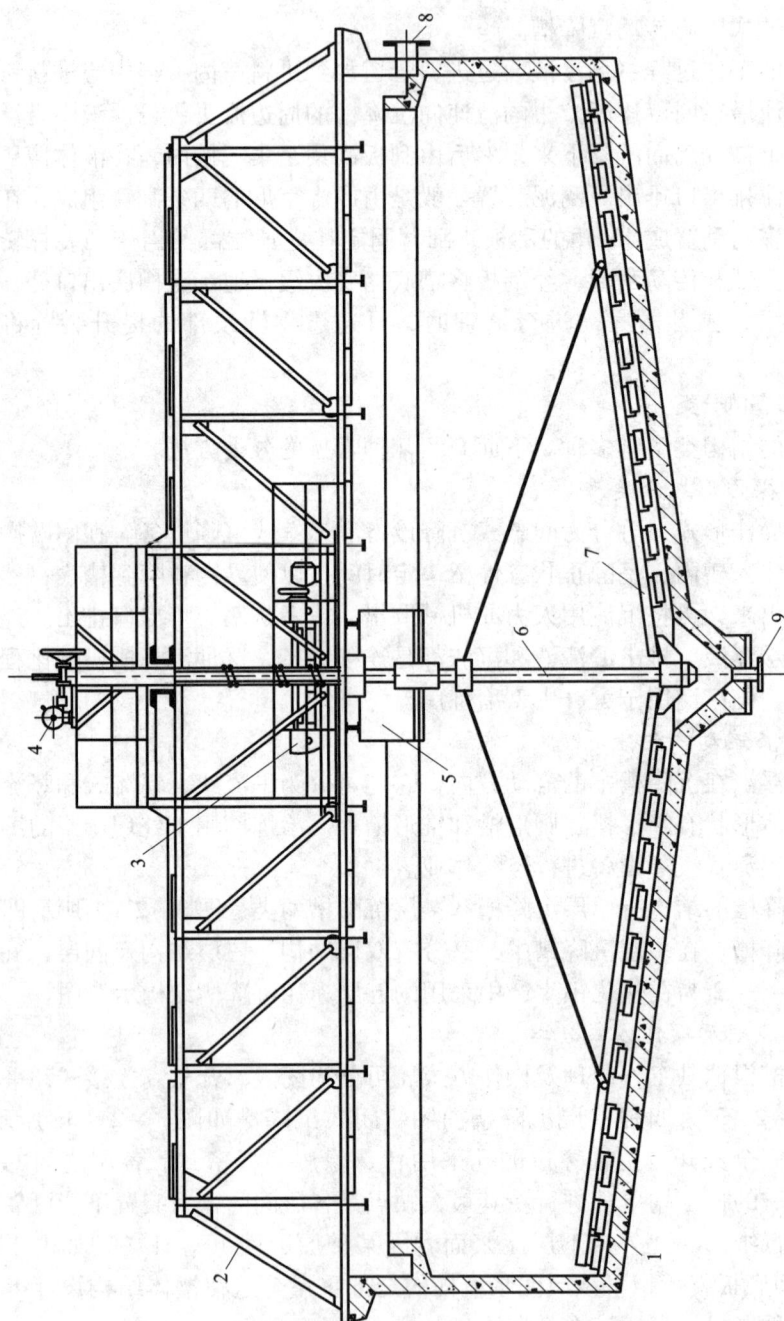

图3-2-1 悬挂式中心传动沉降槽的结构

1—槽体 2—工作桥架 3—刮泥机构传动装置 4—立轴提升装置 5—进料管 (或称加料筒)
6—传动立轴 7—刮泥装置 8—澄清精液出口 9—底流排出口

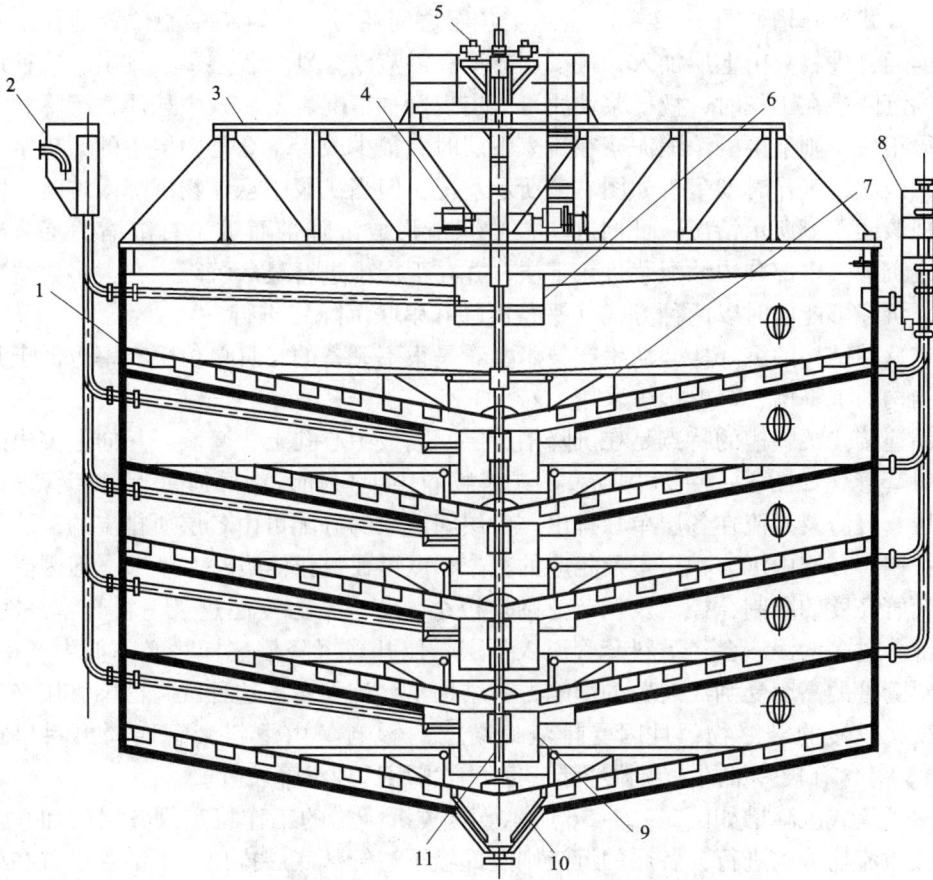

图 3 - 2 - 2　悬挂式中心传动五层赤泥沉降槽结构示意图

1—槽体　2—加料管　3—工作桥架　4—传动装置　5—提升装置　6—进料筐
7—刮泥装置　8—清液溢流装置　9—下渣筒　10—集泥槽　11—传动立轴

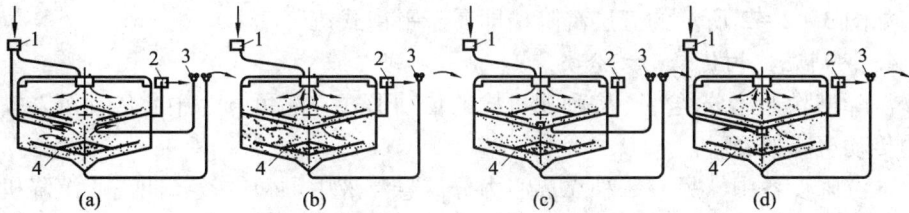

图 3 - 2 - 3　四种双层沉降槽简图

a—闭式　b—开式　c—连接式　d—平衡式　1—加料　2—溢流　3—泥渣排出口　4—刮泥装置

开式沉降槽如图 3 - 2 - 3b 所示。各层之间通过层间隔板中心位置的孔口互相连通，进料只由上层加入，最下层排渣；溢流则分别由各层单独排出。这种形式的沉降槽在工作时，视矿浆性质可能出现两种情况。若矿浆中悬浮物沉降和浓缩得很快，则上层的浓缩泥浆在流入下层时，很少或者不会与中层中的原矿浆混合，因此，工作时就呈现如图右侧所示情况。但当矿浆中悬浮物沉降困难时，则出现该图左侧所示情况。此时在上层中只能形成沉降带而难于有浓缩的沉渣出现，沉降带中部分浓缩泥浆进入下层，并在下层中进行最后沉降。在大多数情况下，沉降可能同时以两种方式（平行沉降和串联沉降）进行。

这种结构的沉降槽，从生产技术上看是很不完备的，且单位生产率也低于其他结构的沉降槽，一般很少采用。

连接式沉降槽的特点是在沉降槽的层间隔板中心孔上，套装一只向上突出的下料套管（如图 3 - 2 - 3c 所示）。矿浆物料由上层加入，并通过下料套管进入下层，沉渣及溢流在各层单独排出。各层间矿浆的分配可由各层所排出的溢流量来控制，各层中沉渣积聚量及相应的凝聚程度可通过排渣方法来调节，但因受下料套管高度的限制，控制及调节范围均很小。若沉渣深度超过了下料套管高度，则部分过多的泥渣会经下料套管流入下层，像开式沉降槽一样势必降低生产率，下料套管的高度受刮泥装置的影响，其结构不允许太高。这种沉降槽不宜用来分离凝聚较慢的悬浮物，且因受排渣口结构的影响（由下料套管四周出料口排渣），对含有较多量的大颗粒悬浮液也不宜采用这种沉降装置。

平衡式沉降槽如图 3 - 2 - 3d 所示。这类沉降槽的工作特点是各层的加料及清液溢流均分别进行，各层的沉渣则全部经下渣管从底层排出。下渣管设置在层间隔板中心部位并向下伸出，其伸出长度应使管口达到下层的沉渣层以内，以保证沉渣槽各层独立、平行地操作，并起到水封作用。上层沉渣深度由压力差控制，该压力差可由提高下层溢流面超过上层液面而获得。

平衡式沉降槽应用范围广，管理方便，因此，目前在冶金工业中已普遍采用，如图 3 - 2 - 2 所示的五层沉降槽即属于平衡式沉降槽。

4. 按刮泥机构传动形式分类

沉降槽除上述分类外，按刮泥机构的传动形式它还可分为中心传动沉降槽和周边传动沉降槽两种。

在沉降设备中，另有一种靠离心力分离悬浮液中颗粒的设备叫离心沉降机。

2.1.3　沉降设备在冶金中的应用

在重金属的湿法冶炼及轻金属的氧化铝生产中，广泛应用各种类型的沉降设备，如铜焙烧矿及锌焙砂浸出后矿浆的沉降分离等。图 3 - 2 - 4 是美国阿玛克斯公司特温·布特斯（Twin Buttes）湿法炼铜厂生产流程示意图。

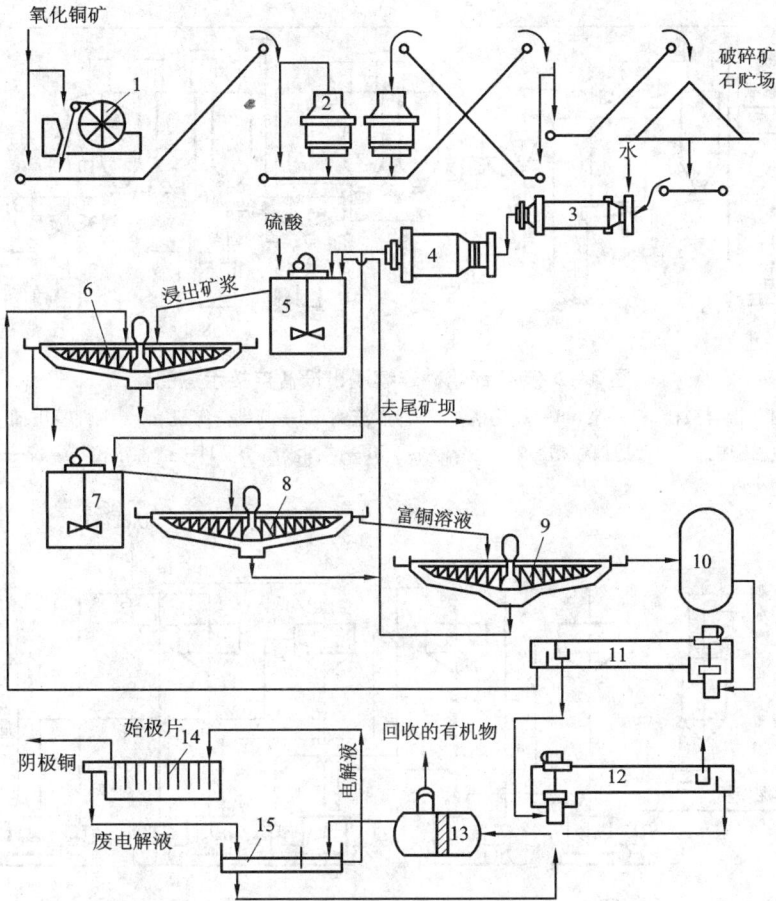

图 3 - 2 - 4　特温·布特斯湿法炼铜生产流程示意图
1—鄂式破碎机　2—圆锥破碎机　3—棒磨机　4—球磨机　5—浸出槽
6—连续逆流清洗浓密机　7—pH 调整槽　8—pH 调整浓密机　9—净化浓密机　10—加压砂滤机
11—萃取混合澄清器　12—反萃混合澄清器　13—凝聚器　14—电积槽　15—电解液循环槽

从图 3 - 2 - 4 中可见，在湿法炼铜流程中，有三处使用了浓密机，其中在连续逆流清洗操作中共使用了六台大型浓密机，浓密机的直径为 121.9m，容量为 56778m^3，占地 68.8km^2。

图 3 - 2 - 5 是我国某厂锌焙砂连续浸出设备连接示意图。

从图中可见有两种浓密机，浓密机直径为 18m，高度 3.6m，一台用于处理中性矿浆，另一台用于处理酸性浸出槽出来的矿浆。在氧化铝生产流程中，沉降设备主要用于赤泥的分离及赤泥的洗涤。图 3 - 2 - 6 为赤泥四次沉降洗涤工艺流程图。

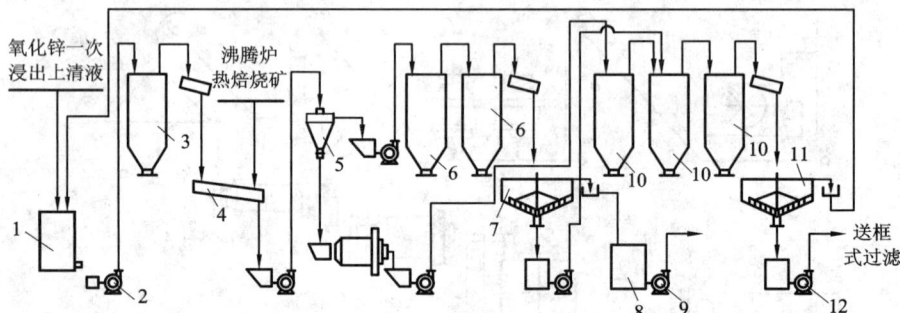

图 3 - 2 - 5　锌焙砂连续浸出设备连接示意图

1—混合液槽　2—泵　3—氧化槽　4—冲矿流槽　5—圆锥分级机　6 - 中性浸出槽
7—中性浓密机　8—上清液贮槽　9—上清液泵　10—酸性浸出槽　11—酸性浓密机　12—衬胶泵

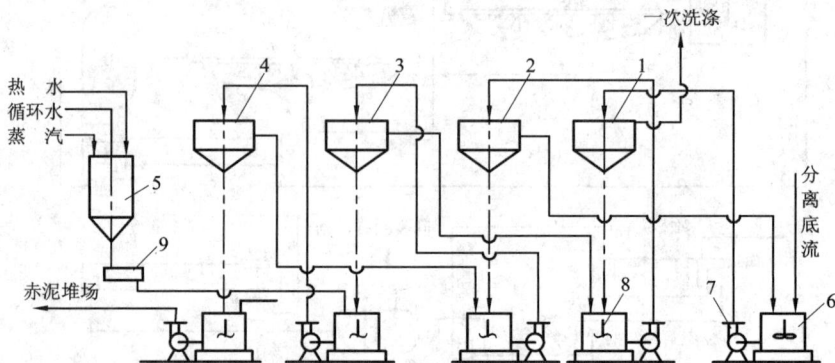

图 3 - 2 - 6　赤泥四次沉降洗涤工艺流程图

1——次洗涤沉降槽　2—二次洗涤沉降槽　3—三次洗涤沉降槽　4—四次洗涤沉降槽
5—热水槽　6—分离底流槽　7—底流泵　8—底流槽　9—流量计

　　该流程是将赤泥分离后的底流所带走的附液，经过四次沉降洗涤使之尽可能
洗掉，以减少氧化铝和氧化钠的损失。

　　目前，在有色金属冶炼厂对悬浮液的分离或氧化铝赤泥的洗涤，都已普遍采
用带刮板（耙机）的连续作业沉降槽。采用这种装有慢速回转刮板的沉降槽可
获得密度均匀的沉淀物。用刮板缓慢搅拌浓缩的悬浮液，亦可改善沉淀物的脱水
（或压缩）程度。沉降操作已达到相当高的机械化水平。

2.2 沉降分离原理及沉降槽的设计计算

2.2.1 间歇沉降过程描述

间歇沉降过程可用图 3-2-7 说明。在玻璃量筒中，加入均匀的悬浮液，如图 3-2-7（a）的情况。过程开始后所有的颗粒都开始沉降，并且很快就达到沉降终速，于是就出现了几个区域，如图 3-2-7（b）所示，最先沉降的较重颗粒构成 4 区，称为粗粒固体区。在这个区域上边紧接着有一个过渡区，界线不很明显，此过渡区中有一股股的上升液体形成沟流，这些沟流是由于固体颗粒进入 4 区压紧间隙而排出来的。此区上面就是由不同粒径的颗粒及不同浓度分布的悬浮液组成的 3 区。3 区之上为均匀浓度 2 区，而在 3 区和 2 区之间有一过渡区。2 区浓度与开始时的浓度几乎一致。最上面是清液区 1，如果固体颗粒直径比较均匀时，在 1、2 区之间有十分清晰的界面。

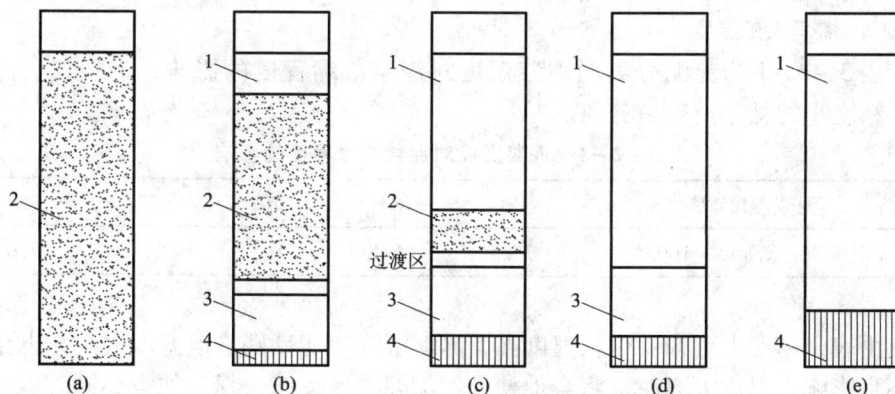

图 3-2-7 间歇沉降

1—清液区　2—均一浓度区　3—浓度及粒径不均区　4—粗粒固体区

各区的高度随时间而变化，如图 3-2-7（b）、（c）、（d）所示，1 区和 4 区高度不断增加，而 2 区、3 区高度不断减少，最后 2 区、3 区消失，只剩下 1 区和 4 区，如图中（e）所示，且在 1 区和 4 之间有一个界面，此时全部固体颗粒均进入 4 区，这称之为沉降的临界点，而从此以后进行着沉淀的压紧过程。

在连续操作的沉降槽中也大体上存在上述各区。操作稳定之后各区的高度保持不变，如图 3-2-8 所示。

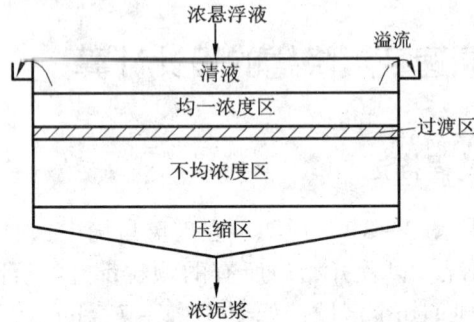

图 3 - 2 - 8　连续沉降槽的沉降区

2.2.2　悬浮液特性

采用沉降分离的悬浮液种类繁多，各种不同条件下所形成的悬浮液，其特性均不相同，因此，在考虑悬浮液的分离时，必须根据其固有特性确定对策。悬浮液特性是指悬浮液本身的各种物理、化学性质，如酸或碱性、腐蚀的强或弱、粘度的大小、密度及温度的高低等。

2.2.2.1　悬浮液的温度

表 3 - 2 - 1 为赤泥分离时泥浆温度对泥浆浓缩程度的影响，一般说，温度高、粘度小的悬浮液容易分离。

表 3 - 2 - 1　泥浆温度对泥浆浓度程度的影响

泥浆温度/℃	30	60	70	85	95
（沉淀高/总高）×100/%	73.5	86.5	78.5	78.5	27.0

由表 3 - 2 - 1 可知：泥浆温度高，赤泥沉降性能良好。但温度太高，也会带来不良影响。温度太高时，将会促使赤泥泥浆二次反应，损失加大，同时也影响赤泥的硬结。温度太低时，又易引起赤泥的膨胀，影响沉降速度。

2.2.2.3　固体悬浮物的粒度

悬浮物的粒度即指固体颗粒的粒径。粒径越粗越易分离。赤泥粒度越细，沉降速度也越慢。表 3 - 2 - 2 列出某种熟料在其他条件相同时，不同粒度对沉降速度的影响。

表 3 - 2 - 2　不同粒度对沉降速度的影响

粒度/mesh	-100 ~ +150	-150 ~ +200	-200
（沉淀高/总高）×100/%	33.5	37.5	78.0

一般认为，当悬浮物的粒径小于 $0.5\mu m$ 时，悬浮液中粒子的布朗运动影响已较明显，用沉降方法一般很难分离。

2.2.2.3　悬浮物本身的特性

悬浮液中的悬浮物，有的颗粒轮廓清晰、坚硬，且不易变形，也不易相互粘附或与其他粒子粘结。对于这一类悬浮物最易分离，有些粒子则恰好相反，如赤泥，其性松软，流动性很差，有时刮板能把它切穿而不易将其带走。这类赤泥的沉降性能很差，其主要原因是赤泥颗粒在悬浮液中发生了膨胀，若在显微镜下观察可看到赤泥颗粒已变成了大块的模糊不清的胶状物质。这种现象给生产带来很大危害，使赤泥的分离、洗涤等正常作业受到破坏。赤泥膨胀时，赤泥与溶液分离不开，槽内泥层高，用沉降槽分离时，溢流很浑浊；若赤泥发生粘结硬化，又会产生底流的堵塞。总之，赤泥膨胀与粘结，将迫使停槽处理，使生产陷于被动，同时氧化铝和氧化钠的损失也大为增加。

2.2.2.4　密度差

液体与固体颗粒的密度差，对分离速度也有影响。由液体与固体组成的悬浮液，密度差越大，分离也越容易，反之，则难于分离。

对含有大量的胶状微粒的矿浆，为提高沉降槽的生产率，加快沉降速度，可由矿浆中添加适量的絮凝剂，使悬液中呈胶体状分散的颗粒凝聚成絮团，以促使其快速沉降，从而加快生产节奏。目前向矿浆中加絮凝剂的种类基本有三类，分别如下：

（1）无机絮凝剂：有石灰、硫酸、聚铝化合物、明矾、硫酸亚铁、苛性钠、盐酸和氯化锌等。

（2）天然高分子絮凝剂：有淀粉和含淀粉的蛋白质物质，如马铃薯、玉米粉、红薯粉及动物胶等。

（3）合成高分子絮凝剂：有离子和非离子型高分子聚合物，如聚丙烯酰胺、羧基纤维素和聚乙烯基乙醇等。

2.2.3　沉降速度的计算

液体介质对运动的悬浮粒子是有阻力的，粒子遵循着物体在有阻力的介质中下降的规律而沉降。与烟尘的沉降一样，悬浮液中沉降的粒子最初是加速度运动，经过若干时间，当介质的摩擦阻力等于重力时，就变为等速运动而等速下降。

根据斯托克斯定律，悬浮液的雷诺数等于或小于 0.2，即颗粒在层流沉降状态下时，自由沉降速度可按下式求出：

$$v_0 = \frac{d^2 (\rho_1 - \rho_2) g}{18\mu} \tag{3-2-1}$$

式中：v_0——自由沉降速度，$m \cdot s^{-1}$；

d——沉降颗粒的直径，m；

ρ_1、ρ_2——颗粒和介质的密度，$kg \cdot m^{-3}$；

g——重力加速度，$m \cdot s^{-2}$，$g = 9.8 m \cdot s^{-2}$；

μ——介质的动力粘度，$Pa \cdot s$。

考虑到颗粒通过悬浮液层时发生相互碰撞，粒子的实际沉降速度可按下式计算：

$$v = 0.5 v_0 \tag{3-2-2}$$

式中：0.5——受阻层系数；

v——颗粒实际沉降速度，$m \cdot s^{-1}$。

如果悬浮液雷诺数大于 0.2，则沉降速度可根据良申柯法计算，为此，必须先出求 $(Re)^2 \psi$ 的乘积，即：

$$(Re)^2 \psi = \frac{F \rho_2}{\mu_2^2} \tag{3-2-3}$$

式中：Re——雷诺数；

ψ——无因次阻力系数（雷诺数的函数）；

μ_2——介质的动力粘度，$Pa \cdot s$；

F——介质中球形颗粒沉降时作用力，N；

$$F = \frac{\pi d^2}{6} (\rho_1 - \rho_2) g$$

ρ_1、ρ_2——分别为颗粒和介质的密度，$kg \cdot m^{-3}$；

g——重力加速度，$9.8 m \cdot s^{-2}$。

阻力系数 ψ 值可从 ψ 与 Re 的关系曲线图中查得（手册和专业书中均有这类曲线图表），或根据表 3-2-3 所列公式计算。

表 3-2-3 阻力系数 ψ 值与液体流动特性 Re 的关系

沉降区间	Re	ψ
层流区	$\leqslant 1$	$3\pi/Re$
中间区	$1 \sim 40$	$0.432 + 10.77/Re$
	$40 \sim 1000$	$0.167 + 22.65/Re$
紊流区	> 1000	$\pi/16 = 0.196$

已经 $(Re)^2 \psi$ 值，就可按曲线图 3-2-9 或数据表 3-2-5 求得雷诺数值，并按下式计算出沉降速度，即：

$$v_0 = \frac{\varphi \ (Re) \ \mu}{d\rho_2} \tag{3-2-4}$$

式中：φ——修正系数，取决于颗粒的形
状（由有关手册中查得），
其余符号同前。

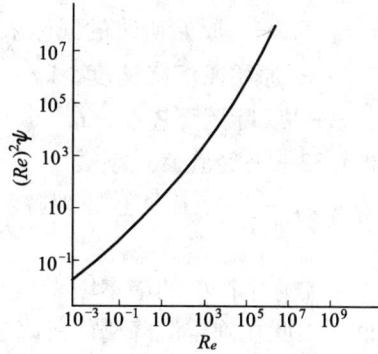

图 3-2-9 $(Re)^2 \psi$ 与雷诺数
值的关系曲线

2.2.4　沉降槽生产能力计算

以矿浆中纯液量而言，当无液体损
失时，矿浆中的总液量为：

$$Q_0 = Q_1 + Q_2$$

式中：Q_0——矿浆中总液量，$m^3 \cdot h^{-1}$；
Q_1——澄清液溢流量，$m^3 \cdot h^{-1}$；
Q^2——沉渣中含液量，$m^3 \cdot h^{-1}$；

在沉降槽中，如澄清液层高度为 h，则沉降槽澄清液的生产能力 Q_1 可用下
式计算：

$$Q_1 = \frac{Ah}{t} \tag{3-2-5}$$

式中：A——沉降槽的沉降面积，m^2；
h——澄清液层高度，m；
t——澄清时间，h。

而在一定液层高度下，沉降时间 t 取决于颗粒的沉降速度 v_0，即：

$$t = \frac{h}{(3600 v_0)}$$

将 t 代入式 3-2-5 得：

$$Q_1 = \frac{Ah}{\dfrac{h}{(3600 v_0)}} = 3600 v_0 A \tag{3-2-6}$$

式 3-2-6 表明，沉降槽的生产能力与沉降槽的槽帮高度无关，而仅取决于
沉降速度和槽体的沉降面积。所以，现代沉降槽的构造都是做成槽帮较浅、槽体
自由沉降面积尽量增大。为了减少占地面积，于是出现了将几个槽叠在一起的多
层沉降槽，并在冶金企业广泛应用。

对于连续操作的沉降槽，其沉降面积的确定可参考下式进行计算。

$$A = \frac{1.33 q_m \ (1 - \dfrac{c_0}{c_1})}{\rho v} \tag{3-2-7}$$

式中：A——沉降槽的沉降面积，m^2；

$\quad\quad q_m$——原始矿浆的质量流量，$kg \cdot s^{-1}$；

$\quad\quad c_0$、c_1——原始矿浆的固体浓度和沉渣中的固体浓度（按重量计）；

$\quad\quad \rho$——原始矿沉降速度，$kg \cdot m^{-3}$；

$\quad\quad v$——实际沉降速度，$m \cdot s^{-1}$。

$\quad\quad 1.33$——经验修正系数。

表 3 - 2 - 4 为工业上处理各种悬浮液所必须的沉降槽的截面积，供设计参考。

鉴于实际生产中的诸多因素难于周全考虑，上述推荐数据看作是近似的经验计算值，因此在确定沉降槽的沉降面积时往往是根据试验数据进行计算的。

在氧化铝生产中，已通过实践确定了根据一系列沉降试验数据来计算沉降槽产能的方法，并提出了沉降槽试验数据的数学分析方法，而且还证明，采用数学方法可以简化试验工作和对试验结果的判断。

表 3 - 2 - 4　各种矿浆所需沉降槽的截面积

矿浆种类		固体浓度/%		处理固体 $lt \cdot d^{-1}$ 所需的截面积/m^3
		原液	底流	
氧化铝	赤泥（第一沉降槽）	3 - 4	10 - 25	1.9 - 2.8
（Baryer 法）	赤泥（洗净槽）	6 - 8	15 - 20	0.9 - 1.4
	赤泥（最终段沉降槽）	6 - 8	20 - 25	0.9 - 1.4
	晶种沉降槽	2 - 8	30 - 50	1.1 - 2.8
水泥（窑法）		9 - 10	45 - 55	0.3 - 1.7
	乙炔发生炉	12 - 15	30 - 40	1.4 - 3.1
石灰泥	石灰苏打法	9 - 11	35 - 45	1.4 - 2.3
	造纸工业	8 - 10	32 - 45	1.3 - 1.7
氢氧化镁（从海水中）		8 - 10	25 - 50	5.6 - 9.3
	浸出残渣	20	60	0.7
镍	硫化物沉淀	3 - 5	65	2.3

2.2.5　沉降槽高度的计算

近半世纪来，沉降槽生产能力基本上是依据公式 3 - 2 - 6 进行计算的，由于式 3 - 2 - 6 表明了产能与槽体高度无关，所以发展了单层大直径沉降槽和多层沉降槽，而且槽帮高度都比较浅。单层沉降槽由于操作方便，结构简单，在 20 世纪 50 年代中期，国内、外有些工厂采用单层沉降槽代替多层沉降槽，并适当增加了槽帮高度，结果产能有所提高，清液质量好及底流压缩好，清理结疤也容易。W·B·盖里（W. B. Gerry）指出，沉降槽面积不变，增加槽体高度，在不影响澄清度的情况下，清液溢流速率可以增加 4－6 倍。A·C·帕诺夫（A. C. Панов）也曾指出，将五层沉降槽的第二、四层板拆除，改为三层，其他条件不变，能使液流产量增加 30% ~ 50%，并且清液质量不降低。这些试验研究均表明槽体高度与生产能力有关。

式 3－2－6 是一个关于清液的物料平衡式，应该说它本身并没有不确切之处，问题在于使用它时，式中的沉降速度采用什么数值。我们知道，固体颗粒的沉降速度有在静态液体中的自由沉降速度，也有在上升液流中的固体颗粒沉降速度 v 以及按固体颗粒通过量而定的临界沉降速度 v_L。现对它们之间的关系进行讨论。

固体颗粒在上升液流中的沉降速度 v 等于自由沉降速度 c_0 与上升流液速度 v_s 之差，即 $v = v_0 - v_s$。为保证颗粒能够沉降，沉降槽中液流的上升速度极限为 $v_s = v_0$，当然设计时 v_s 总是应小于这个极限，生产才能进行，即 v_s 应小于 v_0。

自由沉降速度 v_0 是由悬浮液的物性所决定的，对于某一物性它是一个常数。从沉降曲线可知：$v_L < v_0$，这是因为在沉降槽的上部，料浆密度比较小，沉降速度较快，所以单位时间内进入的固体颗粒能全部通过槽子的上部截面；在槽的下部，料浆中固体密度很大，即使在这层中颗粒的沉降速度很小，但单位面积上的所通过的固体颗粒总数量仍然比较高，所以单位时间内进入的固体颗粒也能全部通过槽子的截面。但在槽子的中部某一截面，由于颗粒沉降速度迅速减小，所以单位时间进入的固体颗粒量大于从这一截面沉到下一层去的量，这个截面就是"极限截面"，也称"控制层"。相对于这层的颗粒沉降速度 就称为临界速度 v_L。由于这一层固体颗粒的通过能力受到限制，该层固体便有积累，如果加大进料量，泥层便相应上升。根据上述讨论情况来看，要维持沉降槽具有一定的生产能力，计算时往往以 v_L 代入 3－2－6 式，以保证固体颗粒通过此层时所必需的沉降面积。

用 v_L 来计算的沉降槽面积，对于提高清液产能来说是有潜力可挖的，如果将进料量增加 n 倍，即在沉降槽面积不变时，清液的上升速度 v_s 也增加 n 倍，这时因槽内固体颗粒量增加，并由于不能通过"控制层"而使泥浆积累上涨，故需增加槽体高度。据有关资料报道，当进料量增加 n 倍时，槽体高度应该增加的量，可按下式进行估算，即：

$$H_j = (n-1) v_0 \qquad (3-2-8)$$

式中：H_j——槽体高度增加量，m；

v_0——颗粒自由沉降速度，$m \cdot h^{-1}$。

应该注意的是，按式 3－2－8 计算槽帮高度来提高产能是有限度的，在设计连续式沉降槽的高度时，必须保持 $v_s \leqslant v_L$，$v_L < v_0$。要使颗粒沉降，则 $v_s = v_0$。即清液上升速度所能取的最大值。

另外，槽体高度的增加，除了应保证泥浆在槽内的停留时间，以满足溢流的澄清度外，还应保证对底流的压缩，以达到所要求的浓度。压缩区的高度可按柯尔森的公式计算：

$$H_P = (\frac{W't_r}{A\rho_S} + \frac{W't_r}{A\rho_L}Q_m) \qquad\qquad (3-2-9)$$

式中：H_p——压缩区的高度，m；

　　　W'——单位时间进入槽内的固体质量，$kg \cdot h^{-1}$；

　　　t_r——底流压缩到满足出料要求的液固比所需时间，h；

　　　A——沉降槽的面积，m^2；

　　　ρ_S，ρ_L——原始矿浆中固体及液体密度，$kg \cdot m^{-3}$；

　　　Q_m——压缩区内液固比的平均值。

在确定压缩区的高度时，为保证泥浆能最大程度地浓度和允许有一定的泥浆贮存量，按上式求得的 H_p 值必须乘以增大系数，该系数值一般取 1.75。

沉降槽处理量的增加，还会引起槽内液流流动情况的变化，特别是当进料筒直径过小或高度不够时，因进料而引起的激烈搅动会更加严重，造成清液质量的降低。此外，因上升液流所引起的沟流现象的加剧，也会使槽的面积效率进一步降低，短路流也将加剧。这些现象同样只有加高槽体高度才能克服。

沉降槽的的总高度由清液区、加料区、过渡区和压缩区几部分组成。清液区可按经验取值。加料区由于搅动情况及槽子体积的不同以及体积效率不同，通常应留一定的安全系数，以保证清液质量。压缩区按式 3-2-9 的计算结果还应乘以 1.75 的增高系数，以保证压缩良好。综合考虑上述因素之后，就能合理确定槽体高度。

2.3　间歇式沉降槽

图 3-2-10 示出间歇式沉降槽的典型结构，这是一种没有连续排泥装置的处理设备。原矿浆液间歇地流入槽内，经过一定时间的静置澄清，上清液由转臂式虹吸管吸出，最后再排出底部的浓泥。间歇沉降槽适用于浆液量不大、且数量随时间变化较大、间歇供料的情况。实际生产中槽底部要求有一定的坡度，其坡度应大于浓泥的安息角。

2.4　连续沉降槽

2.4.1　单层沉降槽

图 3-2-11 为单层沉降槽的构造示意图，槽为圆桶形，槽底为锥形。槽中

心有一进料筒，浆料自中央加入（亦可以从侧边加入），进料筒的插入深度因槽之大小及槽体高度而异，但要插入到悬浮液区。清液自槽的上部沿周边溢流排出；浓缩后的底流靠耙机的转动（$0.025 \sim 0.5 r \cdot min^{-1}$）耙向槽底部的中央，由排泥口通过隔膜泵排出。料浆连续加入，溢流及底流亦连续排出。

单层沉降槽直径可达 100m，每昼夜可沉降出 3000t 沉淀物。

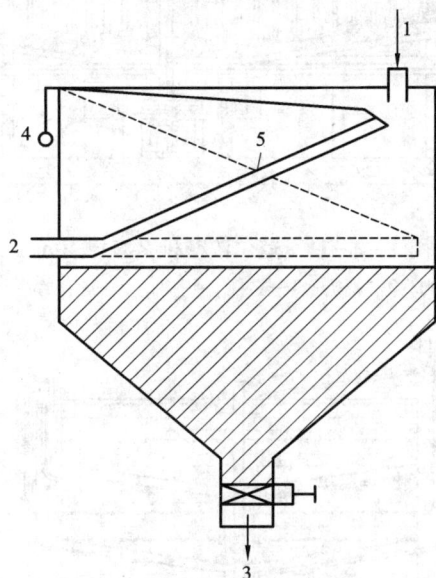

图 3 - 2 - 10　间歇沉降槽

1—进料管　2—上清液出口　3—浓泥排出口　4—滑轮　5—转臂式虹吸管

2.4.2　多层沉降槽

多层沉降槽相当于把几个单层沉降槽重叠起来放置，如图 3 - 2 - 12 所示，这种多层沉降槽常为三到五层，各层的进料与出料平行，各层由下料筒分别进料，下料筒插入泥浆中形成泥封，使下一层的清液不至于通过下料筒而进入上一层。清液则沿着第一层最上部边缘设置的溢流口流出。各层之间悬浮液是相连的。可又要保持它们的相对的稳定，这就要通过液体之间的流体静力平衡来维持。

多层沉降槽较单层沉降槽的主要优点是减少了沉降槽的占地面积，节省了建造沉降槽所需材料和费用。特别是用于处理热碱溶液的多层沉降槽，因槽体用钢板制成，且设置有保温层及密封盖，所以，若把它装设在厂房内时，其优点就更为明显了。从多层沉降槽的结构上也可看出它比单层沉降槽优越，其一，多层沉降槽第一层的底板同时也是下一层的顶盖，而工作桥架、立轴及传动装置在多层

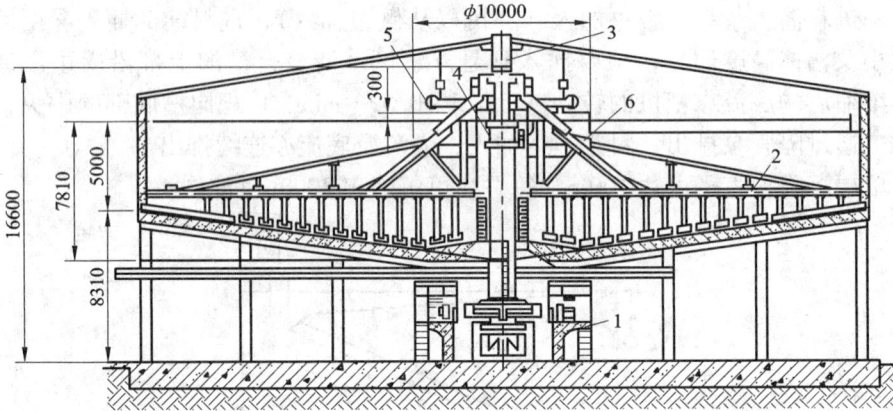

图 3 – 2 – 11　道尔浓密机（直径 40m）

1—旋转机构　2—耙机　3—立柱　4—轴　5—进料管　6—进料筒

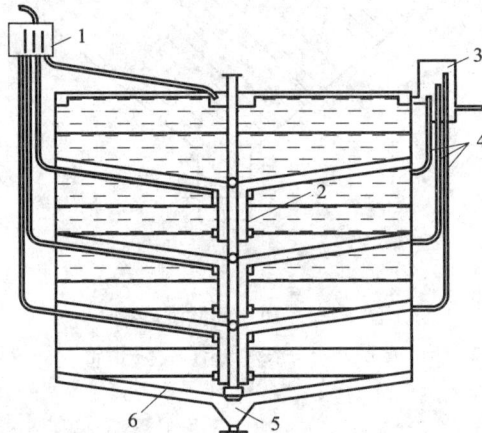

图 3 – 2 – 12　多层沉降槽

1—分料箱　2—下渣筒　3—溢流箱　4—溢流管　5—底流排料口　6—搅拌装置

共用；其二，多层沉降槽的基础、桥架及槽体圆锥部分的高度，与同直径单层沉降槽的相应结构参数基本没有区别，只是槽体圆柱部分总高度按层数成比例增加；厂房建筑结构也无变化，仅厂房高度相应增加，表 3 – 2 – 5 是单层与多层沉降槽基本指标的比较。

从表可以看出，多层沉降槽本身的金属结构重量与安装它所用的厂房金属结构的重量及厂房的面积与容积，都比同样生产率的单层沉降槽要小得多，另外，从沉降槽的冷却面积来看，也很有意义，例如以直径为 16m 的沉降槽为例，单层与五层的槽身外表面积与沉降面积之比为：单层为 2.7；五层为 1.0。因此，多层沉降槽就能适当地降低保温费用，而更重要的是减少了热量的损失。

表 3-2-5   单层沉降槽与多层沉降槽基本指标的比较

指标	单层	五层
沉降槽面积/m^2	200	1000
厂房面积/m^2	324	324
厂房容积/m^3	4800	7100
沉降槽总重量/t	50-60	120-130
冷却面积与沉降面积之比	1	0.37

2.4.3   洗涤沉降

沉降槽除了作液固相分离设备之外，常用作沉渣洗涤设备，通过洗涤可以回收底流中残存的有价值的清液，如拜尔法生产氧化铝的赤泥中常残存有大量的 Na_2O 及 Al_2O_3 等溶质，就用沉降槽作洗涤槽进行逆流洗涤。在洗涤中要求尽量少用洗水，以免破坏生产系统的水量平衡，所以采用反向洗涤或逆流洗涤。其流程如图 3-2-13 所示。

欲洗涤的泥渣与第 2 号槽来的洗水混合之后，用泵送入 1 号洗涤沉降槽，在 1 号槽中洗涤沉降后的底流与 3 号槽来的洗水混

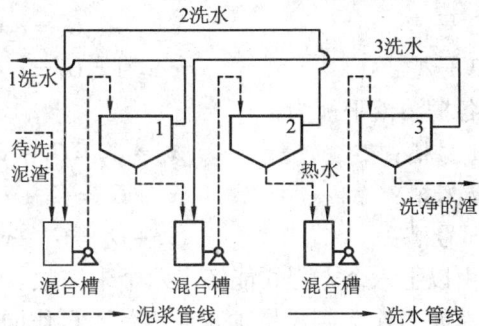

图 3-2-13   三次连续逆流洗涤流程

合之后，用泵送入 2 号槽，这样依次进行，这种洗涤可以有很多级；视需要而定，新鲜洗水，不含或含极少量溶质，自最后一级送入，逐级向前泵送。很显然，这样的流程是比较合理的。因此，工业上广泛采用此种逆流洗涤流程。

通过物料衡算和经济比较可确定洗涤级数。假定某洗涤系统有三台多层洗涤沉降槽，用作逆流洗涤，若最后一个槽排出的底流中所含溶质小于规定的数值，就可确定为三次，否则还需要增加洗涤级数，并再次计算。

如图 3-2-14 所示，设洗涤水用量为 G_4 kg（水）$\cdot kg^{-1}$（干固体），而其中所含溶质浓度 c_0 为已知，通常 $c_0 = 0$。又假定测得实际的洗涤沉降槽 1、2、3 号之底流液固比分别为 x_1、x_2、x_3，而进入本系统欲加以洗涤的底流料液固比为 x_w，其单位为 kg（溶液）$\cdot kg^{-1}$（干固体），进来的料浆含溶质 c_w，kg（溶质）

$\cdot kg^{-1}$（溶液），求：

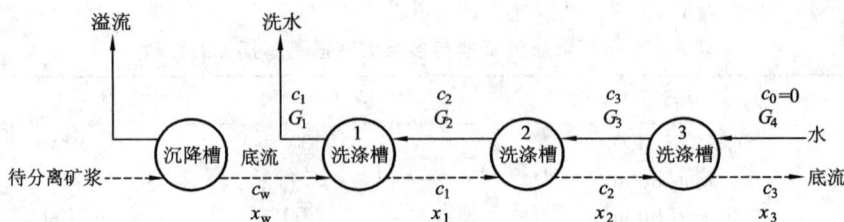

图 3 - 2 - 14　三次逆流洗涤示意图

（1）各洗涤槽溢流所含溶质浓度 c_1、c_2 和 c_3，质量分数；

（2）各洗涤槽溢流量 G_1、G_2 和 G_3，kg（溶液）$\cdot kg^{-1}$（干固体）；

计算中假定洗涤过程物料损失可忽略不计，以 1kg 干固体为基准进行计算。

各槽溶质平衡为：

1 号槽：
$$c_2 x_w + c_2 G_2 = c_1 G_1 + c_1 x_1$$

2 号槽：
$$c_1 x_1 + c_3 G_3 = c_2 G_2 + c_2 x_2$$

3 号槽：
$$c_2 x_2 + c_0 G_4 = c_3 G_3 + c_3 x_3$$

各槽溶液平衡为：

1 号槽：
$$x_w + G_2 = G_1 + x_1$$

2 号槽：
$$x_1 + G_3 = G_2 + x_2$$

3 号槽：
$$x_2 + G_4 = G_3 + x_3$$

由以上六个方程式能解出六个未知数。解出之后，若 $c_3 x_3 \leqslant$ 规定值，则符合要求；如 $c_3 x_3$ 大则需增加洗涤级数，再作同样的计算，直到符合要求为止。

若洗水与混渣混合不够充分，则洗涤效率降低，这样计算得的级数应除以洗涤效率 η，通常可取 $\eta = 0.7$，则：$n = \dfrac{n_{计算}}{\eta}$

如上面计算为三级，$n_{计算} = 3$，则：$n = \dfrac{3}{0.7} \approx 4$ 级

即实际应取四级逆流洗涤。

增加洗涤级数可以回收更多溶质，但设备费相应地增加，故应全面权衡以确定级数。

2.4.4　沉降过滤槽

带过滤装置的沉降槽称为沉降过滤槽。此种槽（图 3 - 2 - 15）中挂有多排过滤管，滤管直径 150 ~ 200mm，长 1200 ~ 1500mm，管壁有小孔，外套滤布，

滤布可拆换，整个过滤装置浸没在沉降槽中矿浆的液面下。过滤装置有 20 - 25 排，每排由 4 ~ 6 根过滤管组成，过滤管与水平支管相连，水平支管与真空及压缩空气分配室相通，能自动更换。当停止使用真空而转换为压缩空气时，滤渣即落到槽底，由刮泥器将沉泥移向排泥口。

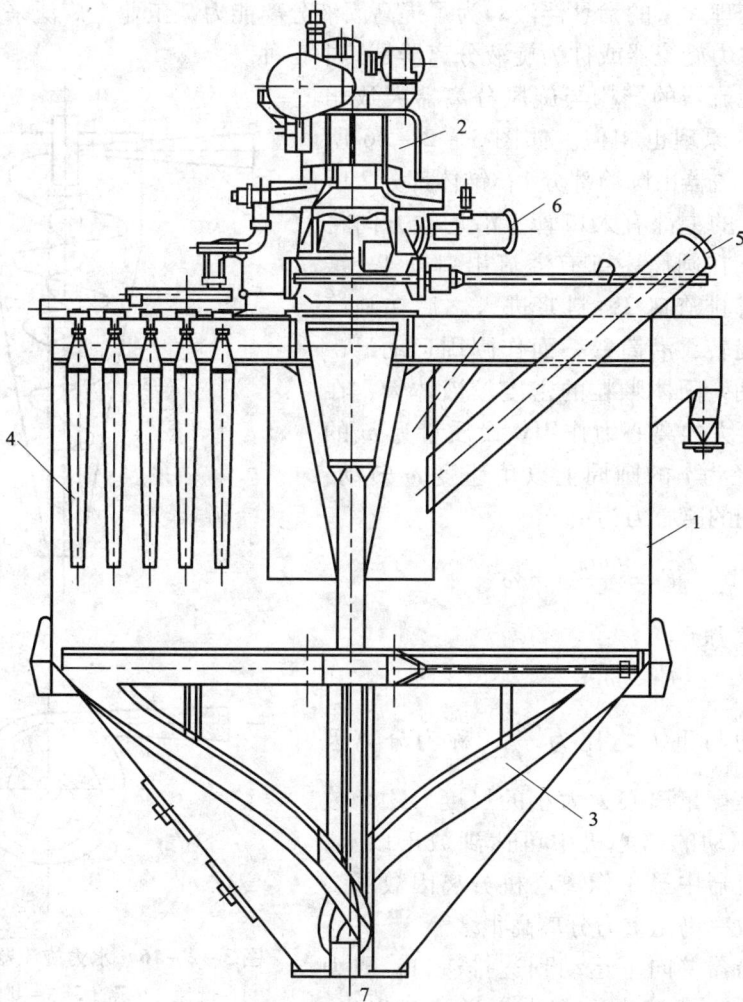

图 2 - 2 - 15　沉降过滤槽

1—槽体　2—分配头及传动装置　3—搅拌器　4—过滤管
5—悬浮液进料口　6—滤液出口　7—浓泥出口

沉降过滤槽与一般沉降槽相比，可加速沉降过程并获得液固比较低的浓泥，与真空过滤机相比，生产能力较大，能耗低，但沉泥的液固比较高。

2.5　离心沉降设备

如上所述重力沉降设备占地面积大，材料消耗多，沉降终速小，效率不高，仅适用于处理大量的稀悬浮液。为了提高固液分离能力，工业上广泛采用离心分离设备，水力旋流器或称为旋液分离器是其中一种。

水力旋流器的结构与旋风分离器大致相同，其基本原理也相似。如图 3 - 2 - 16 所示，水力旋流器由圆筒部分 1，锥体部分 2 所构成，在 1 的上部有入口管 5 沿切线方向将矿浆导入，在圆筒中部有溢流出口管 4，锥体之尾部有排渣口 3，料浆进入之后在圆筒部分高速旋转，沿筒壁一面作圆周运动，一面向下运动，固体颗粒的密度较液体大，在旋转时受更大的离心力作用。设质量为 m 的颗粒在半径为 r 的圆周上以角速度 ω 转动，此颗粒受到的离心力为：

$$F_c = \frac{mu_\theta^2}{r} = mr\omega^2$$

所受重力为：

$$F_g = mg$$

离心力与重力之比为 $\frac{r\omega^2}{g}$，称为分离因数，此数是衡量离心力大小的尺度，这个数值在机械驱动的离心机中可达到数千以上，在水力旋流器中虽不像离心机分离因数那么大，但其效率仍比重力分离高很多。

颗粒沿器壁向下运动到达排渣口，成为底流而排出，清液由上部中心溢流口出去。在中心部分有一个空气柱形成，此处为负压状态。

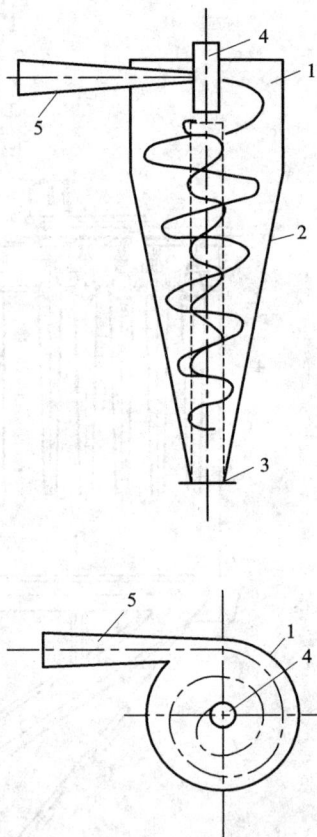

图 3 - 2 - 16　水力旋流器简图
1—圆柱　2—锥体　3—排渣口
4—出口管　5—入口管

水力旋流器可作固液相分离用，亦可作为分级设备。水力旋流器中流体运动规律比较复杂，目前尚不能用简单的数学式表达：

图 3 - 2 - 17（a）、（b）、（c）分别表示水力旋流器中流体的切线速度 u_θ，

径向速度 u_r，及轴向速度 u_a，与半径 r 的关系。

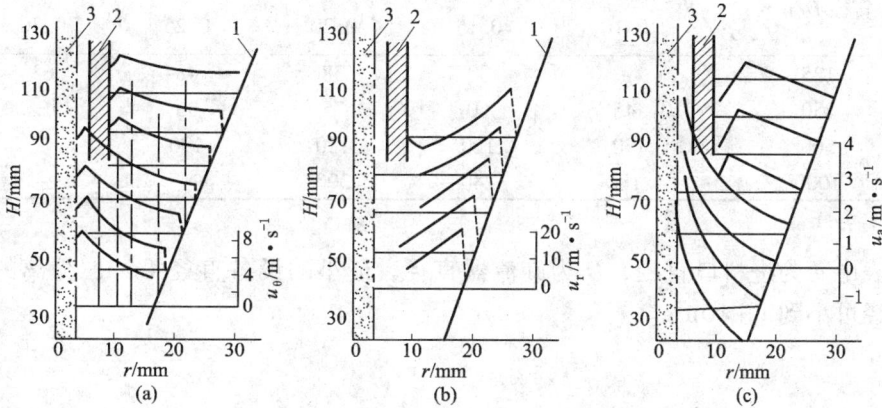

图 3 – 2 – 17　水力旋流器中 u_θ、u_r、u_a 与 r 关系

1—旋流器壁　2—溢流管　3—气柱

从图 3 – 2 – 17（a）可见：切线速度 $u_\theta D$ 随着距中心线的距离减小而增大，在接近气柱中心时很快下降。除接近气柱那一部分液体外，旋流器中液体的切线速度 u_θ 与旋转半径 r 之关系可用下式表示：

$$u_\theta r^n = C$$

式中：n 值在 $0.5 \sim 0.9$ 之间，平均可取 0.64。

图 3 – 2 – 17（b）为径向速度分量，距轴心愈远，u_r 愈增大。而径向加速度 $a_r \propto r^{-2.5}$，即旋转半径 r 愈小，a_r 愈大，径向加速度为悬浮物分离的重要因素，故圆锥形部分起着重要的分离作用。因此，也说明水力旋流器应向小直径发展。

图 3 – 2 – 17（c）表示轴向速度分量，在靠近筒壁附近轴向速度方向向下，而在靠近中心附近，方向是向上的，故在中间有一处轴向速度为零。由此分界，外部为下降流，内部为上升流。粗细颗粒分别进入底流及溢流，故旋流器可用于分级。

水力旋流器中固体颗粒沿壁面的快速运动会造成严重的磨损，故应采用耐磨材料制造。

水力旋流器的设备直径愈小，分离颗粒的极限直径愈小，效率也愈高。

减小锥角，增加圆筒部分高度均有助于改进分离，锥角一般为 $15 - 20°$。

旋流器的生产能力大，通常设备直径为 $0.1 \sim 1m$，其处理量每分钟可达数百升，如表 3 – 2 – 6 所示。

表 3 – 2 – 6   水力旋流器直径和参数 d/D 对产能（L·min^{-1}）的影响

直径 D/mm	d/D				
	0.10	0.15	0.20	0.25	0.30
125	–	30	38	48	63
250	45	60	75	95	125
500	90	120	150	190	–
1000	180	240	300	–	–

　　表中 d 为进料口直径，D 为旋流器直径。最小的设备直径 4mm，分离的颗粒粒径可小到 1~10μm。

3　过滤分离设备

沉降操作往往需要很长时间，且无法将液体中悬浮的固体微粒完全分离干净。而过滤不但分离的速度快，而且滤饼中的液体含量较低，故过滤是分离悬浮液普遍而有效的方法。

3.1　概述

3.1.1　过滤的基本概念

3.1.1.1　过滤操作原理

借助一种截留固体颗粒而让液体通过的多孔介质将固体颗粒从悬浮液中分离出来的过程称为过滤。通常将这种多孔介质称为过滤介质。过滤介质可以是细砂、织物、纸或多孔固体（如陶瓷）等，大多数采用织物，如尼龙、麻布、玻璃丝布、铁丝网布等。即使过滤介质不是布，也习惯地称之为过滤布。过滤介质的孔径经常稍大于被分离固体颗粒的平均直径。如果不这样，每一个小孔被单个颗粒所堵塞，使过滤介质的流体阻力迅速增加。由于介质孔径较大，所以过滤机在操作初期所得的滤液是浑浊的。在过滤介质上截留一层固体颗粒，而形成最初的沉积物后，过滤机就能有效地进行工作。因为具有大孔径的过滤介质的流体阻力通常小于滤渣（或称滤饼）的阻力，所以过滤介质对过滤速率的影响一般不大（除非在特别易于过滤的情况下），有时甚至可以忽略。

3.1.1.2　粒状床层的特性

在过滤时，流体以比较慢的速度，从过滤介质所截留的颗粒之间的空隙中流过，即流经颗粒所组成的多孔床层（粒状床层）。而且因固体颗粒的不断沉积，床层的厚度也不断增加，在整个过滤过程中流体阻力也就逐渐增加，在大多数情况下，过滤的阻力主要决定于床层的厚度及其特性。而床层孔隙率是粒状床层的一项重要特性。孔隙率的数值与颗粒的形状、颗粒粒度分布、颗粒表面的粗糙度、颗粒直径与床层直径的比值以及颗粒的充填方法等有关。

在过滤中，当床层由不变形的颗粒如结晶状的碳酸钙、硅藻土等组成时，各个颗粒间相互排列的位置，以及颗粒与颗料间的孔道均不因床层所受压强的增加而有所改变，这种滤饼称为不可压缩滤饼。反之，当床层由无定形颗粒如胶态的氢氧化铝、氢氧化铬或其他水合物沉淀组成时，颗料与颗粒间的孔道则随过滤压强的增加而变小，因此它们对滤液的流动发生阻碍作用，这种滤饼称为可压缩滤饼。

对于不可压缩的滤饼，其流体阻力受滤饼两侧压强差和物料沉积速率的影响较小；反之，对于可压缩滤饼，其流体阻力将随滤饼两侧压强差和物料沉积速率的增加而增大。

3.1.1.3　过滤介质

过滤介质的作用，通常是作为滤饼的支承物，而滤饼层才起真正的过滤作用。过滤介质应当有足够的机械强度，能耐流体的腐蚀作用，并对滤液的流动具有尽可能小的阻力。由于常用的材料均较粗糙，所以在最初的滤饼层形成以前不会得到澄清的滤液，因此，这种滤液应当返回处理。

最主要的过滤介质有：

（1）纺织的材料，包括毛、棉、麻、丝、尼龙、玻璃、塑料及金属织物；

（2）多孔金属

（3）颗粒状物料，包括砾石、砂、石棉、木炭及硅藻土；

（4）多孔非金属固体物。

其中以纺织材料用得最普遍。

3.1.1.4　助滤剂

当含有胶体的悬浮液过滤时，因颗粒的形状及颗粒间的孔道随压强变化而改变滤孔，往往被颗粒堵塞。在这种情况下，液体的流通受到阻碍，甚至闭塞。为改变这种状况，加入一种性质坚硬在一般压强下不变形的粒状物质，如硅藻土、活性炭、纸粕等，此种物通常称为助滤剂。助滤剂表面有吸附胶体的能力，而且颗粒细小坚硬，压缩性很小，由助滤剂构成的床层具有很大的孔隙率，因此，它能防止胶体颗粒对滤孔的堵塞。助滤剂的加入量应当适当，虽然助滤剂的存在使滤饼阻力减小，滤液容易通过滤饼，但是助滤剂也使滤饼加厚，所以加入助滤剂的量应当适量。助滤剂的应用一般只限于滤液价值较高而滤饼是废物的一些操作中，在某些场合中，助滤剂必须是便于用物理或化学方法从残留的滤饼中分离出来。与助滤剂结合在一起的滤饼通常是很易压缩的，所以为保证助滤剂的良好效果，不能采用过高的过滤压强。硅藻土是常用的助滤剂，它的孔隙率约为 0.85，添加少量的助滤剂可增加大多数滤饼的孔隙率，所产生滤饼的孔隙率介于助滤剂的孔隙率与固体滤出物的孔隙率之间。对于难过滤的物料，可以在过滤之前，在过滤介质上预涂一层厚的助滤剂，然后利用这个预涂层进行过滤。

3.1.2　过滤设备的分类及适用范围

　　根据悬浮液的固体组分的含量，粒度及滤饼形成的速度等，将滤浆分成 A、B、C、D、E 五类，见表 3 - 3 - 1。

表 3 - 3 - 9　滤浆分类

分类	固体含量/%	滤饼形成速度	获得固体（干基）量 / $[kg \cdot (m^2 \cdot h)^{-1}]$
A	20 以上	几秒钟内形成 5cm 厚滤饼	>2500（连续）
B	10 ~ 20	1min 可形成厚 6mm ~ 10cm 滤饼	250 ~ 2500（连续）
C	1 ~ 10	1min 可形成厚 3mm ~ 6cm 滤饼	25 ~ 250（连续）
D	≤5	5min 可形成厚 3mm 滤饼	约 10（间歇）
E	<0.1	澄清过滤	同 D

过滤机的分类及所适用的滤浆类型见表 3 - 3 - 2。

表 3 - 3 - 2　过滤机的分类与适用的滤浆

按作用力分类	过滤方式	过滤机类型		适用的滤浆
重力过滤机		砂滤机及多层粒状物过滤机		D、E
		袋滤机		D、E
		吸滤盘		D、E
压力过滤机	间歇式	压滤机		D、E
		加压叶滤机		D（B、C、E）
		水平板框压滤机		A、B、C、D、E
	连续式	圆筒型		B、C
		滤板型		B、C
		预涂助滤剂过滤型		D、E
真空过滤机	间歇式	布氏型		B、C
		叶滤机		B、C
	连续式	转筒型	多室型	B、C
			单室型	B、C
			上部供液型	A（B）
			多尔科型	A（B）
			漏斗脱水型	A（B）
		垂直回转圆盘型		B、C
		水平回转圆盘型	涡旋型	A（B）
			反转型	A（B）
		水平带式		A、B
		预涂助滤剂过滤型		D、E
离心过滤机	间歇式	管型离心机		A、B
	自动间歇式	挤出式		A、B
	连续式	螺旋式		A、B

3.1.3 过滤理论及过滤计算

3.1.3.1 过滤速度及过滤速率

过滤速度为单位时间内，每单位过滤面积上通过滤液的体积。若以 V 表示滤液的体积，t 表示过滤的时间，A 表示过滤的面积，则过滤速度（$\mathrm{m \cdot s^{-1}}$）为：

$$u = \frac{\mathrm{d}V}{\mathrm{d}t} \frac{1}{A}$$

过滤速率为单位时间内所得滤液的体积，以符号 Q（$\mathrm{m^3 \cdot s^{-1}}$）表示，则：

$$Q = \frac{\mathrm{d}V}{\mathrm{d}t}$$

3.1.3.2 过滤方程式

产生一定量滤液后所形成的滤饼层厚度可用连续性方程进行计算。如图 3 - 3 - 1 所示，Q 表示通过控制体积 $ABCD$ 的 AB 面的悬浮液体积流量。如果在 t 时间内形成的滤饼厚度为 L，则滤饼厚度随时间的增加速率为 $\mathrm{d}L/\mathrm{d}t$。最初，此控制体积是空的，过滤开始时用悬浮液充满控制体积。充满后固体颗粒的质量平衡为：进入控制体积固体颗粒的质量速率等于固体累积的速率，即：

$$\rho_\mathrm{s}(1 - \varphi_\mathrm{s})Q_\mathrm{s} = \rho_\mathrm{s}[(1 - \varphi_\mathrm{c}) - (1 - \varphi_\mathrm{s})]A\frac{\mathrm{d}L}{\mathrm{d}t}$$

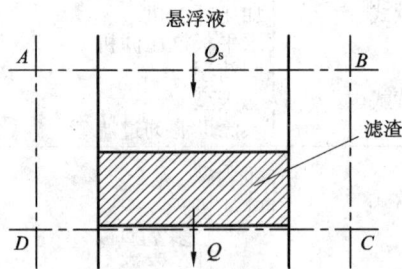

图 3 - 3 - 1 过滤操作示意图

式中：φ_s——悬浮液中液体的体积分数，%；

$\quad\quad\varphi_\mathrm{c}$——滤饼中液体的体积分数，%；

$\quad\quad\rho_\mathrm{s}$——固体颗粒的密度，$\mathrm{kg \cdot m^{-3}}$；

$\quad\quad A$——过滤面积，$\mathrm{m^2}$。

将上式整理后得：

$$\frac{\mathrm{d}L}{\mathrm{d}t} = \frac{Q_\mathrm{s}}{A}\frac{(1 - \varphi_\mathrm{s})}{(\varphi_\mathrm{s} - \varphi_\mathrm{c})} \tag{3 - 3 - 1}$$

上述方程中，滤饼含有固体量一部分来自正在加入的悬浮液，另一部分来自开始充满控制体积时加入的悬浮液。

液体的质量平衡为：进入控制体积的液体质量速率减去从控制体积流出的质量速率等于累积速率，即：

$$\rho_0 Q_s \varphi_s - \rho_0 Q = \rho_0 (\varphi_c - \varphi_s) A \frac{\mathrm{d}L}{\mathrm{d}t}$$

式中：ρ_0——为液体的密度，$\mathrm{kg \cdot m^{-3}}$。

所以：$Q = Q_s \varphi_s - (\varphi_c - \varphi_s) A \dfrac{\mathrm{d}L}{\mathrm{d}t}$

将式（3-3-1）代入上式得：

$$Q = Q_s \varphi_s + (\varphi_s - \varphi_c) \frac{Q_s(1 - \varphi_s)}{(\varphi_s - \varphi_c)} = Q_s \qquad\qquad (3-3-2)$$

由式（3-3-2）可知，在悬浮液充满控制体积以后，滤液的流动速率就等于悬浮液的流动速率。这并不是说产生滤液的总体积等于供给的悬浮液体积，如以 V 表示滤液体积，V_s 表示悬浮液体积，其两者的关系为：

$$V = \varphi_s V_s \qquad\qquad (3-3-3)$$

由于控制体积是空的，悬浮液在产生滤液之前某一时间就开始流动，而滤液在停止供悬浮液后仍将继续流动一段时间。如以 V_A 表示控制体积，悬浮液在 $t=0$ 时开始流动。如果悬浮液在 t_1 时停止供入，则滤液流动停止的时间为：

$$t = t_1 + \frac{(V_A - AL)\ \varphi_s + AL\varphi_c}{Q}$$

图 3-3-2 表示悬浮液和滤液流动速率与时间的关系，前后两种倾斜线的面积分别表示悬浮液总体积和滤液总体积。由图可见，虽然悬浮液和滤液的流动速率在时间 V_A/Q_s 和 t_1 之间是相同的，但总的体积不同。

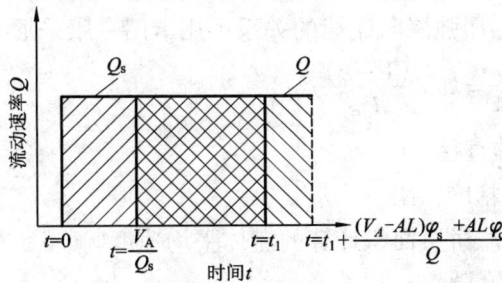

图 3-3-2　悬浮液和滤液流动速度与时间的关系

将式（3-3-2）积分即可求得滤饼厚度，即：

$$\int \mathrm{d}L = \frac{1-\varphi_s}{\varphi_s - \varphi_c} \frac{Q_s}{A} \mathrm{d}t = \int \frac{1-\varphi_s}{\varphi_s - \varphi_c} \frac{Q}{A} \mathrm{d}t$$

又知：$\mathrm{d}V = Q\mathrm{d}t$，在 L 由 0 至 L，V 由 0 至 V 之间积分，即为：

$$\int_0^L \mathrm{d}L = \int_0^V \frac{1-\varphi_s}{\varphi_s - \varphi_c} \frac{\mathrm{d}V}{A}$$

可得：
$$L = \frac{1-\varphi_s}{\varphi_s - \varphi_c} \frac{V}{A} = \frac{\varphi'_s V}{\varphi'_c - \varphi'_s} \qquad (3-3-4)$$

式中：φ'_c——滤饼中固体的体积分数，$\varphi'_c = 1 - \varphi_c$；

φ'_s——悬浮液中固体的体积分数，$\varphi'_s = 1 - \varphi_s$；

V——单位面积上所通过的滤液体积，等于 V/A。

有时根据悬浮液和滤饼中固体的质量分数计算滤饼厚度更为方便，如以 m_s 和 m_c 分别表示悬浮液和滤饼中固体的质量分数，由质量分数 m_s 和 m_c 与体积分数 φ'_c 和 φ'_s 之间的关系为：

$$m_s = \frac{\varphi'_s \rho_s}{(1-\varphi'_s) \rho_0 + \varphi'_s \rho_s}, \quad m_c = \frac{\varphi'_c \rho_s}{(1-\varphi'_c) \rho_0 + \varphi'_c \rho_s}$$

而 φ'_c 和 φ'_s 可以写成：

$$\varphi'_s = \frac{m_s \rho_0}{\rho_s - m_s (\rho_s - \rho_0)}, \quad \varphi'_c = \frac{m_c \rho_0}{\rho_s - m_c (\rho_s - \rho_0)}$$

将 φ'_c 和 φ'_s 值代入式（3-3-4）可得：

$$L = \frac{v m_s [\rho_s + m_c (\rho_0 - \rho_s)]}{\rho_s (m_c - m_s)} \qquad (3-3-5)$$

如果 $\varphi'_c \geqslant \varphi'_s$，或 $m_c \geqslant m_s$，式（3-3-4）和式（3-3-5）可简化为：

$$L = \frac{v m'_s}{\varphi'_c} = \frac{v m_s}{m_c} \left[1 + m_c \frac{\rho_0 - \rho_s}{\rho_s}\right] \qquad (3-3-6)$$

滤液通过滤饼的压强降与流速的关系可用卡门-康采尼方程式来描述：

$$\frac{\mathrm{d}p}{\mathrm{d}z} = k u \mu \frac{(1-\varepsilon)^2}{d_p^2 \varepsilon^3} \qquad (3-3-7)$$

式中：d_p——颗粒的直径，m；

μ——液体的粘度，$N \cdot s \cdot m^2$；

u——按整个滤饼层面积计算的流体平均速度，$m \cdot s^{-1}$；

ε——滤饼的孔隙率；

k——康采尼常数，决定于颗粒特性，对于坚硬的球形颗粒，$k = 180$。

由式（3-3-7）可以看出，滤饼层的压强梯度与流体平均速度及粘度成正比，而当滤饼层的孔隙率 ε 增大时，压强梯度减小。

为了进行过滤计算，通常令：　　$R = k\mu \dfrac{(1-\varepsilon)^2}{d_p^2 \varepsilon^3}$

则：$\dfrac{\mathrm{d}p}{\mathrm{d}z} = Ru$

式中：R——称为滤饼的比阻，表示流体以平均速度为 $1\mathrm{m \cdot s^{-1}}$，通过厚度为 $1\mathrm{m}$ 的滤饼层时的压强损失，这个数值的大小反映了滤液通过滤饼层的难易程度，是表示滤饼特性的系数。其单位为：$\mathrm{N \cdot s \cdot m^{-4}}$ 或 $\mathrm{kg \cdot N \cdot m^{-3} \cdot s^{-1}}$。

式（3-3-7）可以写成如下形式：

$$\Delta p = uRL \tag{3-3-8}$$

必须指出：式（3-3-8）仅仅适于流动是层流的情况，在过滤中，滤液通过滤饼层孔隙的流动均属于这种情况。

将式（3-3-4）代入式（3-3-8）中，且 $u = \dfrac{\mathrm{d}u}{\mathrm{d}t}$，则：

$$\Delta p = \frac{R\varphi'_s}{\varphi'_c - \varphi'_s} V \frac{\mathrm{d}u}{\mathrm{d}t} \tag{3-3-9}$$

式（3-3-9）为过滤基本方程式。

对于恒速过滤：如 u_R 为恒速过滤速度，由 u_R 不变，而且 $v = u_R t$。由式（3-3-9）可得：

$$\Delta p = \frac{R\varphi'_s}{\varphi'_c - \varphi'_s} (u_R t) \frac{\mathrm{d}(u_R t)}{\mathrm{d}t} = \frac{R\varphi'_s}{\varphi'_c - \varphi'_s} u_R^2 t \tag{3-3-10}$$

对于恒压强差过滤：Δp 不变，将式（3-3-9）积分，得：

$$v^2 = \frac{2\Delta p \ (\varphi'_c - \varphi'_s) \ t}{R\varphi'_s} \tag{3-3-11}$$

【例3-3-1】　一种悬浮液含有直径为 $0.1\mathrm{mm}$ 的球形颗粒，生成的滤饼是不可压缩的，其孔隙率为 0.6，水的粘度为 $10^{-3}\mathrm{Pa \cdot s}$，试求滤饼的比阻。

解：已知：$d_p = 1.0 \times 10^{-4}\mathrm{m}$；$\varepsilon = 0.6$；

$\mu = 1.0 \times 10^{-3}\mathrm{Pa \cdot s}$；$k = 180$。

所以，滤饼的比阻 R 为：

$$R = k\mu \frac{(1-\varepsilon)^2}{d_p^2 \varepsilon^3} = (180 \times 1.0 \times 10^{-3} \times 0.4^2) \ / \ [\ (10^{-4})^2 \times 0.6^3\ ]$$

$$= 1.34 \times 10^7 \ (\mathrm{kg \cdot m^{-3} \cdot s^{-1}})$$

3.1.3.3　滤液通过可压缩性滤饼的压强降

在过滤过程中所产生的滤饼，一般均为可压缩性的，不过在很多情况下，某些滤饼的可压缩性是较小的，以致可以把它当作不可压缩性滤饼处理。可压缩性的标志是滤饼的比阻为滤饼两侧压强差的函数，这是因为固体颗粒在压强作用下挤压得更紧密或变形之故。在大多数情况下，这些过程是不可逆的。在高压强时滤饼产生较大的流体阻力，这个阻力是滤饼所受的最大压强降的函数，它正比于压强降的 n 次方，$R = \Pi \Delta p_{\max}^n$，将 R 代入式（3-3-8）

得：即 $\Delta p = \Pi u L \Delta p_{\max}^n$ 　　　　　　　　　　　　　　　　（3-3-12）

式中：Π——滤饼的压缩系数；

　　　　n——压缩指数，对于不可压缩滤饼为 0，对于胶体悬浮液等可压缩性滤饼，其数值接近于 1。

如果在任意瞬间，滤饼经受的总压强降均为最大值时，即 $\Delta p_{\max} = \Delta p$，则式（3-3-12）变为：

$$\Delta p^{1-n} = \Pi u L = \frac{\Pi \varphi'_s}{\varphi'_c - '_s} v \frac{\mathrm{d}v}{\mathrm{d}t} \qquad (3-3-13)$$

在过滤过程中，多采用这种恒压强降。

3.1.3.4　滤液通过过滤介质的压强降

滤液通过过滤介质流动时也会引起压强降，如果这种流动为层流，则压强降为：

$$\Delta p_\mathrm{M} = R_\mathrm{M} u$$

式中：Δp_M——滤液通过过滤介质的压强降，Pa；

　　　　R_M——过滤介质的阻力。

对于不可压缩滤饼，滤液通过过滤介质和滤饼的总压强降为：

$$\Delta p = R u L + R_\mathrm{M} u = \frac{R \varphi'_s}{\varphi'_c - \varphi'_s} (v + v_c) \frac{\mathrm{d}v}{\mathrm{d}t} \qquad (3-3-14)$$

式中：$v_c = \dfrac{R_\mathrm{M} (\varphi'_c - \varphi'_s)}{R \varphi_s}$

过滤介质的阻力一般都比较小，但在过滤开始滤饼层还比较薄时，过滤介质的阻力却不能忽略。过滤介质的阻力与其材料、结构、厚度等均有关。式（3-3-14）中的 v_c 称为虚拟的滤液体积，当过滤介质对滤液流动的阻力与某一厚度的滤饼层阻力相等时，得到上述厚度的滤饼层所通过的滤液量即为 v_c，因此 v_c 实际上是不存在的。

滤布的阻力通常不能与最初滤饼层的阻力分开来考虑，因为很难精确地确定滤布与滤饼之间的界面。滤布和滤饼的联合阻力常常比单独的滤布和滤饼的阻力加起来大很多，因为固体颗粒有堵塞滤布的孔道和在孔道入口处堆积起来的趋势。对于浓稠的悬浮液，颗粒有堆积在孔道入口处的倾向，因而颗粒进入滤布孔道内的倾向较小。嵌入滤布内的颗粒通常很难将它除去，而其存在就会使滤布的阻力增加 20～30 倍。滤布往往并不是因为机械磨损，而是因为阻力太大不能继续使用。

3.1.3.5　滤液通过圆筒形过滤介质的压强降

某些过滤机，具有圆筒形的过滤面积。在这种过滤机中，当滤饼的厚度增加时，过滤的表面积也增加，所以上面所导出的公式需要进行修正。

设圆筒形过滤介质的半径 r_0，轴向长度 z，过滤速度为 u_0，又设 v_0 为一定时间内通过单位过滤面积的滤液体积，因此，$v_0 = u_0 t$。

总的滤液流动速率为：$2\pi r_0 z u_0$。如前所述，u_0 也等于单位过滤面积的悬浮液流动速率。因此可以对固体进行质量衡算：

$$\rho_s \left(\varphi'_c - \varphi'_s \right) 2\pi r_1 z \frac{\mathrm{d}r_1}{\mathrm{d}t} = \rho_s \varphi'_s 2\pi r_0 u_0 z$$

式中：r_1 是滤饼的外表面的半径。上式经积分得：

$$r_1^2 - r_0^2 = \frac{2\varphi'_s}{\left(\varphi'_c - \varphi'_s \right)} r_0 v_0 \tag{3 - 3 - 15}$$

在任一半径为 r 的滤饼中，每单位面积上的流动速率为 $\dfrac{u_0 r_0}{r}$。因此，由式（3 - 3 - 8）得：

$$-\frac{\mathrm{d}p}{\mathrm{d}r} = R \frac{u_0 r_0}{r}$$

或

$$\Delta p = R u_0 r_0 \ln \left(\frac{r_1}{r_0} \right) \tag{3 - 3 - 16}$$

【例 3 - 3 - 2】　一种悬浮液的过滤速率为 $4.0 \times 10^{-3} \mathrm{m}^3 \cdot \mathrm{s}^{-1}$，过滤面积为 $1.0 \mathrm{m}^2$，测得如下的压强降数据。

过滤开始后的时间，s	0	180	360	540	720
压强降，100kPa		0.35	1.1	2.6	4.5	7.0

试计算滤饼的阻力，列出过滤方程式。

解：滤液通过过滤介质的压强降为：$\Delta p_M = R_M u$

而　　$\Delta p_M = 0.35 \times 100 \mathrm{kPa} = 0.35 \times 10^5 \mathrm{Pa}$

过滤介质的阻力 $R_M = \dfrac{\Delta p_M}{u} = \dfrac{0.35 \times 10^5}{4.0 \times 10^{-3}} = 8.75 \times 10^6 \ (\mathrm{N} \cdot \mathrm{s} \cdot \mathrm{m}^{-3})$

因为过滤是在恒速率下，$v = ut$，系统总的压强降为：

$$\Delta p = R_M u + R L u$$

由式（3 - 3 - 4）可得：$\Delta p = \left[R_M + \dfrac{\Pi \Delta P^n \varphi'_s u t}{\varphi'_c - \varphi'_s} \right] u$

取对数可得：$\lg \left[\dfrac{\Delta p}{ut} - \dfrac{R_M}{t} \right] = n \lg \Delta p + \lg \left[\dfrac{\Pi \varphi'_s u}{\varphi'_c - \varphi'_s} \right]$

将 $\lg\left[\dfrac{\Delta p}{ut}-\dfrac{R_{\mathrm{M}}}{t}\right]$ 对 $\lg\Delta p$ 作图，可得到一条斜率为 n、截距为 $\lg\left[\dfrac{\Pi\varphi'_{\mathrm{s}}u}{\varphi'_{\mathrm{c}}-\varphi'_{\mathrm{s}}}\right]$ 的直线。在本题的情况下，得出斜率 $n=0.43$，

$$\left[\frac{\Pi\varphi'_{\mathrm{s}}u}{\varphi'_{\mathrm{c}}-\varphi'_{\mathrm{s}}}\right]=730,\quad \left[\frac{\Pi\varphi'_{\mathrm{s}}}{\varphi'_{\mathrm{c}}-\varphi'_{\mathrm{s}}}\right]=\frac{730}{4.0\times10^{-3}}=1.83\times10^{5}$$

过滤方程式为：

$$\Delta p=\left(8.75\times10^{6}+1.83\times10^{5}\Delta p^{0.43}v\right)\frac{\mathrm{d}v}{\mathrm{d}t}$$

3.1.4　过滤机的发展概况

3.1.4.1　真空过滤机的发展概况

真空过滤机的工业发展已有一百多年的历史。经过一个多世纪以来的发展，真空过滤机已有了长足的进步。现以转鼓真空过滤机为例说明真空过滤机发展的基本情况。

1. 转鼓尺寸大型化

过去，转鼓真空过滤机的转鼓最大直径为 2.5m，鼓宽为 2.5m。现在外形简单而尺寸特大的转鼓已不罕见，以带卸料式转鼓真空过滤机为例，其转鼓直径已达 7.3m，宽 6.1m，过滤面积为 139.4m²。

其他真空过滤机的大型化发展也相当迅速，如转盘真空过滤机的过滤面积已达 400m²；翻斗过滤机的圆盘直径已达 23m，日处理 P_2O_5 量达 1000t。

2. 采用了新型结构材料

当过滤有腐蚀性的物料时，转鼓需采用防腐结构材料，曾先后有橡胶、不锈钢覆盖层转鼓。由于高强塑料具有优良的耐腐蚀能力，全塑料的转鼓真空过滤机已经出现。塑料除了能耐腐蚀外，还对滤饼无粘性。因此它可用于做滤饼刮刀及过滤机的其他部件。此外，因真空过滤机的转鼓是在低速、低压下工作。将有可能用稀有金属钛制造薄壁转鼓。

3. 滤饼的干燥和卸除方法的改进

降低滤饼的含湿量问题，现在特别受到人们的重视。以前是向封闭罩内通热空气或蒸汽，现在主要采用附加压榨机构。

转鼓真空过滤机用带卸料早在 1920 年就提出了，但直到近几年才得以实现。滤饼的松脱目前主要采用压缩空气。此外，还采用了粘除滤饼的卸料方式。

4. 自动化水平的提高

转鼓真空过滤机的操作都是连续的，因此操作方面主要是提高自动化水平。其中主要有如下几个方面：

根据料浆槽的液位自动调节转鼓的转速；

自动调节真空度来控制过滤机的产量；

自动控制滤饼的厚度和组合调节转鼓转速、浸没深度、真空度，以保证滤饼具有合格的含湿量。

5. 过滤机的设计方案

近来，过滤机的设计大都注意采用水平移动带式真空过滤机，以解决难过滤物料的连续过滤问题，且减少体力劳动，提高经济效益。

3.1.4.2　加压过滤机的发展概况

世界最早出现的过滤机是压滤机，但由于过去是手工操作，劳动强度大，效率也不如连续式真空过滤机。1958 年全自动压滤机研制成功之后，压滤机逐渐发展成为成熟而又完善的基本过滤机种。现代压滤机的特点是：

（1）滤布由固定型向行走型发展，能自动卸除滤饼，机械化程度高。

（2）操作过程自动进行，自动化程度高。

（3）设置了橡胶压榨膜，滤饼含湿量进一步降低。

现代大型压滤机的滤室数为 200，过滤面积达 $1400m^2$。国外还研制了一种全聚丙烯的压榨凹板，以代替现有橡胶膜的凹板。

随着全自动压滤机的问世，其他的过滤机也相继出现，如机械压榨式连续过滤机、旋转压滤机、带式压榨过滤机及其他高效能的过滤机等，这些过滤机在改善劳动条件，提高经济效益、保护环境卫生方面显示出明显效果。

我国在 20 世纪 60 年代研制过 $3.3m^2$ 立式全自动压滤机，并对镍精矿和稀土精矿进行试验，其滤饼含湿量与原来的真空过滤机相比降低了 7% ~ 8%。20 世纪 70 年代以后，国内生产了 XM260 – 1000/30 型，过滤面积为 $238m^2$ 的板柜型压滤机、XA240 – 810/30 型自动及半自动压滤机以及 PF 型自动压滤机。

3.1.4.3　离心过滤机的发展概况

离心过滤机基本上属于后处理设备，它与真空过滤机、加压过滤机的用途基本相同，适用于悬浮较浓，母液较粘，粒度适中的物料，对处理微细粒子效果不太理想（除特殊装置外）。它具有滤饼含水率低，洗涤效果好，节省劳力，操作安全，占地面积小，并能连续运转、自动控制等优点，不足之处是制造较复杂，设备投资费用高。

离心过滤机自从问世以来，迄今已有一百年的历史，在这一百多年时间里，该机获得了极大的发展，其品种已由一个类别发展到十五个类别以上，在许多类别中又有各种不同的结构形式，可谓品种繁多，各具特色。

目前，工业用离心过滤机有间歇式和连续式两大类，其中连续性过滤机的发展较快，而间歇式离心机虽然是间歇操作，但由于引进了现代化的计量与控制技术，在局部范围内能与连续式过滤机抗衡。

离心过滤机的结构、品种及其应用范围等方面发展快，但在工艺理论计算方面的研究却显不足。目前，在理论研究方面所获得的知识，主要是用来说明试验结果，而在预测机器的性能、选型和设计方面，往往仍要凭借经验或试验来完成。

目前，离心过滤机正向自动控制、自动计量和提高技术参数方向发展。

3.2 重力过滤机

中小有色冶金厂常用吸滤盘过滤数量有限的浆料，普通的深床砂滤器广泛用于将大量轻度污染的水净化为低浊度的水（如在生产去离子水前），目前倾向于采用多层粒状物过滤器（表 3 – 3 – 3）。

表 3 – 3 – 3　多层粒状物过滤器

目的	结构特点	过滤参数
增大床层对悬浮固体的吸附能力	滤池多用混凝土结构，内衬硬橡胶或其他护层，设有不锈钢或塑料假底；用顶部有洞、底部有缝的管式喷嘴吹入空气或水洗涤料层 床层铺料由上而下是无烟煤、氧化铝、石榴子石和卵石层	过滤速度 $5 \sim 15 m^3 \cdot (m^2 \cdot h)^{-1}$；床层高度 $0.8 \sim 2m$；介质有效粒度 $0.5 \sim 1.4mm$；重力过滤压力达 25kPa，加压过滤压力达 100kPa，床层满载后反洗流速为：洗水 $15 \sim 20 m \cdot h^{-1}$ 空气 $50 \sim 60 m \cdot h^{-1}$

3.3 压力过滤机

压滤机适用于过滤粘度大、固体颗粒细、固体含量较低、难过滤的悬浮液，也较适用于多品种、生产规格不同的场合。典型压滤机的类型、用途与特点列于表 3 – 3 – 4。

表 3 – 3 – 4 压力过滤机类型、用途及特点

类型	板框压滤机	自动压滤机	连续高压过滤机
用途	难过滤浆液 多品种、小规格生产。	难过滤浆液、腐蚀性粘性物料；精矿及冶金化工工艺过程的物料。	难过滤浆液，冶金化工工艺过程的物料。
结构特点及优缺点	简单通用板框材料可用铸铁、碳钢、不锈钢、铝、塑料、木材等。 手工操作；间歇作业，操作压力一般不超过 0.8MPa。设备占地面积大，劳动强度大，过滤效率低，滤布消耗量大。	吸取压滤机的优点（低含水，能分离难分离的矿浆）与吸滤机的优点（吸滤吹风干燥）；材料防腐；间歇式操作；自动实现程序控制；与板框式相比，提高效率70%。	将传统的真空过滤机置于压力罐内运行。把压滤机的优点与连续过滤的优点（连续运行、直接洗滤饼等）结合起来；材料防腐；连续操作；过滤压力高达 0.4MPa 时，锌浸出渣的滤饼厚 4~7mm。
典型机型	国内制定的板框压滤机规格系列，可在分离机械产品样本中查找	XAMZ（20、30、40、50、60）– 810/30 型自动厢式压滤机 LAROX—PF 型自动压滤机 LAROX—CF 型自动压滤机	32m² 连续高压过滤机（巴西）

3.3.1 板框式压滤机

板框压滤机是间歇式过滤机中应用得最广泛的一种。一般的板框压滤机，系由多个滤板与滤框交替排列而组成。图 3 – 3 – 3 表示板框压滤机的装置情况，每台过滤机所用滤板与滤框交替排列，而后转动机头螺旋使板框紧密接合。操作时原料液在压强作用下自滤框上的孔道进入滤框，如图 3 – 3 – 4 所示，滤液在压强作用下通过附于滤板上的滤布，沿板上沟渠自板上小孔排出，所生成的滤渣留在框内形成滤饼。当滤框被滤渣充满后，放松机头螺旋，取出滤框，将滤饼除去，然后将滤框和滤布洗净，重新装合，准备再一次过滤。

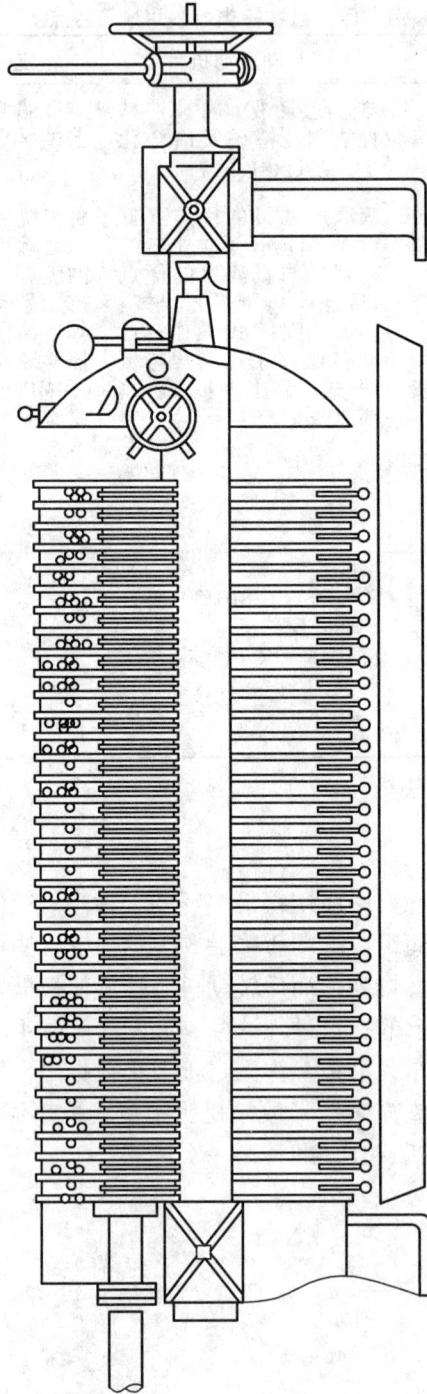

图3-3-3　板框压滤机的装置情况

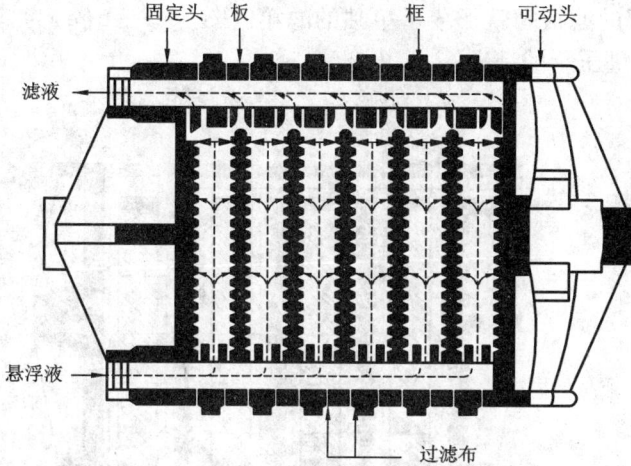

图 3 - 3 - 4　板框压滤机过滤操作简图

如果滤饼需要洗涤，过滤机的板就需要有两种构造，一种板上开有洗涤液进口，称为洗涤板。另一种没有洗涤液进口，叫做非洗涤板。

洗涤在过滤终了后进行，即当滤框已充满滤饼时，将进料阀门紧闭，同时关闭洗涤板下的滤液排出阀门，然后将洗涤液在一定压强下送入。洗涤液由洗涤板进入，穿过滤布和滤框，沿对面滤板下流至排出口排出。如图 3 - 3 - 5 所示，洗涤时，洗涤液所走的全程为滤饼的全部厚度。而在过滤时，滤液的途径只约为其一半，并且洗涤液穿过两层滤布，而滤液只需穿过一层滤布，因此，洗涤液所遇阻力约为过滤终了时滤液所遇阻力的两倍。而洗涤液所通过的面积仅为过滤面积的一半，如果洗涤时所用压强与过滤终了时所用压强相同，则洗涤速率约为最终过滤速率的 1/4。

板框压滤机的操作压强，一般为 3~5kPa（表压）。板框可用各种材料制造，如用铸铁、铸钢、铝、铜和木材等，并可使用塑料涂层，视悬浮液的性质加以选择。滤框的厚度通常为 20~75mm。滤板一般较滤框薄，视所受压强大小而定，板框为正方形，其边长一般为 0.1~1m。

板框压滤机的优点是：过滤机占地很小，过滤面积很大，过滤推动力大，设备构造简单。

其缺点是：设备笨重，装卸时劳动强度很大；为间歇式操作，洗涤速率小且不均匀，因此，此种过滤机已成为技术改造的对象。为了加减轻板框的重量，有的采用钢丝网滤板；为了防腐蚀有的采用玻璃钢板框和木屑酚醛板框。

3.3.2　箱式过滤机

箱式压滤机如图 3 - 3 - 6 所示。它以滤板的棱状表面向里凹的形式来代替滤框，这样在相邻的滤板间就形成了单独的滤箱。图 3 – 3 – 6(a) 为打开情况，图 3 – 3 – 6(b) 为滤饼压干的情况。

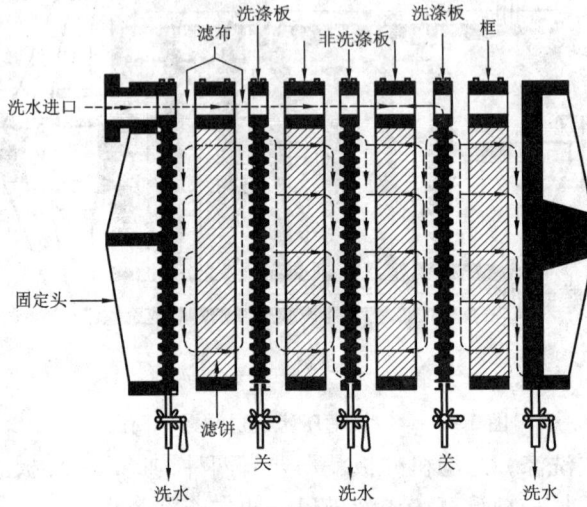

图 3 – 3 – 5 板框压滤机洗涤操作简图

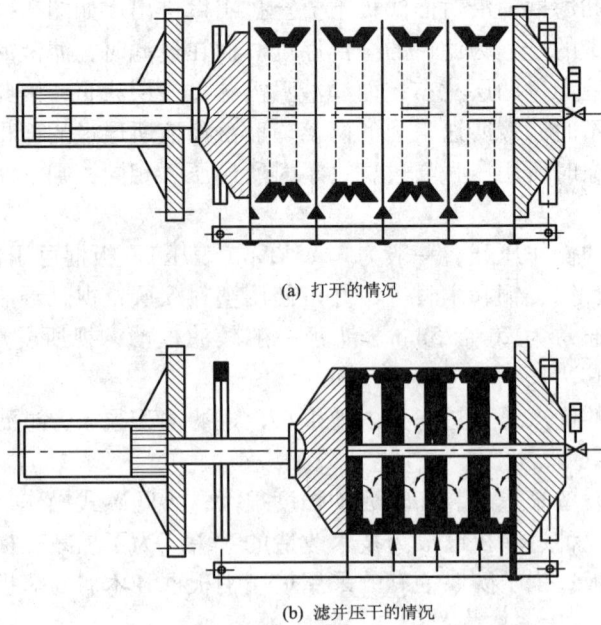

(a) 打开的情况

(b) 滤并压干的情况

图 3 – 3 – 6 箱式压滤机

　　进料通道通常与板框式压滤机所采用的不同。滤箱借在每个板中央的相当大的孔连通起来，而滤布借螺旋活接头固定，滤板上有孔。

　　为了压干滤饼，在每两个滤板中夹有可以膨胀的塑料袋（或可以膨胀的橡皮膜）。当过滤结束时，滤饼被可膨胀的塑料袋压榨而降低液体含量。

　　自动压滤机包括自动板框压滤机和自动箱式压滤机。它们最大的特点是既保留了板框压滤机所具有的能处理各种复杂物料的特点，又借助于机械、电器、液压、气动实现操作过程全部自动化，从而消除了笨重的体力劳动，提高设备的生产能力。但结构复杂，更换滤布麻烦，滤布损耗大，需进一步改进。

3.4　真空过滤机

3.4.1　真空过滤机的分类及应用

　　真空过滤机种类繁多，应用非常广泛，其类型及特点见表3-3-5。

3.4.2　转筒真空过滤机

　　转筒真空过滤机是一种连续生产和机械化程度较高的过滤设备，早已普遍应用于生产中。如图3-3-7所示，转筒真空过滤机有一个回转的真空滤筒1，滤筒横卧在滤浆槽11内，滤浆槽为一半圆筒形槽，两端有两对轴瓦支承着滤筒，滤筒两头均有空心轴，一端安装传动齿轮，另一端是通过滤液和洗液用的。其末端装有分配头4，与真空管路和压缩空气管路相连。滤筒前面有刮刀装置3用来卸泥。滤泥槽内装有往复摆动的搅拌机12。

　　滤筒为一铁制圆筒，分成若干个不相通的过滤区域（过滤室），滤筒外面覆盖有一层多孔滤板，滤板上覆以滤布，每个过滤室接有一条与分配头相通的吸管，以造成真空和通入压缩空气。当转筒回转时，过滤室内就分别成为真空或加压状态。图中4为分配头，减压管入口6及10与减压管路相通，压缩空气管入口5及13与压缩空气管路相通，借分配头的作用，便可控制过滤操作循序进行。转筒可分为以下的各个区域：①过滤区域，在此区域内过滤室浸于悬浮液中，室内为减压，滤液穿过滤布进入过滤室内，然后经过分配头的滤液排出管排出；②第一吸干区域，在此区内，洗涤水由管8喷洒于滤饼上，过滤室内为减压而吸入洗液，经由洗液排出管排出；③第二吸干区，过滤室仍为减压，使滤饼中剩余洗液吸干。为了防止滤饼产生裂纹而吸入空气减少真空度，所以在洗涤区和第二吸干区装置无端带7，由于对滤饼的磨擦作用，无端带沿换向辊9的方向运动；④卸渣区，在此区域内，过滤室与压缩空气管路相通，滤饼被吹松，然后为伸向过

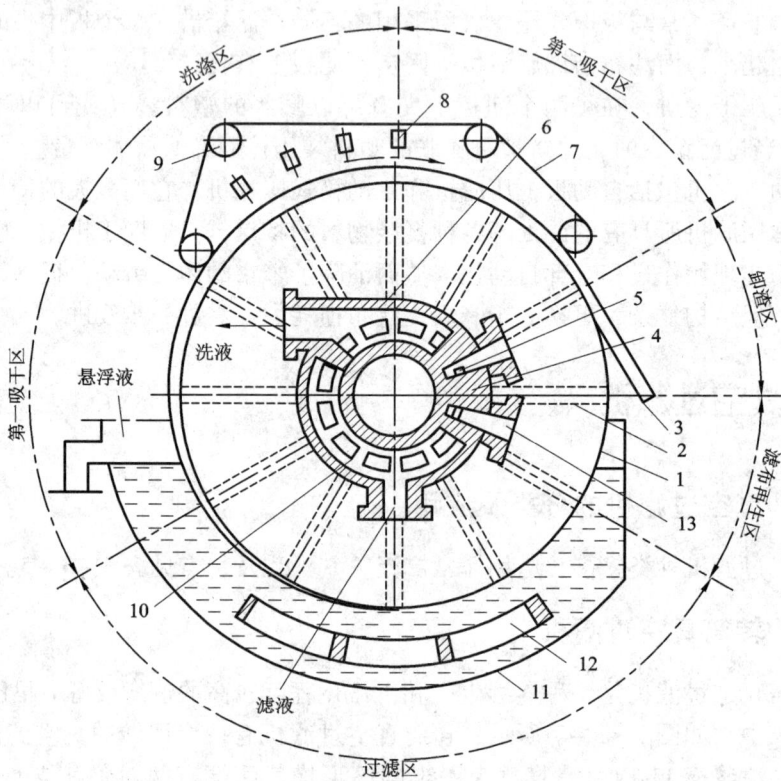

图 3 – 3 – 7 转筒真空过滤机操作简图

1—滤筒 2—吸管 3—刮刀 4—分配头 5、13—压缩空气入口
6、10—减压管入口 7—无端带 8—喷液装置 9—换向辊 11—滤浆槽 12—搅拌机

滤表面的刮刀 3 所剥落；⑤滤布再生区，在此区域内进行清洗滤布，使其具有新的过滤面，以便重新过滤。

表 3 – 3 – 5　真空过滤机类型及特点

类型	结构及特点	适用范围
转鼓及盘式过滤机	两机原理及操作相似，有水平旋转轴，部分旋转面浸没在矿浆中，过滤面分若干个独立工作区，端面密封与过滤区相对应，并随转鼓或转盘旋转，在滤饼形成后，抽真空脱水，放置至循环终点时卸除滤饼。	适用于过滤以固体为产品的较易分离的悬浮液，要求矿浆均匀。
抽滤槽（盘）	为圆形、方形或长方形，结构简单，投资省，但能力较小，手工操作，劳动强度大。	适用于中小型工厂过滤较易分离的悬浮液。
卧式旋转过滤机	有水平环状过滤面，绕垂直轴转动，通过翻转过滤面，使其倒置，而卸除滤饼，再反洗滤布。	适用于粒状和纤维状物料的脱水。
立式叶滤机	圆筒内装有若干滤叶，槽钢制成的滤框内装有网纹金属板或特别的金属网，滤框的管接头与总管相应的孔相连，圆筒密封并充满悬浮液，可多段连续洗涤。	适用于难过滤浆料及较长循环周期的场合。此机价廉，应用广泛。
管式过滤机	微孔管材质有微孔刚玉管、微孔钛管、尼龙袋管。占地面积少，过滤速度快，密封操作，溶液流失少。	适用于强腐蚀性，低浓度、固体颗粒沉降速度不大，粘度不过大的悬浮液。
带式过滤机	彻底清洗滤饼可方便地采用顺流或逆流洗涤，除设有冲洗水管外还配有滚刷装置，滤布始终在不堵塞的状态下运行，从加料、洗涤、卸料、滤布清洗均为连续自动进行，可获得较高的真空度；吸滤时真空室与滤布之间没有相对运动，有利于降低滤饼的含湿量和减少滤布消耗，机型可以灵活组合，移动室带式过滤机，只要装上或卸下能够装卸自如的某一真空室，就可改变过滤面积，满足过滤工艺的要求，适用各种浆料的过滤。	适应物料广泛，特别是转鼓真空过滤机不能吸附的粗粒固体颗粒、沉降速度比较快的浆液均可过滤清洗及脱水。在氧化铝、氢氧化镁、金红石、二氧化钛、金银生产、锑品制取及铀矿处理等场合得到应用。

图 3 – 3 – 8 为分配头的构造示意图，分配头由一个随转筒转动的转动盘 7 和一个固定盘 6 所组成，转动盘上的小孔与过滤室相连，固定盘上的孔隙与减压和压缩空气管相通。如图 3 – 3 – 7 所示，当转盘上的小孔与固定盘上的减压管入口 10 相通时，过滤室与真空相通，滤液被吸走；当转盘回转至与固定盘上的减管入口 6 相通时，过滤室内仍然是减压，但此时吸入是洗涤液。当其转至与压缩空气入口 5 及 13 相通时，则过滤室与压缩空气管相通，室内变为加压，压缩空气吹松滤饼，再生滤布，如此顺序循环，便完成连续过滤操作。

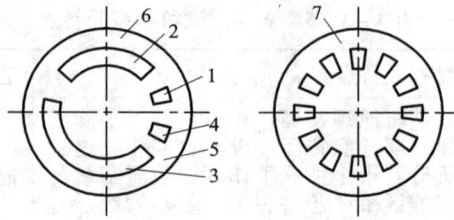

图 3 – 3 – 8　分配头的构造示意图

1、4—压缩空气管入口　2、3—减压管路入口　5—不操作区　6—固定盘　7—转动盘

转筒真空过滤机适用于各种物料的过滤。对于温度较高的悬浮液，亦可用此种过滤机，但温度不能超过滤液的沸点，否则真空将失去效用。

滤饼的厚度一般保持在 40mm 以内，对于过滤困难的胶质滤饼，其厚度可小到 5 ~ 10mm。当滤饼层很薄时刮刀卸料易损坏滤布，则可在过滤时预先将绳索绕在转筒上，在卸料处滤饼随绳索离开滤面而脱落。滤饼的含液体量常在 30% 左右。要得到较干的滤饼，可将转筒的一部分用盖罩住，通热空气加以干燥。

转筒的转速通常为 $0.1 \sim 3r \cdot min^{-1}$。转筒的表面积一般为 $5 \sim 10m^2$，浸入悬浮液中的面积一般为总表面积的 $30 \sim 40\%$，过滤机的动力消耗一般为 0.4 ~ 4KW。

转筒真空过滤机的优点是操作完全自动，需要人力很少，生产能力大，改变过滤机转速可以调节滤饼层的厚度。

缺点是过滤面积不大，设备投资费用高，过滤推动力较小，滤饼含液体量大等。

3.4.3　圆盘真空过滤机

如图 3 – 3 – 9 所示，在缓慢旋转的空心轴上以一定间距排列着若干个圆盘的扇形叶片，其作用原理类似转鼓真空过滤机。

圆盘真空过滤机与转鼓真空过滤机相比，具有过滤面积大，过滤强度高等优点，加上自动化和机械化程度高，在很多地方已取代了转鼓真空过滤机。

3.4.4　带式真空过滤机

3.4.4.1　带式真空过滤机的类型和特点

带式真空过滤机是指水平方向运动的无端滤带下方抽真空，滤带上表面为过滤面，一端加料，加一端卸料的真空过滤机。它是一种充分利用料浆的重力和真空吸力来实现固液分离的新型过滤设备。

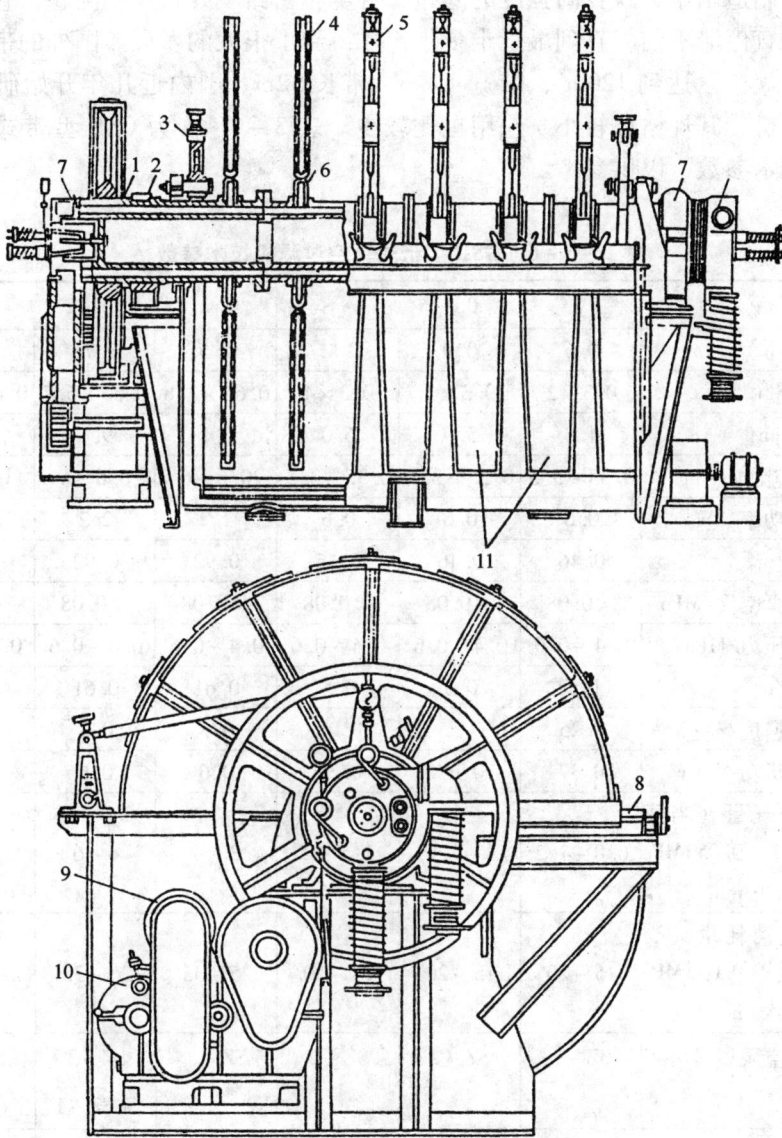

图 3 - 3 - 9　圆盘真空过滤机

1—轴　2—轴承　3—摆动搅拌器　4—圆盘　5、13—双头螺柱拉紧板　6、10—管接头

7—分配头　8—卸渣设备　9，10—电动机和减速器　11—带龛的浆液槽

自从 1930 年瑞典首次发明了第一台 $5m^2$ 带式真空过滤机以来，由于存在多

孔橡胶带制造困难、缺少高强度的滤布、真空箱密封不好这三个问题，它在很长时间里一直停滞不前，直到最近十多年，才得到了很大的发展。国外的带式真空过滤机的规格已达到 $120m^2$，带宽 4.8m，带长 32m。国内近几年开始研制带式真空过滤机，其规格还较小，应用也比较少。表 3 - 3 - 6 为 GSD 型带式真空过滤机的技术参数，以供参考。

表 3 - 3 - 6　GSD 型带式真空过滤机技术参数

系列	0.5			1		
过滤面积/m²	0.6	0.9	1.2	2.5	3.75	5.0
滤室尺寸/m	0.3×2	0.3×3	0.3×4	0.66×3.8	0.66×5.7	0.66×7.6
滤室总长/m	4.0	5.0	6.0	7.1	9.0	10.9
滤带速度范围/m·min⁻¹	0.35 - 3.5	0.35 - 3.5	0.35 - 3.5	0.6 - 6	0.6 - 6	0.6 - 6
主电动机功率/kW	0.6	0.6	0.6	2.2	2.2	2.2
滤带宽度/m	0.46	0.46	0.46	0.92	0.92	0.92
滤机最高真空度/MPa	<0.08	<0.08	<0.08	<0.08	<0.08	<0.08
气控气源压力/MPa	0.4 - 0.6	0.4 - 0.6	0.4 - 0.6	0.4 - 0.6	0.4 - 0.6	0.4 - 0.6
滤室行程/m	0.5	0.5	0.5	0.61	0.61	0.61
滤室返回速度/m·s⁻¹	0.25	0.25	0.25	0.3	0.3	0.3
洗刷电动机功率/kW	0.37	0.37	0.37	0.6	0.6	0.6
所需真空气量（当压力为 0.053MPa 时）/(m³·min⁻¹)	0.8 - 1.2	1 ~ 1.5	1.5 ~ 2	3 - 4	4 ~ 6	5 ~ 7.5
压缩空气消耗量（当压力为 0.053MPa 时）/(m³·h⁻¹)	15 - 20	15 - 20	15 - 20	25 - 35	25 - 35	25 - 35
配水环真空泵型号	SZ - 2	SZ - 2	SZ - 2	SZ - 3	SZ - 3 + SZ - 1	SZ - 3 + SZ - 2
水环真空泵功率/kW	10	10	10	30	30 + 4	30 + 10
滤布再生耗水量（当压力为 0.2MPa 时）/L·min⁻¹	20 - 40	20 - 40	20 - 40	60 - 80	60 - 80	60 - 80
逆洗泵功率/kW	0.37×2	0.37×2	0.37×2	0.37×4	0.37×6	0.37×9
输液泵功率/kW	0.37	0.37	0.37	0.6	0.6	0.6

一些单位已开始从国外引进这种过滤机，如湖南岳阳长岭炼油厂已从日本引进一台 TSK2004 型移动式带式真空过滤机，过滤面积为 $11.2m^2$（$2.0 \times 5.6\ m^2$）；山西化肥厂也从日本引进两台这样的设备，过滤面积为 $58.8\ m^2$，滤布宽度为 3m；贵州铝厂从英国 DELKOR 公司引进三台 RB 型带式过滤机，过滤面积为 27 m^2，宽度为 2.4m。也有些单位采用国产的真空带式过滤机，如柳州冶炼厂采用一台 $5\ m^2$ 的钛制真空带式过滤机过滤，洗涤氯氧化锑料浆，效果很不错，产品中铁等杂质含量均 $\leqslant 10 \times 10^{-6}$。

国外已广泛地将带式真空过滤机用于冶金、矿山、煤炭、化工等部门产品的脱水和洗涤。无论在投资、产率、洗涤效率和生产费用等方面，带式真空过滤机均比转鼓、圆盘等传统过滤机优越。根据资料介绍，带式真空过滤机的单位面积处理能力要比转鼓真空过滤机大 $1.5 \sim 2.5$ 倍。带式真空过滤机的主要特点如下：

（1）过滤速度高，料从滤布上部加入，工作时，在重力作用下，料浆中粗的固体颗粒快速沉降，大颗粒在底部，小颗粒在上部，使滤饼结构合理，阻力小，带速可达 $40m \cdot min^{-1}$，适合快速薄层过滤。

（2）连续清理滤布彻底。可在滤布的两面进行连续吹气或喷水清洗，使滤饼从滤布上完全清洗掉。

（3）高速率连续逆流洗涤。滤饼内所含的母液几乎是彻底置换，且不存在洗涤液从一个洗涤区流往另一个洗涤区的错流，这就使得能用最少的洗涤液达到最好的洗涤效果。

（4）操作灵活。驱动装置是无极变速的，同时，料浆给料速度、滤饼厚度、洗涤溶液量和真空度都是可变的，这就允许实际操作时选择较理想的操作条件。各洗涤区的隔板和洗涤水分配器是可移动的，可以安装在最合理的位置。真空箱内配有可动隔板，可以得到各种不同的洗涤液和产品。

（5）结构简单，制造、安装费用低。

（6）滤饼的含水量少。与转鼓真空过滤机相比，滤饼含水量可降低 $4 \sim 5\%$。

（7）操作与维修费用低，滤布寿命长，滤带能在苛刻的条件下较长时间地工作。

（8）该机的缺点是单位过滤面积占地多。

国外生产的带式真空过滤机产品系列及主要参数见表 $3-3-6$。

带式真空过滤机有两种主要结构型式，一种是移动真空式（RT 型）带式真空过滤机；另一种是固定真空室（RB 型）带式真空过滤机。其发展趋势如下：

（1）由于使用范围不断扩大，带式过滤真空机的产品规格迅速增加。

（2）滤带和滤板采用新型材料。橡胶滤带的使用寿命较短，一种抗拉强度较高的新型聚脂编制滤带逐渐取代了橡胶滤带。同时，为了减少滤带与滤板之间的摩擦力，真空室上部的滤板采用摩擦系数较小的材料制成。如聚四氟乙烯、高密度聚乙烯等。

（3）增加附属装置。为了处理有毒的或易燃的物料，可增加全封闭外罩。如德国生产的带式真空过滤机上，安装有蒸汽加热装置；荷兰生产的带式真空过滤机上，设有压力带装置，它们都可以进一步降低滤饼的水分。

表 3 - 3 - 6　国外生产的带式真空过滤机产品系列及主要参数表

系列			主 要 参 数 范 围				
国别	名称	型号数	过滤面积 /m²	滤带速度 /m·min⁻¹	功率/kW	重量/t	备注
荷兰		47	1.4 ~ 42	0.3 ~ 6			真空箱移动
日本	TSK - P	45	1.4 ~ 42	1.13 ~ 4.54			同上
日本	IBF	10	0.65 ~ 10		0.75 ~ 5.5	2.2 ~ 19.5	真空箱固定
日本		7	10 ~ 45	6.7 ~ 24.4	5.5 ~ 30	~ 45	同上
日本		10	0.65 ~ 10		0.75 ~ 5.5	2.2 ~ 19.6	同上
法国		40	0.2 ~ 120	约 40		约 45	同上
德国		21	0.5 ~ 185				同上
苏联	ЛСХ	3	15 ~ 60		19.5 ~ 48		同上
苏联	ЛУ	4	1.6 ~ 10	0.6 ~ 120			同上
美国		46	2	18.6 ~ 23.2		16.3 ~ 19.1	同上
		96	9	12.1 ~ 74.4		8.2 ~ 54.5	同上
		136	2	83.7 ~ 111.5		61 ~ 72.5	同上

3.4.4.2　带式真空过滤机的工作原理

1. 移动真空室（RT 型）带式真空过滤机的工作原理

移动真空室带式过滤机的工作原理如图 3 - 3 - 10 所示。当真空箱处于过滤工作行程时，其上口与滤布紧密贴合，真空箱与滤布以相同的速度向前运动，加到滤布上的料浆受到真空吸引过滤，滤渣截留在滤布上形成滤饼，滤液则经过真空箱腔和真空阀进入滤液槽中，接着，滤饼随滤布移动到洗涤位置受到多级逆流洗涤，洗涤液流入自己的贮槽。洗涤过的滤饼则受到真空吸引脱水干燥。最后滤饼运动到驱动辊处，借助滤布弯曲转向和刮刀而卸料。卸料后的滤布，受到下面摆摆式喷嘴喷出的液体洗涤以及刷子的刷洗。

在过滤机的运转过程中，滤布始终不停地运行，但真空箱却不然，当它随滤布移至右端极限位置时，真空阀关闭，空气阀打开。此时真空箱内腔与大气相通，滤布随即离开真空箱上口并继续向前运行，而真空箱则在气缸的带动下迅速

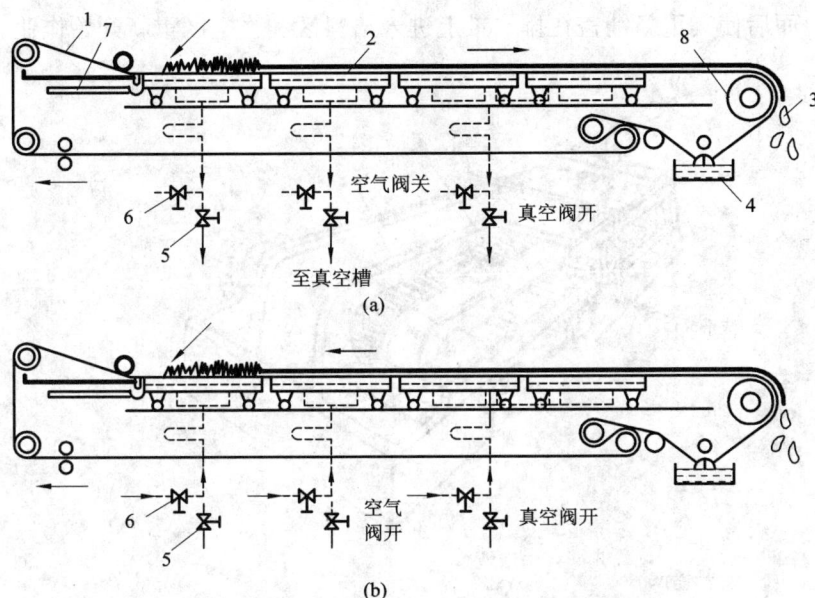

图 3 - 3 - 10　移动真空室带式过滤机的工作原理

a—过滤行程　b　真空箱返回行程

1—滤带　2—移动室（真空箱）　3—滤渣　4—摇摆式洗涤装置
5—真空阀　6—空气阀　7—真空箱移动汽缸　8—滤带驱动辊

返回原位。与此同时，空气阀关闭，真空阀打开，真空箱又将滤布吸上并随之一起运行，重复上述过程。

移动真空室带式真空过滤机具有以下特点：

滤布与真空箱之间几乎没有摩擦，滤布很少损伤；过滤时滤布与真空箱上口贴合紧密，无空气漏入，其真空度可达 0.09MPa；

因为无橡胶排水带，所以能过滤溶剂性料浆或者可用溶剂洗涤，不必担心橡胶被溶解。还能过滤 100℃ 以上的高温料浆。

结构相当复杂，造价较高，维护工作量大；真空是间歇性的，每动作一次都要卸除真空，从而增加了抽真空的动力消耗。

2. 固定真空室（RB 型）带式真空过滤机的工作原理

固定真空室带式真空过滤机的工作原理如图 3 - 3 - 11 所示。该过滤机真空箱不移动，紧贴真空箱上缘的滤带由驱动辊 6 驱动，并沿真空箱上缘滑行完成过滤及滤饼洗涤操作。滤带由两部分组成，即无端滤布 4 及耐磨的排水带 2，在真空箱上它们紧贴一起，绕过驱动辊后则绕各自的导辊运动。滤布上的滤饼在端部经卸料辊和刮刀卸料后，再经清洗再生。为使两带的张力一致，在滤布上设有拉紧装置，而后使其重新铺盖在排水带上进入给料区和真空区重新开始作业。

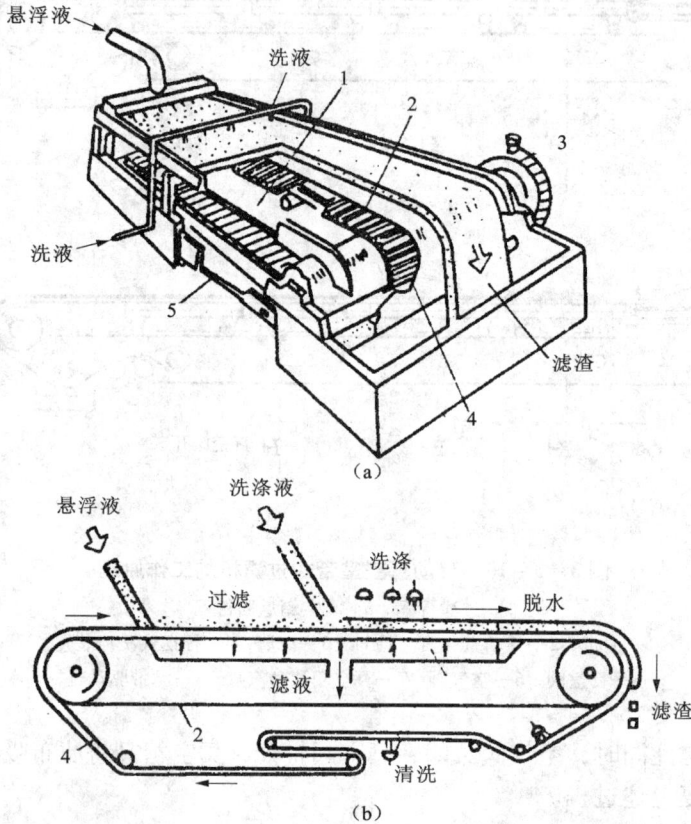

图 3 – 3 – 11   固定真空室带式真空过滤机的工作原理
a—结构   b—工作原理
1—真空箱 2—排水带 3—驱动装置 4—滤布 5—滴水盘

　　料浆由料浆分配器均匀地给到过滤机尾部的滤布上，滤渣被截留在滤布上，而滤液由真空吸入真空箱，然后进入真空受液槽。洗涤可分并流和逆流两种。前者是由两点加入的洗涤水从一个液器中吸出，以便用最小的过滤面积获得最大的可溶物回收率；后者是将新水加在最后的淋洗段，吸出后的洗液返回到初次洗涤段，以确保用最少的洗涤水获得最佳的洗涤效果。

　　这种带式真空过滤机的主要特点是，真空箱固定不动，连续真空作业，传动带是由橡胶材料制作的，它由可调速的驱动装置传动，运转平稳无噪声。

　　由于排水带和真空箱之间的滑动摩擦会磨损橡胶排水带，所以，新的设计是在排水带的摩擦面上另设有聚四氟乙烯或涤纶等材质制成的所谓第二"磨损"

带，同时，在真空箱的上敞口边缘上用四酮处理，采取这些措施后，排水带可在高真空度下运行，使用寿命可达5～7年。

此外，还可在真空箱与排水带的摩擦面之间采用气垫方式，以减小磨损。

3.4.4.3　带式真空过滤机的结构及主要部件

带式真空过滤机的种类较多，现只介绍 RB 型和 RT 型两种基本结构形式。RB 型带式真空过滤机的结构如图3-3-12所示。

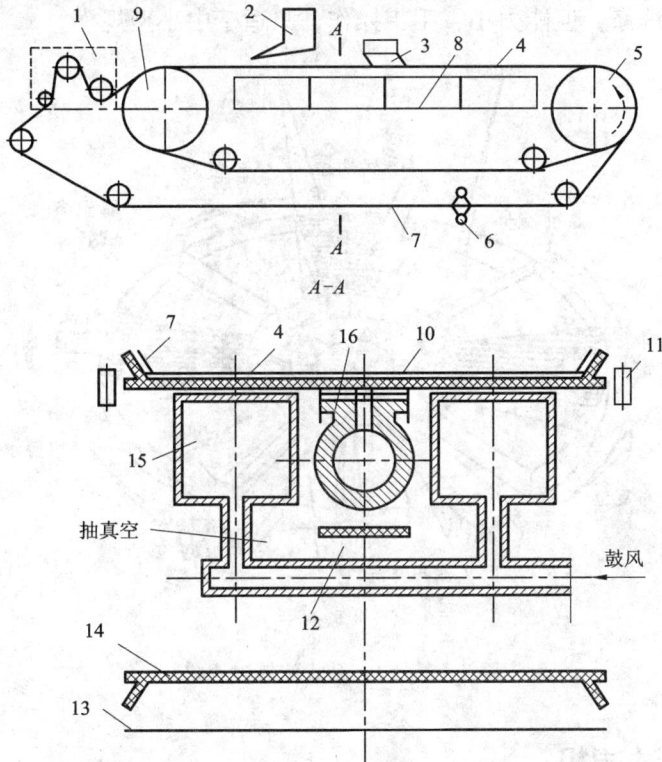

图3-3-12　RB 型带式真空过滤机的结构

1—滤布调整装置　2—给料箱　3—隔板　4—环形滤带　5—驱动轮
6—清洗水管　7—滤布　8—真空箱　9—尾轮　10—衬垫胶带　11—挡轮
12—返回的衬垫胶带　13—返回的滤布　14—返回的环形排水带　15—风箱　16—聚乙烯垫

该机由真空箱、滤布、空气箱、给料装置、卸饼装置、滤布清洗装置、滤布调整装置、驱动装置和机架等组成。

RT 型带式真空过滤机与 RB 型带式真空过滤机在结构上的主要区别是，它的真空箱上有导轨，真空箱由气缸或油缸带动往复移动；其次是设有环形排水带及其支承装置，滤布既是过滤介质，又是输送带。

3.4.5　其他真空过滤机

在冶金工厂常见的真空过滤机还有卧式旋转过滤机（图3－3－13）、立式叶滤机（图3－3－14）及抽滤盘（槽）等。抽滤盘（槽）在中小工厂应用比较广泛。过滤系统由抽滤盘（和抽滤罐配套）或抽滤槽和真空泵及管路系统组成，一台真空泵可以带多个抽滤盘（槽）操作。抽滤盘（槽）过滤系统制作方便、投资省，便于洗涤，但能力小，手工操作，只适于中小型规模。

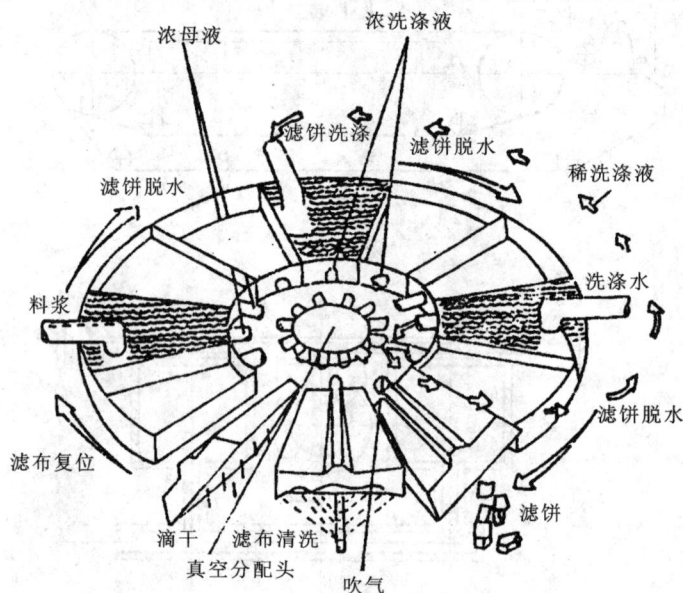

图3－3－13　卧式旋转过滤机

3.5　离心过滤机

3.5.1　基本概念

离心过滤机是利用离心力使悬浮液中固体颗粒与液体分离的一种设备，适用于晶体颗粒物料以及各种纤维质物料的分离。离心机是由一个滤筐所组成，其中放置要进行分离的固体和液体的混合物或两种液体形成的混合物。由于滤筐在高速下转动，混合物受离心力的作用可发生分离。滤筐可以打孔或不打孔。在有孔眼的情况下，孔上覆以滤布或其他介质，液体受离心力的作用由滤孔迅速泄出，固体则留在滤布上，因而达到固液分离的目的，此种分离称为离心过滤。

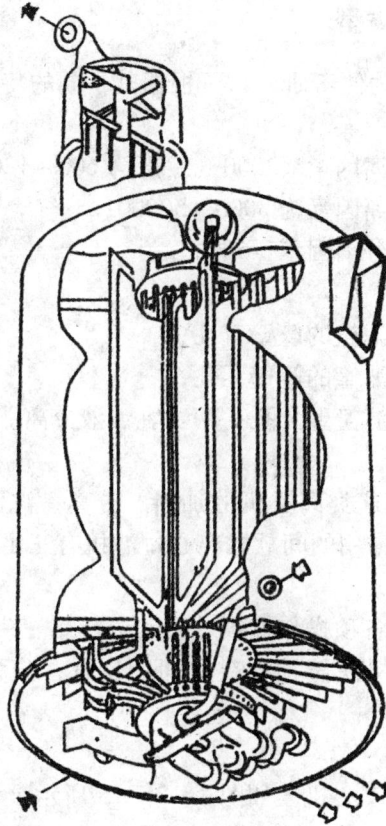

图 3 - 3 - 14 立式叶滤机

当滤筐无孔时，则物料受离心力的作用，按密度的大小分层沉淀，密度最大、颗粒最粗的物料直接附于滤筐壁上，密度小、颗粒细的物料则集于滤筐中央，此种分离称为离心沉降。当滤筐无孔而物料为混浊液时，则在离心力作用下，液体按轻重分层，此种分离称为离心分离。离心力与重力之比 $\dfrac{\gamma\omega^2}{g}$，称为离心分离因数。离心分离因数为代表离心机特点的重要因素，这一数值常达数千以上。因此，在离心机中进行分离要比重力作用下快得多。例如，较粗颗粒虽然能利用重力从液体中分离出来，但因布朗运动将使相当多的一部分很细颗粒处于悬浮状况，它们不能用重力沉降方法分离出来。但如果采用离心机，分离力大为增加，由布朗运动引起混合作用的力与之相比就变得微不足道，因此实际上可以得到完全的分离。高速离心机可用于胶状悬浮液及混浊液的分离。

3.5.2 离心过滤机的类型

离心机的种类很多，为便于研究，可根据其不同的特性加以分类。

1. 按分离因素的大小分类

（1）常速离心机　分离因素 < 3000（一般为 600 ~ 1200）；

（2）高速离心机　分离因素为 3000 ~ 50000；

（3）超高速离心机　分离因素 > 50000。

2. 按操作性质分类

（1）过滤式离心机　滤筐的筐壁有孔；

（2）沉降式离心机　滤筐的筐壁无孔；

（3）分离式离心机　滤筐壁无孔，用于乳浊液分离。

3. 按操作方法分类

（1）间歇式离心机　这类离心机的加料、分离、洗涤、卸渣等各项操作均系间歇地依次循环进行，常用的间歇式离心过滤机有三足式、卧式刮刀式和上悬式等。

（2）连续式离心机　各项操作连续地自动进行。

此外，还可根据离心机滤筐轴线在空间的位置，分为立式离心机与卧式离心机。

4. 离心过滤机的构造

（1）多级推送式连续离心机　如图 3 – 3 – 15 所示，是连续离心机的一种类型。它由多个同心滤筐所组成。料液自锥形进料漏斗 14 引入，滤饼在进料漏斗之法兰盘与一级滤筐之底端的空间内形成。当推进器 13 中的活塞杆 11 作往复运动时带动滤筐 2 及 6 作往复运动，而滤筐 4 及 8 不作往复运动，固体渣借滤筐的相对运动而间断地沿滤筐表面移去，并由喷淋液洗涤。在这种离心机中，滤饼之厚度不能超过滤筐表面与进料法兰间之距离，滤液由筐壁上之孔眼穿过。

（2）夏普雷斯推进式离心机　这种离心机如图 3 – 3 – 16 所示。圆锥部分是多孔的，起过滤作用。悬浮液在到达滤筐主体部分之前就在圆锥部分 A 进行初步脱水，最终脱水在滤筐主体部分 B 进行。固体渣用洗水淋洗冲走。这种离心机的洗液可以和滤液分开。

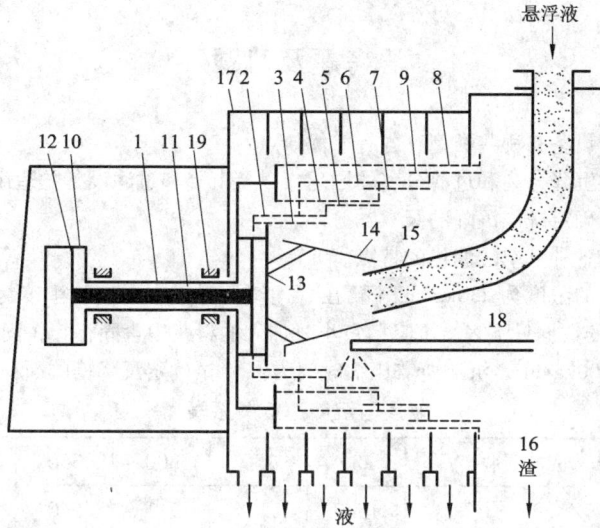

图 3 – 3 – 15　多级推送式连续离心机

1—空心轴　2、4、6、8—滤筐　3、5、7、9—筛　10—气缸　11—活塞杆
12—活塞　13—推进器　14—锥形漏斗　15—进料管　16—渣
17—外壳　18—洗涤管　19—轴承

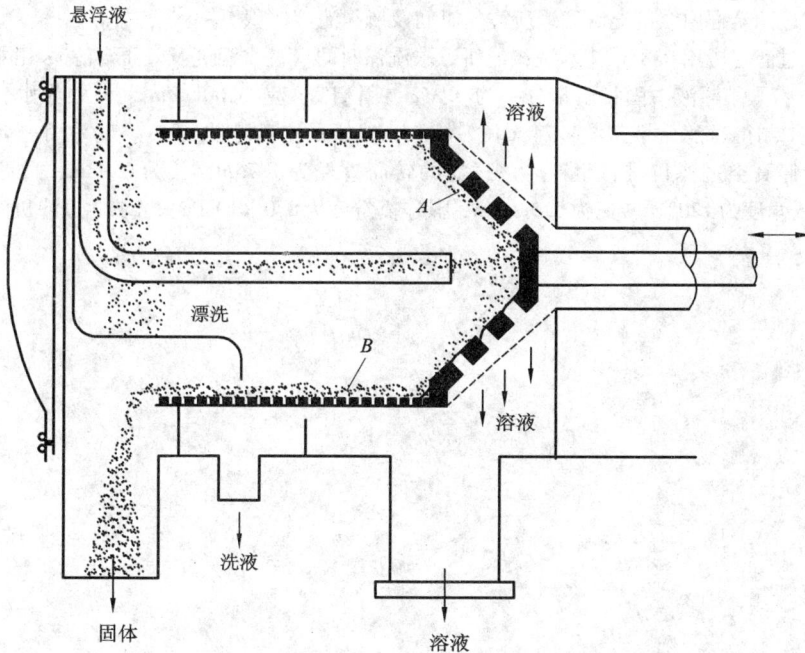

图 3 – 3 – 16　夏普雷斯推进式离心机

思考题及习题

3-0-1 沉降设备有哪些类型,各有何优缺点?

3-0-2 试述沉降分离和过滤分离的原理,以及沉降和过滤设备的适用范围。

3-0-3 如何确定洗涤沉降的级数?

3-0-4 比较各种真空过滤机的特点。

3-0-5 料浆的浓度为236kg/m³,要在一连续沉降槽中增稠到浓度为550kg/m³,通过间歇沉降实验测得的数据见下表,沉降槽每小时加入的料浆中含固相5t,固相密度为2100kg/m³,液相密度为1000kg/m³,沉渣所需压缩时间为4h,试确定沉降槽的面积和高度。

浓度与沉降速度关系表

浓度 C/[kg(固)·m^{-3}(料浆)]	236	250	300	350	400	500
表观沉降速度 U_0/(cm·h^{-1})	15.7	12.5	7.1	5.0	3.3	1.7

3-0-6 有一台 BMS50/810-25 型板框压滤机过滤某悬浮液,悬浮液中固相质量分率为0.139,固相密度为2200kg/m³,液相为水。每1m³滤饼中含500kg水,其余全为固相。已知操作条件下过滤常数 $K=2.72\times10^{-5}$ m²/s,$q_e=3.45\times10^{-3}$ m³/m²。滤框尺寸为810×810×25(mm),共38个框。试求:

(1)过滤至框内全部充满滤渣所需的时间及所得滤液体积。

(2)过滤完毕用0.8m³清水洗涤滤饼,求洗涤时间(洗水温度及表压与滤浆相同)。

3-0-7 某浮液中固相质量分率为9.3%,固相密度为3000kg/m³,液相为水。在一小型过滤机中测得过滤常数 $K=1.74\times10^{-4}$ m²/s,滤饼的空隙率为40%。现采用一台 QP5-1.75 型转筒真空过滤机进行生产。该过滤的转筒直径为1.75m,长为0.98m,过滤面积为5m²,浸入角度为120°,转速为0.5r/min,操作真空度为8.0×10⁴Pa。试求此过滤机的生产能力及滤饼厚度。

第四篇
萃取设备

1　概述

1.1　基本原理

　　液－液萃取是指用一种与水不互溶的具有萃取能力的有机溶剂与被萃取的溶质的水溶液混合，经过充分搅拌后，由于二者相对密度不同，经过澄清而分为两层，一层是有机相（萃取相），另一层是水相（萃余相）。在两相平衡时被萃取物质（溶液）按一定的浓度比分配于两相中，从而达到分离、净化或富集的目的。

　　萃取流程包括两段，即萃取段和反萃取段。在萃取段，料液（水相）与选定的有机溶剂（有机相）在萃取设备中先进行充分混合，使料液中待萃的金属（溶质）尽可能地向有机相中转移，然后澄清，萃取相与萃余液分离。分离后的萃取相和萃余液分别进行反萃及溶剂回收处理。在反萃段，萃取相与选定的反萃剂（通常是某种水溶液）混合，被萃取金属（溶质）与萃取剂分离并进入反萃液，反萃后的有机相得到再生，返回萃取段循环使用。

1.2　萃取设备简介

　　溶剂萃取是一个传质过程，该过程包括三步：①将一相分散到另一相中，形成很大的相界面积；②在分散相和连续相接触时间内，传质过程达到平衡；③分散相液滴聚合，与连续相分离。萃取设备是使两液相反复进行"分散—传质—聚合"工艺过程的设备，并使两液相"合理混合"和"有效分离"。萃取过程的传质受传质界面积、浓度差及总传质系数的影响很大。增加搅拌强度可以增加传质界面面积，提高传质系数，加速传质过程。但超过一定限度液滴分散过细，分散相传质系数会下降。所以，在设计时，要综合考虑，使三者的积最大。

在萃取过程中，液滴的分散和聚合是一对比较突出的矛盾。萃取设备必须综合考虑混合和澄清两个方面，以解决这对矛盾。与其他设备相比，萃取设备是工艺性极强的设备，不同体系的物性和不同的操作条件都将直接影响设备的各项性能。因此，脱离工艺和操作条件就无法评价设备的优劣。从本质上，不存在通用的理想设备。只有由小到大通过各级规模的试验，然后在特定的工艺条件下，选定最佳参数，才有可能确定适合于该条件下的最合理的萃取设备。

萃取设备种类繁多。按液流接触方式，可分为逐级接触式和连续接触式，前者的典型代表是用机械搅拌的混合澄清器，也包括空气脉冲混合澄清器、重力式筛板塔和离心萃取器等；而连续接触设备主要是萃取塔，其次是离心萃取器。按相分散的动力，萃取塔又包括重力式的喷淋塔和填料塔，机械搅拌式的转盘塔，希贝尔塔，米克西科塔，库尼塔等；此外，还有脉冲式填料塔和筛板塔，往复振动筛等。萃取设备的具体分类及优缺点如表 4 - 1 - 1。

1.3 溶剂萃取在冶金中的应用

表 4 - 1 - 1 萃取设备的分类及优缺点

项目	混合澄清器	无动力萃取塔；喷雾塔、简易填料塔、筛板塔	有动力萃取塔；转盘塔、脉冲筛板塔、脉冲填料塔	离心萃取器
补充能量情况	机械搅拌或气动	无	机械搅拌或脉冲	快速转动
两相接触方式	间断接触式	连续接触式	连续接触式	连续接触式
优点	相接触好、级效率高、相比范围宽、级数可多可少、操作容易；维修费低、厂房高度小	结构简单；设备成本低；操作容易，维修费低	相分散好；接触好，效率高，可以多级操作	适用于两相密度小，及易乳化的体系；效率高，体积小，停留时间短，占地面积少
缺点	能量消耗大，在设备中停留有机相多，有机相利用率低，占地面积大	两相密度差不能太小，相比的范围变化小，厂房高，效率低，生产量小	两相密度差不能太小，不适用易乳化的体系；不能采用高的流速比（相比）	设备成本高，维修费高，级数有限（≤20）

溶剂萃取用于工业已有近百年的历史。20 世纪 40 年代，铀成为工业上第一个应用萃取工艺提取和纯化的金属。此后，溶剂萃取又在稀土金属，高熔点稀有金属锆和铪、铌和钽的分离中得到应用。60 年代末以来，石油化工迅速发展，一些选择性强，萃取容量大，成本低廉的新型萃取剂相继出现，大型萃取设备先后投入工业生产，湿法冶金逐渐成为溶剂萃取应用的重要领域。

由于分离效率高，生产能力大，操作简单，易于实现连续化、自动化等优异的分离性能和操作特点。目前，溶剂萃取已得到广泛应用和迅速发展。它在铀、钍等放射性元素、稀土元素、贵金属（金、银、铂系金属等）、稀有金属（锆、铪、钽、铌、钨、钼等高熔点金属）、稀散金属（锗、镓、铟、铊、铼等）以及铜、镍、钴等重有色金属的分离、提取和精制过程中的应用已十分普遍。

溶剂萃取法提取铜是 20 世纪 70 年代湿法冶金的一项重要成果。铜的 LIX 系列高效萃取剂的研究成功，使溶剂萃取在处理低品位难选氧化矿的堆浸液和低品位硫化矿的细菌浸出液中显示出独特的优点和强大的生命力。世界上最早采用萃取工艺生产铜的工厂是美国亚利桑那州迈阿密兰彻斯特勘探公司兰鸟铜矿。该厂建于 1968 年，年产 7500t 阴极铜。此后，在南美洲、北美洲、非洲和大洋洲陆续建成一批有相当规模的铜溶剂萃取厂，其概况如表 4 - 1 - 2。最近，年产 22.5 万 t 阴极铜的 EIAbra 公司的铜萃取提炼厂已在智利投产，使溶剂萃取法铜产量占世界铜总产量的比例上升到 20% 以上，我国已有 25000 $t \cdot a^{-1}$ 的生产能力，这个比例为 2% ~ 3%。在镍钴的提取和分离方面，溶剂萃取也得到了广泛应用（表 4 - 1 - 3）。总之，溶剂萃取不再只是稀有金属及贵金属的重要提取方法，而且已发展成重金属的有效提炼方法。溶剂萃取还在迅速发展，新型特效廉价萃取剂的合成和大型高效萃取设备的研制仍然是溶剂萃取的科研和工程领域共同关心和注目的课题。

表 4 - 1 - 2　混澄器用在铜溶剂萃取工厂一览表

厂名	投产年份	生产能力 / $(t \cdot a^{-1})$	料液类型	溶剂组成
美国亚利桑那州兰彻斯特勘探公司兰鸟铜矿	1968	7500	氧化铜矿稀硫酸浸出液	12% LIX64N Nnap470B
美国亚利桑那州巴格达得铜公司	1970	7000	同上	8% LIX64N Chevron, Nap470B
赞比亚恩昌加联合铜公司钦拉尾矿厂	1974	80000	硫酸搅拌浸出液	24% LIX64N 或 14% SME229, Escaid100

续表

	厂名	投产年份	生产能力 / (t·a⁻¹)	料液类型	溶剂组成
国	美国蒙他那州阿纳康达 公司阿比特厂	1974	36000	硫化精矿氨浸液	32% LIX64N, Nap470B
	美国亚桑那州阿纳马克斯 公司特湿—巴特斯厂	1975	33000	氧化矿稀硫酸 搅拌浸出液	12% LIX64N Chevron 煤油
	美国亚利桑那州约翰逊铜 公司约翰逊卡姆厂	1975	5000	硫酸堆浸液	6% LIX64N Nap470B
	美国亚利桑那 州迈阿密市市政 公用公司	1976	5500	硫酸浸出液	6.2% LIX64N, Nap470B
	美国亚利桑那州茵斯皮 雷欣联合铜公司	1979	26000	硫酸堆浸液	7% Acorga p5300, Chevron 离子交换剂
	智利阿吉雷铜冶炼厂	1980	15000	尾矿硫酸堆浸液	30% LIX64N
	墨西哥卡纳内阿 冶炼厂	1980	15000	硫酸堆浸液	Acorga p5100, Chevron
	秘鲁矿业公司	1981	6000	矿山废水硫 酸浸出液	
外	美国亚利桑那 州湖岸湿法炼 铜厂	1981	25000	稀硫酸槽浸液	
	智利丘基卡 马塔冶炼厂		36500	氧化矿稀 硫酸浸出液	
	美国亚利桑那州杜瓦尔 公司西埃利特矿山		32500	盐酸浸出液	
国	恩平铜矿	1975	15	氧化铜矿细菌 浸出液	7% N510, 200 号溶剂煤油
	海南铜矿	1980.1	30	氧化铜矿搅拌 酸浸液	10% N510, 200 号溶剂煤油
内	海南农垦石碌铜矿	1980	15－20	同上	10% N510, 200 号溶剂煤油

续表

	厂名	投产年份	生产能力 / (t·a^{-1})	料液类型	溶剂组成
国	铜山铜矿	1979	50	氧化铜矿堆浸液	5% N510,200 号溶剂煤油
	阳春石碌锡山铜厂	1982	300	同上	10% LIX64N,磺化煤油
	德兴铜矿	1997	2000	尾矿细菌堆浸液	同上
内	中原黄金冶炼厂	1996	2500	金矿浸液	同上
	汤丹铜矿	1998	500	氯化矿氨浸液	同上

表 4-1-3　镍钴溶剂萃取工厂一览表

厂名	投产年份	生产能力 /t·a^{-1}	料液类型	溶剂组成	萃取设备
美国黄铁矿公司威尔明顿钴厂	1970	Co、Co$_2$O$_3$ 300-400	硫酸浸出液	12% DZEHPA, 3%异癸醇, 脂肪族稀释剂	混澄器
加拿大国际镍公司萨德伯雷精炼厂	1972		硫酸浸出液	30% DZEHPA, 5% TBP, 脂肪族稀释剂	搅拌萃取塔、混澄器
挪威鹰桥镍公司克里斯蒂安桑试验厂		Ni 10000 Co 5	Ni, Fe, Co, Cu 的盐酸浸出液	10% TIOA, Aolvesso100	混澄器
加拿大曼尼托巴省国际镍公司汤普逊精炼厂			氯化物阳极电解液萃铜	10% LIX64N, Nap470	同上
加拿大 白坎古里	1974	Ni 13600 Cu 9900 Co 227			同上
比利时霍勃肯冶金公司			盐酸浸出镍钴合金废料	叔胺	同上
法国镍冶金公司勒阿弗尔镍精炼厂	1978	Ni 20000 C$_0$ 600	Ni, Co, Fe, Cu 盐酸浸出液	TBP, N235	同上
美国硫磺出口公司埃尔伯索剂萃取厂			碱性硫酸铵溶液	30% LIX64N, Nap470	同上
原苏联诺里尔斯克镍联合企业		Ni 75000			同上
日本矿业公司日立精炼厂	1975	Ni 3600 Co 1200	硫酸浸出液	DZEHPA 除 Zn, LIX64N 萃 Ni	离心萃取器
日本住友金属矿业有限公司新居滨精炼厂	1975	Ni 25000 Co 1600	加压硫酸浸出液	N235 分离 Ni、Co TNOA, Versatic	混澄器
南非吕斯腾堡精炼厂	1979	Co 184	高压酸浸液 (H$_2$SO$_4$)	DZEHPA	混澄器

2　混合澄清器

2.1　简单箱式混澄器

从表 4-1-2 和表 4-1-3 所列世界各溶剂萃取工厂简况中可以看出，混澄器是应用最广的一种萃取设备；型式多样，规格不一。最大的混澄器，两相总流量可高达 $1640m^3 \cdot h^{-1}$，现有的任何一类萃取器都没有这样大的处理能力。由于其操作简单灵活、放大可靠、适应性强、级效率高，因此，在工业生产中占有独特的优势。

混澄器是一种逐级接触的萃取设备，就水相和有机相的流向而言，可分逆流式和并流式；就能量输入方式而言，可分空气脉冲搅拌、机械搅拌和超声波搅拌；就箱体结构而言，除简单箱式混澄器（即常用的传统的箱式混澄器）之外，还有多隔室的、组合式等各种其他混澄器。目前，湿法冶金溶剂萃取中最常用的是机械搅拌的最简单箱式混澄器。在此，先介绍这一类混澄器的结构及设计。

2.1.1　简单箱式混澄器的结构

简单箱式混澄器是工业上最早采用的一种混澄器。从外观上看，它是个矩形箱体。其内用隔板分成若干个进行混合和澄清的小室，即混合室和澄清室。一个混合室和一个澄清室构成一个混合澄清单元，即混澄器的一级。由多级串联组合成一台箱式混澄器。图 4-2-1 为一台三级简单箱式混澄器示意图。

如图所示，每一级的混合室 1 都是通过隔板上的混合相口 9 与同级的澄清室 4 相通。而相邻各级由轻相溢流口 3 和重相口 8 相通。有机相和水相分别从各自的进口 12 和 10 进入混澄器，经逆流萃取后的两相分别从各自的出口 13 和 11 排出。两液相在混合室内经搅拌器混合后，从混合相口流入同级的澄清室。澄清分离后的两相分别经轻相溢流口 3 和重相口 8 进入相邻级的混合室。

图 4-2-2 为混澄器内的液体流向示意图。有机相和水相分别从混澄器的首、尾两端进入，经多级逆流接触之后，分别从另一端的出口排出。每台混澄器的级数可根据工艺配置的需要和制造安装方便而定。混合室和澄清室可沿箱体两端交错排列，如图 4-2-1 和图 4-2-2 所示；也可集中排列，如图 4-2-3 所

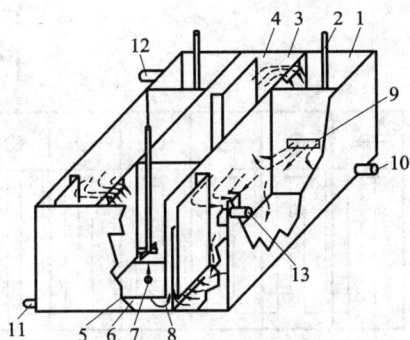

图 4-2-1 三级的简单箱式混澄器示意图

1—混合室 2—搅拌器 3—轻相溢流口 4—澄清室 5—汇流板 6—前室
7—汇流口 8—重相口 9—混合相口 10—水相进口 11—水相出口
12—有机相进口 13—有机相出口

示。工业生产中使用的混澄器，大多将混合室集中在一端配置。这样，传动机构和支架的布置比较紧凑，操作和维修也较方便，但级内的管路将相应有所增加。混合室采用的搅拌器兼有混合和泵吸两种功能，一般不再另设级间泵。

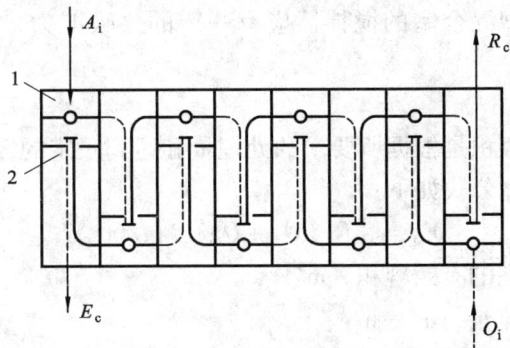

图 4-2-2 混澄器内的液体流向示意图

O_i—有机相进口 A_i—水相进口 E_c—萃取相出口 R_c—萃余相出口
1—混合室 2—澄清室

2.1.2 混合室的设计和放大

两液相的混合和传质主要是在混合室中进行。混合时，一相以小液滴的形式分散在另一相中，待萃取的组分离开或进入液滴。

混合室设计的基本要求是：

（1）合适的槽体结构和尺寸。其容积务必满足生产能力和工艺所需要的两

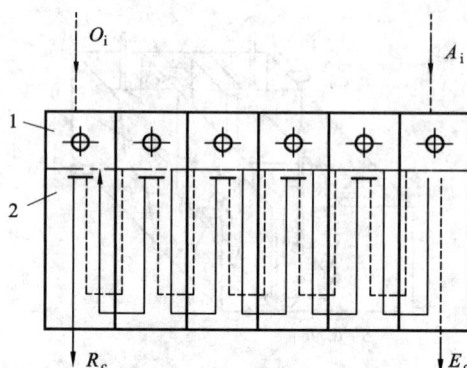

图 4 – 2 – 3 工业生产中使用的混澄器

O_i—有机相进口 A_i—水相进口 E_c—萃取相出口 R_c—萃余相出口

1—混合室 2—澄清室

液相在混合室内的停留时间。

（2）合理的搅拌强度。搅拌应使两相混合均匀，要分散良好，具有足够的相间接触面积和湍流强度，达到较高的传质速度。与此同时，应尽可能地兼顾分相要求。此外，大型混合室的搅拌器应有一定的泵吸能力，以免另设置级间输液泵。

2.1.2.1 槽体设计

混合室的有效容积是根据所要求的处理量和达到一定的级效率所需的两相接触时间来确定。计算公式如下：

$$V_M = \left[f_2 \left(Q_A + Q_O \right) t \right] / 60 \qquad (4 - 2 - 1)$$

式中：V_M——混合室的有效容积，m^3；

Q_A——水相流量，$m^3 \cdot h^{-1}$；

Q_O——有机相流量，$m^3 \cdot h^{-1}$；

t——两相在混合室内的表观停留时间，min；

f_2——流量波动系数；对于工业用的混澄器一般取 $f_2 = 1.2 \sim 2.0$，其中熟悉体系取 $f_2 = 1.2$，不熟悉体系取 $f_2 = 1.5 \sim 2.0$。

两相的流量 Q_A 和 Q_O 是根据生产规模和工艺要求而定。两相的接触时间 t 是根据小型试验和半工业试验而定。混合室的有效容积确定之后，其长度 L_M、宽度 B_M 和有效高度 H_M 的比一般取：

$L_M : B_M : H_M = 1 : 1 : 1.1$

$$V_M = 1.1 L_M^3 \qquad \text{所以} \qquad L_M = \left(\frac{V_M}{1.1} \right)^{1/3}$$

混合室几何参数如图 4 – 2 – 4 所示。考虑生产中的不稳定因素，混合室的实际高度 H_M'（应大于其有效高度。通常混合室的容积利用系数为 0.7 ~ 0.8，其实际高则应是有效高度的 1.3 ~ 1.4 倍，即：

$$H_M' = (1.3 ~ 1.4) H_M$$

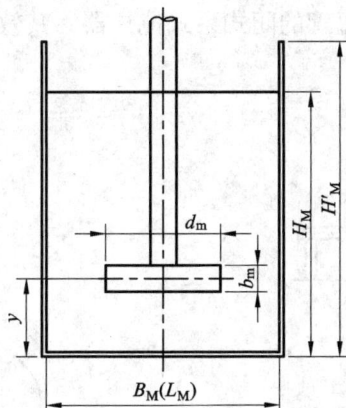

图 4 – 2 – 4 混合室几何参数

B_M—宽度（或直径）　L_M—长度　H_M—有效高度　H_M'—实际高度

d_m—搅拌器直径　P_m—搅拌器宽度　y—搅拌器到混合室底部距离

为保持各级间水力的相对独立性，通常在机械搅拌混合区的下部设置一前室，如图 4 – 2 – 5 所示。前室与混合区之间的隔板称为汇流板，汇流板中间，即与搅拌器相对应的位置，开一个略大重相口的圆孔，即汇流口。水相经重相口进入前室，再经汇流口进入混合区。如果前室高度为 H_f，则混合室的总高 H 为：

$$H = H_M' + H_f$$

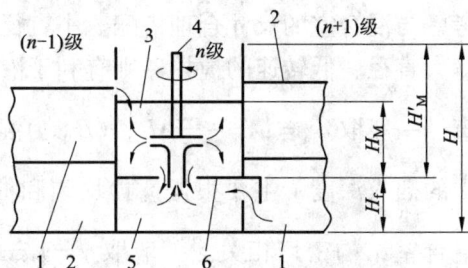

图 4 – 2 – 5 混合区的前室

1—水相　2—有机相　3—混合室　4—搅拌器（泵混合式）　5—前室　6—汇流板

2.1.2.2 搅拌器设计

机械搅拌具有适应性强，输入功率可在较大范围内变化，生产上易于控制等优点。目前，混澄器上常用的机械搅拌器主要有两大类：涡轮式和泵式。涡轮搅拌器的结构和尺寸可查阅相关资料。而泵式搅拌器是为满足大型混澄器的需要而专门研制的。泵式搅拌器有半开式和闭式两种，有的还接吸液短管，如图 4 - 2 - 6 和图 4 - 2 - 7 所示。其叶轮按大流量低压头的要求进行设计，与离心泵相似。图 4 - 2 - 7 是带吸液短管的闭式泵式搅拌器，其效果像一台低效泵，最大直径可达 3m。

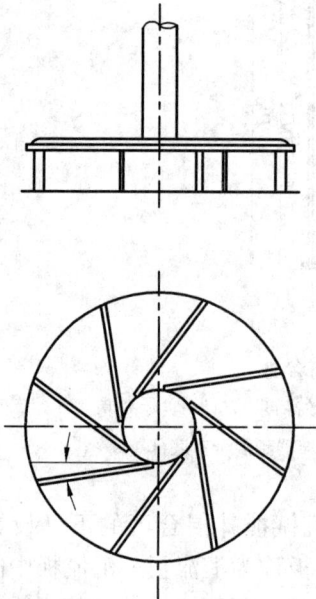

图 4 - 2 - 6   泵式搅拌器

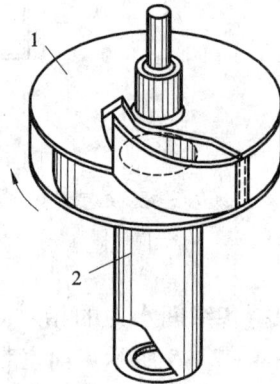

图 4 - 2 - 7   带吸液短管的闭式泵式搅拌器

1—封闭叶轮   2—吸液短管

搅拌器的设计应考虑与混合室的尺寸合理搭配。小直径、高转速的搅拌器有利于能量的有效利用；大直径、低转速的搅拌器则有利于液流循环。根据实验数据，在设计中搅拌器直径一般取 $d_m = \left(\dfrac{1}{3} \sim \dfrac{2}{5}\right)B_M$（$B_M$ 为混合室宽度或直径）。

搅拌器在混合室中的插入深度 y 主要根据搅拌均匀和抽吸液流的要求而定，并与搅拌器类型以及混合室结构密切相关。一般取 $y = \left(\dfrac{1}{3} \sim \dfrac{1}{2}\right)H_M$，见图 4 - 2 - 4。为适应不同的操作条件和工艺条件，还可考虑搅拌器的插入深度设计成可调式的。

2.1.2.3 搅拌器功率的计算

搅拌强度的设计必须满足：在混合室的中心区内对流体剪切破碎，使混合的两相有较大的接触表面积；在中心区的外围部分有较高的液滴聚合速率，使分散相在有限停留时间内经受多次的分散聚合的循环，以利传质。与此同时要防止无效搅动，避免液滴过度粉碎，以降低能耗，利于澄清。

搅拌器功率的影响因素包括：搅拌器的几何尺寸、运转参数及搅拌介质的物性参数等。混合室的搅拌可按湍流区全挡板条件考虑，其搅拌器功率计算公式如下：

$$P_m = \frac{N_P}{1000} n_m^3 d_m^5 \rho_M \qquad (4-2-2)$$

式中：P_m——搅拌器功率，kW；

　　　N_P——功率准数；

　　　n_m——搅拌器转速，$r \cdot s^{-1}$；

　　　d_m——搅拌器直径，m；

　　　ρ_M——混合相密度，$kg \cdot m^{-3}$。

计算步骤如下：

（1）计算混合相的密度和粘度，可按下面公式求得：

$$\rho_M = \phi_O \rho_O + \phi_A \rho_A = \frac{R_V \rho_O + \rho_A}{1 + R_V} \qquad (4-2-3)$$

$$\mu_M = \frac{\mu_O}{\phi_O}\left(1 + \frac{1.5\mu_A \phi_A}{\mu_A + \mu_O}\right) \qquad (4-2-4)$$

式中：ϕ_O——有机相在混合相中所占的体积分数，即 $\phi_O = \dfrac{V_O}{V_O + V_A}$；

　　　ϕ_A——水相在混合相中所占的体积分数，即 $\phi_A = \dfrac{V_A}{V_O + V_A}$

　　　ρ_O——有机相密度，$kg \cdot m^{-3}$；

　　　ρ_A——水相密度，$kg \cdot m^{-3}$；

　　　R_V——混合室两相实际接触的相比，即 $R_V = \dfrac{V_O}{V_A}$；

　　　V_O——混合相中有机相所占体积，m^3；

　　　V_A——混合相中水相所占体积，m^3；

　　　μ_M——混合相的粘度，$Pa \cdot s$；

　　　μ_O，μ_A——有机相和水相的粘度，$Pa \cdot s$。

（2）计算搅拌雷诺数 $(Re)_M$，按下式求得：

$$(Re)_M = \frac{n_m d_m^2 \rho_M}{\mu_M} \qquad (4-2-5)$$

（3）根据算出的雷诺数（Re)$_M$ 和选用的搅拌器的形式，查出与该雷诺数 Re_M 对应的功率准数 Np。

（4）按公式 4 - 2 - 2 计算搅拌器功率 P_m。

（5）选取电动机时，除考虑搅拌器功率 P_m 之外，还要计入传动机构阻力损失等。

为便于比较，搅拌器功率通常还可以单位体积混合相的输入功率来表示，即：

$$P_V = \frac{P_m}{V_M} \propto n_m^3 d_m^2$$

式中：P_V——单位体积混合相输入功率，$kW \cdot m^{-3}$。

2.1.2.4　混合室的放大

与其他设备相比，萃取设备同工艺和操作条件的关系更为密切。合理的设计程序应是在与工业生产相同或相似的工艺和操作条件下，通过设备的小型试验和半工业模拟试验，确定设备的结构和参数；然后按相似理论进行放大。一般，混合室一次可放大 200 倍。

与其他萃取设备相比，混澄器的放大是比较成熟可靠的。混合室放大所依据的基准有两个：一是单位体积混合相的输入功率 P_V 相等，即 $n_m^3 d_m^2$ 值为常数。另一个是搅拌器端部速度恒定，即 $n_m d_m$ 为常数。按照前一个基准放大，工业混澄器的搅拌器端部速度将远大于小型实验数据，并有可能由于过度搅拌引起两相夹带量增加，但其传质速率和级效率保证高于或接近于小型实验设备，可确保生产正常进行。如果按照后者放大，单位体积混合相的输入功率将会随设备规格的拉大而减小，这不仅会导致级效率和传质速率显著下降，还可能会造成返相，破坏操作的稳定性，影响正常生产。因此目前工业混澄器的混合室大多是根据单位体积混合相输入功率恒定的基准进行放大，而且该放大务必以设备尺寸几何相似和体系特性物理相似为前提。其程序如下：

（1）在小型实验槽内，通过实验确定达到规定的级效率所需的搅拌器的端部速度，输入功率 P_{m1} 和两液相在混合室内的停留时间 t_1（min）。

（2）在同一实验槽内，在两液相连续流动条件下，按选定的搅拌器端部速度，确定有利于减少相夹带的最佳混合槽宽与搅拌器直径之比。

（3）根据工业生产的处理量 Q_2 和两液相在混合室内停留时间相等的原则，即 $t_2 = t_1$，确定大型混合室的容积 V_{M_2}，即

$$V_{M_2} = \frac{Q_2 t_2}{60} = \frac{Q_2 t_1}{60}$$

式中：V_{M_2}——大型混合室的容积，m^3；

Q_2——大型混合室两液相的总流量，$m^3 \cdot h^{-1}$；

t_1、t_2——两液相在大型混合室内的停留时间，min。

（4）根据几何相似的原则，确定大型混合室的几何尺寸 B_{M_2}、H_{M_2} 和 d_{m_2}。

几何相似常数　　　　$a = \dfrac{B_{M_2}}{B_{M_1}} = \dfrac{H_{M_2}}{H_{M_1}} = \dfrac{d_{m_2}}{d_{m_1}}$

或　　　　　　　　　$a = \sqrt[3]{\dfrac{V_{M_2}}{V_{M_1}}}$

所以　　　　　　　　$B_{M_2} = aB_{M_1}$

$$H_{M_2} = aH_{M_1}$$

$$d_{m_2} = ad_{m_1}$$

式中：B_{M_1}、H_{M_1} 和 d_{m_1} 为小型实验槽的几何尺寸。

根据单位体积混合相输入功率相等的基准，确定大型混合室的搅拌转速 n_{m_2}。

在湍流区全档板条件下，功率准数 Np 值变化不大。若设 Np 等于定值，该基准可简化为：

$$n_{m_2}^3 d_{m_2}^2 = n_{m_1}^3 d_{m_1}^2$$

$$n_{m_2}^3 = \left(\frac{d_{m_1}}{d_{m_2}}\right) n_{m_1}^3 = \frac{n_{m_1}^3}{a^2}$$

所以　　　　　　　　$n_{m_1} = a^{2/3} n_{m_2}$

式中：n_{m_1}——小型实验槽的搅拌器转速。

根据现有的生产实践，大型铜厂一般取 $n_m^3 d_m^2 = 1.86 - 4.65 m^2 \cdot r^3 \cdot s^{-3}$。

2.1.3　澄清室的设计放大和提高澄清速度

澄清室的大小将直接影响设备的占地面积和溶剂留量的多少，是混澄器设计的关键。它取决于分散相的聚结速率，即比澄清速度 U_s。比澄清速度是指两相或某一相液体在单位澄清面积上通过流量，其表达式如下：

$$U_s = \frac{Q}{A_s}$$

式中：U_s——比澄清速度，$m^3 \cdot m^{-2} \cdot h^{-1}$；

Q——两相或某一相的流量，$m^3 \cdot h^{-1}$；

A_s——澄清室的澄清面积，m^2。

2.1.3.1　澄清室的设计和放大

在多级串联的混澄器中，没有必要要求两相"彻底"分离。倘若在两相的界面区保持一定厚度的分散带，将有利于提高比澄清速度。目前，普遍采用在一

定的分散带厚度 ΔH_s 条件下，按比澄清速度相等的"面积原则"进行澄清室的设计和放大。具体步骤如下：

（1）确定液泛比澄清速度 U_f。通过小型试验或半工业实验，测定分散带厚度 ΔH_s 随澄清速度 U_s 变化的曲线。从该曲线上可查出液泛比澄清速度 U_f。即分散带厚度与澄清室有效高度相等时所对应的比澄清速度。

（2）确定工作比澄清速度 U_P

$$U_P = \frac{1}{2} U_f$$

也可取分散带厚度为澄清室有效高度的 $\frac{1}{4} \sim \frac{1}{5}$ 时所对应的比澄清速度值为工作比澄清速度。

（3）计算所需的澄清面积 A_s'

$$A_s' = \frac{Q}{U_P}$$

（4）一般来说，为安全起见，按工作比澄清速度所算出的澄清面积 A_s' 还应乘以流量波动系数 f_2。对于熟悉的体系可取 $f_2 = 1.2$，不熟悉的体系则取 $f_2 = 1.5 \sim 2.0$。故澄清室的实际澄清面积为：

$$A_s = f_2 A_s'$$

式中：A_s——澄清室的实际澄清面积，m^2。

（5）计算澄清室的长度 L_s。在箱式混澄器中，每一级的混合室和澄清室均等宽；所以确定澄清面积之后，就可以计算澄清室的长度 L_s，即：

$$L_s = \frac{A_s}{B_M}$$

倘若没有条件测定液泛比澄清速度，可参照相同的体系的工业生产实践或小型实验数据，在铜萃取体系中，无任何助澄元件的澄清室中，一般比澄清速度可取 $4 \sim 6 m^3 \cdot m^{-2} \cdot h^{-1}$。澄清室的放大倍数一次可达 1000 倍。

2.1.3.2 提高澄清速率的几种方法

改善澄清特性应从两方面着手，一是减少分散带中的小液滴，二是加速液滴聚合。其具体措施如下：

（1）采用合理的搅拌强度，以取得最适宜的分散相液滴尺寸和较窄的液滴尺寸分布，利于澄清分相。

（2）改善澄清室的进出口结构，使混合相沿澄清室流动的线速度保持在规定的范围内，即小于 $10 cm \cdot s^{-1}$，可防止分散带中的小液滴进一步破碎。在澄清室的进、出口处安装全宽挡板，避免流速峰值，减少不必要的湍流和搅动。

（3）在澄清室内装设各种"预聚合"元件，加速小流滴聚合，以利于澄清分相。"预聚合"元件可以采用垂直式的百叶窗或水平式的百叶窗，以增加凝聚面积。也可以放置各种材料编织的丝网填料，以促使分散液滴凝聚。聚丙烯织网有利于有机相液滴的凝聚，不锈钢丝网有利于水相液滴凝聚。如采用两种材料交织而成的网，无论哪一相分散，都能加速液滴的凝聚。

（4）采用鲁奇多盘式澄清器，如图4-2-8。该澄清器是专为金属溶剂萃取厂的需要而研制的，它特别适用于物料通量高，比澄清速度低而且要求萃余液中溶剂夹带少的体系。它由进料室、分离室、集液室等部分组成。进料室设有混合相的初始布液系统。分离室是由一级垂直重叠的分离浅盘组成，浅盘沿整个澄清室的主要面积延伸。来自混合室的混合相经布液装置进入浅盘的空隙中，使其散布到每一浅盘的整个表面。然后，轻相流经每盘末端的狭长切口，再通过一个溢流堰以液滴的形式上升到澄清器的交界面处，与已分离的轻相聚集在一起。而重相由浅盘的两边流进分离器的周边重相中。分离后的两相经集液室和溢流堰后排出。

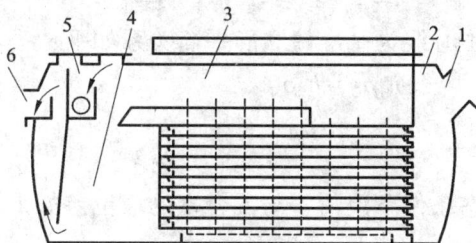

图4-2-8　鲁奇多盘式澄清器
1—混合相入口　2—进液室　3—分离室　4—集液室　5—轻相出口　6—重相出口

该澄清器的最大优点是占地面积小，溶剂滞留量减少，大大减少了基建投资和生产费用。

（5）提高操作温度改善体系的物性，有利于提高比澄清速度。

（6）选择粘度高的一相为分散相有利澄清。

2.1.4　各相口的设计

混澄器的相口包括混合相口、重相口、轻相溢流口及回流口。各相口应有足够的截面积，保证液流畅通，以减少阻力。为适应生产变化的需要，也可在相口处或级间管路上设置阀门。各相口的位置和结构要合理，防止液流短路和返混。

2.1.4.1　混合相口的设计

为保证相邻级的澄清室的轻相能顺利流入混合室，而混合室的混合相可以顺利进入同级的澄清室，混合相口的位置应使相邻级澄清室的液位高于混合室的液位，而同级澄清室的界面低于混合相口。一般混合相口开在混合室与同级澄清室间的隔板上，如图 4 - 2 - 9 所示，其位置在混合室有效高度的上处 $\frac{1}{2} \sim \frac{1}{3}$，即

$$h_2 = \left(\frac{1}{2} \sim \frac{1}{3}\right) H_M。$$

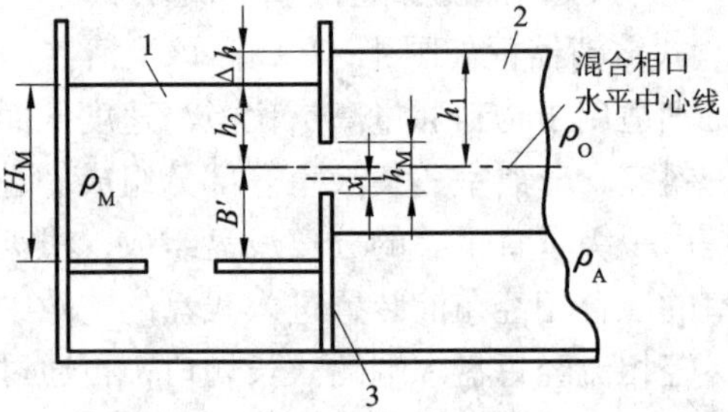

图 4 - 2 - 9　混合相口开在混合室与同级澄清室间的隔板上
1—混合室　2—澄清室　3—隔板

以混合相口水平中心线为基准建立静平衡关系如下：

$$h_1 \rho_0 = h_2 \rho_M$$

$$h_1 = h_2 \frac{\rho_M}{\rho_0}$$

静态落差，即静态条件下澄清室与混合室的液位差如下：

$$\Delta h = h_1 - h_2$$

$$\Delta h = h_2 \left(\frac{\rho_M}{\rho_0} - 1\right) \qquad\qquad (4 - 2 - 6)$$

将式 4 - 2 - 3 代入式 4 - 2 - 6 得：

$$\Delta h = \frac{\rho_A - \rho_0}{\rho_0 \ (1 + R_V)} h_2 \qquad\qquad (4 - 2 - 7)$$

设 $\gamma = \dfrac{\rho_A}{\rho_0}$，将其代入式 4 - 2 - 7 则得：

$$\Delta h = \frac{\gamma - 1}{1 + R_V} h_2 \qquad\qquad (4 - 2 - 8)$$

式中：h_1——混合相口中心线至同级澄清室液面的距离，m；

　　　h_2——混合相口中心线至混合室液面的距离，m；

　　　γ——水相与有机相的密度比。

对于大型槽体，静态落差 Δh 一般可取 20 ~ 50mm。

混合相口的面积可根据锐孔流体力学公式计算，即：

$$Q' = f_M F_M \ (2g \Delta H_M)^{0.5} \qquad\qquad (4 - 2 - 9)$$

$$F_M = \frac{Q'}{f_M (2g\Delta H_M)^{0.5}} \qquad (4-2-10)$$

式中：Q'——计入流量波动系数 f_2 之后的两相总流量，$m^3 \cdot s^{-1}$；

$\quad g$——重力加速度，$9.81 m \cdot s^{-2}$；

$\quad f_M$——混合相口的流量系数，一般取 0.60；

$\quad \Delta H_M$——混合相口的压头，m；大型生产槽一般取 0.005m；

$\quad F_M$——混合相口的面积，m^2。

此外，还可按混合相口的液流速度 V_M 设计相口面积，即：

$$F_M = \frac{Q'}{V_M}$$

式中：V_M——混合相口的液流速度，$m \cdot s^{-1}$，一般小型槽取 $0.035 \sim 0.05 m \cdot s^{-1}$，大型生产槽取 $0.10 \sim 0.2 m \cdot s^{-1}$。

在工业生产中，通常轻相不经混合相口回流的，在设计相口高度 h_M 时，务必满足这一要求，即：

$$\Delta H_M \rho_M + \Delta P_0 = 0 \qquad (4-2-11)$$

式中 ΔP_0 为混合相口两侧的静压差，负值指向混合室，正值指向澄清室。当 $x = h_M$ 时（见图 4-2-9），ΔP_0 具有最大值，即：

$$\Delta P_0 = \frac{h_M (\rho_A - \rho_0)}{2 (R_V + 1)} \qquad (4-2-12)$$

将式 4-2-12 和 4-2-3 代入式 4-2-11 得：

$$\Delta H_M \frac{R_V \rho_0 + \rho_A}{R+1} - \frac{h_M (\rho_A - \rho_0)}{2 (R_V + 1)} = 0$$

则

$$h_M = \frac{2 (R_V \rho_0 + \rho_A)}{\rho_A - \rho_0} \Delta H_M = \frac{2 (R_V + \gamma)}{\gamma - 1} \Delta H_M \qquad (4-2-13)$$

式中 h_M 是当混合相口输送一定量混合液所需的压头为 ΔH_M，且轻相不在此回流时，所对应的混合相口的最大高度值（m）。γ 为密度比（$\gamma = \frac{\rho_A}{\rho_0}$）。

混合相口的水平宽度：$b_M = \frac{F_M}{h_M}$。

混合相口的类型有孔洞式、钟罩式和溢流式，如图 4-2-10、图 4-2-11 和图 4-2-12 所示。图 4-2-10 为孔式混合相口，其结构简单，但搅拌对澄清的影响较大，而且容易短路和回流。图 4-2-11 为钟罩式混合相口，在混合相口的澄清侧设置一个略宽于混合相口的钟罩，钟罩的高度应使混合相进入澄清室的分散带，图 4－2－12 为溢流式混合相口，混合相口开在混合室顶部的挡板上，一般为圆孔，与搅拌轴同心，其面积略大于计算的混合相口截面积和搅拌轴截面积之和，溢流的混合相经折流板进入澄清室的分散带，折流板与澄清室等宽。

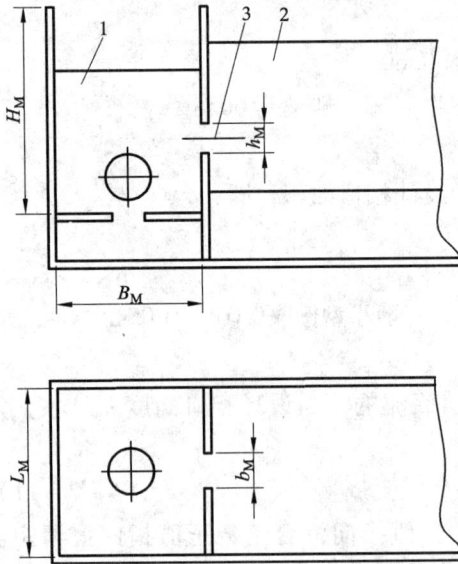

图 4－2－10　孔洞式混合相口

1—混合室　2—澄清室　3—孔洞

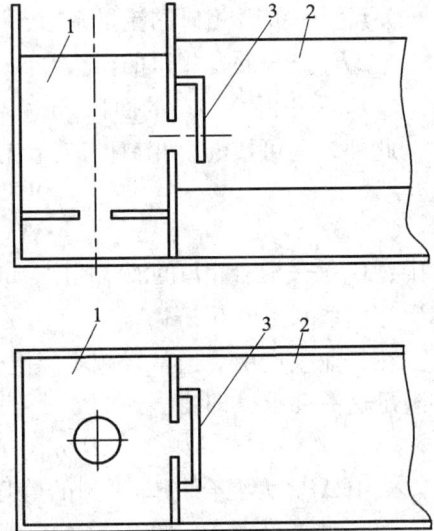

图 4－2－11　钟罩式混合相口

1—混合室　2—澄清室　3—钟罩

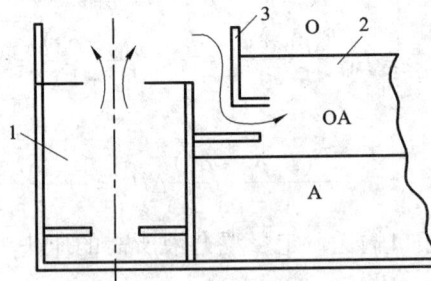

图 4－2－12　溢流式混合相口

1—混合室　2—澄清室　3—折流板

O—有机相　OA—分散带　A—水相

2.1.4.2　轻相溢流口的设计

轻相溢流口的位置必须使澄清室有机相液面的高度与混合室液面有一定的落差，以保证有机相能顺利地流入下一级的混合室。如图 4－2－13 所示，在静态条件下，澄清室液深和轻相堰（下沿）的高度可按下式计算：

$$H_{WS} = H_M + H_f + \Delta h \qquad (4-2-14)$$

$$H_S = H_{WS} - \Delta H_{WS} = H_M + H_f + \Delta h - \Delta H_{WS}$$

式中：H_S——轻相溢流口下沿的高度，m；

　　　H_{WS}——澄清室液深，m；

　　　ΔH_{WS}——轻相溢流口堰顶压头，m，大型槽一般取 $0.01 \sim 0.015$m。

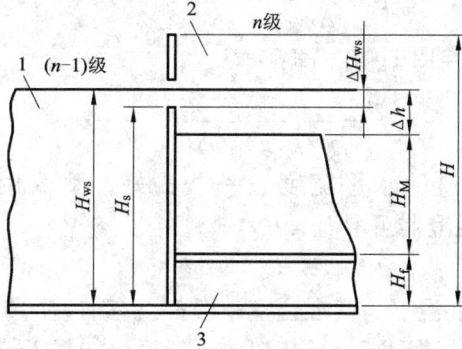

图 4 - 2 - 13　轻相溢流口的位置

1—澄清室　2—混合室　3—前室

轻相溢流口堰顶压头 ΔH_{WS}，还可按矩形堰流量公式计算：

$$Q_O' = f_0 b_0 \ (2g)^{1/2} \Delta H_{WS}^{3/2} \qquad (4-2-15)$$

$$\Delta H_{WS} = \left(\frac{1}{2g}\right)^{1/3} \left(\frac{Q_O'}{f_0 d_0}\right)^{2/3} \qquad (4-2-16)$$

式中：Q_O'——考虑流量波动系数 f_2 之后的有机相流量，$m^3 \cdot s^{-1}$；

　　　f_0——轻相溢流口流量系数，一般取 0.4；

　　　b_0——轻相溢流口的水平宽度，m；

　　　g——重力加速度，$9.81 m \cdot s^{-2}$。

将式 4 - 2 - 8、式 4 - 2 - 16 代入式 4 - 2 - 14 得：

$$H_S = H_f + H_M + \frac{\gamma - 1}{1 + R_V} h_2 - \left(\frac{1}{2g}\right)^{1/3} \left(\frac{Q_O'}{f_0 b_0}\right)^{2/3} \qquad (4-2-17)$$

轻相溢流口的位置可按式 4 - 2 - 17 计算，也可按推荐的 Δh 和 H_{WS} 值估算。从式 4 - 2 - 17 中可看出，在设备结构参数固定的情况下，轻相溢流口的位置主要取决于两相的密度比 γ 和相比 R_V 的变化。计算时可取正常操作的相比值和各级中最大的 γ 值。

轻相溢流口的面积，按经验数据计算：

$$F_O = \frac{Q_O'}{v_O}$$

式中：F_0——轻相溢流口面积，m^2；

v_0——溢流口的流速，$m \cdot s^{-1}$；一般取 $v_0 = 0.1 \sim 0.2\ m \cdot s^{-1}$。

溢流口水平宽度的计算并不严格，可根据经验数据所求出的面积 F_0 和推荐的 ΔH_{WS} 值确定，即：

$$b_0 = \frac{F_0}{\Delta H_{WS}}$$

也可根据式 4 - 2 - 18 计算，即：

$$b_0 = \frac{Q_0'}{f_0\ (2g)^{1/2}\Delta H_{WS}^{3/2}} \qquad (4-2-18)$$

总的来说，溢流口的水平宽度大一些为好，萃取用的混澄器可取 $b_0 = 0.8B_M$，反萃取用的混澄器可取 $b_0 = B_M$。

2.1.4.3 重相口的设计

冶炼厂用的箱式混澄器，其混合室一般都设有前室，重相口都是浸没式。在不影响清理槽底积污的原则下，重相口的位置尽可能靠近槽底。在其澄清侧设有堰板，以便消除搅拌对澄清液体的影响，并防止混合相返混。浸没式重相口的面积按锐孔流量公式计算：

$$F_A = \frac{Q_A'}{f_a\ (2g\Delta H_A)^{0.5}} \qquad (4-2-19)$$

式中：Q_A'——考虑流量波动系数 f_2 之后的水相流量值，$m^3 \cdot s^{-1}$；

f_a——重相口流量系数，一般为 0.6；

ΔH_A——重相口压降，m；小型实验槽取 0.002m，大型槽取 0.005m；

g——重力加速度，9.81，$m \cdot s^{-2}$。

此外，重相口面积也可按生产经验数据计算：

$$F_A = \frac{Q_A'}{V_A} \qquad (4-2-20)$$

式中：V_A——重相口的重相流速 $m \cdot s^{-1}$；小型实验槽一般取 $0.035 \sim 0.05 m \cdot s^{-1}$；

大型生产槽取 $0.10 \sim 0.20 m \cdot s^{-1}$。

如果混合室内设有前室，而且相邻级的轻相和重相均经前室入混合室，此时汇流口的面积应略大于轻相口和重相口面积之和。倘若，只有重相经前室入混合室，汇流口的面积略大于重相口的面积即可。

2.1.4.4 回流口的设计

根据工艺需要，为了保证操作稳定，在洗涤段和反萃段经常需要将两相中的一相进行回流（即内循环）。回流口的结构如图 4 - 2 - 14 至图 4 - 2 - 17 所示。图 4 - 2 - 14 是用级内斜管道将有机相引回本级混合室，溢流堰上可设置闸板调节回流量。图 4-2-15 是有机相回流的另一种结构，即在澄清室出口端设置挡板 1，与底板相平行的隔板 2 和挡板 1 构成有机相内循环通道，直接与本级混合室的前室相通。

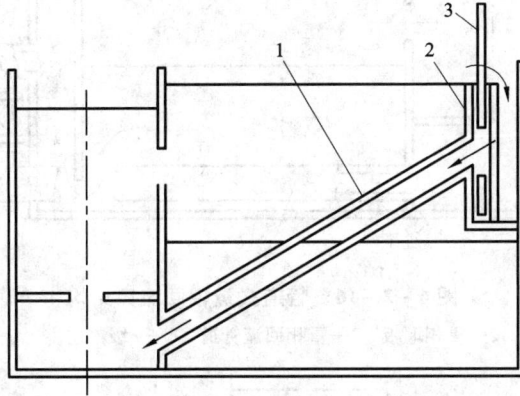

图 4-2-14　用级内斜管道将有机相引回本级混合室
1—轻相斜回流管　2—轻相溢流堰　3—调节闸板

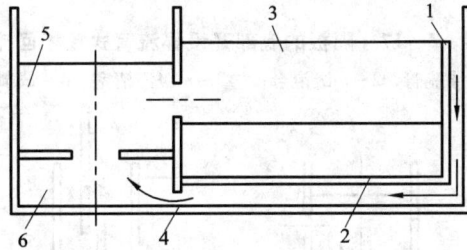

图 4-2-15　隔板 2 和挡板 1 构成有机相内循环通道
1—挡板　2—隔板　3—n 级澄清室　4—轻相回流口　5—n 级混合室　6—前室

图 4-2-16 是管道式重相回流口结构。用级内管路将澄清后的水相返回本级混合室，用管道阀门调节回流量。图 4-2-17 是在同级混合室和澄清室隔板的底部开设导流管式重相回流口，这种结构只适用于间断操作的水相回流。图 4-2-18 是用堰高调节回流量的水相回流结构。

上述几种回流口的结构，其面积均可参照式 4-2-19 计算，只是回流量 Q_b 要根据工艺给定的回流比 R_b 计算。

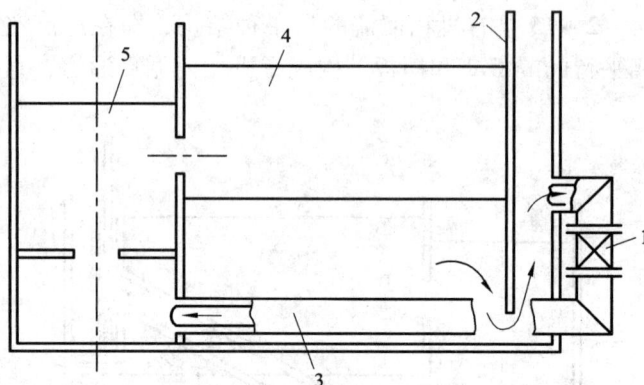

图 4 – 2 – 16　管道式重相回流口结构

1—调节阀门　2—重相堰板　3—重相回流管道　4—n 级澄清室　5—n 级混合室

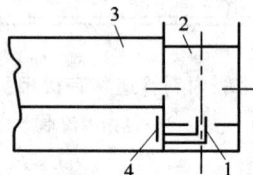

图 4 – 2 – 17　隔板的底部开设导流管式重相回流口

1—导流管　2—n 级混合室　3—n 级澄清室　4—调节板

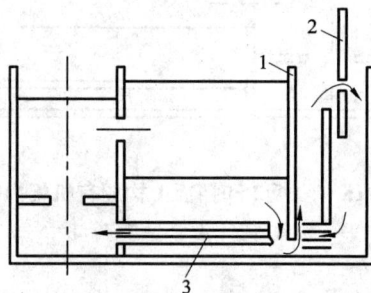

图 4 – 2 – 18　用堰高调节回流量的水相回流结构

1—重相堰　2—堰高调节板　3—内循环管道

2.2　其他结构的混澄器

20 世纪 60 年代末期 LIX 萃取剂成功地用于铜的分离和提取，大型铜溶剂萃取工厂相继建立，大大推动了混澄器的研究及改进。目前工业上采用的混澄器约有 20 ~ 30 种，在此，仅介绍湿法冶金领域中研制和选用的几种混澄器。

2.2.1　戴维（Davy）式混澄器

戴维（Davy）式混澄器是英国戴维公司于 20 世纪 60 年代末开始研制，70 年代初用于冶金工厂的。目前，世界上几个最大的铜厂，如赞比亚钦拉尾矿浸出厂、智利的丘基卡马塔铜厂、美国的阿纳马克斯铜厂和巴布亚新几内亚的布干维尔铜厂等都是选用这种混澄器。上述各厂的生产规模比现投产的其他溶剂萃取工厂的规模都要大一个数量级。而且由于料液的浓度低，萃取速度慢，每级的接触时间需 2~3min，因此设备的规格很大。混合室容积可达 50~130m³，澄清室的面积大于 300m²。

该设备的结构如图 4-2-19 所示。混合室为立方体，澄清室为矩形箱体。混合室的顶部装有挡板，混合相从顶部挡板的圆孔中流出，经折流板进入澄清室

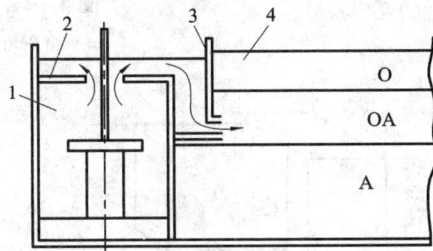

图 4-2-19　戴维（Davy）式混澄器
1—混合室　2—挡板　3—折流板　4—澄清室　O—有机相　OA—分散带　A—水相

的分散带。混合室的几何尺寸如图 4-2-20 所示。搅拌器结构如图 4-2-21 所示。它是由 8 个后弯叶组成的闭式叶轮，后弯叶片的端部剪切作用较小，所产生的夹带通常都小于 50ppm。在闭式叶轮的顶部和底部可根据需要增设副叶片，扩大搅拌范围，可在不增加叶轮端部速度的条件下，增加功率输入。叶轮端部速度限制在 6m·s⁻¹ 以下。吸液短管从叶轮的下部直插入前室汇流板的汇流孔中。两相液流经吸液管进入叶轮，通过调节叶轮和吸液管之间的间隙控制吸力和分散液的再循环。澄清室的分散带厚度通常选择 10cm，分离有机相的速度为 10 m·s⁻¹。为减少有机相的滞留量，工业混澄器的澄清室的高度可以大大低于混合室的高度。图 4-2-22 是三种规格混澄器简图，显示了从小型实验→半工业试验→工业生产过程中，澄清室的放大准则是比澄清速度相等，其深度不必成比例地放大。大型澄清室的宽度将是混合室的 2~3 倍，为保持液流均匀分布，在其入口处，沿整个宽度设两排由垂直圆棒组成的栅栏，其棒间空隙约为棒径的三分之一，两排的空隙交错排列，在其出口处，有机相越过溢流堰，进入全宽的集

液箱；溢流堰的高度可根据需要调节。通常，比澄清速度为 $3 \sim 5 \mathrm{m}^3 \cdot \mathrm{m}^{-2} \cdot \mathrm{h}^{-1}$；如采用助澄器，比澄清速度可增至 $15 \sim 20 \ \mathrm{m}^3 \cdot \mathrm{m}^{-2} \cdot \mathrm{h}^{-1}$。

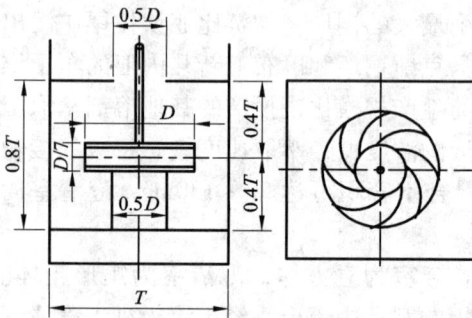

图 4 - 2 - 20　混合室的几何尺寸

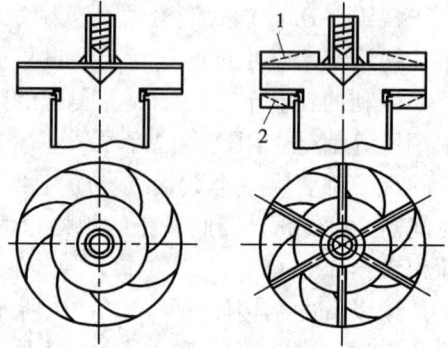

图 4 - 2 - 21　搅拌器结构
1—顶部副叶片　2—底部副叶片

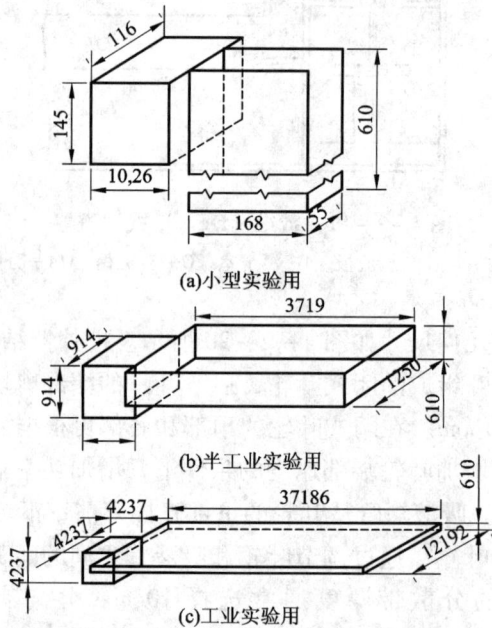

(a)小型实验用

(b)半工业实验用

(c)工业实验用

图 4 - 2 - 22　三种规格混澄器简图

　　大型戴维式混澄器推荐采用混凝土衬不锈钢，不锈钢薄板与混凝土上的预理钢带焊接，澄清室用混凝土柱支掌。中型的截维式混澄器可采用碳钢构架支承不锈钢制成，小型设备可采用硬聚氯乙烯制造。

2.2.2　霍姆斯 - 纳维尔（Holmes-Narver）混澄器

霍姆斯-纳维尔混澄器其混合室是矮型，由三个或更多的隔室串联而成，如图4-2-23所示。由六个直叶片和顶部挡板组成的半开式叶轮位于第一隔室的底部，两相由此进入混合室。在其他隔室可装设一个或几个附加混合叶轮。一个隔室设搅拌装置，其级效率可达60%；两个隔室设搅拌装置，级效率可达75%；预计再附加搅拌器还可改善传质。

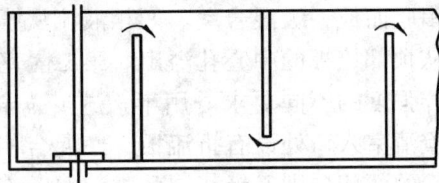

图4-2-23　霍姆斯-纳维尔混澄器

该设备的优点：

（1）与单室设计相比，其混合室更接近柱塞流，停留时间、搅拌强度和传质速度都有所提高。而增设附加叶轮可使聚合的液滴再分散。

（2）只需较低的输送压头。

（3）整个设备高度降低，减少了支撑结构的成本。

美国的巴格达得铜公司和约翰逊铜公司已采用这种结构的单室混合室。美国的迈阿密市政公用公司采用了较新设计的矮型多隔室串联的混合室。

2.2.3　NCCM（恩昌加联合铜业公司）混澄器

NCCM混澄器是一种多混合室的混澄器。该多混合室是钦戈拉尼矿厂扩建设计时，对原戴维式混澄器的改进设计，并已成功地用于其中一个系列的第一级萃取。处理量为1400m³·h⁻¹，相比为1∶1。当停留时间为3min，单位体积输入功率为1.36kW·m⁻³时，该级平均级效率为95%，比原设备有所提高。当相比为0.7时，可维持有机相连续，夹带量与原混澄器相近。

NCCM混澄器的混合室结构示意图如图4-2-24所示。它是由三个隔室组成，每一个隔室都装有一个六叶片的直叶涡轮，涡轮位于隔室的中部。隔室顶部的挡板取消，在相对的两侧面上装有两块垂直挡板。水相是靠重力逐级从侧壁入口

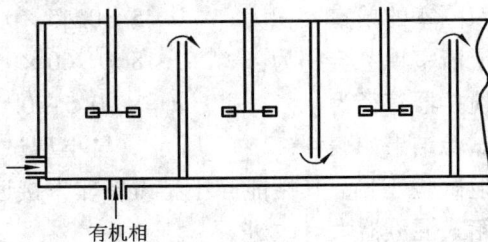

有机相

图4-2-24　NCCM混澄器的混合室结构示意图

进入下一级混合室，而轻相从底部中心孔泵入混合室。这种结构可使分散相在整个混合室内高速循环，并能消除戴维式混澄器中常出现的反相现象，提高了有机

相连续的稳定性。

2.2.4 DMS 混澄器

　　DMS 混澄器的结构示意图如图 4-2-25 所示。其特点是：由两个等容积的隔室串联而成一级混合室。两相液流从第一隔室底部的中心汲管进入混合室，混合相从顶部挡板的中心孔溢出。第二隔室使用较小的搅拌器，以满足传质与分相对搅拌强度的不同要求。用半敞式叶涡轮作搅拌器，既利用于传质，又兼顾泵吸，澄清室入口处设有折流板，使混合相沿整个澄清室的宽度均匀流入分散带。分离后的两相分别经轻相堰和重相堰后流入邻级。

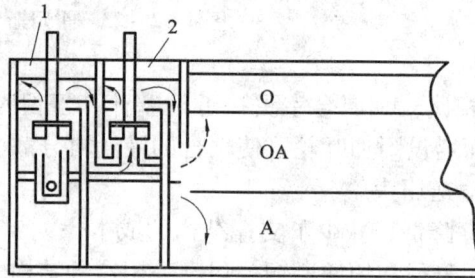

图 4-2-25　DMS 混澄器的结构示意图
1—第一隔室　2—第二隔室　O—有机相　OA—分散带　A—水相

　　该设备是由中国科学院化工冶金研究所研制的。在小型试验成功的基础上，于 1980 年底与承德化工厂合作进行了钒铬萃取的单级半工业试验。后又于 1981 年与金川有色金属公司合作，在镍钴分离系统进行多级半工业联动试验；并于 1983 年 8 月正式将此项科研成果转让给成都电冶厂，用于该厂的技术改造。

　　单级半工业试验是伯胺萃钒和钒铬分离两个体系中进行，其设备规格如下：

　　双隔室的单室容积为　　　　$0.45 \times 0.45 \times 0.65 \mathrm{m}^3$

　　澄清室单室容积为　　　　　$1.18 \times 0.60 \times 0.9 \mathrm{m}^3$

　　搅拌器直径为　　　　　　　$d_\mathrm{i} = (0.5 \sim 0.6) B_\mathrm{M}$

　　试验结果如表 4-2-1 所示。与小型试验相比，单级工业设备放大了 560 倍；但试验证明，其性能与小型设备非常接近，完全满足了工艺要求，比传统的简单箱式混澄器大有改进。

　　1983 年底，成都电冶厂在 N235 分离镍钴的萃取、洗涤和反萃三个工序中，进行了该设备的单级半工业试验。所用的设备规格为：混合室 $0.26 \times 0.26 \times 0.26 \mathrm{m}^3 \times 2$（双隔室），有效容积 36L；澄清室是由宽度不一的两段组成，第一段澄清室 $0.46 \times 0.26 \times 0.43 \mathrm{m}^3$，第二段澄清室 $0.91 \times 0.48 \times 0.43 \mathrm{m}^3$，两个隔室匀

采用 $\phi120mm$ 半敞式直叶涡轮搅拌器，但转速不同。第一隔室搅拌转速为 420 ~ 470r · min^{-1}，第二隔室为 370 ~ 400r · min^{-1}。结果表明，在高粘度、高杂质等不利条件下，平均效率仍可达 98% 以上，水相中有机夹带等于或小于 10ppm，生产能力比原有的简单箱式混澄器提高一倍以上。以萃取工序为例，两种混澄器的主要性能如表 4 - 2 - 2 所示。

表 4 - 2 - 1　双隔室混澄器单级半工业试验

体系序号	料液 /(g·L^{-1}) V	Cr	停留时间 /min	转速 /(r·min^{-1})	萃余液/ V	ppm Cr	相比 O/A	萃取率 /%	分散带厚度 ΔH_S/mm	有机夹带 /ppm	比澄清速度 /(m^3·m^{-2}·h^{-1})
伯01	18.5	0.48	7	250	17.4	1.8	1.6	99.91	70	~0	2.56
胺08	9.85	0.30	5	250	3.4	6.6	0.85	99.97	45	~0	3.70
萃09	7.95	0.27	5	250	12.6	7.8	0.85	99.84	60	~0	3.70
钒					g·L^{-1}			V	Cr		
钒01	8.14	9.49	7.5	310	0.197	8.86	1.0	97.58	6.64	45	2.40
铬04	8.02	11.16	7.5	250	0.160	10.4	1.0	98.01	6.63		2.40
分07	7.96	8.63	7.5	250	0.076	7.48	1.0	99.05	13.30	240	2.40
离08	7.96	8.63	7.5	250	0.053	7.38	1.0	99.93	14.48	240	~0	2.40

表 4 - 2 - 2　两种混澄器的主要性能

箱型	处理量 /(m^{3}h^{-1})	$n_m^3 d_m^2$ /(m^2·r^3·s^{-3})	级效率 /%	有机夹带 /ppm	备注
简单箱式	0.8 ~ 1.05	5.9 ~ 11.72	53	94 ~ 146	级效率是三
双隔式	1.2 ~ 2.04	≤5(3.58)	≥98	~0	个工序平均值

新混澄器的生产能力现受进料和出料处理工序的限制，改建之后还会有大幅度提高。预计总级数（包括后澄清室）可减少 65%，搅拌器转速可降低 30% ~ 50%。

2.2.5　通用选矿公司（General Mills）混澄器

该混澄器是为大型湿法冶金厂设计的，最先用于铜萃取，其结构示意图如图 4 - 2 - 26 所示。其混合室为圆形，带直挡板，没有前室。叶轮为闭式，放在混合室的底部。两液相从混合室底下的进液管直接通向叶轮中心的正下方。澄清器为浅槽型，进口处有栅栏，出口处有折流板。目前，澄清器的最大尺寸已达 14 ×33m^2。

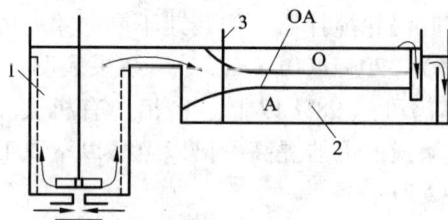

图 4 - 2 - 26　通用选矿公司（General Mills）混澄器

1—混合室　2—澄清室　3—栅栏　O—有机相　OA—分散带　A—水相

2.2.6　浅池式混澄器

　　该混澄器是北京矿冶研究院为海南石碌铜矿实验研制的。1983 年 8 月完成了规模为 $100t \cdot a^{-1}$ 铜的工业试验，目前，该设备已投入生产。

　　该设备结构如图 4 - 2 - 27 所示。其特点是澄清器为浅池堰，保证两相平缓流出。搅拌器如图 4 - 2 - 28 所示，采用主、副叶片结构。

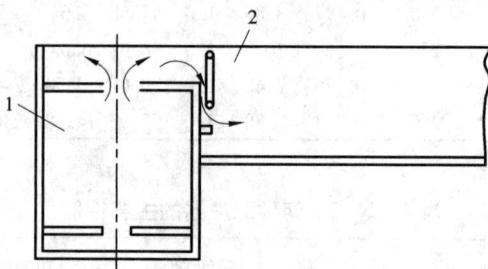

图 4 - 2 - 27　浅池式混澄器

1—混合室　2—浅池澄清室

　　在闭式六叶涡轮的上盖板上焊有三片副叶片，前者吸入两相并使其产生剪切分散，后者使混合室内液流增加一股纵向液流。这种径向分散，轴向混合的流型使混合室上部聚结的大液滴可以重返剪切区实行再分散；主副叶片的端部速度的差异造成混合室内各部分混合均匀，而又不致产生液滴的过分粉碎。分散液滴直径均在 1mm 左右，可在较低输入功率下取得较好的混合效果，有利于提高级效率，降低有机夹带，增加比澄清速度。实验用的混澄器有效尺寸如下：混合室为 $0.90 \times 0.90 \times 0.90m^3$；

　　澄清室为 $1.80 \times 0.90 \times 0.45m^3$；主叶轮直径为 $\varnothing 0.30m$；副叶轮直径为 $\varnothing 0.15m$；转速为 $30r \cdot min^{-1}$；比澄清速度为 $5.8m^3 \cdot m^{-2} \cdot h^{-1}$。

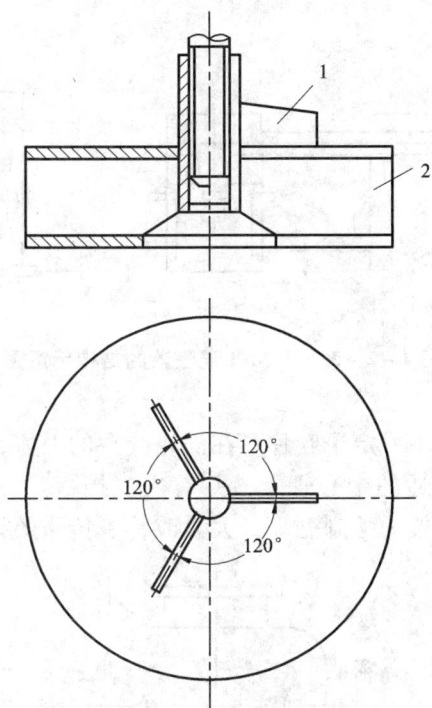

图 4 – 2 – 28　浅池式混澄器搅拌器

1—主叶片　2—副叶片

2.2.7　I. M. I. （以色列矿业学院）混澄器

　　I. M. I. 混澄器是以色列矿业学院研制的。目前，已有十五个工厂安装了 I. M. I. 混澄器，其处理量为 $25 \sim 500 \ m^3 \cdot h^{-1}$。I. M. I. 混澄器的结构示意图如图 4 – 2 – 29 所示。

　　I. M. I 混澄器的混合室有两种结构，一种是轴流泵混装置，另一种是涡轮泵混装置。轴流泵混装置的结构如图 4 – 2 – 30 所示。带挡板的圆形槽体分成上、下两个区域，下部是混合区，上部是输液区。同一转轴上装有搅拌用的螺旋桨和输液用的轴向叶轮，但其原理和结构设计是各自独立的，可使传质、分相和输液均达到最佳效果。导向叶片和轴向叶轮均封在汲液管内，其作用相当于一台轴流泵。整个汲液管和混合装置可以从溢流堰的中心孔处抽出，便于安装和检修。此装置操作弹性大，适应性强，当流量变化达 25% ~ 30% 时，混合区的液位变化很小。涡轮式泵混装置如图 4 – 2 – 31 所示。它是一个直径为槽径 70% ~ 90% 的大型闭式涡轮，转速很慢，当 $d_m = 1.5 m$ 时，$n_m = 40 \sim 50 r \cdot min^{-1}$。涡轮封在装

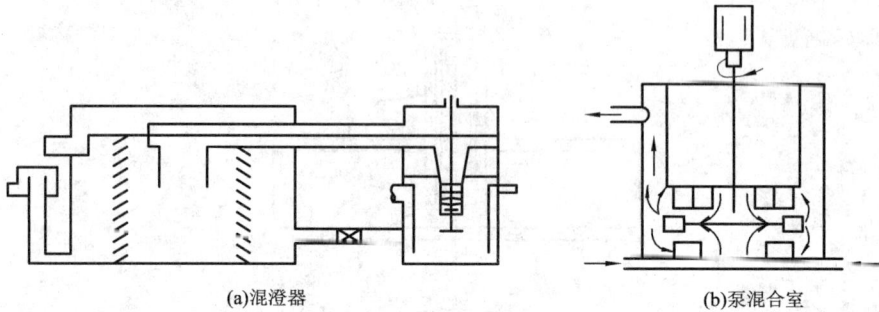

(a)混澄器   (b)泵混合室

图 4 – 2 – 29   I. M. I 混澄器的结构示意图

有定子叶片的混合隔室中，定子叶片可在涡轮叶片的上方，也可在其下方，两相入口设在与混合隔室相通的中心管上，并有入口挡板。分散相可多次穿过剪切区，反复经历分散、凝聚的强制循环，大大改善了传质效果。

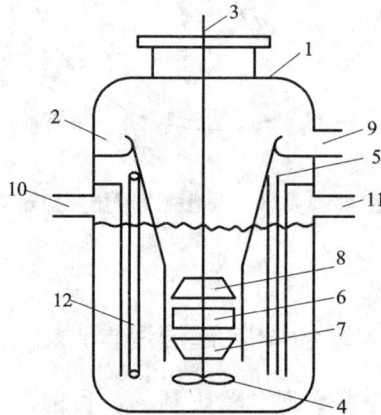

图 4 – 2 – 30   轴流泵混装置

1—槽体 2—溢流堰 3—转轴 4—螺旋桨 5—吸液管 6—轴向叶轮 7—进口导向叶片
8—出口导向叶片 9—分散相排出管 10—轻相进料 11—重相进料 12—视镜

　　I. M. I. 混澄器对澄清室的结构也作了很大的改进。I. M. I. 混澄器主要有两种形式，一种是简单的深层澄清器，混合相引入澄清室中部，入口装有一个圆筒形的带孔扩散管，扩散管口设有消除漩涡挡板，扩散管迫使液体呈 5 ~ 10mm 的液滴流出，从而促进分散相的聚结。另一种是密集型澄清器，它是澄清室内设有许多个垂直排列的浅型澄清单元，如图 4 – 2 – 32 所示。这些浅型澄清单元是按一定斜度和板距固定在隔板上（隔板固定在垂直框架上），它们将澄清室分散成若干薄层，从而提高分散相的聚结速率，这种澄清室的澄清速率比相同深度的深

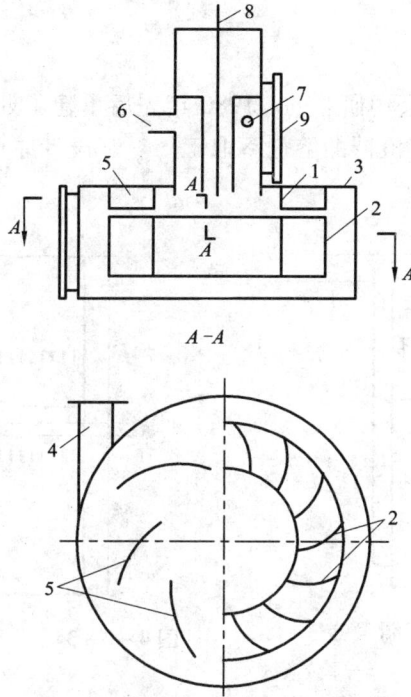

图 4-2-31 涡轮式泵混装置

1—涡轮 2—涡轮叶片 3—混合隔室 4—分散相矩形出口 5—定子叶片
6—轻相入口 7—重相入口 8—转轴 9—视镜

层重力澄清室大 3~8 倍。它具有结构简单、无需密封、可以使用普通材料、适应性好等特点，而且可以装在各种形状的澄清室内，容易维修、清洗。典型的隔板尺寸是：板距为 20%~30mm；倾斜度为 10%~15%；隔板组面积为澄清面积的 10%~20%；每架隔板数为 25-40 块。

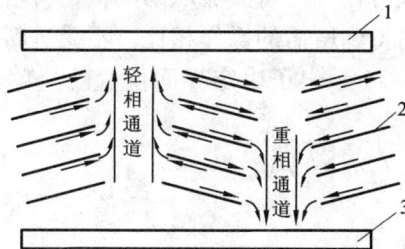

图 4-2-32 密集型澄清器

1—轻相收集器 2—隔板 3—重相收集器

2.2.8　CMS 混澄器

CMS 混澄器是戴维公司研制的。1980 年先后承建了处理量为 250 $m^3 \cdot h^{-1}$ 和 700 $m^3 \cdot h^{-1}$ 新型 CMS 混澄器的溶剂萃取工厂。其设计原理图如图 4 - 2 - 33 和 4 - 2 - 34 所示。

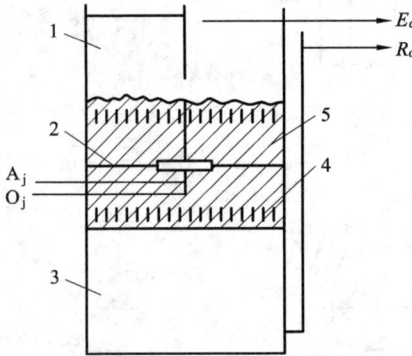

图 4 - 2 - 33　CMS 混澄器
1—上分离区　2—内澄清界面　3—下分离区
4—涡流缓冲挡板　5—混合区
A_j—水相进口　O_j—有机相进口
R_c—萃余液出口　E_c—负载有机相出口

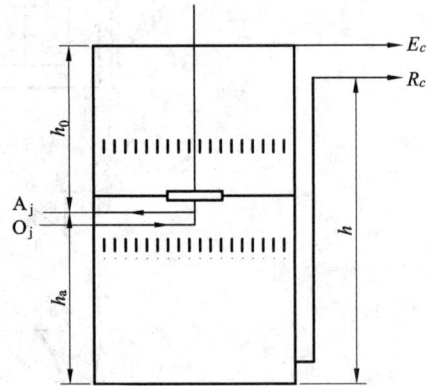

图 4 - 2 - 34　界面位置的简单水力学平衡

该混澄器只有一个纵向分隔室的槽体，在此槽体中，三个区共存。混合区的上方和下方都是分离区，上分离区澄清有机相，下分离区澄清水相。混合区与上、下分离区的界面上都设有涡流缓冲挡板，以抑制湍流并促进澄清分相。混合区采用戴维式叶轮，叶轮下部有中心汲液管，相邻两级的两相液均经汲液管进入混合区。通过调节水相或有机相出口溢流堰的高低，就可以确定设备内两相静态分界的位置，在混合区内得到所需的操作相比，不受进料相比的限制，也无需少量相的再循环。图 4 - 2 - 34 示出了决定界面位置的简单水力学平衡状况。其平衡关系为：

$$h_A\rho_A = h_o\rho_O + h_a\rho_A$$

式中：ρ_A——水相密度；

　　　ρ_O——有机相密度。

该混澄器的优点如下：

（1）如果搅拌强度和溢流堰设计合理，一台 $1.8 \times 1.8 \times 4.5 m^3$ 的混澄器的处理量可高达 150 $m^3 \cdot h^{-1}$，（最低为 70 $m^3 \cdot h^{-1}$），单级传质效率可达 90%。

（2）设备通用量可达 $40 \sim 50 \ m^3 \cdot m^{-2} \cdot h^{-1}$，为普通混澄器的十倍。

（3）操作适应性强。料液中悬浮固体含量高达 $100 \sim 300ppm$ 时，CMS 混澄器中的杂质积累可以忽略不计。当料液中含固量超过 300ppm 时，箱体内会出现杂质积累。但可以在不影响生产的前提下，迅速清除。

（4）设备占地面积小，溶剂滞留量小。一个处理量为 $250 \ m^3 \cdot h^{-1}$ 的工厂，其基建投资较常规混澄器可节约 30%。

表 4-2-3 列出 CMS 混澄器的规格和性能。

表 4-2-3　CMS 混澄器的规格和性能

	试验阶段	小型	单级半工业	多级半工业	验证	工业生产
设	长/m	0.48	0.55	0.55	2.12	
备	宽/m	0.48	0.55	0.55	2.12	
规	高/m	1.0	2.1	3.1	3.24	
格	级数	1	1	4		
	料液流量/$m^3 \cdot h^{-1}$		12	15	100（最高 150）	250～700
	比澄清速度/$m^3 \cdot m-2 \cdot h^{-1}$	35	40	50	30（下分离区 50）	
	材料	有机玻璃	316L	316L	FRP	
	试验期限	18 个月 1979 年初～1979 年中	1979 年初～1979 年中	连续运转 230h 79 年末～80 年中	1980 年初～1980 年中	
备注			使用生产料液	与原工厂萃取段平行操作		

该设备的小型试验是在戴维的研制中心进行的，其他试验均在南非德兰土瓦的黄金矿业公司进行，现已成功地用于铀的工业生产。

2.2.9　克莱布斯（Krebs）混澄器

图 4-2-35 是克莱布斯混澄器总体结构示意图。

该混澄器是由混合室、带重叠式溜槽的澄清室和界面调节器等组成。其混合室结构如图 4-2-36 所示。

该混合室是由槽体、混合叶轮、锥形泵转子、锥形泵泵壳和环形溜槽等部件组成。槽体可以是圆筒形，也可以是箱形，槽内设有防涡流挡板，入口配置既要防止溶液短路又要保证连续相的稳定性。连续相从混合叶轮下面的中心管进入，分散相则从环形溜槽进入混合室，并沿整个圆周均匀分布。混合室的核心部件是

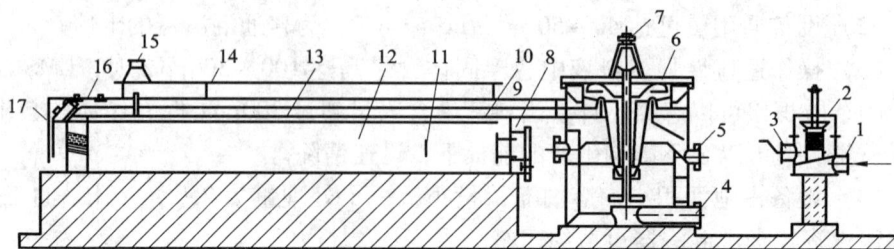

图 4 - 2 - 35　克莱布斯混澄器总体结构示意图

1、5—水相进口　2—界面调节器　3—水相出口　4、10—有机相进口
6—混合室　7—传动机械　8—循环有机相出口　9—有机相出口
11、17—折流板　12—沉清室　13—溜槽　14—活动盖板　15—排气口　16—分布板

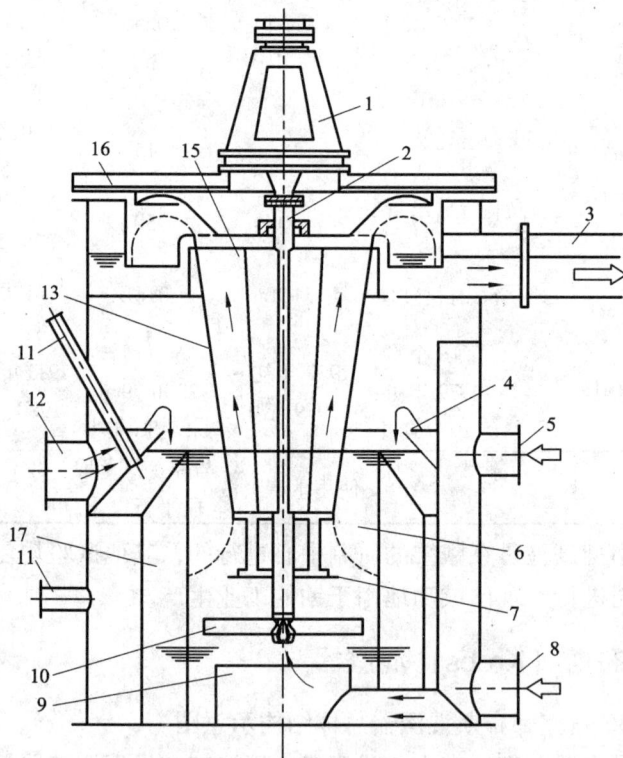

图 4 - 2 - 36　克莱布斯混澄器混合室结构

1—驱动机械　2—转轴　3—混合出口　4—环形溜槽　5—有机相自循环进口　6—混合叶轮
7—固定挡板　8—连续相入口　9—进液中心管　10—叶轮　11—取样管　12—分散相人口
13—锥形泵泵壳　14—导电率测口　15—锥形泵转子　16—顶部挡板　17—防涡流挡板

分别用于输液和混合的低速锥形泵和混合叶轮，二者根据各自的功能确定参数，并安装在同一转轴上。混合叶轮是根据传质所需的分散相最佳液滴尺寸选择。锥形泵转子是在确定混合叶轮的转速之后，再根据输入液量的大小设计转子径向梯形叶片的角度和尺寸。锥形泵转子可根据流量自动调节所需的"液面直径"。当转速固定时，如果流量增大，混合室的液位上升，相应的转子"液面直径"加大，输出液量也增加。因此，料液总流量的变化，对混合室的液位高度没有太大的影响。锥形泵的泵壳是一个倒锥形壳体，泵壳底部有固定挡板，使混合相必须从径向进入泵壳。泵壳上部是曲线形，可使混合相平稳地进入与澄清室相叠的溜槽，泵壳顶端还设有挡板，将锥形泵完全罩住，防止溶液飞溅。锥形泵壳与转子之间应有较大的间隙，以减少机加工的难度和费用。

澄清室结构如图 4-2-37 所示。混合相先经锥形泵和溜槽预分离，并通过百叶窗布液器，再进入澄清室，大大改善了分离效果。布液器是由一组平行条组成，板条倾斜排列，出口处有折流挡板。其高度为澄清高度的 $\frac{1}{3}$，二者宽度相等。界面调节器如图 4-2-38 所示。它是一个大圆筒，筒内有一个伸缩管，伸缩管靠机械驱动上下伸缩，经此来调节相界面的高度。多级克莱布斯混澄器配置图如图 4-2-39 所示。

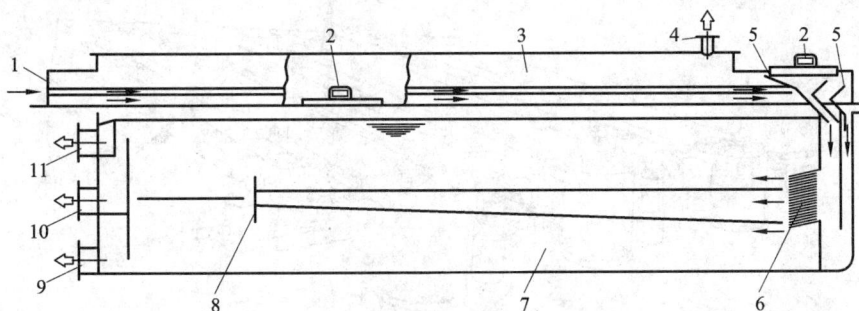

图 4-2-37　克莱布斯澄清室结构

1—混合相入口　2—观察孔　3—溜槽　4—通风口　5—溢流堰　6—百叶窗布液器
7—澄清器　8—挡板　9—重相出口　10—轻相自循环口　11—轻相出口

该设备于 1968 年开始小型试验，1974 年首次用于法国勒阿弗尔镍精炼厂。该厂是用溶剂萃取法从氯化镍溶液中萃取铁和钴，生成纯的氯化镍溶液。此后克莱布斯公司又设计了几座从矿石硫酸浸出液中回收铀的溶剂萃取工厂。自 1977 年以来，先后在非洲、法国和加拿大建成四座铀溶剂萃取工厂，并已顺利投产。1981～1982 年在美国克拉何马州建成和投产了一座用八级克莱布斯混澄器处理和纯化硫酸钒溶液的工厂。除此之外，在同一时期内，克莱布斯公司还用该混澄器在铜、锌、铁及稀有金属的萃取分离中做了大量的半工业试验。经试验和生产

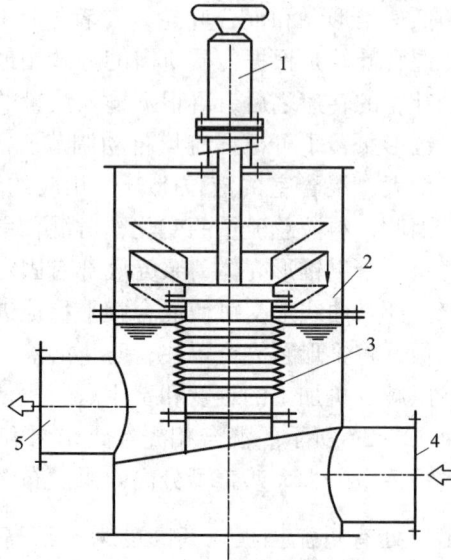

图 4 – 2 – 38 克莱布斯界面调节器

1—驱动机构 2—简体 3—伸缩管 4—重相入口 5—重相出口

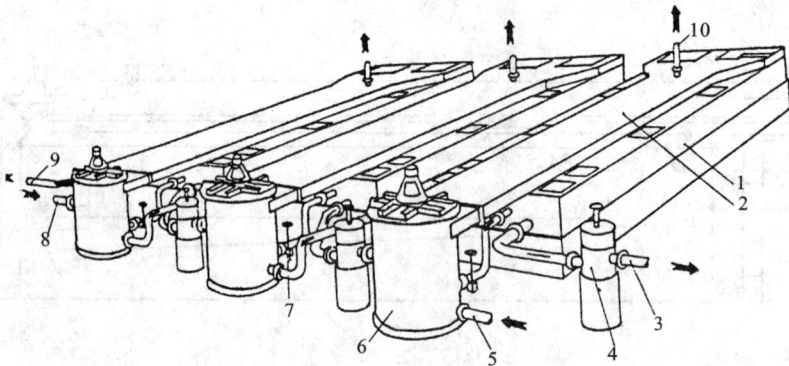

图 4 – 2 – 39 多级克莱布斯混澄器配置

1—沉清室 2—溜槽 3—重相出口 4—界面调节器 5—轻相进口 6—混合室
7—阀门 8—重相进口 9—轻相出口 10—通风口

证明，该设备的最大优点是其比澄清速度比常规混澄器增加 2 ~ 4 倍，因此设备的规格可大大减少。其次，搅拌不受泵吸的控制，可在较低的剪切速度下混合，减少有机相夹带。在各体系中设备的级效率均高于 90%，最高可达 99%。

3 塔式萃取设备

3.1 概述

塔式萃取设备是比较古老的萃取器，它最先用在铀的提取上，在萃取塔中，水相和有机相分别从塔顶和塔底加入，经连续逆流接触进行萃取、反萃或洗涤；两相分离在塔的两端实现。与混合澄清器相比，萃取塔具有占地面积小、通量大、容积率高、溶剂滞留量小和操作维修费用低等优点。特别是在要求较多的理论级数，而占地面积又受限制时，萃取塔更显出其优越性。

工业上常用的萃取塔有：喷淋塔，填料塔，转盘塔（RDC），米克西科（Mixco）塔，希贝尔（Scheibel）塔，库尼（Kuhni）塔，不对称转盘塔（ARD），往复振动筛板塔（RPEC），脉冲填料塔和脉冲筛板塔等。在湿法冶金中，铀的提纯、核燃料的处理、稀有金属分离和镍钴分离都先后不同程度地应用了萃取塔。但是萃取塔内两相流体力学和传质过程都比较复杂，目前尚无成熟的计算公式进行设计和放大，而且缺乏半工业试验数据作为放大的依据。就稳妥可靠而言，不如混合澄清器。本节只介绍常用的几种萃取塔。

3.2 筛板萃取塔

筛板萃取塔的结构与气—液传质设备中所用的筛板塔很相似，图4-3-1是它的示意图。如图所示，塔中设有一系列筛板，塔下端引入的轻相经筛孔分散后，在连续相（重相）中上升，到上一层筛板下

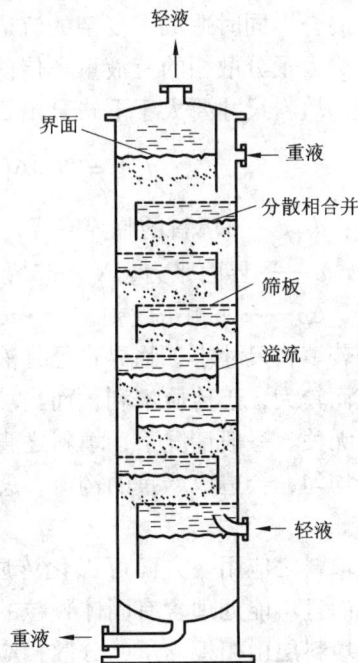

图4-3-1 筛板萃取塔

部集聚集成一层轻液；由于重度差，轻相经筛孔重新分散、上升再集聚，如此重复流至塔上端分层后引出；重相则由塔顶端引入，经溢流部分逐板下降成连续相但不必设置溢流堰。只要将溢流板改装为升液板，溢流部分成为升液部分，就可以使重相成为连续相，轻相为分散相，以适应不同的生产需要。

　　塔中装设的一组筛板起两个作用：①使分散相经受反复的分散和集聚，强化传质；②基本上消除了不同板层间液体的返混，提高了传质推动力。筛板萃取塔应用于界面张力较低的系统可以达到较高的效率，但对界面张力高的系统，难以实现有效的分散，效率很低。

　　筛孔的直径一般为 3~8mm，对于界面张力稍高的物系，宜取较小孔径，以生成较小的液滴。筛孔大都按三角形排列，间距常取为 3~4 倍孔径。板间距在150~600mm 之间，工业规模的筛板塔其间距建议取 300mm 左右为宜。

　　筛板萃取塔结构简单，生产能力大，对于界面张力较低的物系效率较高。

3.3　填料萃取塔

　　填料萃取塔与吸收和蒸馏用的填料塔结构基本一样。填料的主要作用是减少轴向混合，同时造成了复杂的流道，使分散相液滴经受不断的冲撞、扭曲以至破碎，增大了分散相的持液量和传质面积，强化了传质。所有填料大都是乱堆普通填料，填料尺寸要大于下式算出之临界直径：

$$d_{临界} = 77.16 \left(\frac{\sigma}{\Delta\rho} \right) \tag{4-3-1}$$

式中：$d_{临界}$——填料的临界直径，cm；

　　　　σ——界面张力，$N \cdot m^{-1}$；

　　　　$\Delta\rho$——两相密度差，$kg \cdot m^{-3}$。

　　若填料尺寸小于临界直径，液滴将被填料层捕捉而集聚，层中运动的液滴直径反而较大，于传质不利，而当填料尺寸大于临界直径时，液滴直径与填料尺寸几乎无关。一般情况下，填料之直径又不能大于塔径的 1/8，否则填料层之孔隙很不均匀，会造成严重的沟流，恶化了传质。此外，所填之材料必须不被分散相润湿。

　　填料之应用一方面可强化传质，但是因自由流通截面减小了，生产能力较低，而且不能处理含有固体颗粒的物料。

　　填料层由栅板支承，分散相应直接导入料层，如轻相为分散相由底部引入，则进口管应伸进支承栅板 25~50mm。当填料层高度大于 3~4.5m 时，应该装设液体再分布器和填料支承，图 4-3-2 是轻液为分散相的再分布器，再分布器可克服沟流和减少返混。

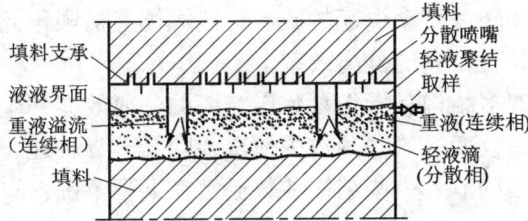

图 4 − 3 − 2　轻液为分散相的再分布器

　　填料塔构造简单，易用耐腐蚀材料制作，在塔径较小时，用于界面张力不大的物系，效率尚可，一个塔中可以达到几个理论级，故曾获得广泛的应用。但生产能力较低，随塔径增大效率更差，轴向混和还是个问题，现已较少采用。

3.4　转盘萃取塔

　　转盘萃取塔是一种具有外加能量的萃取塔，其基本结构如图 4 − 3 − 3 所示。在塔壁上设有一系列等间距的固定环，塔的中主轴上水平处装有一组转盘，每一盘正好位于定环中间，轴由电机带动回转，轻液和重液导入塔后不需要分布器，只是对于大直径的塔宜以切向导入，以避免破坏塔中流型。转盘塔两端有一个两相分层的沉降区，在进口与沉降区之间装有一块固定栅板，使传质接触区和沉降区分开。

　　当转盘由电机驱动回转后，带动连续相和分散相一起转动，液流中产生了高的速度梯度和剪应力，剪应力一方面使连续相产生强烈的旋涡，另一方面使分散相裂成许多小的液滴，这样就增加了分散相的截留量和相际接触面积。同时转盘和固定环薄而光滑，所以在液体中

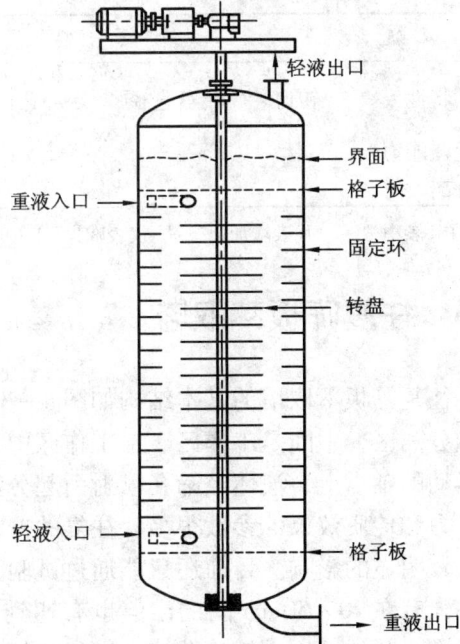

图 4 − 3 − 3　转盘萃取塔

没有局部的高剪应力点，液滴的大小比较均匀，有利于两相的分离。塔中由于被定环分为各个区间，转盘带动引起的旋涡就能大体上被限于此区间，减小了轴向返混。因此转盘塔具有较高的分离效率。

转盘萃取塔有许多结构和操作参数影响塔的分离效能和生产能力，对于具体生产条件必须合理的改变。这些参数中最重要的是转盘转速，它直接涉及输入的能量，应该进行细心调节。一些结构参数通常在下列范围：

塔径/转盘直径 = 1.5 ~ 3；

塔径/固定环开孔直径 = 1.3 ~ 1.6；

固定环开孔直径/转盘直径 = 1.15 ~ 1.5；

塔径/盘间距 = 2 ~ 8。

根据试验证明，这些参数的增加将引起生产能力和分离效率的改变，见表4 - 3 - 1。

转盘萃取塔具有较高的效率，能满足大生产能力的要求，能量消耗不大，在工业上获得了成功的应用。

表 4 - 3 - 1　转盘萃取塔参数的增加对生产能力和分离效果的影响

特性	转速	转盘直径	定环孔径	盘间距	塔径	分散相流量/连续相流量
生产能力	-	-	+	+	~0	+
分离效率	+	+	-	-	~0	+

注：表中"+"代表增加；"-"代表减少；"~0"代表几乎没有影响。

3.5　往复筛板萃取塔

往复筛板萃取塔的基本结构如图 4 - 3 - 4 所示。塔的上部和下部扩大部分是两相分离区，中间是工作区。在工作区中，一系列多孔筛板固定在一根作上下往复运动的轴承上，液体经筛孔喷射引起分散混合，进行接触传质。影响该塔的生产能力和传质效果的参数很多，往复的冲程和频率、筛板间距、筛板上开孔情况均有较明显的影响。目前还只能通过试验进行合理的选择。总的看来，筛板间距较小，有在 20 ~ 50mm 间的，但也有达到 200mm 的。往复筛板萃取塔具有较高的效率。此外结构也较简单，大塔仍能保持高效率，能量消耗不大，所以该塔已获得了工业应用和推广。但由于机械方面的原因，其塔径受到一定限制，目前还不能适应大规模生产的需要。

3.6 脉冲萃取塔

为了提高萃取的分离效能，可以通过回转搅拌装置（如转盘塔），或浸在液体中作往复运动的筛板向塔中物料输入外能，此外还可以直接使液体产生脉动而输入外能。如图 4-3-5 所示的脉冲筛板萃取塔，在一个通常无溢流部分的筛板塔下部设置一套脉冲发生器（可以是往复活塞、隔膜等），使塔中物料产生频率较高（30~250 次·min^{-1}）、冲程较小（6~25mm）的脉动，凭借此往复脉动，轻液和重液通过筛孔被分散，增大了传质界面和传质系数，因此得到了较高的分离效率。脉冲频率和振幅是一个重要的操作参数，太大或太小均易造成液泛，使生产能力变小，或分离效率变差，所以必须细心地选定。无溢流脉冲筛板塔的板间距一般较小（50~75mm），孔径只有 1.2~3mm，开孔率为 20%~25%。

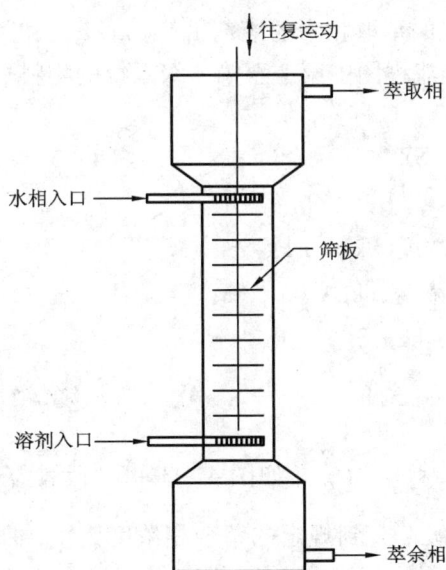

图 4-3-4 往复筛板萃取塔

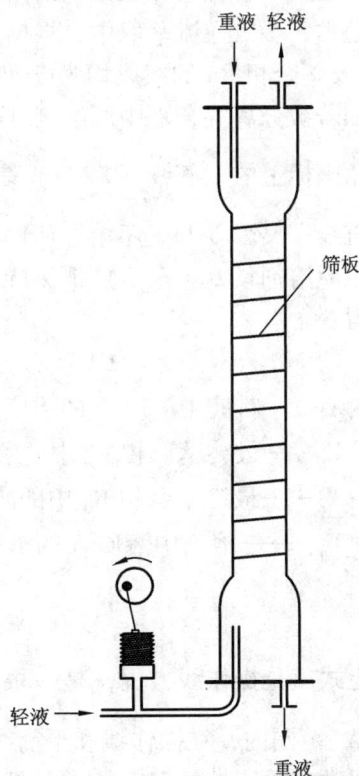

图 4-3-5 脉冲筛板萃取塔

塔身部分也可以是填料塔，分离效率与脉冲筛板塔差不多，但由于料液脉动会促使普通乱堆填料重排而引起沟流，因此要有适当的内部再分布器。

脉冲筛板塔的突出优点在于塔内不要专门设置机械搅拌或往复的构件，而脉冲的发生可以离开塔身，这样就易解决防腐和防放射性问题，因此在原子能工业中获得了较多应用。脉冲方式引入外能可以促进两相接触传质，但是生产能力变低了，消耗功率也较大，轴向混和也比无脉冲时有所加剧。

3.7　萃取计算和萃取塔的设计

3.7.1　逆流萃取平衡级数的图解法

本节介绍逆流多级萃取平衡级数的图解法。求得平衡级数，再由效率或平衡当量高度要求求得实际级数或塔高。

通常，多效逆流萃取中，根据生产任务和操作条件，料液 F、溶剂 S，萃取相 E_1 及萃余相 Ra 的组成均为已知。

如若被分离混合液中原溶剂（B）与溶剂（S）完全不互溶，其平衡关系可用直角坐标上的平衡线（$Y-X$）表示。若此时分配系数 $K=\dfrac{Y}{X}$ 为常数，平衡线则为直线。又因 B 与 S 不溶，所以离开各级的萃取相中的溶剂量 S（kg/h）和萃余相中原溶剂量 B（kg/h）都保持不变。作流程图中第一至第 n 级系统的物料平衡可得：

$$BX_f + SY_{n+1} = BX_n + SY_1 \qquad\qquad (4-3-2)$$

式中：X_f——料液中溶质 A 的浓度，$kgA \cdot kg^{-1}B$；

$\quad\quad Y_1$——最终萃取相 E_1 中的溶质 A 的浓度，$kgA \cdot kg^{-1}S$；

$\quad\quad X_n$——最终萃余相 R_a 中的溶质 A 的浓度，$kgA \cdot kg^{-1}S$；

$\quad\quad Y_{n+1}$——溶剂中溶质 A 的浓度，$kgA \cdot kg^{-1}S$。

$$Y_{n+1} = \frac{B}{S}X_n + \left(Y_1 - \frac{B}{S}X_f\right) \qquad\qquad (4-3-3)$$

上式就是操作线方程，是一根直线，其斜率为 $\dfrac{B}{S}$。如图 4-3-6 所示，在 X_f 和 X_n 范围内，在操作线和平衡线间作梯级，直到规定的萃余相浓度为止，所得梯级数就是所求的理论数。由图 4-3-6 得，理论数为 4。

3.7.2　逆流萃取平衡级数的实验测定

当缺乏萃取物系的平衡数据，或物系是一个多元系统，或含有不少杂质时，

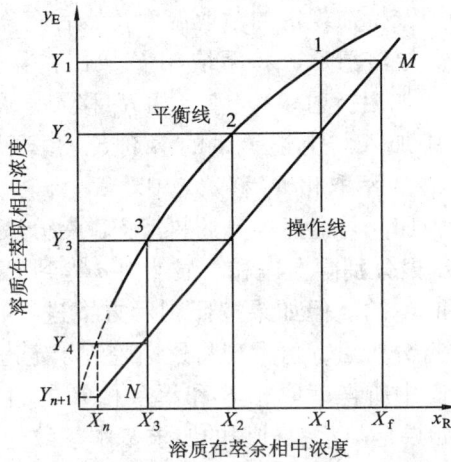

图 4 - 3 - 6　溶剂完全不溶时逆流萃取平衡级数的图解法

此时逆流萃取平衡级数就不能按上述图解法求得。较切实易行的办法是进行间歇模拟实验。所谓"间歇模拟试验"，就是用普通分液漏斗按预定方案试验，模拟连续逆流萃取，其试验方法如下：

在多元物系萃取过程中，根据工艺要求，通常相比，萃取液和萃余液的组成已经规定。此时可先假定所需的理论级数，例如，假定某物系需要五个理论级数，其流程如图 4 - 3 - 7 所示。然后，可以按图 4 - 3 - 7 所示的方案作间歇模拟试验。图中每一个圆圈代表一个分液漏斗，通常所需要的分液漏斗数目与假定的理论级数相同。在分液漏斗中经充分混合和分层后，可以达到一个平衡级。图中箭头指明了每个分液漏斗的物料来源和去向，注有 F 的是料液，S 是新鲜溶剂，按图示方案的试验过程的主要步骤是：

（1）将料液 F 与溶剂 S，按照一定的计量置于分液漏斗 a 中，

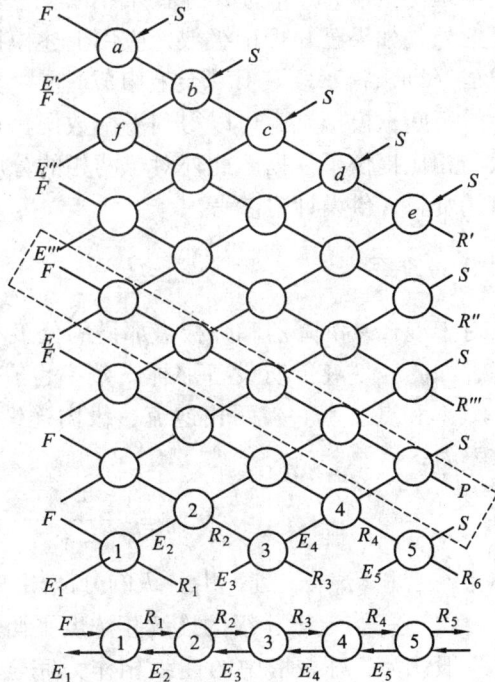

图 4 - 3 - 7　五级逆流萃取的间歇模拟试验

并将此混合物在恒温槽中维持在规定的萃取温度，然后充分摇动，使两相达到平衡。经静置，两相完全分层澄清后，将萃取相 E' 放出，除去萃取相中的溶剂可得萃取液，并进行分析（如用折射率）。萃余相 R_a 移入分液漏斗 b 中。

（2）在分液漏斗 b 中加入与上述等量的溶剂 S，恒温下摇动，经静置分层后，将萃取相 E_b 移入 f 中，萃取相 R_b 移入 c 中。

（3）在分液漏斗 f 中加入与上述等量的料液 F，在分液漏斗 c 中加入与上述等量的溶剂 S，其处理步骤分别同上述和。显然由 a 得到 E' 和 e 得到的 R' 是达不到工艺要求规定的 E_1 和 R_5 的。但如果按照图示方案进行，所得 E''、E'''、…和 R''、R''' 等在去除溶剂进行分析后，可发现将逐渐趋近于定态的 E_1 和 R_5。设继续进行试验，如果其后步骤中所得萃取相 E 和萃余相 R 的组成都基本恒定，则接近定态组成 E_1 和 R_5。如果是与萃取过程的要求基本一致的，则原假定的理论级数即为过程所需的理论级数。

（4）如果根据上图方案试验中，E 和 R 的组成已达定态，但此定态组成与工艺要求的 E_1 和 R_5 不符，则应根据情况，重新假定所需要的理论级数，按上述实验方法再进行，直至使定态后的 E_1 和 R_n 的组成与萃取要求相符为止；此时所假定的理论级数 n，即为该物系所需的理论级数。

此外，如果已知理论级数，应用上述模拟方法，也可以求得萃取相及萃余相的组成（即求得萃取液及萃余液组成）。

进行间歇模拟试验可以得到平衡数据、相比与平衡级数的关系，为确定平衡级数与相比提供了依据。此外对于两相的分层性质、界面上是否会有污物等提供了有用资料，供设计时参考。

3.7.3　效率

对于混合 - 沉降器和筛板塔那样的分级萃取设备，其传质速率问题用效率来考虑，如同气 - 液传质设备那样，效率也有三种表示方法，即总效率、级（单板）效率和点效率。当两相逆流、级内连续相完全混合时，以分散相为基准的级效率为：

$$E_{MD} = \frac{y_{Dn} - y_{Dn+1}}{y_{Dn}^* - y_{Dn+1}} \qquad (4-3-4)$$

式中：y_{Dn+1} 和 y_{Dn}——进、出 n 级的分散相浓度；

y_{Dn}^*——与流出 n 级的连续相浓度平衡的分散相浓度。

一般认为：筛板塔中的连续相作为完全混合，分散相作为活塞流（没有混合）与实验结果比较符合。根据精馏塔效率同样分析，可以得到：

$$E_{MD} = 1 - \exp\ (N_{OD}) \qquad (4-3-5)$$

式中：N_{OD}——分散相为基准的传质单元数，

$$N_{OD} = \frac{K_{Da}\,(H_T - h)}{u_D}$$

K_{Da}——分散相为基准的体积总传质系数，$m^3 \cdot s^{-1}$；

u_D——分散相的空塔速度，$m \cdot s^{-1}$；

H_T——板间距，m；

h——板下（或上）集聚的分散相层厚度，m；

若认为混合—沉降器中的分散相与连续相均完全混合，那么：

$$E_{MD} = \frac{N_{OD}}{1 + N_{OD}} \qquad\qquad (4-3-6)$$

或

$$E_{MC} = \frac{N_{OC}}{1 + N_{OC}} \qquad\qquad (4-3-7)$$

式中：E_{MC} 和 N_{OC}——分别表示以连续相为基准的级效率和传质单元数。

多级逆流萃取设计中大多采用总效率 E_O：

$$E_O = \frac{N_T}{N_P} \qquad\qquad (4-3-8)$$

式中：N_P——塔内的实际板数；

N_T——与整个塔相当的平衡级数。

目前，关于效率的有用资料很少，在设计新设备时，往往要依靠中间试验取得数据。对于混合——沉降器，总效率在 0.75~1.0 范围，即使界面张力高的难分散物系，也能达到高的效率。筛板萃取塔的效率变化很大，在 0.02~1.0 范围，前者是高界面张力物系，后者是低界面张力物系，大部分数据在 0.25~0.5 之间。根据小试验筛板塔（塔径 50~220mm，板间距 75~610mm）的试验资料，整理得下式：

$$E_O = \frac{5.67 \times 10^{-3} H_T^{0.5}}{\sigma} \left(\frac{u_D}{u_C}\right)^{0.42} \qquad\qquad (4-3-9)$$

式中：H_T——塔板间距，m；

u_D 和 u_C——分别表示分散相和连续相的空塔速度，$m \cdot s^{-1}$；

σ——界面张力，$N \cdot m^{-1}$。

此式在缺乏数据时可供参考，但直接用于大塔设计是欠妥当的。由式（4-3-9）可见，增大板间距可增大效率，设备处理量也会提高，但相当于一个平衡级的塔高增大了，当 H_T 超过 0.3m 时，效率已无明显增加。

3.7.4　微分萃取塔塔高的计算

3.7.4.1　平衡级当量高度法

对于填料塔、转盘塔和往复筛板塔等微分萃取塔，可以用相当于一个平衡级的当量高度法计算，即：

$$Z = N_T \times (HETS) \tag{4-3-10}$$

式中：Z——萃取塔的有效高度，m；

N_T——平衡级数；

$(HETS)$——相当一个平衡级的当量高度，m。

但因此法缺乏理论根据，$HETS$ 随处理物系的物性、流量、浓度和塔结构变化很大，应用时必须要有与设计系统一致的数据，应用的局限性较大，没有下面介绍的传质单元法应用普遍。

3.7.4.2　传质单元法

图 4 - 3 - 8 所示的为一逆流萃取塔。萃取相的流量 E 和萃余相的流量 R 以 kmol·h^{-1} 计。

浓度 y 和 x 均为摩尔分数，下标'1'表示萃余相的入口端，2 则表示萃余相的出口端。一般说来，由于萃取塔中溶质的传递，将引起浓度的改变，于是原溶剂与溶剂之溶解度也要改变，因之伴随着其余各组分也发生传递，情况比较复杂。限于当前对萃取中传质问题的认识，通常仅考虑溶质的传递。这对于原溶剂与溶剂互不相溶或不甚溶的系统是正确的，但实际上已将这样的处理推广用于一切系统。

当两相逆流流经塔的 dz 高度时，产生溶质传递量为 dG_A，相应的萃取相浓度变化为 dy，根据物料平衡：

图 4 - 3 - 8　逆流萃取塔

$$dG_A = d(Ey) \tag{4-3-11}$$

根据上述说明，如同吸收那样，除溶质后的萃取相量 E_A 将在全塔保持不变，则：

$$E = \frac{E_A}{1-y} \tag{4-3-12}$$

代入式（4-3-11）得：

$$dG_A = E_A d\left(\frac{y}{1-y}\right) = E_A \frac{dy}{(1-y)^2} = E \frac{dy}{1-y} \tag{4-3-13}$$

传质速率式

$$dG_A = K_{Ea}(y^* - y)Sdz \tag{4-3-14}$$

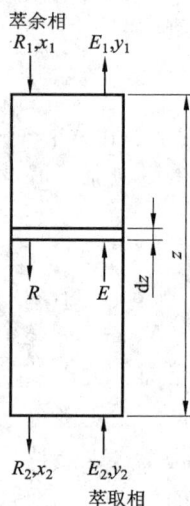

式中：K_{Ea}——萃取相体积总传质系数，$kmol \cdot h^{-1} \cdot m^{-3} \cdot 摩尔分数^{-1}$；

　　y——与其接触的浓度 x 的萃余相平衡的萃取相浓度，摩尔分数；

　　S——塔截面积，m^2。

由式（4-3-13）和（4-3-14）恒等得：

$$E \frac{dy}{1-y} = K_{Ea} \cdot (y^* - y) Sdz$$

整理得：

$$dz = \frac{E}{K_{Ea}S} \cdot \frac{dy}{(1-y)(y^*-y)} \tag{4-3-15}$$

积分：

$$z = \int_{y_2}^{y_1} \frac{E}{K_{Ea}S} \cdot \frac{dy}{(1-y)(y^*-y)} \tag{4-3-16}$$

试验发现：

$$\frac{E}{K_{Ea}(1-y)_{ln}}$$

将在全塔基本保持常数，而

$$(1-y)_{ln} = \frac{(1-y)-(1-y^*)}{\ln \dfrac{1-y}{1-y^*}} = \frac{y^*-y}{\ln \dfrac{1-y}{1-y^*}} \tag{4-3-17}$$

因此在式（4-3-16）右端分子分母均乘上 $(1-y)_{ln}$ 得：

$$Z = \int_{y_2}^{y_1} \frac{E}{K_{Ea}(1-y)_{ln}S} \cdot \frac{(1-y)_{ln}dy}{(1-y)(y^*-y)} \tag{4-3-18}$$

通常定义：

$$H_{OE} = \frac{E}{K_{Ea}(1-y)_{ln}S} \tag{4-3-19}$$

式中：H_{OE}——萃取相总传质单元高度，m。

于是，式（4-3-18）可改写为：

$$Z = H_{OE} \int_{y_2}^{y_1} \frac{(1-y)_{ln}dy}{(1-y)(y^*-y)} = H_{OE} \times N_{OE} \tag{4-3-20}$$

式中：$N_{OE} = $——萃取相总传质单元数，

$$N_{OE} = \int_{y_2}^{y_1} \frac{(1-y)_{ln}dy}{(1-y)(y^*-y)} = \frac{Z}{H_{OE}} \tag{4-3-21a}$$

式（4-3-21a）可用图解积分求解。对于稀溶液系统，则因 $(1-y)_{ln}/(1-y) \approx 1$，故

$$N_{OE} = \int_{y_2}^{y_1} \frac{dy}{y^*-y} \tag{4-3-21b}$$

可以用图线求解。

对于萃余相，也可按同样的原理和步骤推导出萃余相传质单元高度和传质单元数，在此不再赘述。

值得指出的是，在上述推导过程中，没有考虑两相的返混问题，认为两相均按严格的逆流流动，这与萃取塔中情况不相符，要能求出符合实际的塔高，必须考虑两相返混的校正。据估计，萃取塔中为抵消轴向返混的不利影响需耗费60% ~90%的塔高。关于这方面的校正比较复杂，必要时可查阅有关书籍和文献，在此不作介绍。

萃取塔高的计算关键在于传质数据 K、E_o、$HETS$ 或 H_{OE}（H_{OR}）和返混资料的取得，这些数据可取自工业生产设备，在专门的手册和有关文献中也有些介绍，但总的说来，这方面的知识还很缺乏，要切实解决问题，往往要从试验设备中取得必要的资料才行。

3.7.5　筛板萃取塔的设计

筛板塔的结构已在前面作了介绍，这里主要介绍塔径、塔板结构的工艺尺寸和塔高的设计方法。

3.7.5.1　塔径和塔板工艺尺寸计算

筛板可分成如图 4 - 3 - 9 所示的三个部分：开孔区、降液区和无孔区。无孔区包括连续支承塔板构件占用的区域和降液区至最近一排孔间的区域，后者是为防止上升的分散相液滴混入降液区中的连续相而设，其宽度一般应保持 30mm。边缘支承区宽约25 ~50mm。

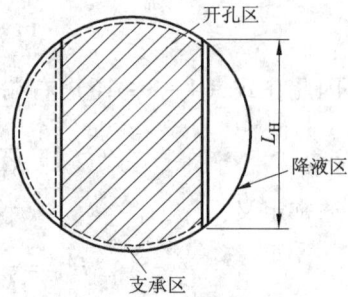

图 4 - 3 - 9　筛板各部分占的面积

（1）开孔区面积（$S_孔$）：先由分散相的流量、适宜的孔速确定筛孔总面积，再由选定的孔径确定孔数，最后由选定的孔间距算出开孔区面积。

$$S_孔 = \frac{V_d}{\omega_o} \qquad\qquad (4 - 3 - 22)$$

式中：$S_孔$——筛孔总面积，m^2；

　　　　V_d——分散相流量，$m^3 \cdot s^{-1}$；

　　　　ω_o——分散相流经筛孔的速度，$m \cdot s^{-1}$。

分散相通过筛孔的速度（简称孔速）将影响到分散相通过筛孔的分散情况，

孔速过大会产生过细液滴，影响两相分层，促使液泛；而且它还与分散相能否从各筛孔均匀流出有关，与分散相通过筛孔的阻力（下面将讨论）更是密切相关。对于常用的∅3~8mm 的筛孔，孔速通常取 10~30 cm·s^{-1}，最适宜的孔速最好从试验取得，如图 4-3-10 所示那样较简单的试验设备，往往能提供有用的资料。

筛孔数 N_O：

$$N_O = \frac{S_{孔}}{f_{孔}} = \frac{V_d}{\frac{\pi}{4}d_0^2 \cdot w_0}$$

$$(4-3-23)$$

式中：d_o——筛孔孔径，m；

$f_{孔}$——孔截面积，m^2。

筛孔通常按正三角形排列，于是开孔区面积 S_1（m^2）：

$$S_1 = 0.866t^2 \cdot N_0 \qquad (4-3-24)$$

式中：t——孔间距，常数 $t = (3~4) d_o$

（2）降液区面积 S_2（m^2）：

$$S_2 = V_C/w_{cd} \qquad (4-3-25)$$

式中：V_C——连续相流量，m^3·s^{-1}；

w_{cd}——连续相流经降液管的流速，m·s^{-1}。

降液管中连续相的流速有一个极限，若此流速大，连续相就会严重夹带分散相液滴造成液泛。为防止连续相对分散相的过多夹带，规定 w_{cd} 等于直径为 d_{pm}（常取为 1mm）的分散相液滴之上升（或沉降）速度 w_t，这样比 d_{pm} 大的液滴就不会被连续相带走。直径为 d_{pm} 之液滴的上升（或沉降）速度 w_t 的计算方法如下：

首先计算一个临界液滴直径 d_{pc}，m：

$$d_{pc} = 7.25\left(\frac{\sigma}{g\Delta\rho P^{0.15}}\right)^{0.5} \qquad (4-3-26)$$

其中

$$P = \frac{\rho_c^2\sigma^3}{g\mu_c^4\Delta\rho} \qquad (4-3-27)$$

当 $d_{pm} < d_{pc}$ 时，

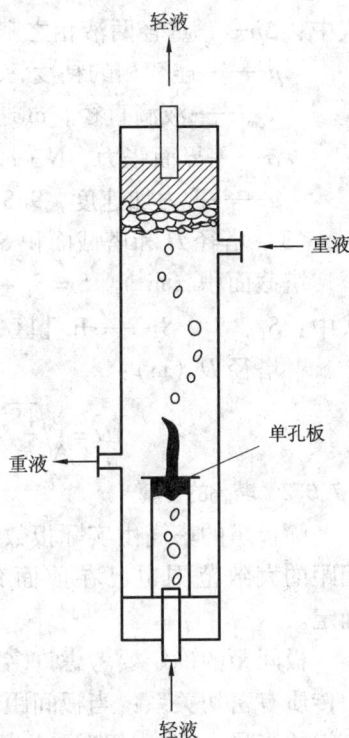

图 4-3-10 单孔板试验

$$w_t = \frac{2.867\Delta\rho^{0.58}d_{pm}^{0.70}}{\rho_c^{0.45}\mu_c^{0.11}} \tag{4-3-28}$$

当 $d_{pm} > d_{pc}$ 时，

$$w_t = \frac{7.862\Delta\rho^{0.28}\mu_c^{0.10}\sigma^{0.18}}{\rho_c^{0.55}} \tag{4-3-29}$$

式中：$\Delta\rho$——重轻两液相之密度差，$kg \cdot m^{-3}$；

　　　μ_c——连续相的粘度，$Pa \cdot s$；

　　　d_{pm}——液滴直径，m 通常取 $d_{pm} = 0.001 m$；

　　　σ——界面张力，$N \cdot m^{-1}$；

　　　g——重力加速度，$9.8 m \cdot s^{-2}$。

（3）塔径 D 和塔截面积 S：

塔截面积（m^2）：$S = S_1 + 2S_2 + S_3$ $\tag{4-3-30}$

式中：S_1、S_2、S_3——开孔区、降液区和无孔区的面积，m^2。

　　　塔径 D（m）：

$$D = \sqrt{\frac{4S}{\pi}} \tag{4-3-31}$$

3.7.5.2 塔高的计算

筛板塔的塔高由实际板数和板间距决定。实际板数的确定方法已如上述，板间距的大致范围也已在前面介绍过，下面讨论它与那些因素有关，应该如何确定。

板间距的确定要考虑许多因素，如方便清理和检修就是一项。此外，它对塔中传质有密切关系：当板间距较大时，每块板的效率有所增大，但相当于一个理论级的当量高度（HETS）也增大了；当板间距取得小时，液体受到筛板的反复分散和聚结的机会增多，有利于传质，即 HETS 可小，虽则每块板的效率也降低（参阅式（4-3-9））。板间距对于塔的生产能力也有重大影响，一般说来，板间距增大，塔的生产能力增大；板间距离小，则生产能力降低。下面从流体流动的阻力和液泛来分析这个问题。

当分散相（轻相）经筛孔分散上升、连续相经降液管下降时，在筛板下面积聚了一层厚度为 h（m）的轻液层，由此液层推动轻液经筛板的再分散和连续相的下降。h 之值可按下式计算：

$$h = h_d + h_e \tag{4-3-32}$$

式中：h_e——连续相流经降液管的阻力，m；

　　　h_d——分散相流经筛板的阻力，m。

一般把分散相流经筛板的阻力分为两项：

$$h_d = h_0 + h_\sigma \tag{4-3-33}$$

式中：h_0——分散相从筛孔流出的阻力，m；

h_σ——克服界面张力的阻力，m。

h_0 和 h_σ 可以分别由下面经验式计算：

$$h_0 = \frac{\left[1 - \left(\dfrac{S_{孔}}{S_1}\right)^2\right]\omega_0^2\rho_d}{2g \times 0.67^2 \times \Delta\rho} \tag{4-3-34}$$

式中：ρ_d——分散相（轻相）的密度，$kg \cdot m^{-3}$；

ρ_c——连续相的密度，$kg \cdot m^{-3}$；

$\Delta\rho$——两相密度差，$kg \cdot m^{-3}$；

$$\Delta\rho = \rho_c - \rho_d$$

$$h_\sigma = \frac{4\sigma}{\Delta\rho d_0 g} \tag{4-3-35}$$

σ——界面张力，$N \cdot m^{-1}$；

d_0——筛孔直径，m。

图 4-3-10 所示的单孔试验设备也可用来测定 h_d 之值。

连续相流经降液管的阻力：

$$h_c = 4.5\frac{w_{cd}^2\rho_c}{2g\Delta\rho} \tag{4-3-36}$$

由图 4-3-1 可见，当两相界面低达降液管口下，分散相就会经供连续相流动用的降液管而上升，造成液乏。为此，一定要保证降液管长度 $L_D > h$。降液管的长度还应符合

$$L_D > H_T - \frac{S_2}{L_H} \tag{4-3-37}$$

式中：L_H——降液管边长，m（参见图 4-3-9）。

通常取

$$L_D \approx \frac{2}{3}H_T$$

【例 4-2-1】 试设计一筛板萃取塔处理下列系统的物料，已知：

物系：二乙基胺—水—钨酸钠，以二乙基胺为溶剂（分散相）从水相中萃取钨酸钠。

操作条件：水相（连续相）的流量为 6.76 $m^3 \cdot h^{-1}$；二乙基胺相为 10.8 $m^3 \cdot h^{-1}$，温度 26.7℃。

物性数据：

连续相：　　　　$\mu_c = 0.87\text{mPa} \cdot \text{s}$，　　$\rho_c = 1000\text{kg} \cdot \text{m}^{-3}$。

分散相：　　　　$\mu_D = 0.55\text{mPa} \cdot \text{s}$，　　$\rho_D = 868\text{kg} \cdot \text{m}^{-3}$。

两相界面张力 $\sigma = 25 \times 10^{-5}\text{N} \cdot \text{cm}^{-1}$。

1. 塔径计算

(1) 计算开孔区面积 S_1：因为系统的界面张力较大，取孔径 $d_0 = 3\text{mm}$，孔速为 $0.18\text{m} \cdot \text{s}^{-1}$。于是由式（4-3-23）有：

总孔数

$$N_0 = \frac{V_d}{\frac{\pi}{4}d_0^2 \cdot w_0} = \frac{10.8 \times \dfrac{1}{3600}}{\dfrac{\pi}{4} \times 3^2 \times 10^{-6} \times 0.18} = 2360$$

若筛孔按正三角形排列，孔间距取 $4d_0 = 12\text{mm}$。由式（4-3-24）得开孔区面积

$S_1 = 0.866 \times 1.2^2 \times 10^{-4} \times 2350 = 0.2945$（$\text{m}^2$）

(2) 降液区面积 S_2：计算直径为 1mm 的液滴之上升速度：

由式（4-3-27）得：

$$P = \frac{\rho_c^2 \sigma^3}{g\mu_c^4 \Delta\rho} = \frac{1000^2 \times (2.5 \times 10^{-2})^3}{9.81 \times (0.87 \times 10^{-3})^4 \times 132} = 2.106 \times 10^{10}$$

由式（4-3-26）得：

$$d_{pc} = 7.25\left(\frac{\sigma}{g\Delta\rho P^{0.15}}\right)^{0.5} = 7.25\left(\frac{2.5 \times 10^{-2}}{9.81 \times 132 \times (2.106 \times 10^{10})^{0.15}}\right)^{0.5}$$
$$= 0.00536\text{m} > 1\text{mm}$$

故用式（4-3-28）计算 w_t：

$$w_t = \frac{2.867\Delta\rho^{0.58} d_{pm}^{0.70}}{\rho_c^{0.45}\mu_c^{0.12}} = \frac{2.867 \times 132^{0.58} \times 0.001^{0.7}}{1000^{0.45} \times (0.87 \times 10^{-3})^{0.11}} = 0.0375 \text{（m} \cdot \text{s}^{-1}\text{）}$$

取 $w_{cd} = 3.75 \times 10^{-2}$（$\text{m} \cdot \text{s}^{-1}$）

由式（4-3-25）得：

$$S_2 = \frac{V_c}{w_{cd}} = \frac{6.76}{3.75 \times 10^{-2} \times 3600} = 0.05 \text{（m}^2\text{）}$$

(3) 塔径 D：取边缘支承区为 50mm，降液管至最近一排开孔间距为 25mm。先设 $S_3 = 0$，则：

$$D' = \sqrt{\frac{4}{\pi}(S_1 + 2S_2)} = \sqrt{\frac{0.393}{0.785}} = 0.705 \text{（m）}$$

考虑无孔区，取塔径 $D = 0.80\text{m}$。

2. 板间距问题

（1）取板间距 $H_T = 300\text{mm}$。

（2）板下分散相聚积层厚度计算：由式（4-3-34）得筛孔流出阻力：

$$h_0 = \frac{[1 - (S_{孔}/S_1)^2]\, w_0^2 \rho_d}{2g \cdot (0.67)^2 \cdot \Delta\rho}$$

$$= \frac{\left[1 - \left(\dfrac{2350 \times \dfrac{\pi}{4} \times 3^2 \times 10^{-6}}{0.2945}\right)^2\right] 0.18^2 \times 868}{19.6 \times 0.67^2 \times 132} = 0.0241 \text{（m）}$$

由式（4-3-35）得克服界面张力阻力

$$h_\sigma = \frac{4\sigma}{\Delta\rho d_0 g} = \frac{4 \times 2.5 \times 10^{-2}}{132 \times 3 \times 10^{-3} \times 9.81} = 0.0258 \text{（m）}$$

由式（4-3-36）得降液管阻力

$$h_c = 4.5\frac{w_{cd}^2 \rho_c}{2g\Delta\rho} = 4.5 \times \frac{3.75^2 \times 10^{-4} \times 10^3}{19.6 \times 132} = 0.245 \times 10^{-2} \text{（m）}$$

分散相聚积层厚度

$$h = h_0 + h_\sigma + h_c = 0.0524\text{m} = 5.24 \text{（cm）}$$

若取降液管长度

$$L_D = \frac{2}{3}H_T = 200 \text{（mm）}$$

可见 $L_D > h$，不会产生分散相聚积层太厚造成的液泛。

（3）板上连续相之厚度为

$$300 - 52.4 = 247.6 \text{（mm）}。$$

4　离心萃取器

4.1　概述

离心萃取器是利用离心力、搅拌剪切力或与外壳的环隙之间的摩擦力进行两相混合，并利用离心力使两相澄清分离的萃取设备。由于离心加速度远大于重力加速度，离心力远大于重力，所以离心萃取器能在短短几秒钟的停留时间内保证两相充分混合、迅速分离。

离心萃取器的种类多种多样，但操作原理却大致相同。在连续接触式离心萃取器中，通常将轻相引至转鼓的周边，重相引至转轴附近，在高速旋转离心力的作用下，两相逆流接触后分离，澄清后的两相分别从轴心和转鼓的外缘处排出。在逐级接触的离心萃取器中，两相都引入混合隔室，然后靠离心澄清分相。

与其他萃取器相比，离心萃取器具有停留时间短、容积效率高、溶剂滞留量小、操作适应性强、易于清洗等优点，特别适于处理易乳化、密度差小、难分离、两相流比大的萃取体系。此外，由于停留时间短（约几秒钟），这使它有可能利用达到"平衡"所需时间的差异来分离两种或两种以上极难分离的金属，例如用 Versatic911—煤油萃取分离镍钴。由于钴的萃取速度比镍快得多，钴可在短时间内很快达到平衡；为此，如果采用离心萃取器，其分离效果将远远优于其他萃取设备。但作为一台机械设备，其结构则比其他萃取器复杂得多，其中高速旋转部件的制造和加工要求很严格，所需费用比较高。特别是连续接触式和单台多级离心萃取器，这些缺点就更加突出。因此其推广应用受到限制。

目前，在核燃料后处理工业各种类型的离心萃取器都有所应用；而在稀有金属分离中多应用单台单级圆筒式离心萃取器。在重金属萃取分离中的使用情况虽未见详细报道，但预计单台单级圆筒式离心萃取器较容易推广应用。因此本节只介绍圆筒式离心萃取器的结构和设计。

4.2　圆筒式离心萃取器的特点

与其他离心萃取器相比，圆筒式离心萃取器有以下特点：

（1）在离心萃取器的制造中，加工要求最严的是转鼓。而圆筒式离心萃取器的转鼓直径较小、转速较低、结构简单，便于制造，无须特殊加工。

（2）圆筒式离心萃取器是单台单级设备，其多级逆流操作可由单级串联而成，级数不受限制；此外，不同规格的转鼓，其处理量可由每小时几升至100m³，适于多种萃取体系。

（3）圆筒式离心机的转鼓是上悬式，浸在液体中的转动件没有动密封的问题。

（4）液体通道的截面积较大，处理量大，而且适于处理含有一定量固体颗粒的料液。对于湿法冶金萃取，这是一个很突出的优点，因为湿法冶金的萃取料液中，大多不同程度地含有固体颗粒。

圆筒式离心萃取器也有其不足之处。该设备是单台单级设备，每台设备都有单独的传动机构，其占地面积、溶剂滞留量、易损件消耗都相应有所增加。而且，由于转鼓直径较小、转速较低，该设备的分离因数要低于其他类型的离心萃取器。现用的大部分圆筒式离心萃取器的分离因数均小于500，而其他离心萃取器的分离因数均大于1000。但总的来说，圆筒式离心萃取器的优点是突出的，有助于它的推广和应用；而其不足之处，仅是相对于其他离心萃取器而言，与混澄器和萃取塔相比，它依然占有很大的优势。

4.3　圆筒式离心萃取器的结构

至今为止，国内外先后出现过二十余种不同结构和规格的圆筒式离心萃取器，其概况列于表4-4-1。根据表4-4-1中所列设备的结构特点，可将圆筒式离心萃取器分成几类，现分别介绍如下。

表4-4-1　圆筒式离心萃取器概况

型　号	转鼓直径/mm	制　造　者	主　要　用　途
SRL—$\frac{3}{4}$	20		研究短停留时间铀、钚裂变元素的萃取行为
SRL—1	25.4	美国萨凡阿那河研究所	为SRL-$\frac{3}{4}$提供原始模型
SRL—5	127		研究水力学特性及影响因素
SRL—10	254		1966年用于核燃料后处理工厂
ANL—4	102		用于液态金属快中子增殖堆的核燃料后处理

续表

型　号	转鼓直径/mm	制　造　者	主　要　用　途
ANL—4（环）	102	美国立阿贡研究所	ANL—4 的改进型，为环隙混合
BXP—320	320	法国圣戈班	用于非核大型萃取过程
BXP—360	360	一罗巴泰尔公司	
BXP—520	520	法国圣戈班	
BXP—800	800	一罗巴泰尔公司	用于非核大型萃取过程
WAK—80	80	西德卡尔斯鲁厄核研究所	用于核燃料后处理中间工厂
XS—34	34		研究铀、酸的萃取性能
XS—34（环）	34		XS—34 的改型，环隙混合，试验水力学和传质性能
XS—55	55		用于废水脱酚
XS—70	70	中国	用于钍的萃取
XS—70（环）	70		XS—70 的改进型、环隙混合
XS—75	75	″	对混合区的搅拌桨加以改进，用于咖啡的提取
XS—75（环）	75	″	XS—75 改进型，为环隙混合
XS—125	125	″	研究水力学特性和铀、钍传质性能
XS—205（环）	205	″	研究环隙式放大后的性能
XS—208	208	″	用于青霉素制取
XS—230	230	″	用于铟的萃取及铟—铁动力学分离

4.3.1　SRL 型离心萃取器

SRL 型萃取器是典型的搅拌混合型圆筒式离心萃取器，是美国萨凡那河研究所于六十年代初研制成的。该设备的规格从 $\varnothing$ 25.4mm 至 $\varnothing$ 254mm ，处理量从 18L·h^{-1} 至 22.7m^3·h^{-1} 都有应用实例。图 4-4-1 示出了其主要结构。

该萃取器在运行时，重相和轻相从下面的管口进入混合室，在搅拌桨的剧烈搅拌下，两相充分混合并产生相间传质，然后混合相进入转鼓，在强大的离心力的作用下重相被甩向转鼓外缘，而轻相被挤在转鼓的内缘，它们再分别流经重相堰、轻相堰，向外经辐射状导管到重相收集室、轻相收集室并外流到出口排出。两相界面的控制可采用压缩空气控制和重相堰控制两种形式，当用压缩空气控制界面时，要在轴上打一个中空的孔，并装设旋转密封装置和供气系统。这种类型的离心萃取器结构简单、效率高、易于操作、运动可靠。

SRL 离心萃取器是单台单级设备。它可以单台使用，也可多台串联使用。多台串联时，可以逆流，也可以并流，视工艺要求而定。每台萃取器的搅拌桨都有

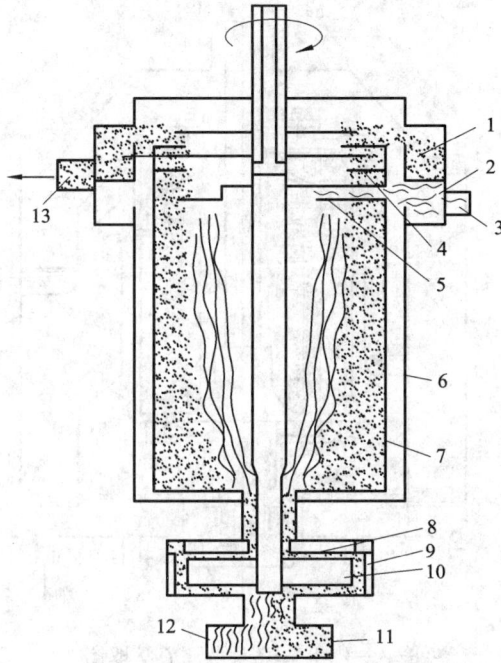

图 4 – 4 – 1　SRL 离心萃取器

1—重相收集室　2—轻相收集室　3—轻相出口　4—重相堰　5—轻相堰
6—套筒　7—转鼓　8—导向挡板（四条）　9—混合挡板（四条）　10—搅拌桨（四叶）
11—重相进口　12—轻相进口　13—重相出口

足够的抽吸能力，级间不必另设输液泵。在稀有金属和贵金属分离中，常将几十台设备串在一起使用。

美国国立阿贡研究所曾对 SRL 型离心萃取器加以改进，设计出 ANL 型离心萃取器，其结构与 SRL 型相似，特点是转鼓直径小，长径比大，转速加快，其分离因数相应提高。

与 SRL 离心萃取器同类型的设备还有德国的 WAK 型和我国的 XS 型离心萃取器。主要参数见表 4 – 4 – 2。

4.3.2　BXP 型离心萃取器

BXP 型离心萃取器是大型圆筒式离心萃取器，它是法国圣戈班—罗巴泰尔公司于 20 世纪 70 年代研制成功的，其结构如图 4 – 4 – 2 所示。

操作时，两相液相同时进入方槽底部，溢流入固定槽后被旋转桨叶和固定叶片吸入旋转槽。在此，靠转动部件和固定部件之间的速度差作用。进行输液和混

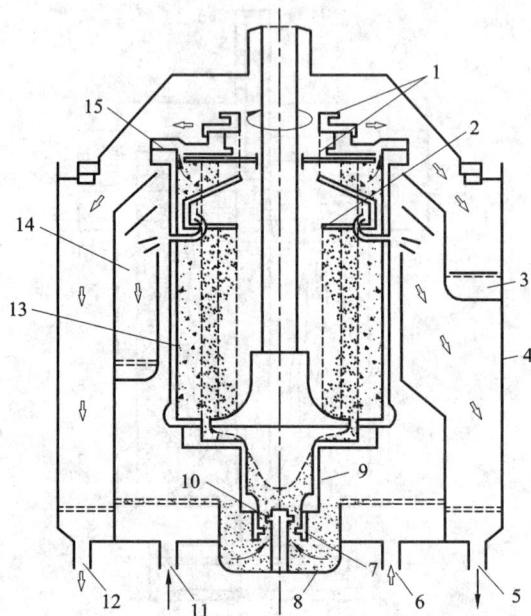

图 4 - 4 - 2　BXP 型离心萃取器

1—重相堰　2—轻相堰　3—重相集液室　4—方槽（外亮）　5—轻相出口
6—重相入口　7—旋转桨叶　8—固定槽　9—旋转槽　10—固定叶片
11—轻相入口　12—重出口　13—转鼓　14—轻相集液室　15—重相挡板

合。混合液经旋转槽的出口进入转鼓。转鼓里的径向叶片带动混合液同步旋转，在离心力作用下，两相澄清分离。澄清后的两相分别经各自的堰区和集液室，最后从方槽底部的出口排出。

　　BXP 离心萃取器的外壳是方槽，因此，其多级串联的方式与 SRL 型不同。相邻各级的方槽可直接相通，无须再专设连接管路。此外，槽壁直接相通，配置也更为紧凑。图 4 - 4 - 3 是一台三级的 BXP 离心萃取器。图 4 - 4 - 4 是五级 BXP 离心萃取器的串联方式。图中两个不同的箭头代表两相液体的流向。

　　该设备各种规格的主要参数如表 4 - 4 - 2 所示。

4.3.3　环隙混合型圆筒式离心萃取器

　　目前，环隙混合型圆筒式离心萃取器有两种型号，即：ANL 型和 XS 型。ANL 型只有一种规格，ANL—4（环）型，它是美国国立阿贡研究所对 ANL—4 离心萃取器所做的改型设计。XS 型有四种规格，是我国一些研究单位参照 ANL—4（环）离心萃取器研制设计的。这类设备的特点是以环隙混合代替搅拌

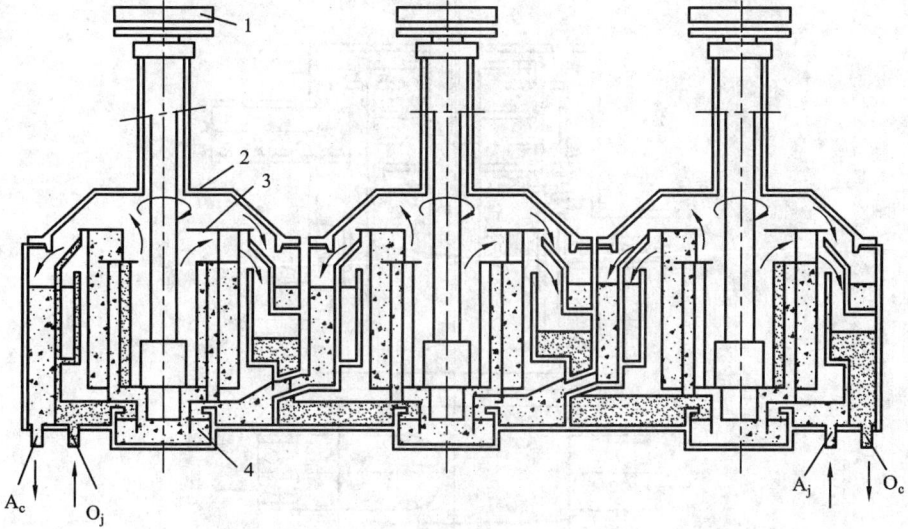

图 4 – 4 – 3　三级 BXP 离心萃取器

1—联轴节　2—外亮　3—转鼓　4—混合区

A_c—水相出口　O_j—有机相进口　A_j—水相进口　O_c—有机相出口

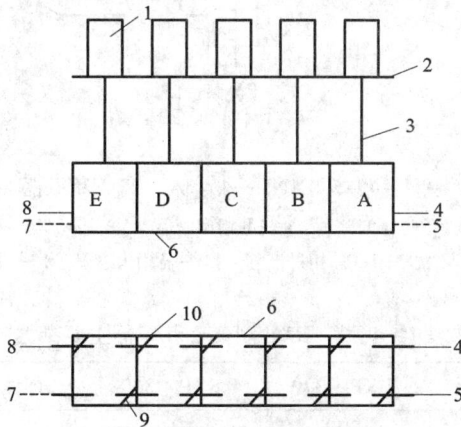

图 4 – 4 – 4　五级 BXP 离心萃取器串联简图

1—电动机　2—支承梁　3—转轴　4—重相入口　5—轻相出口　6—方槽　7—轻相入口

8—重相出口　9—轻相级间通路　10—重相级间通路　A、B、C、D、E—各级标号

⋯⋯轻相　——重相

混合，取消了混合室、搅拌桨，简化了结构，降低了制造费用，便于安装和维修。ANL—4（环）离心萃取器的结构如图 4 – 4 – 5 所示。

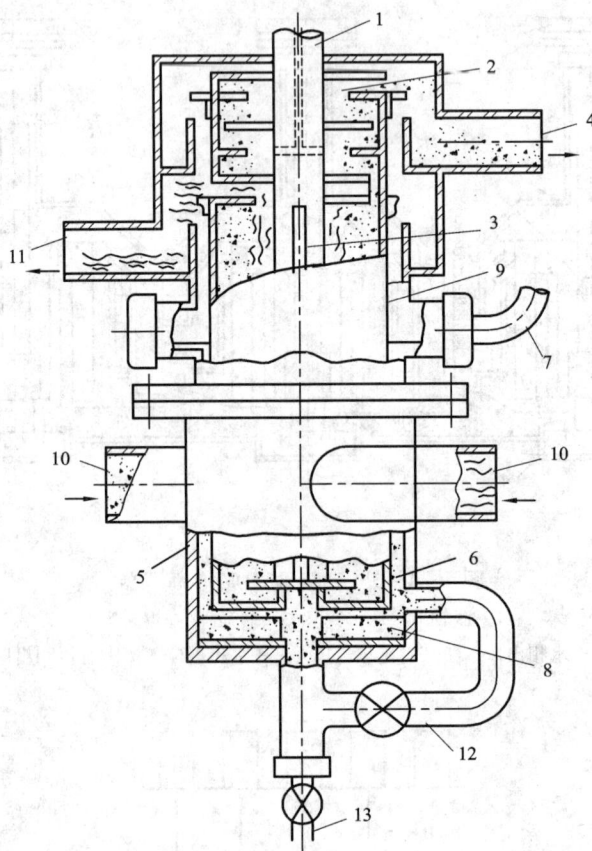

图 4 - 4 - 5　ANL—4（环）离心萃取器

1—转轴　2—堰区　3—径向叶片　4—重相出液管　5—外壳　6—环境　7—液面计
8—防涡流叶片　9—转鼓　10—轻相进液管　11—轻相出液管　12—固流管　13—排空管

表 4 - 4 - 2　BXP 型离心萃取器主要参数

型　号		BXP—320	BXP—360	BXP—520	BXP—800
转鼓	直径/mm	320	360	520	800
	容量/L	17	29	110	220
	转速/（r·min^{-1}）	2900	2900	1450	1000
方槽	长度/mm	610	680	1000	1500
	宽度/mm	610	680	1000	1500
	高度/mm	500	600	920	1250
设备总高/mm		1500	1700	2400	2600
处理量/（m^3·h^{-1}）		6	10	25	50
电动机功率/kW		5.6	7.5	11.25	15

　　两相液流从侧面切向进入转鼓与外壳间的环隙区，利用转鼓高速转动的摩擦作用，使两相剧烈混合。混合液经固定在外壳底部的平板式涡轮型防涡流叶片再次被混合，并从底口进入转鼓。转鼓里的径向叶片使混合液与转鼓同步旋转并离心分相。澄清后的两相经堰区、集液室后，分别从各自的出液管排出。多级串联时外壳可加工成一体。

　　环隙混合型圆筒式离心萃取器的主要参数见表4－4－3。

表4－4－3　环隙混合型圆筒式离心萃取器

型号	XS—34（环）	XS—70（环）	XS—75（环）	XS—205（环）	ANL—4（环）
转 直径/mm	34	70	75	205	101
长度/mm（澄清区）	45	100	100	300	303
鼓 转速/(r·min⁻¹)	3500－5000	3000	3000	1430	2000~3500
分离因数	464	350	375	230	690
轻相堰半径/mm	10	18	20	43	25.4
重相堰半径/mm	10.5~12	23	22~26	70~72.5	35
重相挡板半径/mm	15	31	33.5	95	44.5
	3	9.5	5		
环隙/mm	5		8	20	
	7	12.5	12.5		
	1	2	2.5		
间隙/mm	3			1~6	
	5	3	8.5		
防涡流	3		6.5		
叶片高度/mm	4	15		25	
	5		10		
机组级数	6	单	单	单	单
应用级数	6	单	单	单	单
电动机功率/kW	0.16（单）	0.50	0.16	2.5	2.25
处理量/(L·h⁻¹)	60	270	300	4000	1590~2725
混合区容积/mL	5~15	100	100	1500	
澄清区容积/mL	26.8	280	303	8000	

4.4　几个特性参数的确定

4.4.1　离心分离因数 α

分离因数是表征离心力大小的参数，即旋转物体的离心力（或离心加速度）与重力（或重力加速度）之比，用下式表示：

$$\alpha = \frac{R_d \omega^2}{g} \tag{4-4-1}$$

或
$$\alpha = \frac{\pi^2 D_d n_d^2}{1800g} = 5.59 \times 10^{-4} D_d n_d^2 \tag{4-4-2}$$

式中：α——分离因数；

R_d——转鼓半径，m；

D_d——转鼓直径，m；

ω——转鼓的旋转角速度，rad·s^{-1}；

n_d——转鼓的转速，r·min^{-1}；

g——重力加速度，9.8m·s^{-2}。

离心萃取器都是借助于转鼓高速旋转产生的离心力进行两相澄清分离，离心力的大小将影响萃取器的性能，因此分离因数是离心萃取器的重要特性参数。分离因数越大，则设备的分离能力也越强，分离容量就越大。从式 4-4-2 可看出，分离因数的大小与转鼓直径的一次方成正比，与转速的二次方成正比。因此，ANL 型离心萃取器的分离因数通常大于 SRL 型离心萃取器的分离因数。

$\alpha < 3000$ 的离心机称为常速离心机；$\alpha > 3000$ 的离心机称之为高速离心机。目前所用的圆筒式离心萃取器，其分离因数均小于 700，都属于常速离心机。

4.4.2　液泛容量（最大分离容量）

液泛容量，即最大分离容量，是离心萃取器的重要特性参数之一，是确定设备处理量的依据。它是指在一定操作条件下，转鼓的最大分离能力。

离心萃取器的液泛形式有三种：轻相液泛，又称轴液泛，即轻相出口夹带重相。重相液泛，又称周边液泛，即重相出口夹带轻相。容量液泛，因流量过大而使两相出口同时产生相夹带。发生容量液泛时的流量称为液泛容量，即设备的最大分离容量。通常，设备所允许的操作容量仅为其液泛容量的60%～75%。

当转鼓的结构参数和转速确定之后，其澄清区内乳化液层的厚度将随两相总流量的增加而增加。如果界面移至轻相堰，就产生轴液泛。如果界面向周边移动移至重相堰，就产生周边液泛。轴液泛或周边液泛均可通过调节重相堰半径。控制界面位置使其消除。但是当两相流量增至乳化液充满轻相堰和重相挡板之间的空间时，将发生容量液泛。容量液泛靠任何调节都无法消除，因此此时的流量是设备的最大分离容量。

影响液泛容量的因素很多。除体系物性和操作流比之外，主要有转鼓和搅拌桨的几何参数及转速。美国国立阿贡实验室提出一个可供参考的经验表达式，即：

$$Q_f \propto \frac{n_d^2 D_d^3 L_d}{1.639 n_m d_m} \qquad (4-4-3)$$

上式可改写为

$$Q_f \propto \frac{(n_d^2 D_d)(D_d^2 L_d)}{1.639 (n_m d_m)} \qquad (4-4-4)$$

式中：Q_f——圆筒式离心萃取器液泛容量，$m^3 \cdot min^{-1}$；

L_d——转鼓澄清区的长度，m；

n_d——转鼓转速，$r \cdot min^{-1}$；

D_d——转鼓直径，m；

n_m——搅拌桨转速，$r \cdot min^{-1}$，通常 $n_m = n_d$；

d_m——搅拌桨直径，m；

$n_d^2 D_d$——相当于分离因数；

$D_d^2 L_d$——相当于转鼓容积；

$n_m d_m$——表征搅拌强度的大小。

从式 4-4-4 可看出，离心萃取器的液泛容量随分离因数和转鼓容积的增加而增加，随搅拌强度的增加而减小。分离因数增加意味着设备的分离能力增大，其液泛容量也相应提高。转鼓容积加大，相当于延长分相时间，乳化带变窄，其液泛容量加大。而搅拌强度增加意味着混合加剧，分相困难，液泛容量随之下降。各参数中，转鼓直径对液泛容量的影响最为显著。转鼓直径的增加不仅提高分离因数，同时又扩大了转鼓的容积，二者均使液泛容量增加。当转鼓直径受限制时，可通过增加转鼓的长度提高液泛容量，但转鼓长度的增加要受临界转速和泵送能力的限制。当转鼓与搅拌桨叶同轴时，转速的增加将产生利弊共存的效果，分离因数和分相难度同时增加，此间的最佳范围要靠实验测定。

环隙混合型的圆筒离心萃取器，其分离容量一般随环隙增大而增大。但环隙增大不利于传质。为兼顾二者，在无充分实验数据的情况下，最好将环隙设计成可调的。

阿贡实验室有关液泛容量的实验数据如表 4-4-4 所示。

表 4 – 4 – 4　各种离心萃取器的液泛容量

| 型　号 | 转　鼓 | | | 搅拌桨 | 液泛容量 |
	直径/mm	长度/mm	转速/r·min^{-1}	直径/mm	/L·min^{-1}
SRL—1	25.4		5000	13	0.3 ~ 0.3785
SRL—5	127	145	1800	114	24.6 ~ 42
SRL—10	254	356	1750	152	2877
ANL—4	101	305	2000	83	26.5
ANL—4	101	305	3500	83	45.4
WAK—80	80	127	2000	71	6.8
WAK—80	80	127	3000	71	9.1

根据实验结果，阿贡研究所标绘了液泛容量估算图，见图 4 – 4 – 6。

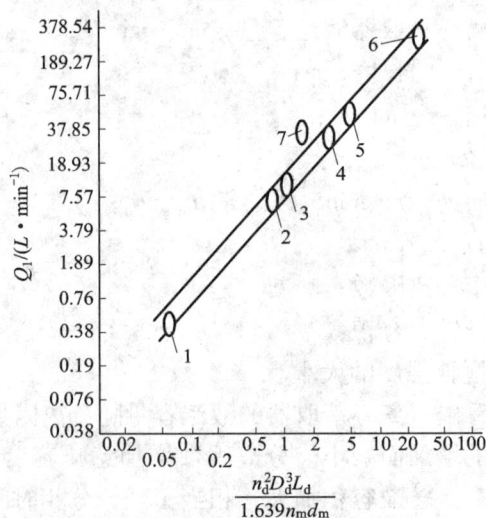

图 4 – 4 – 6　液泛容量估算图

1—SRL – 1　2—WAK – 80（$n_d = 2000$r·min^{-1}）　3—WAK – 80（$n_d = 3000$r·min^{-1}）

4—ANL – 4（$n_d = 2000$r·min^{-1}）　5—ANL – 4（$n_d = 3000$r·min^{-1}）　6—SRL – 10　7—SRL – 5

按照式 4 – 4 – 3 中的符号和单位先算出横坐标的数值，再查图 4 – 4 – 6，可初步确定设备的液泛容量。因为最大分离容量不仅取决于转鼓结构和转速，还取决于萃取体系、流比等条件。因此图 4 – 4 – 6 的最大分离容量有一定的范围，其上线（最大值）约为下线（最小值）的 2 倍，尽管实际生产中各种因素对液泛容量的影响并不像式 4 – 4 – 3 那样简单，实测数据也与上述方法确定的值有一定偏差。但在现有条件下离心萃取器的性能研究很不成熟、很不充分，但应用上述方法粗算液泛容量尚有一定参考价值。

【例 4 – 3 – 1】　有一台直径 D_d 为 0.07m 的离心萃取器，转筒长度 L_d 为 0.100m，转筒转速 $n_d = n_m$，搅拌桨直径 d_m 为 0.042m，求转速 n_m 为 3000r·min^{-1} 时设备的液泛容量 Q_f。

解：

按下式求值：

$$\frac{n_d^2 D_d^3 L_d}{1.639 n_m d_m} = \frac{n_d D_d^3 L_d}{1.639 d_m} = \frac{3000 \times 0.070^3 \times 0.100}{1.639 \times 0.042} = 1.495 \approx 1.5$$

由图 4 – 4 – 6 查得：

$$Q_f = 11.4 L \cdot min^{-1}$$

4.4.3　界面控制和重相堰半径

离心萃取器里的两相液体在高速圆周运动下分层，液体在设备里停留时间极短，对外来干扰特别敏感，因此它的稳态控制要比混澄器严格得多。所谓"稳态控制"是指操作过程中的澄清区界面位置要保持稳定。若界面位置调节适当，澄清区的两相液体则分别流入各自的集液室。如果界面控制不当，一相液体则会混入另一相液体中，造成液泛，破坏正常操作。

界面调节的方法有两种，一是用空气堰压力调节界面，即将压缩空气从转轴中心引入重相堰区，通过调节压缩空气的压力来调节相界面的位置。其优点是连续调节，调节时无须停车、无须拆卸转鼓，适应的操作范围较大。其缺点是设备结构复杂，必须加工引入压缩空气的孔道，必须设置动密封，加工精度要求很高，运转中的检修次数较多，而且还要增设相应的控制系统。另一种调节界面的方法是调节重相堰半径，这种调节方法是分级调节。其优点是堰区结构简单，加工容易，没有动密封。设备运行前经实验确定合适的重相堰，开车后即可正常操作，运转中不必调整，无须控制系统。其缺点是调节时必须停车，而且调节的范围较窄，相应的适应操作范围也较窄。但总的来说，重相堰调节简便易行，应用较广，堰区结构如图 4 – 4 – 7 所示。

假定乳化带的厚度为零，界面半径为 r_i。根据界面两侧压力相平衡的原则，可得界面半径的计算公式如下：

$$\rho_0 (r_i^2 - r_0^2) = \rho_a (r_i^2 - r_a^2) \tag{4 – 4 – 5}$$

$$r_i = \sqrt{\frac{(r'_a)^2 F_a - (r'_0)^2 F_0 \left(\frac{\rho_0}{\rho_a}\right)}{1 - \frac{\rho_0}{\rho_a}}} \tag{4 – 4 – 6}$$

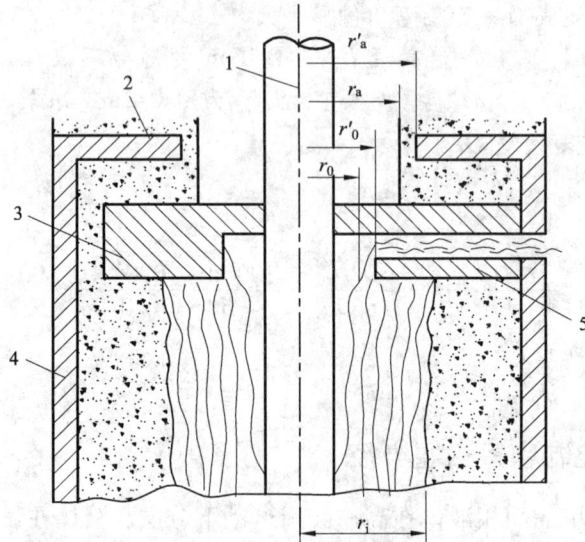

图 4 - 4 - 7　重相堰调节界面示意图

1—转轴　2—重相堰　3—重相挡板　4—转鼓　5—轻相堰

式中：r_i——界面半径，mm；

　　　r_a、r_0——重相堰和轻相堰处实际液体半径，mm；

　　　r'_a、r'_0——重相堰和轻相堰的半径，mm；

　　　ρ_a、ρ_0——重相和轻相的密度，$kg \cdot m^{-3}$；

　　　F_a——重相堰处实际液体半径 r_a 与重相堰半径 r'_a 之比的平方，

　　　　　即 $F_a = \dfrac{r_a^2}{(r'_a)^2}$；

　　　F_0——轻相堰处实际液体半径 r_0 与轻相堰半径 r'_0 之比的平方，

　　　　　即 $F_0 = \dfrac{r_0^2}{(r'_0)^2}$。

　　该公式考虑了液体溢过重相堰时液层升起的厚度，但未计入液体从轻相堰到重相堰垂直上升高度和重相通过重相挡板时的阻力对界面半径的影响。从式 4 - 4 - 6 中可以看出，在实际操作中，如果两相密度（ρ_a、ρ_0）、轻相堰半径和液体流量固定不变，F_a 和 F_0 也不变，界面半径 r_i 则只随重相堰半径 r'_a 的改变而改变。r'_a 加大，r_i 也加大。

　　重相堰的可调范围随转鼓直径的加大而加大。转鼓直径越大，对扩大界面可调范围越有利，设备所通适应的操作范围就越大，如表 4 - 4 - 5 所示。

重相堰挡板外径 $2r_{uf}$ 与转鼓直径 D_d 的关系如表 4 – 4 – 6 所示。轻相堰直径与转鼓直径的关系如表 4 – 4 – 7 所示。当转鼓直径确定之后，应尽量增加重相堰挡板半径，减小轻相堰半径，但要以不影响液体顺利排出为前提。

表 4 – 4 – 5　转鼓直径对重相堰可调范围的影响

设备型号	XS—34	XS—205
转鼓直径/mm	34	205
可调范围（r_{uf}—r'_0）/mm	5	25
重相堰半径允许操作范围/mm	1	5

注：r_{uf}—重相挡板半径，mm。

表 4 – 4 – 6　重相堰挡板外径与转鼓直径的关系

型　　号	XS—34	XS—70	XS—75	XS—205	SRL—5
转鼓直径 D_d/mm	34	70	75	205	127
重相堰挡板外径 $2r_{uf}$/mm	30	62	67	190	114. 3
$2r_{uf}/D_d$	0. 88	0. 89	0. 90	0. 93	0. 90

表 4 – 4 – 7　轻相堰直径与转鼓直径的关系

型　　号	SRL—1	SRL—5	XS—34	XS—70
转鼓直径 D_d/mm	25. 4	127	34	70
轻相堰直径 $2r'_0$/mm	10	57	20	36
$2r'_0/D_d$	0. 394	0. 45	0. 588	0. 514

下面介绍重相堰半径的有关计算。

当界面半径 r_i 等于重相堰挡板半径时所求得的重相堰半径为重相堰的最大半径，即，当界面半径 r_i 等于轻相堰半径 r'_0 时，所求得的重相堰半径为重相堰的最小半径，其计算公式如下：

$$r'_{a\,max} = \sqrt{r_{a\,max}^2 + (Q_A/K_a f\pi\omega)^{2/3}} \qquad (4-4-7)$$

$$r'_{a\,max} = \sqrt{\left(2 - \frac{\rho_0}{\rho_a}\right)r_{uf}^2 - \frac{\rho_0}{\rho_a}F_0(r_0')^2} \qquad (4-4-8)$$

$$r'_{a\,max} = \sqrt{r_{a\,max}^2 + (Q_A/K_a f\pi\omega)^{2/3}} \qquad (4-4-9)$$

$$r'_{a\,max} = \sqrt{\left(2 - \frac{\rho_0}{\rho_a}\right)(r_0')^2 - \frac{\rho_0}{\rho_a}F_0(r_0')^2} \qquad (4-4-10)$$

根据离心力场中的环形堰流量公式计算 F_a 和 F_o，其关系式如下：

$$Q_A = K_a f \pi \omega \ (r'_a)^3 \ (1 - F_a)^{3/2} \tag{4-4-11}$$

$$Q_O = K_o f \pi \omega \ (r'_o)^3 \ (1 - F_o)^{3/2} \tag{4-4-12}$$

计算离心力场中水相和有机相的环形堰系数 Ka 和 Ko

$$\ln \frac{K_a}{K_H} = -\frac{4}{n_a n_r} \ (K_H f \pi)^{2/3} \left(\frac{Q_A}{\omega}\right)^{1/3} \tag{4-4-13}$$

$$\ln \frac{K_o}{K_H} = -\frac{4}{L_d n_r} \ (K_H f \pi)^{2/3} \left(\frac{Q_o}{\omega}\right)^{1/3} \tag{4-4-14}$$

式中：Q_A——水相流量，$mL \cdot s^{-1}$；

$\quad\quad Q_O$——有机相流量，$mL \cdot s^{-1}$；

$\quad\quad \omega$——转鼓角速度，$rad \cdot s^{-1}$；

$\quad\quad f$——环形堰的周边利用系数，%；

$\quad\quad K_H$——重力场中的环形堰系数，若为锐缘堰，K_H 取 0.415，若为宽峰堰，

$\quad\quad\quad\quad K_H$ 取 0.33，通常多取 0.33；

$\quad\quad n_r$——转鼓中径向叶片的数目；

$\quad\quad L_d$——转鼓澄清区的高度，cm；

$\quad\quad h_a$——重相堰与重相挡板的间距，cm。

式 4-4-12 中的轻相堰半径 r_0' 可参照表 4-4-7 选取。

按照式 4-4-7 至式 4-4-10 和表 4-4-7 确定重相堰的最大半径和最小半径之后，可在此范围内制作一套不同直径的重相堰，经水力学实验选取最佳的重相堰半径，供扩大设计时参考。

4.4.4　转鼓和搅拌桨的设计

如前所述，设备的两相总流量一般定为液泛容量的 60% ~ 75%。因此当处理量确定之后，首先应推算其相应的液泛容量 Q_f，即：

$$Q_f = \left(\frac{Q_A + Q_O}{0.60 - 0.75}\right) = (1.33 \sim 1.67) \ (Q_A + Q_O) \tag{4-4-15}$$

设备各项参数均应按液泛容量 Q_f 确定。

4.4.4.1　转鼓转速 n_d

圆筒式离心萃取器通常采用转鼓和电动机直接相连的办法，而且搅拌桨与转鼓同轴。若选用固定转速的交流电动机，以二极或四极电动机为宜。倘若缺乏半工业试验的依据，也可选用变速电动机，以便根据生产需要调节转速。

4.4.4.2　其他几何参数

除转鼓转速之外，其余参数如转鼓直径 D_d、澄清区长度 L_d 和搅拌桨直径

d_m，主要根据经验确定。各种圆筒式离心萃取器的几何参数列于表 4 – 4 – 8。

表 4 – 4 – 8 不同型号离心萃取器的主要参数关系

型 号	D_d/mm		$A = d_m/D_d$		$B = L_d/Dd$
SRL—1	25.4		0.50		
SRL—5	127		0.90		1.20
SRL—10	254		0.60		1.40
ANL—4	101.6	0.63		0.81	3.00
WAK—80	80				1.63
XS—34	34	0.53	0.59	0.65	1.32
XS—70	70	0.54	0.60	0.64	1.43
XS—125	125		0.64		1.40
XS—208	208	0.48		0.58	1.44

当确定液泛容量之后，可根据图 4 – 4 – 6 查出相应的 $\dfrac{n_d^2 D_d^3 L_d}{1.639 n_m d_m}$ 值。假定：

$$Z = \frac{n_d^2 D_d^3 L_d}{1.639 n_m d_m} \qquad (4-4-16)$$

将 $n_m = n_d$，$L_d = B D_d$，$d_m = A D_d$ 代入上式得：

$$Z = \frac{B n_d D_d^3}{1.639 A} \qquad (4-4-17)$$

Z 和 n_d 已知，A、B 查表 4 – 4 – 8 确定，按照式 4 – 4 – 17 即可算出 D_d。再根据 D_d 和 A、B，即可求得 L_d 和 d_m。

在确定转鼓澄清区长度 L_d 时，还要考虑使其小于转鼓的抽吸高度，即 L_d 小于 ΔH，而且二者的差值应足以克服液体在转鼓里流动时的摩擦阻力，否则会因转鼓的抽吸能力不足而破坏正常操作。转鼓的抽吸高度按下式计算：

$$\Delta H = \frac{\omega^2}{2g} \left(r_0^2 - r_1^2 \right) \qquad (4-4-18)$$

式中：r_1——转鼓进液口的半径，m。

4.5 圆筒式离心萃取器的应用

在湿法冶金中，圆筒式离心萃取器是较理想的萃取设备。在国内已开始用于稀土元素、贵金属及钍、钨、铟等金属的提取。

4.5.1　稀土元素的萃取

　　稀土元素的原子结构相似，其物理、化学性质差别极微，分离十分困难。采用溶剂萃取工艺往往需要几十甚至上百个理论级。在此，选用圆筒式离心萃取器将显示其独特的优点。在稀土元素的八十级逆流萃取中，将混澄器和圆筒式离心萃取器进行比较，其数值列于表 4 – 4 – 9。

表 4 – 4 – 9　稀土元素萃取中混澄器与圆筒式离心萃取器比较

型号	单级容积 /L	处理量 / (L · min^{-1})	停留时间 /min	80 级串联时，置换设备中的溶液所需时间/min
XS—125	≈3. 0	15	0. 20	32
大型混澄器	875	44	20	3200

　　从表中数据可见，当处理量相差仅 3 倍时，单级设备的容积相差近 300 倍，停留时间相差 100 倍，置换两台设备中的溶液所需时间相差 100 倍。投料试车时，要达到稳态控制，往往要流过 6 ~ 10 倍的设备容积的溶液。如果采用混澄器，充槽之后至少要经 22 天才能达到稳态操作，圆筒式离心萃取器只需 5.5h。

　　采用五级 XS—125 离心萃取器，在 P204—富镧硝酸稀土溶液中进行半工业联动试验，其传质数据如表 4 – 4 – 10 所示。从表中数据可见，各级的级效率均很高，分离系数与分液漏斗的试验结果相似。当试验流量从 8L · min^{-1} 增至 17L · min^{-1}，而停留时间从 0. 75s 降至 0. 35s 时，其停留时间的变化对稀土元素的分离无明显的影响。

　　此外，采用五级 SX—10 圆筒式离心萃取器，在 TBP—硝酸稀土溶液体系中进行萃取和反萃取实验，其级效率均为 93. 3 ~ 100%。采用单级 XS—70 圆筒式离心萃取器，在 TBP—硝酸体系中进行萃钍的实验，其级效率也接近 100%。

表 4 – 4 – 10　稀土传质数据

型　号	I					II					III
	1	2	3	4	5	1	2	3	4	5	1 ~ 5
操作压力/kPa			3. 528					3. 43			3. 43
流比 Q_O/Q_A			3/1					3/1			3/1
总流量/ (L · min^{-1})			10					10			10
萃取率/%	50. 3	34. 95	21. 26	13. 6	7. 37	51. 57	34. 22	22. 31	13. 06	10. 22	53. 51
级效率/%	~ 100	~ 100	93. 6	79. 5	80. 2	~ 100	~ 100	98. 4	96. 3	~ 100	100

续上表

型　号		I					II					III
		1	2	3	4	5	1	2	3	4	5	1~5
Pr_6O_{11}	有机相	15.7	13.1	12.8	12.4	10.3	15.7	16.2	13.10	11.7	10.1	17.4
分配	水相	8.2	6.2	7.9	5.9	5.0	9.4	7.7	7.4	7.3	5.9	9.8
/%	富集系数	1.92	2.11	1.62	2.11	2.06	1.67	2.10	1.77	1.60	1.70	1.78
Nb_2O_3	有机相	48.7	40.6	34.9	32.5	27.5	48.9	48.6	39.3	33.0	26.2	55.3
分配	水相	23.5	16.3	19.1	14.7	12.2	24.5	20.8	18.6	16.7	14.2	14.8
/%	富集系数	2.07	2.49	1.83	2.22	2.26	2.0	2.34	2.11	1.98	1.85	3.74
分离系数 Nb/Pr		1.08	1.18	1.13	1.05	1.1.10	1.20	1.11	1.19	1.24	1.1	2.10

4.5.2　铀和各种稀贵金属的萃取分离

圆筒式离心萃取器在核工业中应用较早、较广。大部分圆筒式离心萃取器的水力学试验和传质性能试验都是在铀的体系中进行的。而且在萃取铀的流程中，常常伴随着各种稀贵金属元素（如锆、铌、钌等）的分离。因此了解这方面的实验和生产数据，对于选用同类型的设备还是很有参考价值的。

美国萨凡那河研究所和国立阿贡研究所分别对 SRL 型和 ANL 型各种规格的圆筒式离心萃取器进行了单级和多级联动实验，测定了其水力学性能和传质性能。我国一些研究单位对 XS 型圆筒式离心萃取器也进行了同样的实验。现将上述实验的部分数据分别列于表 4-4-11 至表 4-4-14，仅供设计和选用时参考。

从表中所列数据可以看出，铀萃取用的各种型号和规格的圆筒式离心萃取器，其水力学性能均能达到满意的效果。当用 SRL—10 离心萃取器进行半工业联动实验时证实，转鼓直径放大 10 倍后，其级效率仍可接近或大于 90%，级间不设泵仍可保证液流畅通。XS—125 离心萃取器联动实验还证实，多级串联时，用压缩空气控制界面，操作稳定可靠。ANL—4（环）离心萃取器的实验证明，环隙混合的传质效率高于搅拌混合。

表 4 – 4 – 11 ANL—4（环）离心萃取器试验数据

体 系	转速/r·min^{-1}	总流量/L·min^{-1}	水相级效率/%	有机相级效率/%
水相：U—HNO$_3$；	2000	15.14	113	100
有机相：30%	3000	26.5	98	94
TBP—正十二烷	3500	26.5	97	97

表 4 – 4 – 12 四级 SRL—1 离心萃取器传质性能实验数据

体 系	流比 Q_A/Q_O	转鼓转速/r·min^{-1}	流量/ml·min^{-1}		级效率/%	总效率/%
			Q_A	Q_O		
水相：UO3；(NO$_3$)$^{2-}$； Al(NO$_3$)$_3$； 有机相：25% TBP—煤油	1/2	7000	50	100	85	67
	1/1.5	5000	30	45	93	81
	1/1.5	3500	30	45	87	70
	1/1.5	6000	30	45	92	79
	1/1.5	6000	60	90	94	85
	1/1.5	7000	60	90	96	88
	1/1.5	3500	120	180	75	55
	1/1.5	4000	120	180	85	68
	1/1.5	5000	120	180	93	81

表 4 – 4 – 13 五级 SRL—10 离心萃取器传质实验数据

体系		流量/L·min^{-1}		夹带/%		级效率/%	总效率/%	残液含铀/(g·L^{-1})
		Q_A	Q_O	y(有机相含水相)	x(水相含有机相)			
普雷克斯流程	萃取五级	50	100	<0.5	<0.5			0.015
	三级萃取	15	92					
	二级萃取	15	40	1.5	<0.5			0.52
	反萃五级	85.5	91	1.0	3.0	>95	89	0.55
		65.5	72	1.5	0.5	>95	94	0.39

表 4 – 4 – 14　五级 XS—125 离心萃取器传质实验数据

体　　系		萃　　取		反　萃
进　液　　水相（U—HNO₃）中的 U/g·L⁻¹		255.0	255.0	~0
	有机相中的 U/g·L⁻¹	0.865	0.865	94.6
	1 号	4117	3136	4312
	2 号	6860	3920	6272
操作压力/Pa	3 号	5096	3724	1960
	4 号	5488	3528	1568
	5 号	4900	4900	7056
流量/L·h⁻¹	Q_A	300	400	731
	Q_O	770	1000	576
五级中两相停留时间/s		50.5	38.6	41.6
流比 Q_A/Q_O		1/2.56	1/2.5	1.27/1
最大夹带/%　y（有机相含水相）		0.39	0.70	0.45
x（水相含有机相）		0.57	1.00	0.45
成品液中 U 平均浓度/g·L⁻¹		105	110.8	65.9
残液中 U 平均浓度/g·L⁻¹		0.033	0.033	1.67
回收率/%		99.98	99.98	98.00

习题及思考题

4 – 1　名词解释：

（1）液液萃取

（2）过程速率

4 – 2　用 5% TBP 煤油溶剂，按相比 $R = 2.5$ 萃取分离钍铀，已知料液成分 U_3O_8 为 10 g/L，ThO_2 170 g/L，$D = 2$，求欲使残液中 U_3O_8 达 5×10^{-3} g/L，问错流萃取的理论级数为多少？

4 – 3　在某混澄器中，已知水相流量为 $8m^3/h$，有机相的流量为 $16\ m^3/h$，两相接触时间为 2 min，比澄清速度为 0.12 $m^3/$（m^2 · min）。试计算混澄器的基本结构尺寸。

4 – 4　某料液含溶质 A 25%（质量分数，下同），原溶剂 B 75%，拟采用多级逆流萃取分离。所选溶剂与原溶剂可以当作完全不互溶，溶质 A 在 S 和 B 间分配的平衡曲线如附图所示，所用溶剂用量为最小溶剂用量的 1.5 倍，要求溶质在最终萃余液中的浓度不大于 3%。试求在下列两种情况下理论级数和溶剂用于量：

（1）纯溶剂 S；

（2）循环溶剂 S′，其中含溶质 2%。

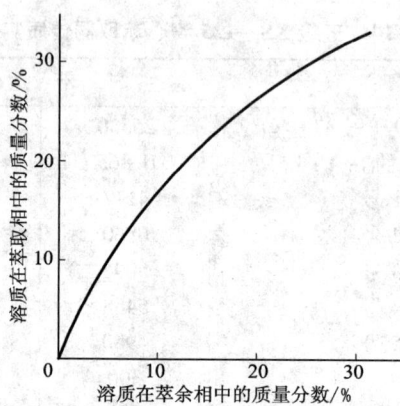

题 4 - 4 附图

第五篇
离子交换设备

1　概述

离子交换是一种新型的化学分离过程，也可以说是一种液固体系的传质过程，是从水溶液中提取有用组分的基本单元操作。

早在 1848 年，英国 Thompson 和 Way 开始认识铵离子与土壤中钙离子的交换现象。1870 年 Lemberg 的实验证明离子交换过程的可逆性和当量关系。20 世纪初期，法国化学家 Gens 利用天然和合成的沸石软化水及处理蔗糖浆以除去钙离子。这种方法一直沿用至今。20 世纪 30 年代出现了磺化煤和离子交换树脂等性能优良的新型离子交换剂。

人们在应用沸石的过程中认识它有很多缺点，要求使用另一些新材料来代替它，由于独特的操作行为和分离性能，离子交换在放射性元素、贵金属及稀有金属如铀、钍、稀土、金、银、铂系金属以及钴镍等重金属的生产中得到广泛应用和迅速发展。无论从废水中回收金属，或者性质相似金属的分离，从有机反应的催化作用到核反应堆冷却水的去污染，从实验室的分析和制备到研究工作上的各种应用等，离子交换都具有其特殊的意义。但目前，离子交换应用最广泛的领域还是纯水制备和废水处理。

由于离子交换树脂的特殊结构所决定，离子交换不适宜处理较浓的工艺溶液，这一点与溶剂萃取法是不同的。因为树脂容量是有限的，溶液中离子浓度太高，则树脂用量多，设备尺寸大。

目前，应用最广泛的离子交换剂是树指，离子交换树脂是一种稳定的高分子珠状颗粒，具有一定的机械强度和化学稳定性，不会对环境造成污染。

湿法冶金过程中应用的离子交换设备有罐式、槽式和塔式；操作模式有间歇式、连续式与周期式，运动方式可以是单槽操作，也可以是多柱（槽）串联操作，液流方向可以是顺流，也可以是逆流；根据操作过程中固液两相接触方式的不同，离子交换设备有固定床，移动床与流化床三种。流化床又分液流流化床、气流流化床（也称悬浮床）及机械搅拌流化床。

2　离子交换剂

2.1　离子交换剂的种类及结构特征

　　凡具有离子交换能力的物质，一般都称为离子交换剂。它是一种带有可交换离子的不溶性固体物质，带有阳离子的交换剂称阳离子交换剂，带有阴离子的交换剂称阴离子交换剂。离子交换剂又可分为无机质和有机质离子交换剂两类。无机质离子交换剂中，天然的或合成的泡沸石是历史最悠久的，但它仅能进行阳离子交换。许多两性水合氧化物如 Fe_2O_3，Al_2O_3，Cr_2O_3，TiO_2，ZrO_2，ThO_2，SnO_2，MoO_3 和 WO_3 等都具有离子交换作用。为弥补有机交换剂的不足，最近研制了高反应速度、高交换容量，耐高温、抗辐射的新型无机质离子交换剂，如磷酸锆、磷酸钛、硒酸锆等，其性能如表 5 - 2 - 1。

表 5 - 2 - 1　无机离子交换剂（CE = 阳离子交换剂；AE = 阴离子交换剂）

品名	类型	制备方法
难熔盐		
磷酸锆	CE	$ZrOCl_2 \cdot 6H_2O$ 和 H_3PO_4 在 HCl 介质中
钨酸锆	CE	$ZrOCl_2 \cdot 8H_2O$ 和 $Na_2WO_4 \cdot 2H_2O$ 在 HCl 介质中
钼酸锆	CE	$ZrOCl_2 \cdot 8H_2O$ 和 $(NH_4)_6 (Mo_7O_{24}) \cdot 4H_2O$ 在 HCl 中 pH1.2
水化氧化锆	CE 和 AE	$ZrO(NO_3)2$ 在 HNO_3 中，以碱沉淀
水化氧化钛	AE	$TiOSO_4$ 在 $0.5mol \cdot L^{-1}$ H_2SO_4 中，以碱沉淀
水化氧化锡	CE	将粒状锡溶于 $4mol \cdot L^{-1}$ HNO_3，80℃
杂多酸		
12 磷钼酸铵	CE	NH_4NO_3，$NH_4H_2PO_4$ 及 $(NH_4)_2MoO_4$ 水中，80℃
12 磷钨酸铵	CE	商品的 12—杂多酸是用 NH_4Cl 与 $0.1mol \cdot L^{-1}$ HCl 中沉淀，室温 30min
六氰钴（Ⅱ）亚铁酸钾	CE	1 份体积 $0.5mol \cdot L^{-1}$ $K_4Fe(CN)_6$ 与 2.4 份 0.3 $mol \cdot L^{-1}$ $Co(NO_3)_2$
亚铁氰化锌	CE	$0.1mol \cdot L^{-1}$ $Na_4[Fe(CN)_6]$ 与 $0.1mol \cdot L^{-1}$ $ZnNO_3$，水浴加热 1~2h
蒙铁士（Montmorillonite）		适当放置
或高岭土	CE	
碌砂	CE	

有机质离子交换剂可分为碳质与合成树脂两类。碳质离子交换剂为磺化煤，是煤经磨碎后用发烟硫酸处理而得，其性能比无机质离子交换剂好，但仍不及合成树脂离子交换剂。合成树脂交换剂是所有离子交换剂中性能最优的一类，它包括阳离子交换树脂和阴离子交换树脂。下面将重点介绍离子交换树脂的分类及基本性能。

将离子交换树脂做成薄膜形式，即称为离子交换膜。离子交换膜是一种含有活性离子交换基团的高聚物膜。离子交换膜电渗析是一种薄膜分离技术，被用于海水淡化、物质提纯和污水处理等各方面。

将离子交换树脂作成大孔吸附剂是离子交换树脂应用的新发展，大孔吸附剂是一种球形具有大孔构造的聚合物，具有特别大的表面积，能从水中吸附各种有机物。

大孔吸附剂按其极性不同，又可分为极性的、非极性和中间极性三种类型。如果水中所含的有机物分子既有亲水性（极性基团），又有非极性基团，则其非极性一端可被非极性的吸附剂所吸附，因而可以从水中分离这类有机物，这个原理被应用于离子交换处理水。在非极性溶剂中的极性分子物质则可用极性的吸附剂进行吸附分离。

大孔吸附剂与活性炭之间的区别在于前者的吸附力较松驰，因而容易用酸、碱或溶剂再生；活性炭对有机物的吸附力很强，再生是比较困难的。

吸附树脂的品种、性能和用途参见表 5 - 2 - 2。

表 5 - 2 - 2　大孔吸附树脂

牌号	主要组成	孔隙度 /%	湿真密度 /(g·mL^{-1})	表面积 /(m^2·g^{-1})	平均孔径 /Å	粒度 /(mesh)
Amberlite						
XAD - 1	聚乙烯	37	1.02	100	200	20 ~ 50
XAD - 2	聚乙烯	42	1.02	330	90	20 ~ 50
XAD - 3						
XAD - 4	聚乙烯	51	1.02	750	50	20 ~ 50
XAD - 5						
XAD - 6						
XAD - 7	丙烯酸脂	55	1.02	450	80	20 ~ 50
XAD - 8	丙烯酸脂	52	1.09	140	250	25 ~ 50
XAD - 9	气化硫	45	1.14	250	80	20 ~ 50
XAD - 11	酰胺基	41	1.07	170	210	16 ~ 50
XAD - 12	极性 N - O 基	45	1.06	25	1300	20 ~ 50

2.2　离子交换树脂的结构特征及种类

离子交换树脂是一种高聚物电解质。它的骨架是由一个不规则的大分子（具有三维空间网状结构的碳氢链）所组成，在这骨架结构中还带有离子团，在阳离子交换树脂中有：

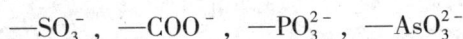

$$-SO_3^-, \quad -COO^-, \quad -PO_3^{2-}, \quad -AsO_3^{2-}$$

在阴离子交换树脂中有：

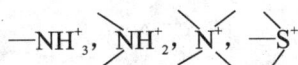

$$-NH_3^+, \quad \rangle NH_2^+, \quad N^+ \quad -S^+$$

按上述的基本结构来分析，它应具有下列的特点和要求：

（1）具有亲水性和弹韧性——在结构中引入离子团，例如—SO_3H 等就会使它具有亲水性，这是作为离子交换剂的基本要求。

（2）具有适当的交联度——带有离子团的直链碳氢大分子是溶解于水的，为了使之不溶于水，必须用交联剂使之交联，例如在制备聚苯乙烯树脂时，以二乙烯苯为交联剂。树脂的网状结构由苯乙烯与二乙烯苯的比例来决定，交联剂的用量愈高，则所得的树脂结构愈紧密，在水中的溶胀度也愈小。交联度又决定了网状结构网孔的宽度。适当的交联度是有利的；但交联度过高，结构过分紧密，高分子量的离子难于渗透进去，同时渗透的速率也较小，这是不利的。

（3）具有一定的稳定性——离子交换树脂对化学、热和机械力的稳定性也与结构有关。通常，紧密的结构有利于抵抗机械磨损。虽然离子交换树脂能在大多数溶剂中保持稳定，但在某些氧化剂和还原剂存在下会发生降解或使官能基损失。离子交换树脂的热稳定性总是有限制的，通常阳离子交换剂的使用温度不宜超过100℃，而强阴离子交换树脂的使用最高温度不应超过60℃。

（4）具有较高的交换容量——交换容量主要取决于官能基的数量，如果按单位体积来计算交换容量，则还与结构紧密程度有关。

表5－2－3列出了国产离子交换树脂的主要性能。

表 5 - 2 - 3　国产离子交换树脂主要性能

名称及型号	类型	外观	粒度/mm	功能团	交换容量/(meq·g⁻¹)	膨胀率/%	水分/%	树脂母体
强酸性1号阳离子树脂	强酸	淡黄透明体球状	0.3～1.2	—SO_3^-	4.5	—	45～55	交联聚苯乙烯型
华东强酸阳42	强酸	棕黑色	0.3～1.2	—SO_3^-, —OH^-	2.0～2.2	—	29～32	酚醛型
上葡强酸阳	强酸	金黄色透明球状	0.3～1.0	—SO_3^-	4.5～5.0	—	40～55	交联聚苯乙烯型
信谊强酸	强酸	黑色颗粒	—	—SO_3^-, —OH^-	1.8～2.0		25	酚醛型
多孔强酸1号阳离子树脂	强酸	乳白不透明球状	—	—SO_3^-	4～4.5	—		交联聚苯乙烯型
732号强酸1×7	强酸	淡黄至深褐球状	16～50目 >95%	—SO_3^-	≥4.5	在水溶液22.5%	46～22	交联聚苯乙烯型
717号强碱201×7	强碱	淡黄至深褐球状	16～50目 >95%	—$N(CH_3)_3$	≥3.0	在水溶液22.5%	40～50	交联聚苯乙烯型
724号弱酸101×128	弱酸	乳白色球状	20～50目 >80%	—COO^-	≥9	—	≤65	交联聚苯乙烯型
701号弱碱330	弱碱	金黄至琥珀色球状	10～50目 >90%	—NH_2, =NH, ≡N	≥9	OH^-—Cl^- ≤20%	45～68	环氧型
704号弱碱311×2	弱碱	淡黄色球状	16～50目 >90%	—NH_2, =NH	≥5	—	45～55	交联聚苯乙烯型

2.3　离子交换树脂的基本性能

2.3.1　含水量和密度

　　商品交换树脂因具有亲水性，所以常含有一定的结合水。结合水的含量与其官能基的性质及交联度有关，并随着空气湿度变化而改变（参见图 5 - 2 - 1 及图 5 - 2 - 2）。

　　测定树脂含水分的方法可用烘干法。

　　不含水分的阴离子交换树脂的真密度为 1.2，而阳离子交换树脂则为 1.4g·ml⁻¹。树脂密度随水分含量而改变，通常强酸聚苯乙烯阳离子交换树脂的密度为 1.3，而强碱阴离子交换树脂为 1.1。在实际上按视密度表示为 0.6～0.8kg·L⁻¹。从真密度和视密度可计算树脂床的空隙率 ε，ε =（真密度—视密度）/真密度。

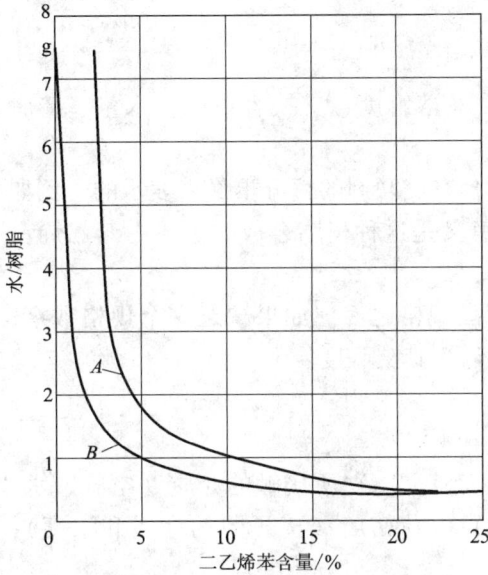

图 5 - 2 - 1　树脂交联度与含水量的关系

A—强磺酸型交换树脂　B—弱酸羧酸型交换树脂

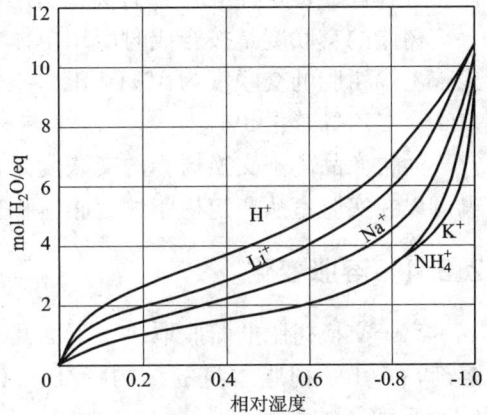

图 5 - 2 - 2　强酸型阳离子交换树脂的含水量与相对湿度和离子类型的关系

2.3.2　粒度

在通常树脂床使用的树脂，其颗粒半径约 0.3 ~ 1.2mm。特殊用途的细磨树脂，其半径可小至 0.04mm。

表示粒度的方法有两种：一种是以颗粒半径表示，另一种是以筛子（目数）表示。标准筛又有两种，即美国筛和英国标准筛（BSS），它们的换算关系参见表 5 - 2 - 4。

为了掌握树脂粒度特性，应进行筛分析以确定粒子大小的分布情况。

表 5 - 2 - 4　标准筛与颗粒半径的关系

美国筛目数	半径/mm	BSS 筛目数	半径/mm	美国筛目数	半径/mm	BBS 筛目数	半径/mm
8	2.38	10	1.500	70	0.21	90	0.155
12	1.68	20	0.735	80	0.177	100	0.136
16	1.19	30	0.485	100	0.149	120	0.125
20	0.84	40	0.360	200	0.074	140	0.093
30	0.59	50	0.286	325	0.044	160	0.079
40	0.42	60	0.235			180	0.069
50	0.297	70	0.200			200	0.061
60	0.25	80	0.173				

2.3.3 交联度

离子交换树脂的交联度与其许多性质（溶解度、交换容量、含水量、膨胀性、选择性、稳定性等）都有关系。

树脂的交联度是按合成时所用单体中含有交联剂的百分重量来表示的。例如聚苯乙烯树脂的交联度为8%DVB，它的意义是这种树脂合成时单体中苯乙烯占92%，二乙烯苯占8%。

通常商品离子交换树脂的交联度是商品规格之一。如果缺乏这个规格数字，也可以在实验室从测定树脂的溶胀体积来计算其交联度。

2.3.4 溶胀变化

离子交换树脂的溶胀取决于下面几个因素：（a）所接触的介质（空气、水、溶剂）；（b）树脂本身的结构特征；（c）电荷密度（离子团的性质和浓度）；（d）反离子的种类。

溶胀变化通常按干树脂所吸附的水的百分率来表示。

从离子交换柱的设计上来说，要掌握再生前后树脂的体积差，这个溶胀变化也可以在实验室进行测定。

2.3.5 交换容量

交换容量是离子交换树脂一个最重要的性能，是设计离子交换过程和装置时所必须的数据。它说明树脂的交换能力，通常按每克干树脂所能交换的离子的毫克当量数来表示。在工业上，常按单位体积树脂所能交换的当量数表示。在水处理的计算中交换容量是以 $CaCO_3$ 或 CaO 来表示。

测定交换容量的装置见图5-2-3。

测定阳离子交换树脂交换容量的方法——取5克阳离子交换树脂置于图2—3的漏斗中，用浓度为 $1mol \cdot L^{-1}$ 的1L HNO_3 处理转变为 H^+ 型，用蒸馏水充分洗净，抽气过滤除水后置于空气中使之风干。称取风干试样 $1.000 \pm 0.005g$ 置于250mL锥瓶中，加入 $0.1mol \cdot L^{-1}$ NaOH 200mL（其中加有5%NaCl），放置隔夜。同时称取1g同样试样测定其水分含量（烘干温度为110℃，时间最少4h，甚至要隔夜）。从上述处理的溶液表层，吸取50mL反应后的溶液，用 $0.05mol \cdot L^{-1}$ H_2SO_4 进行反滴定余量的 NaOH，按下式计算交换剂的交换容量：

$$交换容量（meq \cdot g^{-1}）= \frac{200 \times V_{NaOH} - (4N_{H_2SO_4} \times V_{H_2SO_4})}{试样重量 \times \frac{100 - 水分\%}{100}} \qquad (5-2-1)$$

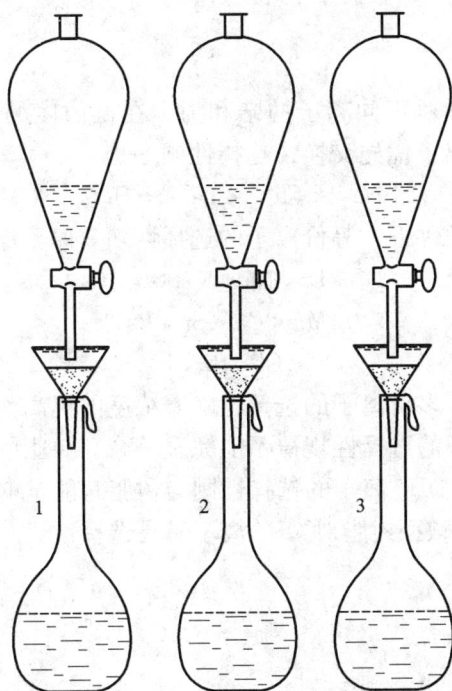

图 5 – 2 – 3　交换容量的测定装置

阴离子交换剂交换容量的测定方法：取 10g 树脂，以 1mL 1mol·L^{-1}的 HCl 处理使转为 Cl$^-$型，充分洗净，风干，称取 5.000 ± 0.005g 试样，置于上述装置的漏斗上，以 1000mL 4% Na$_2$SO$_4$ 洗涤，用一容量瓶收集其洗出液，取其中 100mL，用 0.1mol·L^{-1} AgNO$_3$ 标准液滴定其中 Cl$^-$ 离子，以 K$_2$ClO$_4$ 为指示剂，同时测定试样的水分含量，按下式计算阴离子交换树脂的交换容量：

$$交换容量（meg·g^{-1}）= \frac{V_{AgNO_3} \times N_{AgNO_3} \times 10}{试样重量 \times \dfrac{100 - 水分\%}{100}} \quad (5-2-2)$$

"理论交换容量"是指按树脂官能基含量按理论计算的交换容量。上述测定的交换容量不能与理论交换容量绝对符合，这是因为合成时有副反应产生以及交换的完成程度都不能达到 100%。

工作交换容量是指在实际操作条件下的交换容量。这与操作条件有关，特别是弱酸和弱碱型的交换树脂的交换容量依赖于溶液的 pH 值。为了反映这个关系，可以测定 pH 滴定曲线。

2.3.6 选择性

选择性是指交换剂对不同离子的亲和力。在低浓度的水溶液中和室温条件下，多价离子比单价离子优先交换，选择性顺序是：

$$Na^+ < Ca^{2+} < La^{3+} < Th^{4+}$$

在低浓度和室温条件下，等价离子的选择性随着原子序数的增加而增加：

$$Li < Na < K < Rb < Cs$$

$$Mg < Ca < Sr < Ba$$

$$F < Cl < Br < I$$

在高浓度溶液中，多价离子的选择性随着浓度的提高而减小。在高温或非水介质中，上述等价离子的选择性规律不能完全符合。树脂的交联度愈高，一般其选择性愈高。对 H^+ 及 OH^- 离子的选择性则与树脂官能基的酸碱性强有关，弱酸型树脂对 H^+ 离子和弱碱型树脂对 OH^- 离子有高选择性。

3　离子交换过程和设备系统

3.1　间歇式离子交换过程和设备

最简单的一种离子交换装置就是采用一个具有搅拌器的罐。稍加改进的一种方法是在罐的底部设有一块筛板以支撑离子交换剂，用压缩空气进行搅动，以达到流态化的目的，这种装置见图 5 - 3 - 1。

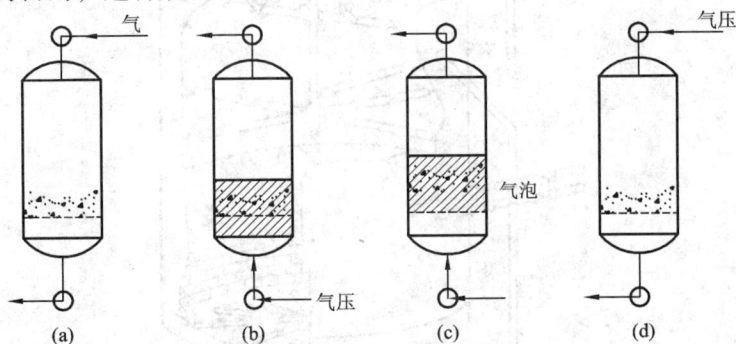

图 5 - 3 - 1　间歇式离子交换的操作循环
a—空罐　b—装罐　c—平衡　d—排放

在进行离子交换时，将溶液通过下部阀门进入罐内，继续用气体压力使离子交换剂与溶液成为流态化状态以加速离子交换平衡；当达到平衡后，从罐的上部阀门给予气体压力，使溶液从下部排放出来。

当离子交换剂的交换能力耗尽便需进行再生，再生过程的操作与交换过程是相同的。

还有一种间歇式的离子交换操作是用一台泵使离子交换剂与溶液在管路中循环使之平衡，然后将离子交换剂送入一个过滤筐并与新溶液或再生剂重新处理。这种操作是从铀的回收工艺中发展出来的，对于其他离子交换反应也是有用的。

间歇式离子交换操作的设备简单。至于平衡时间，对于强酸或强碱型的离子交换树脂来说，只需几分钟便可。

间歇式离子交换单元设备必须能耐酸和耐碱，通常可用不锈钢或用普通钢衬橡胶。

3.2 柱式固定床离子交换单元

3.2.1 顺流交换和再生过程

柱式固定床是离子交换单元最常用而又有效的装置。图5-3-2是典型柱式离子交换罐剖视图。

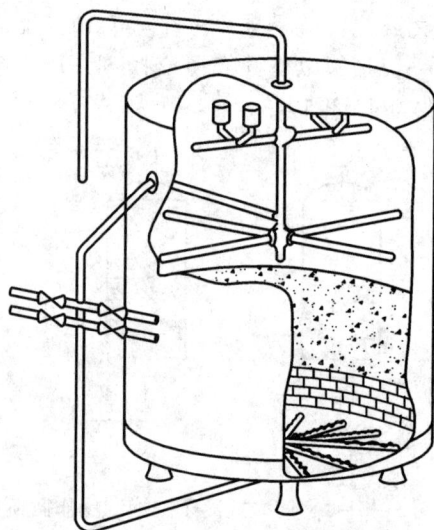

图5-3-2 柱式离子交换罐剖视图

柱式固定床单元装置的主体是一个直立式的罐。有两种加料方式，即重力加料和压力加料。采用重力加料方式时，罐是开放式的；采用压力加料时，罐是封闭的。压力加料单元又有两种加压方式，即气压力式和水压力式。

柱式离子交换罐通常用不锈钢构成。小型装置（直径30cm以下）可用塑料制造，大型设备则采用普通钢制成。为了避免腐蚀，罐的内部衬以橡胶、聚氯乙烯或聚乙烯，管道则使用聚氯乙烯或聚苯乙烯管。所有阀门都采用专用设备。

这种类型的单元装置需符合下面几点要求：①要有一个合适的离子交换树脂床支撑体；②有一进料和出料口，进料要能均匀分布流过树脂床；③有逆洗控制装置和逆洗液出口，要使逆洗压力分布均匀，要考虑因逆流树脂膨胀所需的"自由空间"；④再生剂的容器和引入再生剂的方法能配套；⑤淋洗水的引入方法合理。

树脂床的支撑体必须是多孔的，阻力不会过大以致降低流速，但同时支撑的孔又不宜过大致使树脂流失，并应具有抗蚀性。支撑树脂的主要方法是用多孔陶土板、粗粒无烟煤与石英砂。

被处理的溶液和水总难免有一些浮悬物质，在每次交换循环中会粘聚在树脂床的上层而增加压力降甚至造成严重阻塞，所以，柱式单元装置必须有逆洗辅助设备。逆洗过程中，树脂床体积会膨胀（其膨胀体积常与交换剂的体积相当），故应避免流速过大或洗水中含有气体以致树脂被浮出而流失。

这种单元的顶部和下部都安装有溶液入口的喷洒器，使溶液能均匀分布于树脂床，对再生剂则另设分配器。

单元装置的外部安装有复式接头的阀门以控制正流、逆流、再生剂的注入和水洗等各种操作。

3.2.2　逆流再生过程

在一般的离子交换与再生过程中，溶液和再生剂流动的方向是相同的，一般都是向下流动的。这种再生过程的效果是不理想的，即使使用比理论用量多几倍的再生剂，再生程度仍不够高，特别是在树脂床下层的树脂所含单价离子（主要是钠）很难完全洗脱，因而造成钠离子的漏泄。为了提高再生剂的利用率和降低再生剂的消耗成本，采用逆流再生过程可以得到改进。如果离子交换的溶液流动方向是自上而下，则再生剂的流动方向是自下而上，这样在床下部的树脂最先与新鲜而较浓的再生剂接触，因而获得较高的再生效果——使用较少的再生剂得到较高的再生程度。这样再生的树脂床在再进行交换过程中的漏泄现象比通常的再生过程的树脂床减少大约三分之二。

要在一般的离子交换单元设备中进行逆流再生会遇到一些困难；因为当再生剂向上流动时，树脂床体积膨胀，树脂向上浮动，要达到逆流再生的目的，要求树脂床保持原来填充状态，有各种不同的过程设计，大多是来自专利资料。

（1）简单型的逆流再生过程

图 5 - 3 - 3 表示逆流再生过程与通常的顺流再生过程的比较。

在这种逆流再生过程中，再生剂从单元的底部分布器进入，均匀地通过树脂床向上流动，从树脂床的上面通过一个废液收集器而流出，这个收集器并阻塞了上方淋洒下来的水直接流走。与再生剂向上流动的同时，淋洗的水从喷洒器喷入，经树脂床往下流动再从下部引出，与再生废液一齐排出。再生剂向上流动与淋洗向下流动达到一定的平衡状态使树脂床不致向上浮动，主要是控制两种溶液的适当流速。

（2）流化床逆流操作过程

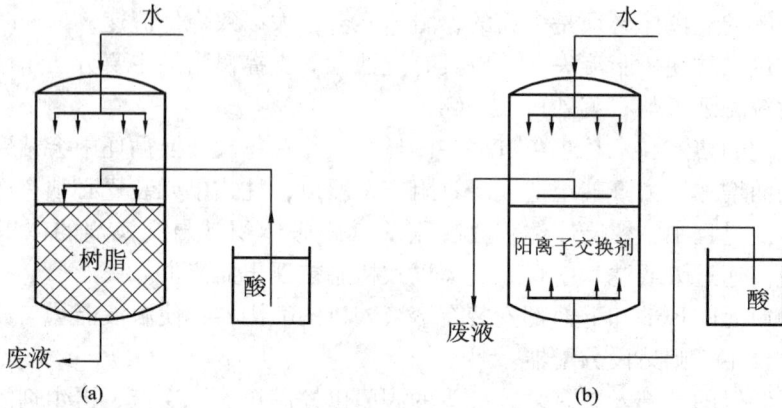

图 5 – 3 – 3　通常再生与逆流再生的比较

这种过程是再生时向下流动，而交换时向上流动。如图 5 – 3 – 4 所示，再生过程中树脂床是固定的。交换过程中，溶液向上流动的速度加上适当调整使总体树脂的 25% ~75% 处于流化状态，在顶上分配器下有一层树脂被压成比较紧密的树脂床，这有利于减少漏泄量。

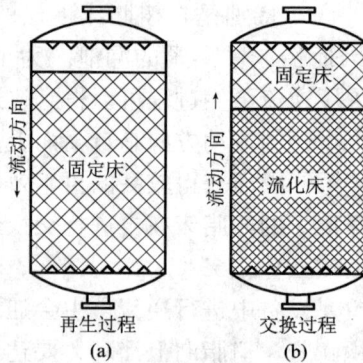

图 5 – 3 – 4　流化床逆流操作过程

a—再生时，再生剂向下流动，树脂成固定床
b—交换时，溶液向上流动形成流化床，顶部成固定床

据报道，采用这种操作过程，由于再生程度高，树脂的工作容量也大；同时由于树脂在交换时处于流化状态，因此树脂的阻力小。使用通常的单元设备也可以实行这种操作过程，而且不需考虑逆洗这个步骤，所以不需留自由空间，设备的空间利用率比较通常的操作过程要高。

（3）具有两排分配器的离心交换单元

如果在单元设备中顶上和下部都装有分配器，在再生时，溶液往下流动；在交换过程中使用较高的流速向上流动，树脂被压缩到上部的分配器之下形成象活塞一样的树脂床，但要保持最小的流速使树脂不致下降而又能达到流出液的质量要求，可设置一个流出液的回路，使部分流出液再循环至入料口与入料混和后再进入树脂床。这种操作过程参见图5－3－5。

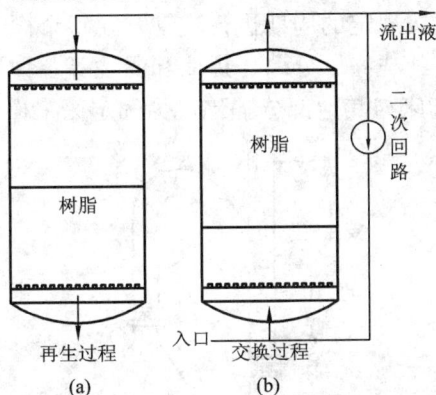

图5－3－5　两排分配器的离心交换单元的逆流再生

a—再生时，再生剂向下流动

b—交换时，溶液向上，其中流出液的一部分经回路循环

3.3　连续式离子交换过程和设备

连续式离子交换过程的原理是：离子交换和再生的过程在单元装置的不同部位同时进行。真正的连续过程应是从交换柱出来的已饱和树脂被连续地转移并与新鲜再生剂接触，经过再生和洗清的树脂再循环回到交换柱使用。

连续式离子交换过程的优点首先是所需的树脂比柱式交换过程大大减少；其次是再生剂的消耗量低。

连续式离子交换过程要满足下面几点要求：①离子交换剂和溶液在容器中能均匀地流动；②离子交换剂有一定的耐磨性；③要严格控制操作条件，使之稳定不变。

连续式离子交换过程的设计要以在特定过程中离子交换平衡曲线及动力学特性为基础，从数据中引出理论塔板数目、高度及传质系数，最后才能确定柱的高度和它的效用。

3.3.1　移动床离子交换过程——Higgins 系统

移动床过程属于半连续式离子交换过程。在这种形式的设备中，交换、再生、水洗等过程是同时地连续进行的。但是树脂要在规定的周期被移动一小部分，在树脂移动过程中是不出产物的，所以从整个过程来说只是半连续式的。

这种过程的设备参见图5-3 6。实质上它是把交换、再生、清洗几个过程的首尾串联起来，成为一个圈子，但每一过程本身仍是属于通常的固定床。树脂与溶液在设备中交替地按规定的周期进行流动。在整个循环过程的各个部位有不同的尺寸使能完成交换、洗涤、分离、提取和漂洗等各种目的。当溶液流动阶段（通常是几分钟），树脂床与其他部分隔绝成为固定床来操作。

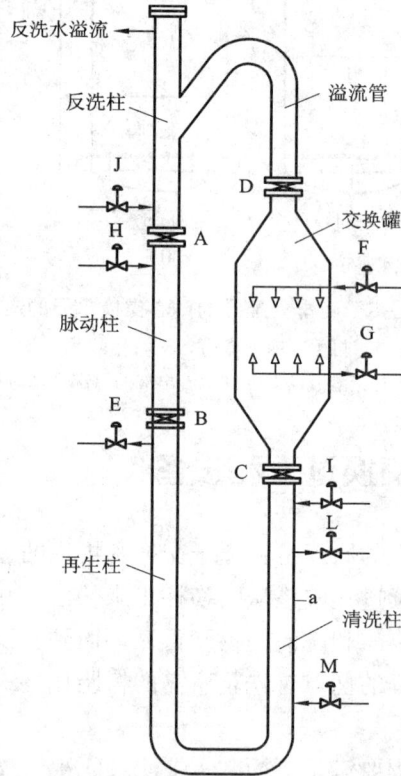

图5-3-6 Higgins连续式离子交换系统
J—反洗阀 H—脉冲阀 E—废液排放阀
A，B，C，D—系统的控制阀 F—入口阀 G—出口阀
I—清洗阀 L—清洗水出口阀 a—清洗控制 M—再生阀

当树脂流动阶段（通常是几秒钟），树脂床处在一种紧密状态下，由于水力冲击带来少量树脂而发生移动。树脂的脉冲移动不是直接由泵推动，而是由泵推动液体从而间接推动树脂。

这种系统有许多优点，树脂床保持为紧密状态，溶液的流速和密度都不受任何限制；所需的树脂比固定床少，只为固定床的 20%～50%；再生液的消耗也比固定床低。

3.3.2　Asahi 连续式离子交换设备系统

这是日本 Asahi 化学公司所发展的一个离子交换设备系统（参见图 5－3－7）。溶液和树脂是在密闭条件下借压力使之连续不停地按逆流方向流动。

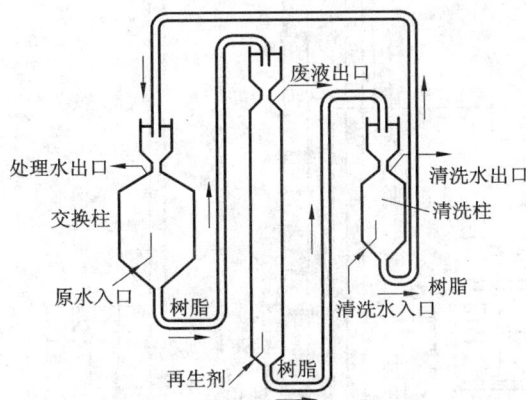

图 5－3－7　Asahi 连续式离子交换设备系统

被处理的溶液在交换柱中向上流动，树脂向下流动，从交换柱流出的树脂借压力和自动控制阀门进入再生柱，再生柱是一个高而直径较小的设备，再生过程也是逆流的，从再生柱出来的树脂转移至清洗柱进行逆流清洗，清洗干净的树脂再循环回交换柱上方的储存器重复使用。所以，整个过程是完全连续的。

3.3.3　国产双柱式流动床离子交换水处理装置

连续式离子交换过程和装置在我国也有所发展，并已得到推广使用。最初在抚顺发电厂和抚顺石油三厂采用，现在广东等地也生产这种系统的设备。现以广东顺德县容奇环境保护设备厂所生产的 SL 系列为例，介绍它的流程（参见图 5－3－8）。

SL 型双柱式流动床水处理装置是把再生与清除过程合在一个塔中完成，交换塔则由三或四室所组成。在柱中溶液及水与树脂均为逆流。原水从交换柱底部进入，树脂从底部逐层降落，软水从柱顶流出，失效树脂从底部流出，由水射器抽送至再生塔经树脂回流斗、树脂贮存斗（预再生段）、再生区与柱内食盐溶液接触而被再生，再生树脂借位差而返回交换柱循环使用。

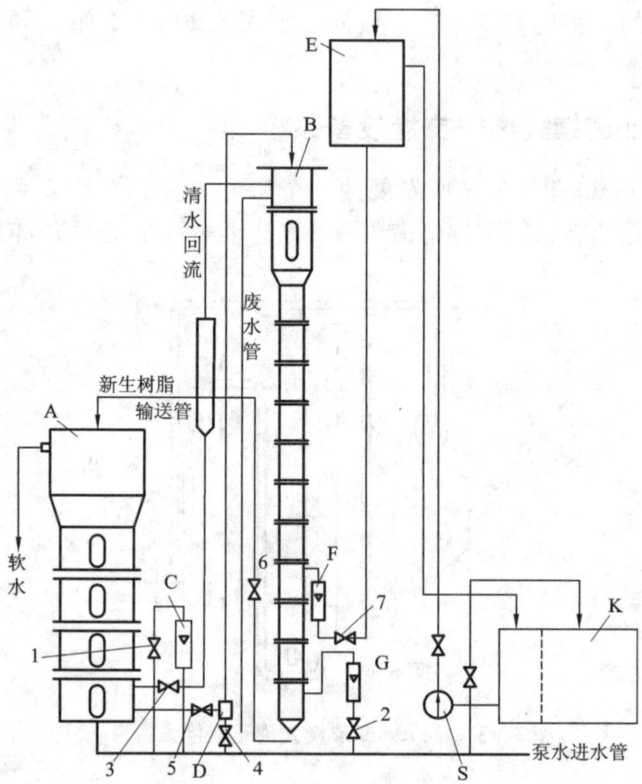

图 5 – 3 – 8   国产双塔式流动床离子交换装置图

1—原水阀门   2—清洗水阀门   3—清水回流阀门   4—水射器动力水阀门
5—树脂阀门   6—已再生树脂阀门   7—盐液阀门   A—交换塔
B—再生塔   C—原水流量计   D—水射器   E—高位盐液槽
F—盐液流量计   G—清洗水流量计   S—盐液泵   K—低位盐液槽

国产 SL 系列离子交换装置的规格和操作参数见表 5 – 3 – 1。

表 5 – 3 – 1   国产 SL 系列流动床离子交换装置规格和操作参数

型　　号	SL – 02	SL – 04	SL – 10	SL – 20	SL – 40
交换柱直径/mm	340	500	800	1100	1450
再生柱直径/mm	67	100	156	215	280
交换树脂层静态高/m	1.5	1.5	1.5	1.5	1.5
树脂填量/kg	170	370	940	1790	3100
交换流量/ (t·h^{-1})	2.3	5	12.5	23.7	41
交换线流速/ (m·h^{-1})	25	25	25	25	25
再生剂当量比耗	2	2	2	2	2

3.3.4　Avco 连续移动床离子交换系统

Avco 系统是一个真正的连续移动床系统。这个过程的特点是整个系统各部分的所有单元操作都具有同时平稳地进行的功能，包括树脂床的移动也是一样平稳地进行的。

这个系统如图 5 - 3 - 9 所示，以软化水的阳离子树脂柱为例来描述。

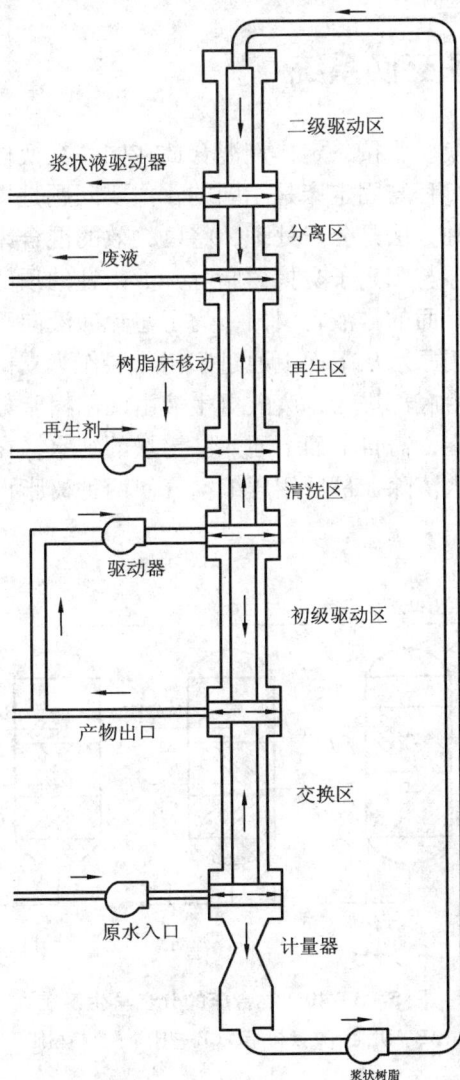

图 5 - 3 - 9　Avco 连续移动床离子交换系统

整个系统包括三个区：反应区（交换和再生）、驱动区和清洗区。作为水的软化处理，在交换区的交换剂，钙离子取代钠离子；在再生区则钠离子取代钙离子。为了获得足够的使之循环的水压力，采用两级驱动器串联，在初级区以处理后的水为驱动液，在次级区则以原水为驱动液。

树脂的平稳的移动中保持高度紧密状态，因此，柱的体积效率最高。再生效率也很高。容许漏泄为 1% 的情况下，再生剂的用量只为理论值的 1.06 倍。

3.4 混合床离子交换系统

将阳、阴离子交换树脂按一定比例混合放在同一交换柱内即为混合床。

混合床离子交换过程与固定床是相同的，主要问题是再生。为了再生有两个过程可供选择。第一种方法是分步处理，将已失效的混合床用水逆洗，由于阴离子交换树脂较轻而上浮与阳离子交换树脂分开。由柱的顶部引入碱再生剂，再生废碱液从阴阳树脂分界面的排液管引出，为了避免碱液向下进入阳树脂层，在引入碱再生剂的同时，用原水从下而上通过阳树脂层作为支持层。在再生阳离子交换树脂时，酸再生剂由底部进入，废酸再生液由阴阳树脂分界层排液管引出，为防止酸液进入阴树脂层，需自上而下通入一定量的纯水，在分别再生完以后，从上下两端同时引入纯水清除，最后用压缩空气使两种树脂再充分混合。这个过程如图 5－3－10 所示。

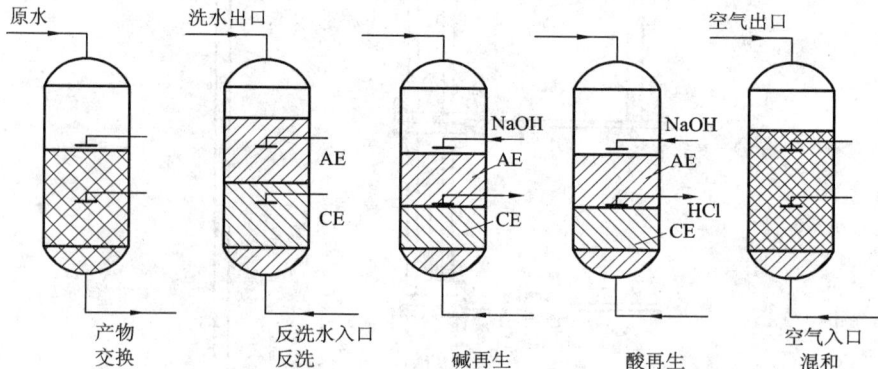

图 5－3－10 混合床的分步再生系统
AE—阴离子交换树脂 CE—阳离子交换树脂

另一种再生的方法是酸碱液同时处理（参见图 5－3－11），这种处理方法不同于前一种，主要是酸碱液可以同时引入两个树脂层进行再生，因此可以节省时间。

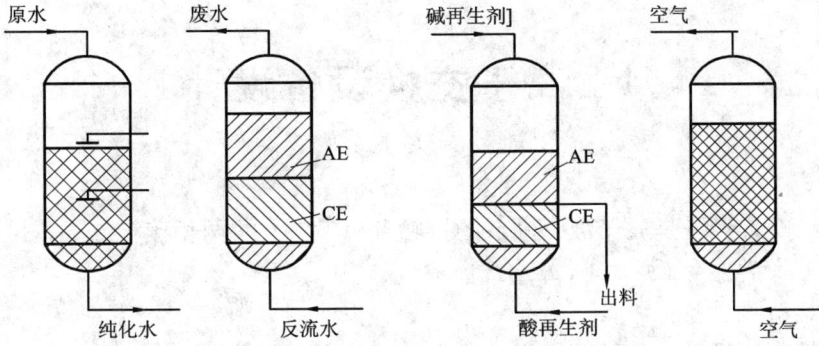

图 5 – 3 – 11　混合床的酸碱同时再生系统

4　离子交换设备设计

离子交换设备是属于液—固系的接触分离设备。按两相接触方式，设备可分为如下三大类：

①接触式设备；

②填充式设备，包括固定填充式和移动填充式两种。

③流动式设备。

离子交换的操作流程，则可分为（1）间歇式；（2）连续式和（3）半连续式三种。一般而言，接触式设备多为间歇式操作，固定床式设备多为半连续式，而移动床及流化床设备则为连续式操作。流动床吸附是利用流态化技术。

4.1　接触式设备

接触式多数是间歇式，用于离子交换或进行稀溶液的吸附操作。在使用吸附剂时，所需吸附剂量甚少，且都为粉末，其粒度多在 200 目以下。这种操作称为接触过滤法。其设备简单。吸附器为一附有搅拌器的混合桶，要处理的液体和吸附剂在此桶中很好混合，在一定的温度下维持一定时间后，可将稀浆用泵送入压滤机进行分离。

用于离子交换的离子交换树脂颗粒较大（一般在 10 ~ 20 目），因此，常采用矿浆树脂法。这种方法的优点是澄清的浸出浆状物或矿浆与装于篮中的离子交换树脂进行离子交换。这显然有很大的经济特点。因为有些矿石的浸出液是难于过滤的矿浆，但为了适于离子交换柱的操作，必须制备清净溶液，这样就节省了昂贵的澄清和过滤设备，减少了树脂的储存量。此外，在时间和空间都得到了节约。目前在酸浸矿石中常采用此法。该法是在未经沉降的浸出液中放进网眼为 28 目（或 0.6mm 孔径）的线网篮。篮的尺寸由 43 × 43 × 43cm 至 153 × 153 × 153cm，篮顶敞口。篮中盛有粗颗粒树脂（10 ~ 20 目），一个往复机械使篮不停在上下移动，当其向下通过矿浆时树脂床散开，而向上提升时又被压缩。这种操作方法可以解决过滤和浓缩问题。

接触式的吸附操作可分为单效或多效。多效又可分为并流多效操作及逆流多效操作。

在计算接触式吸附设备时，其主要计算项目是：①接触时间；②容器的大小；③吸附剂的需要量；④若在多效装置中还需决定效数。

接触时间以及容器大小通常均凭经验确定。吸附剂的需要量根据物料衡算式求得。效数的决定完全与液—液萃取的接触式设备的计算类似，用图解法或计算法求之。

4.2　固定填充床设备

这种设备可以是过滤器式的，也可以是塔式的。过滤器为一立式圆筒（见图 5 - 4 - 1），其中装有离子交换剂，液体通常由上而下流过料层进行交换，通称漉滤法。塔式的是在所谓交换柱的设备中进行、用于进行色层分离。

固定填充床内的交换过程可用图 5 - 4 - 2 说明，图 5 - 4 - 2（b）为交换操作开始瞬间的情况，液体进口处被交换组分浓度为 c_0，随后不断下降至 l_0 处全部被交换。随着交换过程的进行，进口处离子交换剂逐渐被饱和，曲线遂移至虚线处，直到图 5 - 4 - 2（c）时液体出口开始出现被交换组分，达到穿透点，则交换操作遂告终止，此时全部离子交换剂除 l_0 一段外，已全部被交换组分所饱和，唯 l_0 一段未被饱和，l_0 即为交换带的高度。

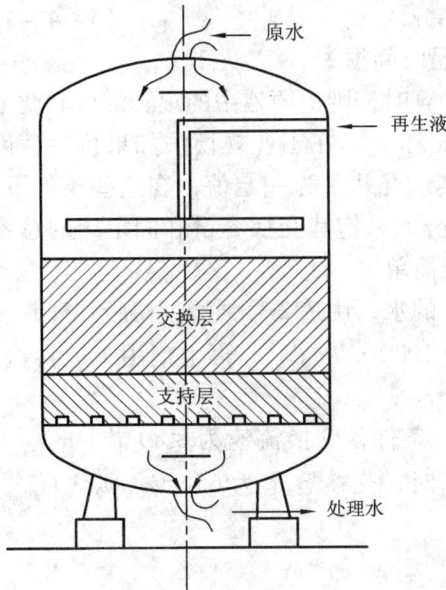

图 5 - 4 - 1　水处理用的漉滤法离子交换　　图 5 - 4 - 2　离子交换树脂层内浓度分布图

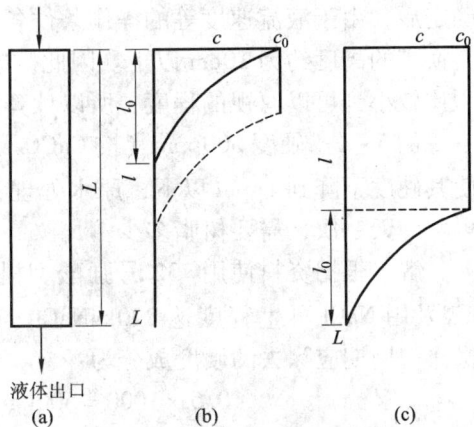

在设计计算时，如果穿透容量已知，计算是简单的，如未知，可根据如下希洛夫公式进行计算。

先假设树脂层至交换阶段完成时，全部处于饱和状态，其交换容量为 S_m，则：

$$\rho_n S_m FL = uFc_0\tau \tag{5-4-1}$$

$$\tau = \frac{\rho_n S_m}{uc_0}L = KL \tag{5-4-2}$$

$$K = \frac{\rho_n S_m}{uc_0} \tag{5-4-3}$$

式中：ρ_n——离子交换剂的堆积密度，$kg \cdot m^{-3}$；

S_m——总交换容量，$kmol \cdot kg^{-1}$；

F——树脂层的截面积，m^2；

L——树脂层的长度，m；

u——液流速度，$m \cdot s^{-1}$；

c_0——进口液体中被交换组分的含量，$kmol \cdot m^{-3}$；

τ——时间，s。

现有 l_0 段未全部饱和，于是式（5-4-2）可修正为：

$$\tau = K(L-h) = KL - \tau_0 \tag{5-4-4}$$

式中：h、τ_0——分别为当量长度损失和当量时间损失。

一般在硬水软化或完全脱盐的固定床计算时，则由原液中的离子浓度和此浓度平衡的合成树脂的交换量可简单地算出 h 和 τ_0。在工业规模中如果再生程度确定后，由于液流速度等的操作条件各按其情况几乎为一定值，在这些条件下，交换带的高度约为10cm以下。因此，这部分的未饱和交换容量和固定床的总容积比较小到可以忽视的程度，所以计算法很简单。

例5-1　硬度500ppm（按 $CaCO_3$ 计）的水，用732号强酸型树脂处理，欲使其硬度下降到1ppm以下，原水处理量为1000 $m^3 \cdot d^{-1}$，再生剂用工业食盐，再生一天一次，需要树脂多少？

解：根据资料使用732号强酸型树脂的条件，交换流速为 $\leqslant 80 m^3 \cdot m^{-3}_{树脂} \cdot h^{-1}$ 及用 NaCl 再生程度达 $220 kgNaCl \cdot m^{-3}_{树脂}$ 时，交换容量为 $65 kgCaCO_3 \cdot m^{-3}_{树脂}$，操作一周期应除去的硬度成分为：

$$0.5 \times 1000 = 500kg$$

因此，离子交换剂的需要量为：

$$500 \div 65 = 7.7m^3$$

交换流速按处理时间20h，再生时间4h计算，则：

原水流量 $= 1000 \div 20 = 50 \text{m}^3 \cdot \text{h}^{-1}$，交换流速 $= 50 \div 7.7 = 6.5 \text{m}^3 \cdot \text{m}^{-3}$ 树脂 h^{-1}

符合交换流速的条件。但由于水的硬度很高，故交换流速值很小。如果硬度低，则树脂可少，因而原水的流速也可增大。

4.3　移动填充床设备

在移动填充床设备中，液体在离子交换剂中以一定的流速作逆流运动而进行接触，故和气体吸收的情况一样，两相的组成在容器的任一点上都不随时间而变，而是一种稳定的操作。这种操作方法可以充分有效地利用离子交换剂，减少其使用量，同时床高也可以降低。但要维持固体在设备中的均匀流动以及连续地加入和排出，在技术上有一定困难。

5 离子交换的工业应用实例

在工业上，离子交换已广泛地应用于纯水制备、废水处理、海水淡化、稀有元素的分离和提纯等多个领域，下面仅举几例予以说明。

5.1 铀的分离与提纯

低品位的铀矿经溶解处理后，在 H_2SO_4 溶液中形成络阴离子：

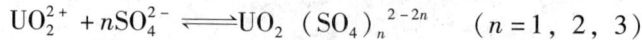

$$UO_2^{2+} + nSO_4^{2-} \Longrightarrow UO_2 (SO_4)_n^{2-2n} \quad (n = 1, 2, 3)$$

$$(5 - 5 - 1)$$

可用阴离子树脂进行选择性交换，因而得与其他杂质分离。随后，用 HNO_3 和 NH_4NO_3 为洗提液洗脱，再用 NH_3 水使之沉淀，最后可得到纯度达 80% 以上的 U_3O_8 产品。这个工艺的生产流程参见图 5 - 4 - 1。

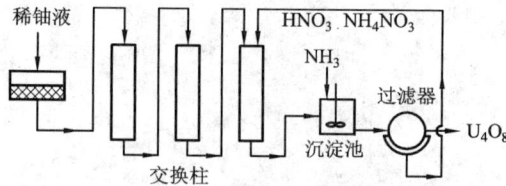

图 5 - 5 - 1 回收铀的离子交换系统

三根交换柱中两根作为交换，稀铀液流入第一根柱至开始漏泄时即串联第二根柱直至第一根柱完全饱和为止，已完全饱和的柱，则用 NH_4NO_3 为洗提液进行洗提，洗提完毕后的柱又可回复作交换使用。这样，三个柱循环不停地进行轮换。

5.2 含铬废水的处理

在镀铬的过程中，淋洗电镀物件的废水含有浓度很稀的铬酸，铬不仅有毒而且价昂，为了浓缩回收利用可采用图 5 - 4 - 2 的流程。电镀废水中含有其他金属杂质，先使之通过阳离子交换柱以除去金属杂质；从阳离子交换柱流出的铬酸继续流入阴离子交换柱使之吸附浓缩。随后用 15% NaOH 溶液对阴离子交换柱进行洗涤，洗出液为 Na_2CrO_4，继续进入氢型阳离子交换柱遂转化为铬酸。为了达到电镀所需的浓度，还需用蒸发器进行蒸发。铬可以完全回收利用。

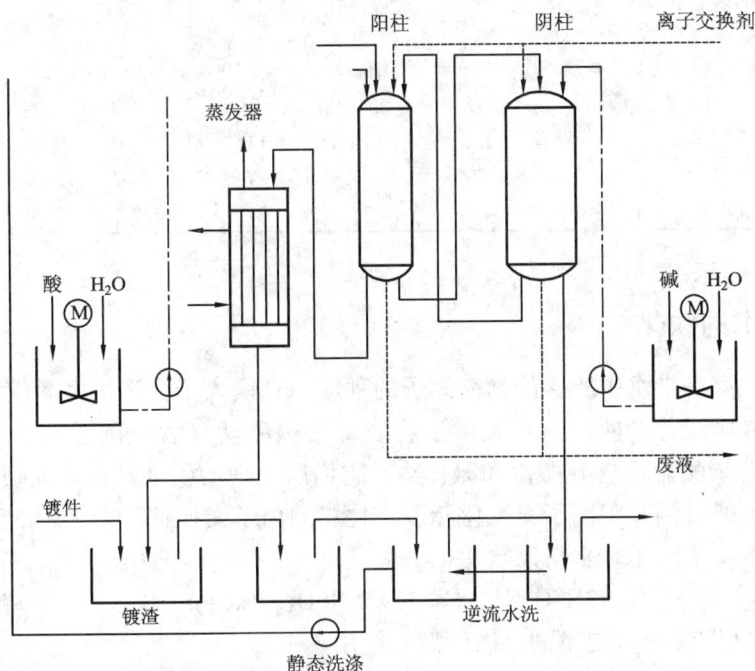

图 5 – 5 – 2　从电镀废水中回收铬的流程

5.3　离子交换在水处理中的应用

　　离子交换首先是在水处理的应用中发展起来，目前离子交换的主要应用仍是水的处理，就水质的要求来说，有下面几类处理过程：①水的软化；②部分脱盐（软化和脱碳酸盐）；③完全脱盐制备纯水。原水经处理后，几种过程所得的水质指标见表 5 – 5 – 1。

　　在选择处理方案时，首先要考虑对水质的要求，其次要考虑原水水质的情况，最后还要从经济上加以考虑。下面分别从水的软化、部分脱盐及纯水制备几个方面讨论离子交换的作用与工业应用。

表 5 – 5 – 1　同一原水三种不同处理所得的水质

水质分析项目	原水	软化	部分脱盐	完全脱盐	
				不脱硅	脱硅
总硬度/dH	15	0.1	0.1	0	0
重碳酸盐硬度/dH	9	—	—	—	—
非重碳酸盐硬度/dH	6	—	—	—	—
结合 HCO_3^- / (mg·L^{-1})	196	196	5 ~ 10	5 ~ 10	0
SO_4^{2-} / (mg·L^{-1})	51	51	51	0	0
Cl^- / (mg·L^{-1})	115	115	115	0	0
SiO_2 / (mg·L^{-1})	7	7	7	7	痕量
蒸发残余物/ (mg·L^{-1})	426	426	273	与残余硅同	接近零

5.3.1　水的软化

水的硬度是指水中所含的钙镁离子的程度，钙镁离子在锅炉里形成积垢及与洗涤剂生成难溶化合物。有两类硬度物质即重碳酸盐（含重碳酸盐，或称暂时硬度）和非碳酸盐（含硫酸盐和氯化物，它们所表现的硬度又称永久硬度）。

将硬水通过钠式阳离子交换树脂或磺化煤的离子交换柱，则水中的钙、镁离子转化为钠离子，于是水得以软化：

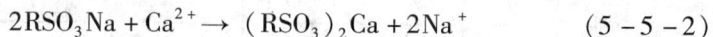

$$2RSO_3Na + Ca^{2+} \rightarrow (RSO_3)_2Ca + 2Na^+ \qquad (5-5-2)$$

用 NaCl 溶液再生交换剂，以便循环使用。

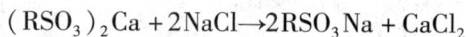

$$(RSO_3)_2Ca + 2NaCl \rightarrow 2RSO_3Na + CaCl_2$$

5.3.2　部分脱盐

对含重碳酸盐硬度较高的原水，最适宜用部分脱盐法处理，即将原水通过 H 型阳离子交换树脂使水软化同时释放出二氧化碳。软化后的水含有酸性，为了避免酸性的影响，可采用下面其中一种方法解决。

（1）用原水中和——含碳酸盐硬度较高的原水可以中和 H 型交换柱处理过的酸性水，但这样处理的水，只能部分降低硬度。

（2）用钠循环流出液进行中和——将部分原水经钠式阳离子树脂柱处理，并与通过氢式阳离子树脂柱的流出液混合。前一交换柱的流出液中含有 NaHCO₃，能中和氢型树脂柱所交换出的 H^+ 离子，并同时放出二氧化碳：

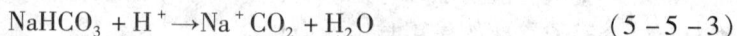

$$NaHCO_3 + H^+ \rightarrow Na^+ CO_2 + H_2O \qquad (5-5-3)$$

这种处理的流程参见图 5 – 5 – 3。

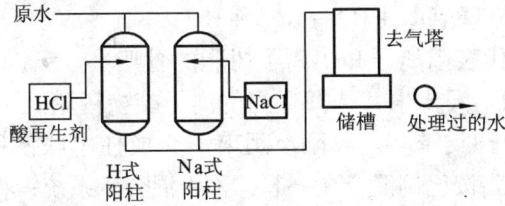

图 5 – 5 – 3　用钠循环洗出液中和的流程

（3）用弱酸性阳离子交换树脂进行部分脱盐——将原水通过 H 式弱酸性阳离子树脂柱，则重碳酸盐硬度被转为二氧化碳，而硫酸盐、氯化物及硝酸盐不受影响。这个系统有几个优点：（a）弱酸性阳离子树脂对重碳酸盐硬度物质有较高的交换容量；（b）再生效率高，接近 100%；（c）对中性盐不发生作用，免除产生矿物酸的影响。

（4）用阴离子交换树脂处理水——将水通过 Cl 式强碱性阴树脂柱，则重碳酸盐、硫酸盐等阴离子被转换而部分软化：

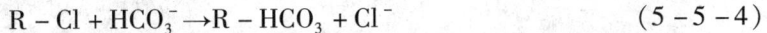

$$R - Cl + HCO_3^- \rightarrow R - HCO_3 + Cl^- \tag{5-5-4}$$

采用这种处理方式的主要优点是不形成酸性水，避免酸腐蚀的麻烦。

（5）使用再生不足的 H 式磺化煤交换柱处理水——磺化煤不仅含有磺酸基，也含有弱酸基（羧酸和酚基），这个系统的树脂柱失效后只用理论值的酸量再生，因此再生不完全，采用顺流再生时，交换床的上层被再生成为 H 型，而下层则仍为 Ca 或 Mg 型（通称为缓冲层）。原水进入交换床时，先与 H 型磺化煤交换，Ca^{++} 和 Mg^{++} 离子转换成 H^+ 离子和 H_2CO_3，然后流入缓冲层，H^+ 离子将 Ca^{++}、Mg^{++} 离子置换，H_2CO_3 不能置换 Ca^{++}、Mg^{++} 离子，但能转换 Na^+ 离子：

$$RCOONa + H_2CO_3 \rightarrow RCOOH + NaHCO_3 \tag{5-5-5}$$

因此出水呈碱性。由于再生耗酸量低，是一种较经济的方法。

5.3.3　纯水制备

许多部门需使用纯水，用离子交换脱盐制备纯水是一种较经济的方法。用这种方法制备的纯水，其水质甚至比用蒸馏法制备的还好。一般用离子交换所得的去离子水的含盐量低于 $0.1 mg \cdot L^{-1}$，水的电阻率高于 $10^6 \Omega \cdot cm^{-1}$。

制备纯水的原理是将 H 型阳离子树脂柱与 OH 型阴离子树脂柱串联起来，水中的盐 MA 通过两种树脂床而被完全除去：

$$R_C H + MA \rightarrow AcM + HA \tag{5-5-6}$$

$$R_A OH + HA \rightarrow R_A A + H_2O \tag{5-5-7}$$

（R_C 和 R_A 分别代表阳离子和阴离子树脂的骨架）

可根据对水质的不同要求，选择适当的离子交换树脂及不同的过程和设备。

常用系统流程的种类繁多。将阳、阴离子交换柱串联使用，称为复床系统；将阳、阴离子交换树脂按比例混合在一起，称为混合床系统；将复床与混合床组合串联在一起，称为复-混床系统。有时为了得到更纯净的水，还将上述系统再重复一遍，这就称为双级。按对出水水质电阻率的要求选择流程可参考表5-5-2。

表5-5-2 按出水水质电阻率要求，选择流程参考表

出水水质电阻率 /$1 \times 10^4 \Omega \cdot cm^{-1}$	采用系统	组合方式
<50	单级复床	K→T→A
		K→T→A_S→A
50~300	双级复床	K→T→A→K→A
	双级复床	K→T→A_S→A→K→A
	单级混合床	（k+A）
	复床-混合床	K→T→A_S→（K+A）
	复床-混合床	K→T→A→（K+A）
	单级混合床	（K+A）
	双级混合床	（K+A_S）→（K+A）
	双级混合床	（K+A）→（K+A）
	复床-混合床	K→T→A→（K+A）
	复床-混合床	K→T→A_S→A→（K+A）

*表中：K=强酸阳离子交换柱；A=强碱阴离子交换柱；A_S=弱碱性阴离子交换柱；T=脱气柱；（K+A）=混合柱。

图5-4-4所示流程为纯水制备流程的实例，这个系统有三个柱并行用环状联结，水先经强酸型阳离子交换柱（CE），再经弱碱性阴离子交换柱（AA1）及强阴离子交换柱（AA2），最后经混合体（MB）。这个系统能够充分利用每个交换柱的交换容量，同时能保证得到高质量的纯水。但是，在操作管理上要求高，要经常掌握情况，随时加以调整。

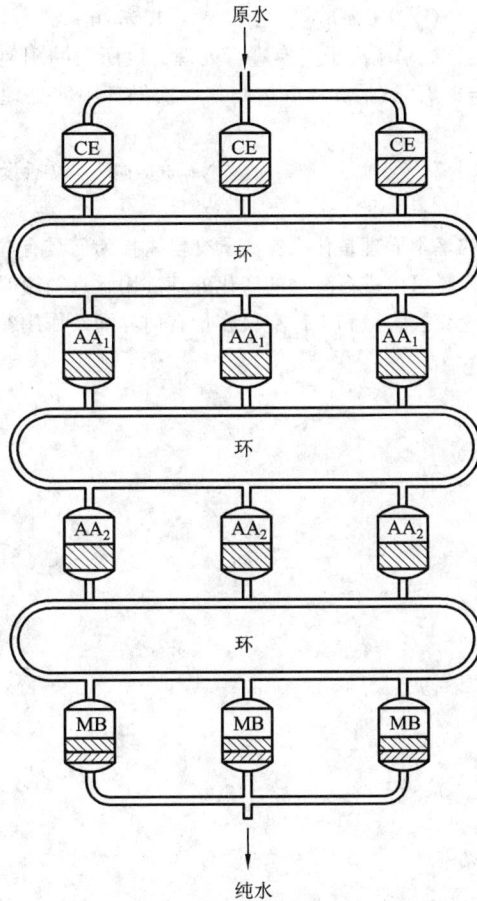

原水

纯水

图 5 – 5 – 4　一个制备纯水的环状并联复床系统

习题及思考题

5 - 0 - 1　用 732 号强酸阳树脂将水软化处理。每天处理硬度为 $CaCO_3\ 500 \times 10^{-6}$ kg/L 的硬水 1000 m^3，欲使硬度降到 5×10^{-6} kg/L 以下，再生剂用食盐，再生一天一次，再生时间 4 h。问需树脂若干？再生剂用量多少？并设计交换柱的尺寸（使用 732 号强酸阳树脂条件：交换流速 $\leqq 80\ m^3 / m^3 - R \cdot h$，NaCl 再生水平 220 kg NaCl $/ m^3 - R$，交换容量为 65 kg $CaCO_3 / m^3 - R$）。

5 - 0 - 2　根据卫生部门的规定：饮用水中含 NO_3^- 的最高允许界限为 $0.9 meq \cdot L^{-1}$，现在水分析结果为：

$Ca^{2+} 1.0 meq \cdot L^{-1}$，　　$Mg^{2+} 1.0 meq \cdot L^{-1}$，　　$Na^+ 2.5 meq \cdot L^{-1}$；

$Cl^- 3.0 meq \cdot L^{-1}$, $SO_4^{2-} 0.0 meq \cdot L^{-1}$、 $NO_3^- 1.5 meq \cdot L^{-1}$；

为了使水质符合标准，拟采用离子交换进行处理，设所用的阴离子交换树脂其交换容量为 $1.3 meq \cdot L^{-1}$ 及 $K_{Cl}^{NO_3^-} = 3.8$，试估算每升树脂在一次循环中能处理多少升的水可达到上述要求。

5-0-3 设计一个用离子交换法分离 K^+、Na^+ 的方案；包括设计工艺、方案优化及设备示意图。

5-0-4 离子交换的基本原理是什么？离子交换树指为何具有选择性？有何规律性？

5-0-5 用离子交换膜可以进行海水的淡化处理。用示意图说明其工作原理。

5-0-6 树脂的理论交换容量和工作交换容量有何异同及作用？其大小由什么决定？

第六篇
蒸发结晶设备

1　概述

1.1　蒸发过程

将溶质的稀溶液加热沸腾，使溶剂汽化的过程称为蒸发。蒸发是冶金、化工、轻工、食品、医药等工业生产中常用的一种单元操作。就工艺而言，蒸发的应用有四种情况：

（1）制取浓溶液，例如将 NaCl 溶液电解得到的氢氧化钠稀溶液浓缩得氢氧化钠浓溶液。

（2）溶液浓缩到接近饱和状态，然后将溶液冷却，使溶质结晶分离，制得纯固体产品。例如氧化铝的生产、食盐的精制等。

（3）溶剂蒸发冷凝，除去非挥发性杂质，制取纯溶剂。例如用蒸发的方法淡化海水制取淡水。

（4）分离出某种易挥发的溶质，例如从酸性氯盐溶液中挥发出 $GeCl_4$、$AsCl_3$ 等。

蒸发过程的目的是使溶剂与溶质或一种溶质与另一种溶质分离，为一种分离过程。但是就蒸发过程的机理看，溶剂的分离是靠供给溶剂汽化需要热量，使溶剂变成蒸汽，而从溶液中分离出来。溶剂分离出来的量和速率直接取决于所供热量和速率，因此蒸发又属传热过程。

冶金工业上被蒸发的溶液大多是水溶液，所以本章只讨论水溶液的蒸发；水溶液蒸发的基本原理和设备，原则上对其他溶液的蒸发也是适用的。此外，生产上还会遇到将纯液体完全汽化成气体的情况，此时也可以借鉴本章介绍的原理与设备。

1.2　蒸发的基本流程

　　蒸发过程的两个必要步骤是加热溶液使溶剂沸腾汽化和不断除去汽化的溶剂蒸汽。一般，前一步骤在蒸发器中进行，后一步骤在冷凝器中完成。图 6-1-1 是蒸发过程的基本流程。蒸发器实质上是一个换热器，它由加热室和分离室两部分组成。加热室中通常用饱和水蒸汽加热，从溶液中蒸发出来的水蒸汽在分离室中与溶液分离后从蒸发器引出。为了防止液滴随蒸汽带出，一般在蒸发器的顶部设有汽液分离用的除沫装置。从蒸发器蒸出的蒸汽进入冷凝器直接冷凝。冷却水从冷凝器顶加入，与上升的水蒸汽直接接触，将它冷凝成水从下部

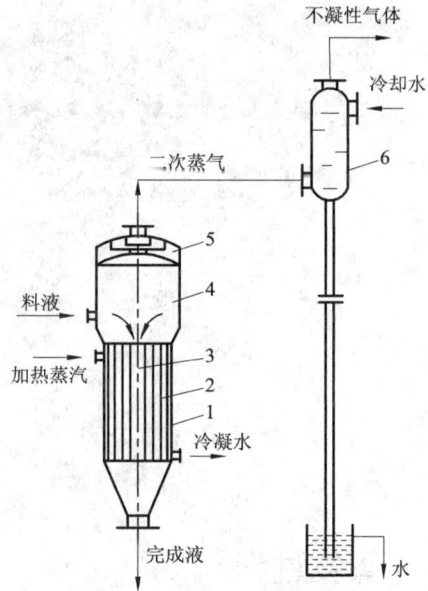

图 6-1-1　蒸发装置示意图
1—加热室　2—加热管　3—中央循环管
4—蒸发室　5—除沫器　6—冷凝器

排出。二次蒸汽中含有不凝气从冷凝器顶部排出。不凝气的来源有以下两个方面：料液中溶解的空气和当系统减压操作时从周围环境中漏入的空气。

　　料液在蒸发器中蒸浓到要求的浓度后，称为完成液，从蒸发器底部放出，是过程的产品。

　　如果溶液的沸点很高，不能用饱和水蒸汽加热，可以采用其他的加热方法，如高温载体加热、熔盐加热、烟道气直接加热或电加热等。

1.3　蒸发的操作方法

　　根据各种物料的特性和工艺要求，蒸发过程可以采用不同的操作条件和方法。

1.3.1　常压蒸发和减压蒸发

　　根据操作不同，蒸发过程可分为常压蒸发和减压蒸发（真空蒸发）。常压蒸

发是指冷凝器和蒸发器的操作压强为大气压或略高于大气压，此时系统中的不凝气依靠本身的压强从冷凝器排出。真空蒸发时冷凝器和蒸发器溶液侧的操作压强低于大气压，此时系统中的不凝气必须用真空泵抽出。

采用真空蒸发的基本目的是降低溶液的沸点。由于溶液沸点低，与常压蒸发比较，它有以下优点：

（1）可以用温度较低的低压蒸汽或废热蒸汽作为加热蒸汽；

（2）采用同样的加热蒸汽，蒸发器传热的平均温度差大，所需的传热面小；

（3）有利于处理热敏性物料，即高温下易分解和变质的物料。

（4）蒸发器的操作温度低，系统的热损失小。

真空蒸发的缺点是：

（1）溶液温度低，粘度大，沸腾的传热系数小，蒸发器的传热系数小；

（2）蒸发器和冷凝器内的压强低于大气压，完成液和冷凝水需用泵排出；

（3）需要用真泵抽出不凝气以保持一定的真空度，因而需多消耗一定的能量。

真空蒸发的操作压强（真空度）取决于冷凝器中水的冷凝温度和真空泵的能力。冷凝器操作压强的最低极限是冷凝水的饱和蒸汽压，所以它取决于冷凝器的温度。真空泵的作用是抽走系统中的不凝气，真空泵的能力愈大，冷凝器内的操作压强可以愈接近冷凝水的饱和蒸汽压。一般真空蒸发时，冷凝器的压强为$10 \sim 20kPa$。

除了常压与减压蒸发外，在多效蒸发中，前面几效蒸发器常常在高于大气压下操作，以充分利用加热蒸发的能量。

1.3.2　单效蒸发和多效蒸发

根据二次蒸汽是否用来作为另一蒸发器的加热蒸汽，蒸发过程可分为单效蒸发和多效蒸发。

单效蒸发的流程如图6-1-1所示，二次蒸汽在冷凝器中用水冷却，冷凝成水而排出，二次蒸汽所含的热能未利用。因为蒸发器中依靠加热蒸汽冷凝供给冷凝热使溶液中的水汽化，所以，粗略估算，在单效蒸发中，1kg加热蒸汽冷凝可以蒸发1kg水，或者说从溶液中蒸发出1kg水需要消耗约1kg加热蒸汽。

多效蒸发中，第一个蒸发器（称为第一效）中蒸出的二次蒸汽用作第二个蒸发器（第二效）的加热蒸汽，第二个蒸发器蒸出的二次蒸汽用作第三个蒸发器（第三效）的加热蒸汽，如此类推。二次蒸汽利用次数可根据具体情况而定，系统中串联的蒸发器的数目称为效数。

图6-1-2所示为三效蒸发的流程图。多效蒸发的优点是可以节省加热蒸汽

的消耗量。如果按 1kg 蒸汽冷凝可以从溶液中蒸发出 1kg 水估算，二效蒸发中 1kg 加热蒸汽可以从溶液中蒸出 2kg 水，即蒸出 1kg 水需消耗 0.5kg 加热蒸汽，n 效蒸发中，1kg 加热蒸汽可以蒸出 n kg 水；即蒸出 1kg 水，需要 $1/n$ kg 加热蒸汽。可见效数愈多，每蒸出 1kg 水所需的加热蒸汽量愈少。

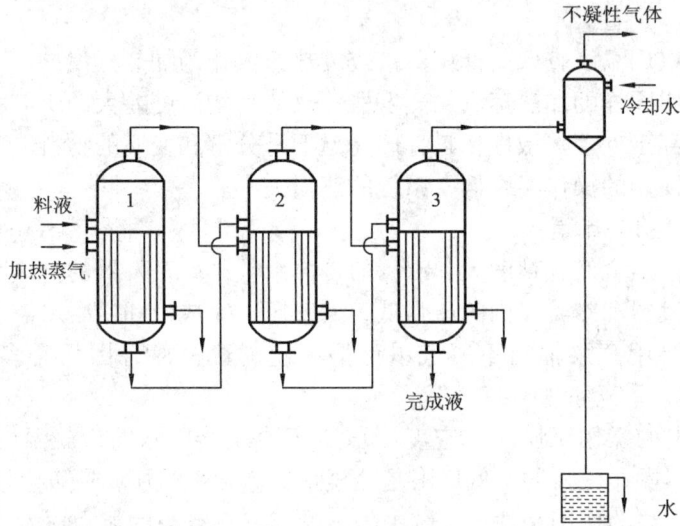

图 6 – 1 – 2　三效蒸发流程图

1.3.3　间歇蒸发与连续蒸发

蒸发操作可以连续进行，也可以间歇进行。

间歇蒸发有两种操作方法：

1. 一次进料，一次出料

在操作开始时，将料液加入蒸发器，当液面达到一定高度，停止加料。开始加热蒸发，随着溶液中的水分蒸发，溶液的浓度逐渐增大，相应地溶液的沸点不断升高。当溶液浓度达到规定的要求时，停止蒸发，将完成液放出，然后开始另一次操作。

2. 连续进料，一次出料

当蒸发液面加到一定高度时，开始加热蒸发，随着溶液中水分蒸发，不断加入料液，使蒸发器中液面保持不变，但溶液浓度溶液中水分的蒸发而不断增大。当溶液浓度达到规定值时，将完成液放出。

由上可知，间歇操作的特点是在整个操作过程中，蒸发器内溶液的浓度和沸点随时间而异，因此传热的温度差，传热系数也随时间而变，所以间歇蒸发为非稳态操作。

连续蒸发时，料液连续加入蒸发器，完成液连续地从蒸发器放出，蒸发器内始终保持一定的液面与压强，器内各处的浓度与温度不随时间而变，所以连续蒸发为稳态操作。一般连续蒸发器（采用循环蒸发器）内溶液的浓度为完成液的浓度。

通常大规模生产中大多采用连续操作，小规模多品种的场合采用间歇蒸发。

2　蒸发设备

蒸发设备主要包括蒸发器、冷凝器和除沫器。

工业上需要蒸发的物料多种多样，它们的物性与蒸发要求各不相同，为了适应各种不同的需要，发展了多种其他类型的蒸发器。根据蒸发器中溶液的流动情况，它们主要分为循环型与非循环型（也称为单程型）两类。

2.1　循环蒸发器

循环型蒸发器的基本特点是在这类蒸发器中，溶液每经加热管一次，水的相对蒸发量较小，达不到规定的浓缩要求，需要多次循环，所以在这类蒸发器中存液量大，溶液在器中的停留时间长，器内各处的溶液的浓度变化较小，器内溶液浓度接近完成液的浓度。

目前常用的循环型蒸发器有以下几种：

2.1.1　中央循环管式蒸发器

中央循环管式蒸发器，也称标准式蒸发器，是目前应用比较广泛的一种蒸发器，其结构如图 6 - 2 - 1 所示。它下部的加热室实质上是一个直立的加热管（称沸腾管）束组成的列管式换热器，与一般列管式换热器不同的是管束中心是一根大直径的管子，称为中央循环管，它的截面积一般为所有沸腾管总截面积的 40% ~100%。因为中央循环管的截面积大，其中单位体积溶液的传热面积比沸腾管中的小，溶液的相对汽化率小，所以中央循环管中沸腾液（汽、液混合液）的密度比沸腾管中大，因而产生液体由中央循环管下降，由沸腾管上升的循环流动。循环流动的推动力为：$(\rho_1 hg - \rho_2 hg)$，其中 ρ_1，ρ_2 分别为中央循环管和沸腾液的密度，h 为管子的高度，可见密度差愈大，推动力愈大，溶液的循环速度也愈大。

这类蒸发器由于受总高限制，沸腾管长度较短，一般为 0.6 ~2m，直径 25 ~75mm，管长管径比 20 ~40。

这类蒸发器的优点是结构简单，制造方便，操作可靠，投资费用较少；缺点是溶液的循环速度低（一般在 0.5m·s^{-1} 以下），传热系数较小，此外清洗检修比较麻烦。

2.1.2　悬筐式蒸发器

悬筐式蒸发器的结构如图6-2-2所示。因为它的加热室像个悬筐而称为悬筐式。在这种蒸发器中溶液循环的原因与标准式蒸发器相同，但循环的液体是沿加热室与壳体形成的环隙下降，而沿沸腾管上升。环形截面积约为沸腾管总面积的100%～150%，因而溶液的循环速度较标准式蒸发器的大。

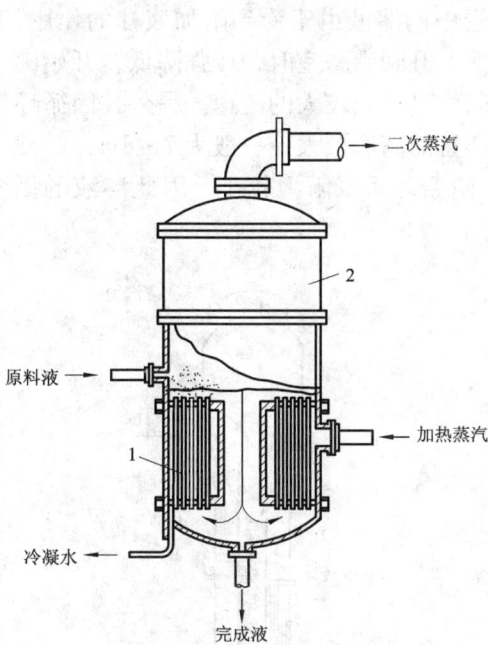

图6-2-1　中央循环管式蒸发器

1—加热室　2—分离室

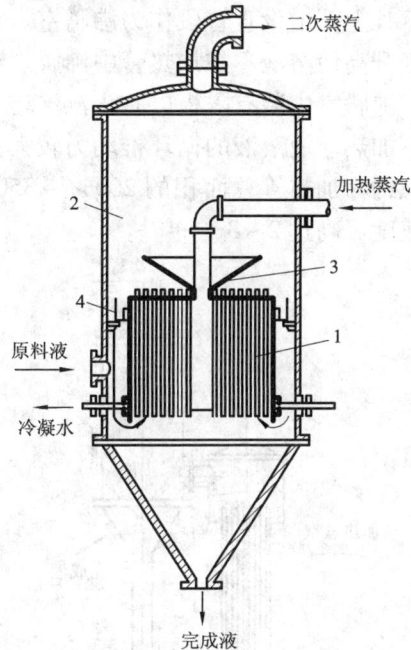

图6-2-2　悬筐式蒸发器

1—加热室　2—分离室
3—除沫室　4—环形循环通道

因为与蒸发器外壳接触的是温度较低的沸腾液体，所以蒸发器的热损失较少，此外，因加热室可由蒸发器的顶部取出，便于检修和更换；这种蒸发器的缺点是结构较复杂，单位传热面的金属耗量较多，它适用于蒸发易结垢或有结晶析出的溶液。

2.1.3　外热式蒸发器

外热式蒸发器的结构如图6-2-3所示。其特点是加热室与分离室分开，因此便于清洗和更换。同时，这种结构有利于降低蒸发器的总高度，所以可以采用较长的加热管。由于这种蒸发器的加热管较长（管长与管径比为 50 ~ 100），循环管又没有受到蒸汽的加热，循环的推动力大，溶液的循环速度较大，可达 1.5m·s^{-1}，所以传热系数较大。此外，循环速度大，溶液通过加热管的汽化率低，溶液在加热面附近的局部浓度增高较小，有利于减轻结垢。

2.1.4　列文式蒸发器

图 6 - 2 - 4 是列文式蒸发器的示意图，这种蒸发器的特点是加热室在液层深处，其上部增设直管段作为沸腾室。加热管中的溶液由于受到附加液柱的作用，沸点升高使溶液不在加热管中沸腾。当溶液上升到沸腾室时，压强降低，开始沸腾。沸腾室内装有隔板以防止汽泡增大，因而可达到较大的流速。另外，因循环管不加热，使溶液的循环推动力较大。循环管的高度较大，一般为 7 ~ 8m，其截面积约为加热管总面积的 200% ~ 350%，使循环系统阻力较小，因此溶液的循环速度可高达 2 ~ 3m·s^{-1}。

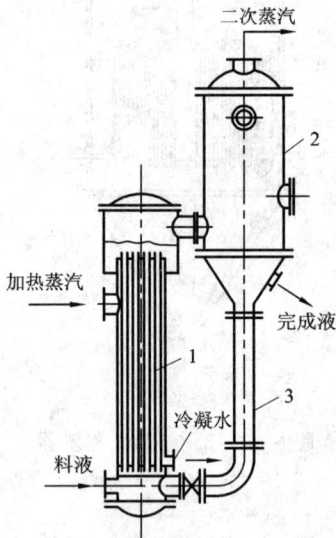

图 6 - 2 - 3　外热式蒸发器
1—加热室　2—蒸发室　3—循环管

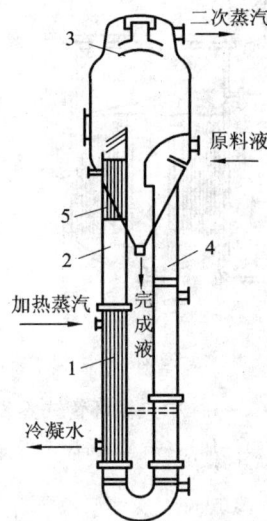

图 6 - 2 - 4　列文蒸发器
1—加热室　2—沸腾室　3—分离室
4—循环管　5—挡板

2.1.5　强制循环蒸发器

列文蒸发器的优点是溶液在加热管中不沸腾，可以避免在加热管中析出晶体，且能减轻加热管表面上污垢的形成。传热效果较好，适用于处理有结晶析出的溶液；这种蒸发器的缺点是设备庞大，消耗的金属材料多，需要高大的厂房。此外，由于液层静压经引起的温度差损失较大，因此要求加热蒸汽的压强较高。

上述几种蒸发器都属于自然循环蒸发器，即依靠器中沸腾液的密度差产生的虹吸作用使溶液循环，溶液的循环速度一般都较低，还不宜于处理高粘度、易结垢以及有结晶析出的溶液，处理这类溶液要采用强制循环蒸发器。这种蒸发器实质上是外热式蒸发器的循环管上设置循环泵，图 6 - 2 - 5 是其结构示意图。循环泵的作用是使溶液沿一定方向以较高的速度循环流动。循环速度为 $1.5 \sim 3.5 \mathrm{m \cdot s^{-1}}$。

强制循环蒸发器的传热系数较自然循环蒸发器的大，但其动力消耗较大，加热面耗费功率约为 $0.4 \sim 0.8 \mathrm{kW \cdot m^{-2}}$。

2.2 非循环型（单程型）蒸发器

单程型蒸发器的基本特点是溶液通过加热管一次蒸发即达所需的浓度，因此溶液在蒸发器内的停留时间短，器内存液量少，适用于热敏性物质溶液的蒸发。但是，因为溶液经加热管一次即达蒸发要求的浓度，所以对设计和操作的要求较高。

图 6 - 2 - 5 强制循环蒸发器

这类蒸发器的加热管中液体多呈膜状流动，所以通常称它们为膜式蒸发器，根据器内液体流动方向及成膜原因的不同，膜式蒸发器有以下几种。

2.2.1 升膜式蒸发器

升膜式蒸发器如图 6 - 2 - 6 所示，加热室由垂直的长管组成，管长 3 ~ 15m，直径，25 ~ 50mm。管长和管径之比为 100 ~ 150。原料液经预热后由蒸发器的底部进入，在加热管内溶液受热沸腾气化，所生成的二次蒸汽在管内以高速上升，带动液体沿管内壁呈膜状向上流动。常压下加热管出口处的二次蒸汽速度一般为 $20 \sim 50 \mathrm{m \cdot s^{-1}}$，不应小于 $10 \mathrm{m \cdot s^{-1}}$；减压下可达 $100 \sim 160 \mathrm{m \cdot s^{-1}}$ 或更高，溶液在上流的过程中不断地蒸发，进入分离室后，完成液与二次蒸汽分离，由分离室底部排出。

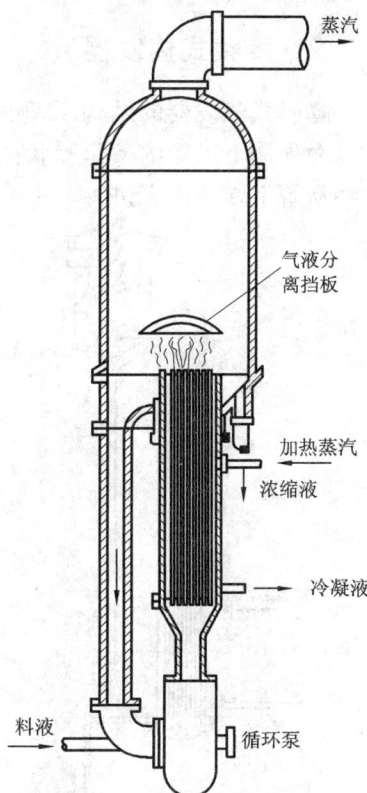

升膜式蒸发器适用于相对蒸发量较大（即较稀的溶液）、热敏性及易产生泡沫的溶液，不适用于高粘度、有晶体析出或易结垢的溶液和浓溶液。

2.2.2 降膜式蒸发器

降膜式蒸发器的结构原理如图6-2-7所示。原料液由加热室的顶部加入，在重力作用下沿管内壁呈膜状向下流动，在下流的过程中被蒸发增浓。气、液混合物从管下端流出，进入分离室，气、液分离后，完成液由分离室底部排出。

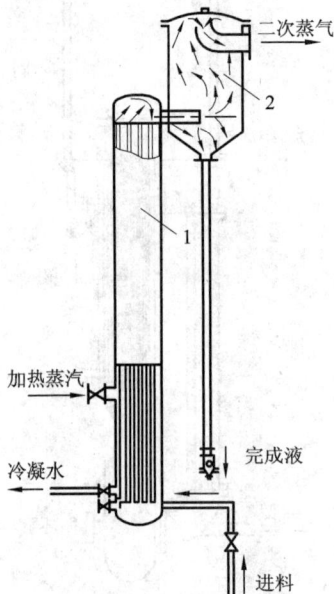

图6-2-6 升膜式蒸发器

1—加热室 2—分离室

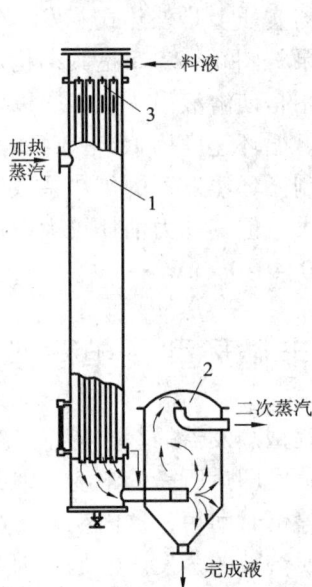

图6-2-7 降膜式蒸发器

1—蒸发加热室 2—分离器 3—液体分布器

这类蒸发器操作良好的关键是使溶液呈均匀的膜状沿管内壁向下流，为此，在每根加热管的顶部必须设置液体分布器。图6-2-8所示的为三种常用的降膜分布器。图6-2-8（a）中，液体依靠一螺旋形沟槽的圆柱体导流，液体沿沟槽旋转流下分布在整个管内壁上；图6-2-8（b）的分布器下部是圆锥体，锥体底面向内凹，以免沿锥体斜面流

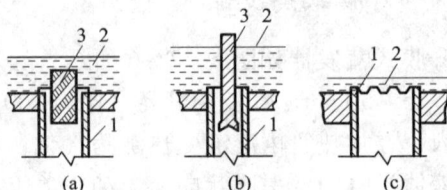

图6-2-8 膜分布器

1—加热管 2—液面 3—导流管

下的液体再向中内聚集；图 6 - 2 - 8（c）所示的为液体通过齿缝沿加热管内壁成膜状下降。

降膜式蒸发器可蒸发浓度、粘度较大的溶液，但不适用于蒸发易结晶或易结垢的溶液。

2.2.3　旋转刮板式蒸发器

在这类蒸发器中依靠旋转刮片的拔刮作用使液体分布在加热管壁上，它们专门用于高粘度溶液的蒸发。旋转刮片有固定的和活动的两种，图 6 - 2 - 9 所示为刮片固定的旋转刮片式薄膜蒸发器。其加热管为一根粗圆管，它的中下部装有加热蒸气夹套，内部装有可旋转的搅拌刮片，刮片端部与加热管内壁的间隙固定为 0.75 ~ 1.5mm。原料液由蒸发器上部沿切线方向进入器内，被刮片带动旋转，在加热管内壁上形成旋转下降的液膜，而被蒸发浓缩，液由底部排出，二次蒸汽上升至顶部经分离器后进入冷凝器。

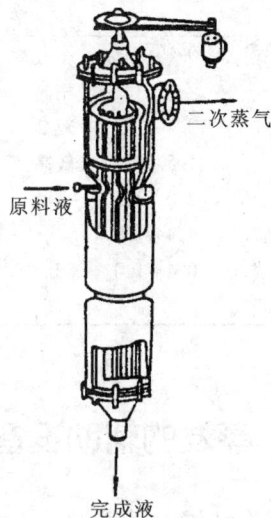

图 6 - 2 - 9　刮板式搅拌薄膜蒸发器

这种蒸发器适用于处理易结晶、易结垢、高粘度的溶液。在某些情况下可将溶液蒸干而底部直接获得固体产物。其缺点是结构复杂，动力消耗较大。这类蒸发器的传热面不大，一般为 $3 ~ 4m^2$，最大不超过 $20m^2$，故其处理量较小。

2.3　各类蒸发器的性能比较

常用蒸发器的主要性能综合比较见表 6 - 2 - 1。

表 6 - 2 - 1　各种蒸发器的主要性能比较

蒸发器的类型	溶液在加热管内流速/m·s⁻¹	传热系数	停留时间	完成液浓度控制	处理量	对溶液的适应性					有结晶析出	造价
						稀溶液	高粘度	易起泡	易结垢	热敏性		
标准式	0.1~0.5	一般	长	易	一般	适	难适	能适	尚适	不甚适	能适	最廉
悬筐式	~1.0	稍高	长	易	一般	适	难适	能适	尚适	不甚适	能适	廉
外热式	0.4~1.5	较高	较长	易	较大	适	尚适	尚适	尚适	不甚适	能适	廉
列文式	1.5~2.5	较高	较长	易	大	适	尚适	尚适	适	不甚适	能适	高
强制循环	2.0~3.5	高	较长	易	大	适	适	适	适	不甚适	适	高
升膜式	0.4~1.0	高	短	难	大	适	难适	适	尚适	适	不适	廉
降膜式	0.4~1.0	高	短	较难	较大	能适	适	尚适	不适	适	不适	廉
旋转刮板式		高	短	较难	小	能适	适	尚适	适	适	能适	最高

2.4　蒸发的辅助设备

蒸发装置的辅助设备主要有冷凝器和除沫器。

2.4.1　冷凝器

冷凝器的作用是使二次蒸汽冷凝成水而排出。冷凝器有间壁式冷凝器和直接接触式冷凝器（混合式冷凝器）两类。间壁式冷凝器可采用列管式换热器，混合式冷凝器在蒸发过程中应用得最广泛。图 6 - 2 - 10 所示为混合冷凝器中的一种——逆流淋洒式冷凝器。这种冷凝器内装有若干块钻有小孔的淋水板，冷却水从上而下沿淋水板往下淋洒，与自下而上的二次蒸汽逆流接触，蒸汽冷凝成水与冷却水一起从下部流出。不凝气在气水分离器中分离掉带出的水滴后从气水分离器顶排出。

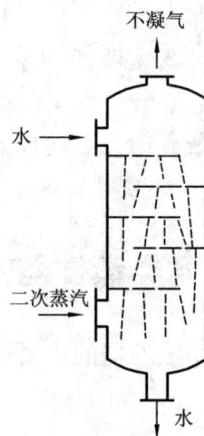

图 6 - 2 - 10　混合式冷凝器

当蒸发过程在减压下进行时，不凝气需用真空泵抽出，冷却水则需用气压管排出。气压管的结构为一水封装置，其下端插入水中，气压管应有足够高度，以保证冷凝器中的水能依靠高位自动流出，而外界的空气不会进入冷凝器内，一般气压管高度为 10~11m。

2.4.2　除沫器

在蒸发器的分离室中二次蒸汽与液体分离后，其中还夹带液滴，需进一步分离以防止有用产品的损失或冷凝液被污染，因此在蒸发器的顶部设置除沫器。二次蒸汽经除沫器后从蒸发器引出。也可以在蒸发器外设置专门的除沫器。图 6 – 2 – 11 为常用的除沫器的示意图，其中（a）至（d）四种直接安装在蒸发器的顶部，（e）至（g）三种则单独安装在蒸发器的外部。

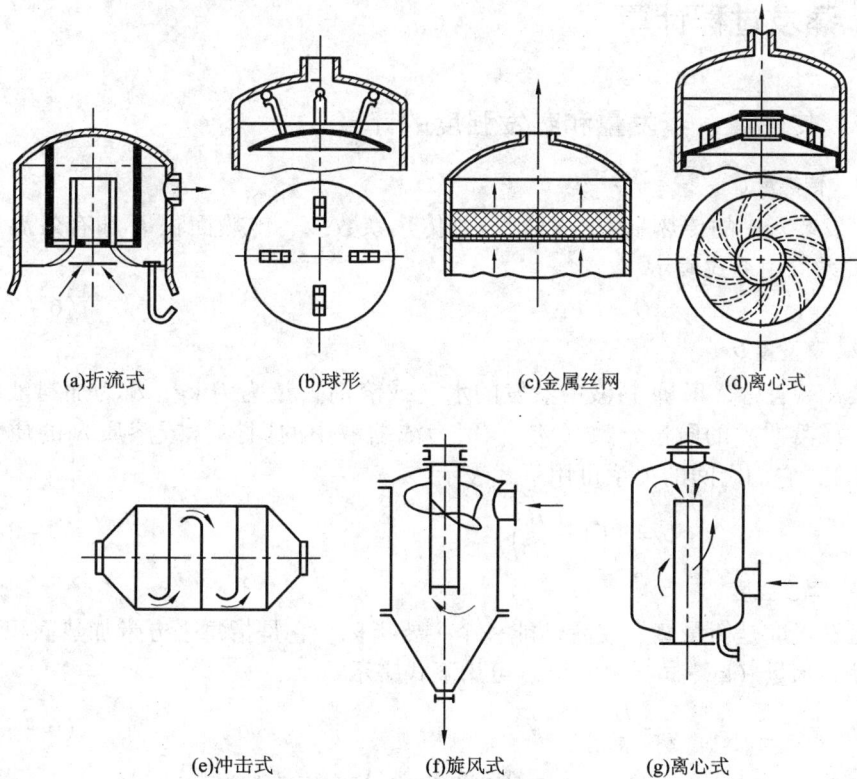

(a)折流式　　　　(b)球形　　　　(c)金属丝网　　　　(d)离心式

(e)冲击式　　　　(f)旋风式　　　　(g)离心式

图 6 – 2 – 11　除沫器的主要类型

3　蒸发器的设计

3.1　蒸发过程计算

3.1.1　传热量、蒸发量和蒸发强度的计算

3.1.1.1　传热量 Q

蒸发装置中的传热量 Q（kJ）与总传热系数 U、传热面积 F 和有效温度差 Δt 的关系可用下式表示

$$Q = UF\Delta t \qquad\qquad (6-3-1)$$

3.1.1.2　蒸发量 D

蒸发装置中，W kg 料液中蒸发的水（或溶剂）量为 D kg，B 为加料液中的固体（或溶质）的质量分数（%），B' 为浓缩液中的固体（或溶质）的质量分数（%），它们之间的关系可用下式表示

$$D = W\left(1 - \frac{B}{B'}\right) \qquad\qquad (6-3-2)$$

3.1.1.3　蒸发强度 q

蒸发强度是衡量蒸发装置性能一个主要指标，它是指每平方米加热面积每小时蒸发的水量（$kg \cdot m^{-2} \cdot h^{-1}$）。可用下式表示：

$$q = \frac{D}{F} \qquad\qquad (6-3-3)$$

根据 $Q = UF\Delta t = D\ (i - \theta)$，其蒸发强度又可用下式表示：

$$q = \frac{D}{F} = \frac{U\Delta t}{i - \theta} \qquad\qquad (6-3-4)$$

式中：i——二次蒸汽的热焓量 $kJ \cdot kg^{-1}$；

　　　　θ——二次蒸汽冷凝水的热焓量 $kJ \cdot kg^{-1}$。

由此可见，影响蒸发强度的因素，主要是传热系数和有效温度差。

3.1.2　总传热系数的计算

蒸发器的总传热系数 U，可由下式计算

$$\frac{1}{U} = \frac{1}{h_0} + r_0 + \frac{t_s}{\lambda} \cdot \left(\frac{D_0}{D_m}\right) + r_i \cdot \left(\frac{D_0}{D_i}\right) + \frac{1}{h_i} \cdot \left(\frac{D_0}{D_i}\right) \qquad (6-3-5)$$

式中：h_0——加热管加热蒸汽侧，蒸汽冷凝的给热系数，$kJ \cdot m^{-2} \cdot h^{-1} \cdot ℃^{-1}$；

$\quad\quad h_i$——加热管料液侧，料液的给热系数，$kJ \cdot m^{-2} \cdot h^{-1} \cdot ℃^{-1}$；

$\quad\quad r_0$——传热面加热介质侧的污垢系数，$m^2 \cdot h \cdot ℃ \cdot kJ^{-1}$；

$\quad\quad r_i$——传热面料液侧的污垢系数，$m^2 \cdot h \cdot ℃ \cdot kJ^{-1}$；

$\quad\quad t_s$——传热面材质的壁厚，m；

$\quad\quad \lambda$——传热面材质的导热系数，$kJ \cdot m^{-2} \cdot h^{-1} \cdot ℃^{-1}$；

$\quad\quad D_0$——加热管的外径，m；

$\quad\quad D_i$——加热管的内径，m；

$\quad\quad D_m$——加热管的对数平均直径，m。

在实际计算中由于沸腾料液的给热系数 h_i 缺乏精确的经验公式，给计算带来困难，因而通常选用实测的 U 值。

图6-3-1为各种蒸发器的总传热系数的比较。

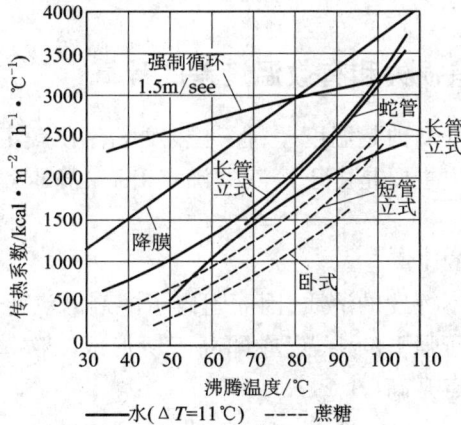

图6-3-1　各种蒸发器的传热系数比较

对 U 值的影响因素很多，例如料液的浓度、粘度、积垢性；操作压力、进料速率；传热材质等。表6-3-1列出了各种蒸发器的总传热系数 U 值的概略范围。

表 6 – 3 – 1　各种蒸发器的总传热系数 U 值的概略范围

蒸发器类型	总传热系数 U /(kJ·m^{-2}·h^{-1}·℃$^{-1}$)	蒸发器类型	总传热系数 U /kJ·m^{-2}·h^{-1}·℃$^{-1}$
夹套锅式	1300 ~ 8000	竖管强制循环式	4000 ~ 25000
盘管式	2000 ~ 10000	倾斜管式	3300 ~ 13000
水平管式(管内蒸汽冷凝)	2000 ~ 8000	升膜式	2000 ~ 20000
水平管式(管外蒸汽冷凝)	2000 ~ 16000	降膜式	4000 ~ 13000
标准式	2000 ~ 10000	外加热式	4000 ~ 20000
标准式(强制循环型)	4000 ~ 20000	刮板式(粘度 1 ~ 100CP)	6300 ~ 25000
悬筐式	2000 ~ 13000	刮板式(粘度 1000 ~ 10000CP)	2500 ~ 4000
旋液式	3300 ~ 6000	离心(叠片)式	13000 ~ 16000

3.1.3　传热温度差损失和有效温度差的计算

蒸发过程传热的推动力是温度差;但是蒸发中存在一定的热量损失而降低了有效温度差。温度损失主要是由于溶液的沸点升高、静压效应以及管路阻力引起的温度差损失。

3.1.3.1　溶液沸点升高的计算

由于溶液中含有不挥发的溶质,因而阻碍了溶剂的汽化,所以溶液的沸点 t 永远高于纯溶剂在同一压强下的沸点,亦即高于所形成二次蒸汽的温度 T_V,此高出的温度称为溶液的沸点升高(B. P. R),即

$$\Delta = t - T_V$$

溶液沸点升高的程度与溶质的性质、浓度和蒸发室的压强有关。溶液浓度越大、沸点也越高;一般电解质溶液的沸点升高很大,不容忽视;具有大分子量溶质的水溶液,其沸点升高较小。溶液沸点升高还与压强有关,虽然可以从手册中查到一些溶液的沸点见图 6 – 3 – 2,图 6 – 3 – 3,但数据总是有限的,当不能直接查得各种浓度的溶液在不同压强下的沸点升高时,可用以下方法进行计算:

1. 减压下稀盐溶液沸点升高的求法

此法假设稀盐溶液沸点与纯水沸点之差,在减压与常压下保持不变。

例如:试求 12% 氯化钙溶液在 81460 Pa 真空度下的沸点。从手册可查得 12% 氯化钙溶液在常压下的沸点为 102℃ 即 B. P. R = 2℃ , 水在 101325 – 81460 =

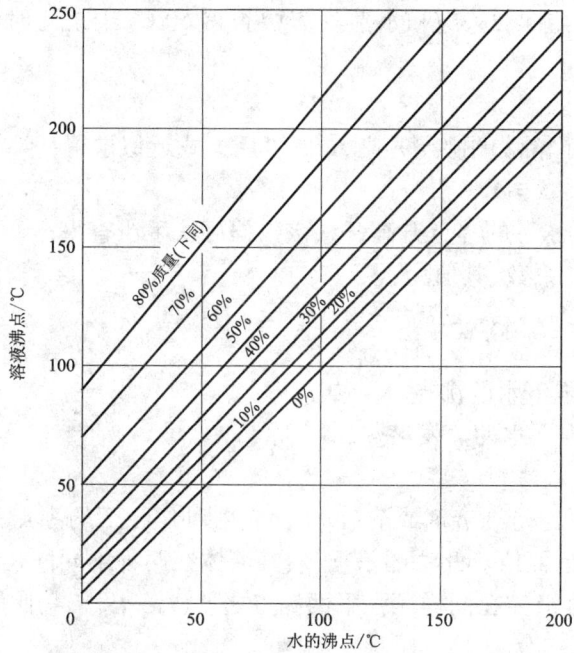

图 6 - 3 - 2　NaOH 水溶液的沸点

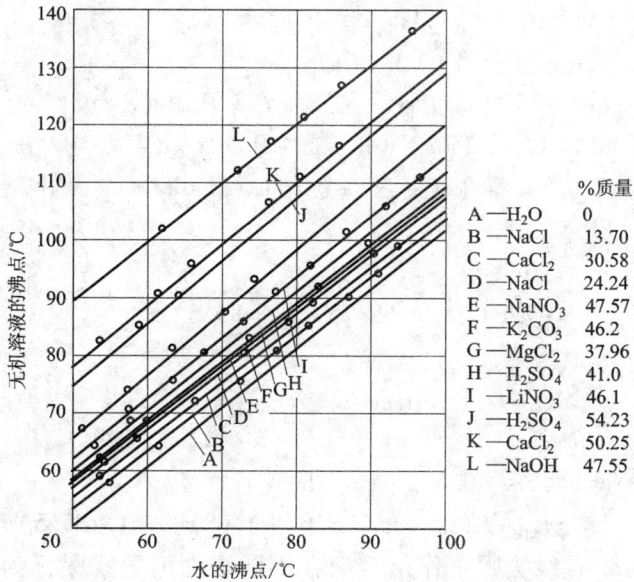

	%质量
A —H₂O	0
B —NaCl	13.70
C —CaCl₂	30.58
D —NaCl	24.24
E —NaNO₃	47.57
F —K₂CO₃	46.2
G —MgCl₂	37.96
H —H₂SO₄	41.0
I —LiNO₃	46.1
J —H₂SO₄	54.23
K —CaCl₂	50.25
L —NaOH	47.55

图 6 - 3 - 3　某些盐溶液的沸点

19865Pa 压强下的沸点,从饱和水蒸气表中查得 60℃,于是此时溶液的沸点为 60 + 2 = 62℃。

2. 吉辛科法

在任何压强下溶液的沸点升高 Δ,亦可用下式近似求得:

$$\Delta = \Delta_a \cdot f \qquad (6-3-6)$$

式中: Δ_a——为常压下的沸点升高,℃,该数据可从手册查得;

f——为校正系数,其值为:

$$f = 0.00387 \frac{T^2}{r} \qquad (6-3-7)$$

式中: T——某压强下水的沸点,K;

r——某压强下水的蒸发潜热,kJ·kg^{-1}。

3. Duhring 直线法则

任何液体(无论是纯溶剂或溶液均可)在各种压强下的沸点都可用 Duhring 直线法则来计算其近似值。此法的依据是:某液体在两种不同压强下两沸点之差($t_A - t'_A$)与另一标准液体在同样压强下两沸点之差($t_B - t'_B$),其比值为一常数,即:

$$\frac{t_A - t'_A}{t_B - t'_B} = K \qquad (6-3-8)$$

计算时可用水作标准液体,因其沸点与压强的关联数据最易查得。K 值求得后,其他任一压下的沸点 t'_A 就可由下式求得:

$$t'_A = t_A - K \cdot (t_B - t'_B) \qquad (6-3-9)$$

【例 6-3-1】 :25% NaCl 溶液在压强为 1、0.3kg·cm^{-2}(绝对压力)时的沸点分别为 107℃和74℃,求 25% NaCl 溶液在 0.6kg·cm^{-2}(绝对压力)时的沸点。

解:由饱和蒸汽表查得在绝对压力为 1、0.3、0.6kg·cm^{-2} 时,水的沸点相应为 99.1℃、68.7℃、85.5℃,即

$$t_{A1} = 107℃, t_{A2} = 74℃, t_{A3} = ?$$

$$t_{B1} = 99.1℃, t_{B2} = 68.7℃, t_{B3} = 85.5℃$$

按 Duhring 直线法则

$$K = \frac{t_{A1} - t_{A2}}{t_{B1} - t_{B2}} = \frac{107 - 74}{99.1 - 68.7} = 1.085$$

因此 25% NaCl 溶液在 0.6kg·cm^{-2} 压强下的沸点 t_{A3}:

$$t_{A3} = t_{A1} - K(t_{B1} - t_{B3}) = 107 - 1.085(99.1 - 85.5) = 82.2℃$$

依据 Duhring 直线法则可作出溶液在不同浓度下的线图称为 Duhring 线图。使用时则可根据某一压强下水的沸点,直接由线图查出所欲求的溶液在相同压强下的沸点。图 6-3-2 为 NaOH 溶液的 Duhring 线图。图 6-3-3 为某些无机盐

溶液的沸点图。

水溶液的蒸发潜热,在稀溶液中可近似地用饱和蒸汽表上求得之值。但对于浓溶液,要用下式近似求出蒸发潜热。

$$r = r_w \left(\frac{T}{T_w}\right)^2 \frac{\mathrm{d}T_w}{\mathrm{d}T} \qquad\qquad (6-3-10)$$

式中：$\dfrac{\mathrm{d}T_w}{\mathrm{d}T}$——为 Duhring 线图中直线的斜率

　　　T——为溶液在蒸发压强下的沸点,℃

　　　T_w——为水在蒸发压强下的沸点,℃

3.1.3.2　静压液头引起的沸点升高,Δ'

由于一般蒸发室中的溶液保持相当深度(膜式蒸发器除外),即传热面在液面以下,这样底部溶液所承受的压强高于液面所受的压强,造成底部溶液的沸点高于表面溶液的沸点,这就是所谓静压液头引起的沸点升高。蒸发计算时可取液面与底部平均液层深度处的沸点值。则器内平均静压强差 $\Delta p (0.1\,\mathrm{MPa})$ 为：

$$\Delta p = 5\rho \cdot h \qquad\qquad (6-3-11)$$

式中：ρ——为溶液的密度 $\mathrm{kg \cdot m^{-3}}$；

　　　h——为蒸发室内液柱高度,m。

将此压强差与蒸发室的压强相加,可得到平均液层深度处的压强。

实际上由于溶液沸腾时形成汽液混合物,其密度大为减小,因此按上述公式求得的值比实际液体静压引起的沸点升高值要大。

当蒸发器在减压操作时,按(6-3-11)式求得的 Δ' 可高达 $20 \sim 30$℃,与实际出入很大。

【**例6-3-2**】　在一单效蒸发器内浓缩 $CaCl_2$ 溶液,操作压强为 1atm(绝对)。加热室内平均液面高度为 1m,溶液浓度(质量分数)为 41.8%,$CaCl_2$ 溶液在其沸点下的密度为 $1340\mathrm{kg \cdot m^{-3}}$,试求溶液的沸点升高。

解：器内平均静压强(MPa)为

$$\Delta p = \frac{0.1\,\rho h}{2 \times 10000} = \frac{0.1 \times 1340 \times 1}{2 \times 10000} = 0.0067$$

由手册查得在 1atm 下 41.8% $CaCl_2$ 溶液的沸点为 120℃。

器内平均深度处的压强 $p = 0.1033 + 0.0067 = 0.11\mathrm{MPa}$。

由饱和水蒸气表查得压强为 0.11MPa 时,水的沸点为 102℃,即由静压液头引起的沸点升高为 $102 - 100 = 2$℃。

则蒸发室内 $CaCl_2$ 溶液的平均沸点为 $t_1 = 120 + 2 = 122$℃。

所以其沸点升高为 $122 - 100 = 22$℃。

3.1.3.3 管路阻力引起的温差损失(Δ_{m-n})

此项温差损失主要是在多效蒸发时需要考虑,对于单效蒸发不存在此项温差损失。多效蒸发中二次蒸汽从前一效产生后进入后一效的加热室过程中,由于在管道内流动的阻力损失,使二次蒸汽压强降低,蒸汽的饱和温度亦相应地降低。蒸汽在管路中流速愈高,管路愈长,温度下降就愈多。此下降值不大,一般不做详细计算,而是根据经验数据,每两效间的蒸汽温度降低值为 0.5 ~ 1.5℃,通常取1℃。

3.1.3.4 有效温度差

在单效蒸发器中加热蒸汽的温度与二次蒸汽温度之差,或在多效蒸发器中,第一效加热蒸汽温度与末效二次蒸汽温度之差均称为总温度差 $\Delta t_{总}$。总温度差若减去上述各项温度损失即得到有效温度差 $\Delta t_{有效}$,它是在蒸发过程中实际可以利用的温度差,即

$$\Delta t_{有效} = \Delta t_{总} - (\Delta + \Delta' + \sum \Delta_{m-n}) \qquad (6-3-12)$$

若为单效蒸发器时 $\sum \Delta_{m-n} = 0$;若为膜式蒸发器时 $\Delta' = 0$。

3.2 单效蒸发器的计算

3.2.1 蒸发量、蒸汽耗量及传热面积的计算

蒸发量可由式(6-3-2)进行计算即

$$D = W\left(1 - \frac{B}{B'}\right)$$

一般溶液的稀释热的热焓量不大,可忽略,其蒸发时的蒸汽耗量 D'(kg)可由下式计算

$$D' = \frac{D \cdot r + W \cdot c \cdot (t_1 - t_0) + Q'}{R} = \frac{D(i - \theta') + W \cdot c \cdot (t_1 - t_0) + Q'}{I - \theta}$$

$$(6-3-13)$$

式中:r——二次蒸汽的蒸发潜热,kJ·kg^{-1};

i——二次蒸汽的热焓量,kJ·kg^{-1};

R——加热蒸汽的蒸发潜热,kJ·kg^{-1};

I——加热蒸汽的热焓量,kJ·kg^{-1};

W——进料液量,kg·h^{-1};

c——料液的比热,kJ·kg^{-1}·℃$^{-1}$;

t_0, t_1——料液的进料与出料的温度,℃;

θ——蒸汽冷凝水的热焓量,kJ·kg^{-1};

Q'——损失于外界的热量，$kJ \cdot h^{-1}$；

θ'——二次蒸汽冷凝水的热焓量，$kJ \cdot kg^{-1}$。

料液的比热 $c(kJ \cdot kg^{-1}W \cdot ℃^{-1})$ 在缺乏可靠数据时，可按下式估算

$$c = c_1 \cdot B + c_2 \cdot (1 - B) \tag{6-3-14}$$

B 为料液的浓度，以溶质重量百分数表示，c_1 和 c_2 分别为溶质和溶剂的比热。对于 B < 20% 的稀溶液，比热 $c(kJ \cdot kg^{-1}W \cdot ℃^{-1})$ 还可近似按下式估计

$$c = c_2(1 - B) \tag{6-3-15}$$

又因水的比热为1，因而稀的水溶液比热可近似地取为

$$c = c_1 \cdot B + (1 - B) \quad 或 \quad c = (1 - B) \tag{6-3-16}$$

传热面积：可用一般传热方程式，即

$$Q = U \cdot F \cdot \Delta t = D' \cdot R$$

式中：Q——每小时经过传热面的热量，$kJ \cdot h^{-1}$；

Δt——加热蒸汽饱和温度与溶液沸点之差，℃。

3.3.2　计算实例

【例 6-3-3】　拟用单效蒸发器将 1000kg $\cdot$ h^{-1} 5.1% 浓度的水溶液，浓缩至 30%（质量），料液的进料温度为 50℃，其沸点为 85.5℃，加热蒸汽压力为 1kg $\cdot$ cm^{-2}（表压），料液的比热为 0.95kcal $\cdot$ $kg^{-1} \cdot ℃^{-1}$，蒸发器的总传热系数为 1400kCal $\cdot$ $m^{-2} \cdot h^{-1} \cdot ℃^{-1}$，热量损失为 8000kCal $\cdot$ h^{-1}，试求该蒸发器的蒸汽消耗量和传热面积。

解　蒸发量 $D = W\left(1 - \dfrac{B}{B'}\right) = 1000\left(1 - \dfrac{5.1}{30}\right) = 830kg \cdot h^{-1}$

由饱和蒸汽表查得 85.5℃ 时水的蒸发潜热

$$r = 548kCal \cdot kg^{-1}$$

压强为 2kg $\cdot$ cm^{-2}（绝对压力）的加热蒸汽的蒸发潜热

$$R = 527kCal \cdot kg^{-1}$$

蒸汽消耗量由式（6-3-13）计算

$$D' = \frac{D \cdot r + Wc \cdot (t_1 - t_0) + Q'}{R}$$

$$= \frac{830 \times 548 + 1000 \times 0.95 \times (85.5 - 50) + 8000}{527}$$

$$= 942.2 kg \cdot h^{-1}$$

蒸发器的传热面积：

$$F = \frac{Q}{U \cdot \Delta t} = \frac{D \cdot r + Wc(t_1 - t_0) + Q'}{U \cdot \Delta t} = \frac{D' \cdot R}{U \cdot \Delta t}$$

$$= \frac{942.2 \times 527}{1400 \times 34.1} = 10.4 m^2$$

其中由于 $1 kg \cdot cm^{-2}$（表压）的饱和蒸汽温度 $T = 119.6℃$，因此

$$\Delta t = 119.6 - 85.5 = 34.1℃$$

3.3 多效蒸发的流程和计算

3.3.1 多效蒸发的经济性及效数限制

多效蒸发的目的是：通过蒸发过程中的二次蒸汽再利用，以节约蒸汽的消耗，从而提高了蒸发装置的经济性。表 6 - 3 - 2 为蒸发 1kg 的水所消耗的加热蒸汽量，其中实际消耗量包括蒸发装置和其操作中的各项热量损失，随蒸发器的类型，多效蒸发的流程等不同，其值稍有变化。

随效数的增多，蒸汽节约越多，但效数的多少要受以下几方面的限制：

1. 设备费用的限制

由表 6 - 3 - 2 可看出从单效改为双效节约蒸汽的幅度最高，达 93%（理论量应为一倍），但由四效改为五效仅节约蒸汽 10% 。然而随效数的增加，其设备费用也不断增加，在设备的折旧年限内，增加一效后其节约蒸汽的费用不足以抵消其设备投资费时，则不能增加其效数。另外在设备投资有限制时，其效数也随此限而定。

表 6 - 3 - 2 不同效数蒸发装置的蒸汽消耗量

效数	理论蒸汽消耗量		实际蒸汽消耗量		
	蒸发 1kg 水所需蒸汽量/kg	1kg 蒸汽蒸发水量/kg	蒸发 1kg 水所需蒸汽量/kg	1kg 蒸汽蒸发水量/kg	本装置若再增加一效可节约蒸汽/%
单效	1	1	1.1	0.91	93
二效	0.5	2	0.57	1.754	30
三效	0.33	3	0.4	2.5	25
四效	0.25	4	0.3	3.33	10
五效	0.2	5	0.27	3.7	7

2. 温度差的限制

一般工业生产中加热蒸汽的压力和蒸发室的真空度都有一定限制，因此装置的总温度差（视温度差）也一定。但由于多效蒸发时各效皆有温度损失，因此单效的有效温度差要比多效的各效有效温差之和要大，亦就是说，由于有效温差的减

少,虽然 n 效蒸发器组的传热面积 n 倍于单效蒸发器的面积,但在同样条件下其生产能力却要低于单效蒸发器。

在多效蒸发中为了保证传热的正常进行,根据经验,每一效的温度差不能小于 $5 \sim 7℃$。为了保证各效有较大的温度差,就必须限制其效数。生产上最常用的是 $2 \sim 3$ 效。如果沸点上升很小的料液或采用膜式蒸发器时效数可多些,例如造纸工业碱回收采用五效升膜式蒸发器,糖厂多用 $4 \sim 6$ 效,再多就很少应用了。

3.3.2　多效蒸发的操作流程

多效蒸发的操作流程根据加热蒸汽与料液的流向不同,可分为以下四种,其流程如图 $6 - 3 - 4$ 所示。

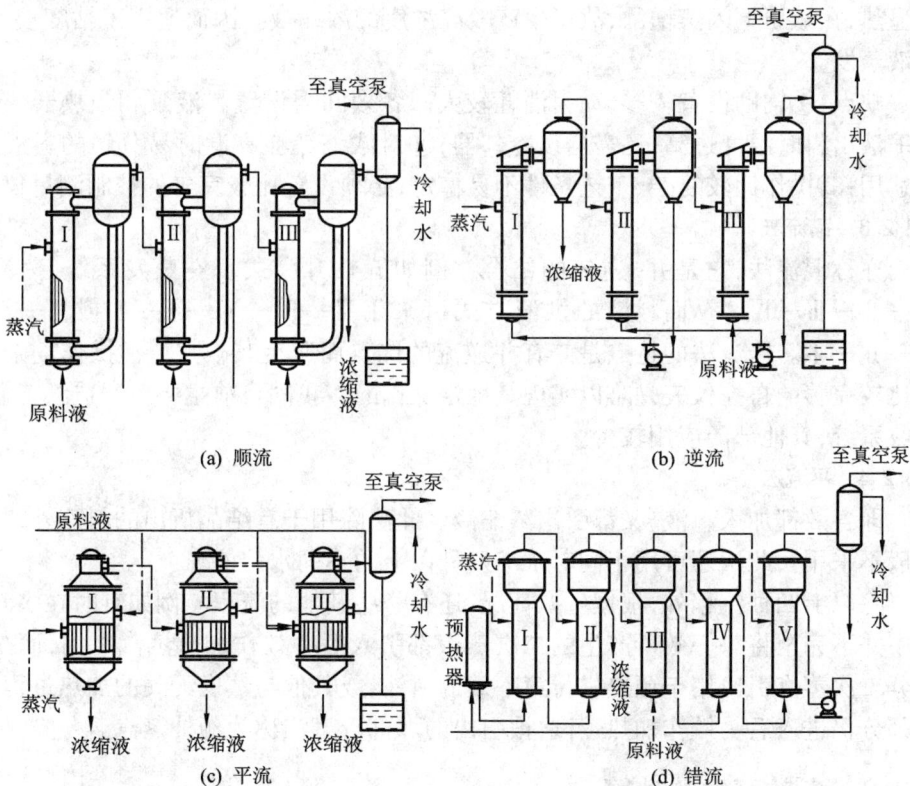

图 $6 - 3 - 4$　多效蒸发的操作流程

3.3.2.1　顺流法亦称并流法

顺流法中,其料液和蒸汽成并流。

优点:①各效间有较大压差,料液能自动从前效进入后效,因而各效间可省去输料泵;②前效的操作温度高于后效,料液从前效进入后效时呈过热状态,可以产生自蒸发,在各效间不必设预热器;③由于辅助设备少,装置紧凑,管路短,因而温度损失较小;④装置的操作简便,工艺条件稳定,设备维修工作减少。

缺点:由于后效的温度低、浓度大,因而料液的粘度增加很大,降低了传热系数。因此对于随浓度的增加其粘度增加很大的料液是不宜采用并流,亦就是说并流操作只适用于粘度不大的料液。

3.3.2.2　逆流法

即料液与蒸汽呈逆流操作。

优点:随着料液浓度的提高,其温度亦相应提高;这样料液粘度增加较少,各效的传热系数相差不大,可充分发挥设备能力。由于浓缩液的排出温度较高,可利用其显热,在减压下闪蒸增浓,故可生产较高浓度的浓缩液。因而适用于粘度较大的料液蒸发。

缺点:①辅助设备较多,动力消耗较大。各效间需设置料液泵和预热器,有时浓缩液出料时温度过高,还需增设冷却器;②对浓缩液在高温时易分解的料液,则不适用;③操作比较复杂、工艺条件不易稳定,必须设置比较完善的控制测量仪器。

3.3.2.3　错流法

亦称混流法,它是并、逆流的结合。例如五效升膜式真空蒸发系统,蒸汽是Ⅰ—Ⅱ—Ⅲ—Ⅳ—Ⅴ而料液的供液方式可采用Ⅲ—Ⅳ—Ⅴ—Ⅰ—Ⅱ或Ⅲ—Ⅳ—Ⅴ—Ⅱ—Ⅰ。错流法的特点是兼有并逆流的优点而避免其缺点。但操作复杂,没有比较完善的自控仪表是难以实现其稳定操作的。我国目前主要用于造纸工业碱回收系统,其他部门应用较少。

3.3.2.4　平流法

即各效都加入料液,又都引出浓缩液。此法除用于有结晶析出的料液外,其他一般不采用。此法还可用于同时浓缩两种以上的不同水溶液。

除以上四种流程外,根据生产情况,还有一些其他的流程。例如有时在多效蒸发中并不完全将每一效所产生的二次蒸汽都引入后一效作加热蒸汽之用,而是将部分二次蒸汽引出用于预热进行第一效的料液,或其他与蒸发无关的加热过程,其余部分仍进入后一效作加热蒸汽,被引出的那部分蒸汽称为额外蒸汽。

3.3.3　多效蒸发的计算

3.3.3.1　蒸发水量的计算

在蒸发过程中,若无额外蒸汽引出,则总蒸发水量 D 为各效蒸发水量(D_1,D_2,$\cdots$,D_n)之和,单位为 $kg \cdot h^{-1}$。

$$D = D_1 + D_2 + \cdots + D_n$$

D 的计算与单效一样可用式(6 – 3 – 2)

$$D = W\left(1 - \frac{B_0}{B_n}\right)$$

任何一效中料液的浓度为：

$$B_n = \frac{WB_0}{W - D_1 - D_2 \cdots - D_n} \times 100\% \qquad (6 – 3 – 17)$$

而各效蒸发量根据 $\frac{D_n}{D_{n-1}} \approx 1$，可近似地假定相等即

$$D_1 = D_2 = D_3 = \cdots = D_n$$

$$D = D_1 + D_2 + D_3 + \cdots + D_n$$

当并流操作时，因有自蒸发现象，各效蒸发量之比例可假设如下：

$$D_1 : D_2 : D_3 : D_4 = 1 : 1.1 : 1.2 : 1.3$$

假定了各效蒸发量就可求出各效料液的浓度，最后再用热量衡算校核原假设是否合理。

3.3.3.2　各效压强的假定

欲求各效沸点温度，需假定压强。一般加热蒸汽压强 p_0 和末效真空度 p_n 是给定的。其他各效压强可按等压强降的假定来确定。即

$$p_0 - p_1 = p_1 - p_2 = p_{n-1} - p_n = \frac{1}{n}(p_0 - p_n) \qquad (6 – 3 – 18)$$

最后根据计算所得的有效温度差分配数，来校核原压强的假定所得的各效沸点。

3.3.3.3　加热蒸汽消耗量的计算

可将多效蒸发中的任何一效视为单效蒸发器，根据式(6 – 3 – 13)写出第 n 效的热量衡算式：

$$D'_n(I_n - \theta_n) = D_n(i_n - \theta'_n) + (W \cdot c - D_1 - D_2 - \cdots - D_{n-1}) \cdot (t_n - t_{n-1}) + Q'n$$

将上式等号两端除以 $(i_n - \theta'_n)$，并移项整理得

$$D_n = D'_n \cdot \frac{I_n - \theta_n}{i_n - \theta'_n} + (W \cdot c - D_1 - D_2 - \cdots - D_{n-1}) \cdot \frac{t_{n-1} - t_n}{i_n - \theta'_n} - \frac{Q'_n}{i_n - \theta'_n}$$

$$(6 – 3 – 19)$$

令　　　　　$a_n = \dfrac{I_n - \theta_n}{i_n - \theta'_n}$

a_n 称为第 n 效的蒸发系数，即 1kg 加热蒸汽冷凝时放出的热量可以蒸发的溶剂量。因溶剂一般为水故 a_n 可近似取为 1。

又令
$$\beta_n = \frac{I_{n-1} - t_n}{i_n - \theta'_n}$$

β_n 称为第 n 效的自蒸发系数。在并流操作时有自蒸发现象产生,其 β 值很小,一般为 $0.01 \sim 0.1$。

将 a_n 与 β_n 代入式($6-3-19$),则可简化为

$$D_n = D'_n a_n + (W \cdot c - D_1 - D_2 - \cdots - D_{n-1})\beta_n - \frac{Q'_n}{i_n - \theta'_n} \qquad (6-3-20)$$

如损失于外界的热量 Q'_n 忽略不计,取 $a_n = 1$ 则上式为

$$D_n = D'_n + (W \cdot c - D_1 - D_2 - \cdots - D_{n-1}) \cdot \beta_n \qquad (6-3-21)$$

如欲计入 Q'_n 量,可将式($6-3-21$)的右边乘以热损失系数,则

$$D_n = [D'_n \cdot + (W \cdot c - D_1 - D_2 - \cdots - D_{n-1}) \cdot \beta_n]\eta_n \qquad (6-3-22)$$

热损失系数 η_n 的值,对一般可忽视稀释热溶液的蒸发 $\eta_n = 0.98$,对于苛性钠水溶液,由于溶液浓缩热效应的影响,$\eta_n = 0.9 \sim 0.92$,或可根据下式计算:

$$\eta_n = 0.98 - 0.007\Delta B \qquad (6-3-23)$$

式中:ΔB——苛性钠溶液浓度的变化,%。

第一效加热蒸汽消耗量 D'_1 的计算

由式($6-3-22$)分别可求出第一、二效的水分蒸发量 D_1,D_2

$$D_1 = (D'_1 + W \cdot c \cdot \beta_1) \cdot \eta_1 \qquad (6-3-24)$$

$$D_2 = [D'_2 + (W \cdot c - D_1) \cdot \beta_2] \cdot \eta_2$$

在没有额外蒸汽引出时,第 n 效的加热蒸汽量 D'_n,即为上一效的二次蒸汽量 D_{n-1},所以

$$D'_2 = D_1 = D'_1$$

于是由式($6-3-24$)可列出 D'_1 的函数式

$$D_1 = D'_1 \cdot a_1 + b_1$$

$$D_2 = D'_1 \cdot a_2 + b_2 \qquad (6-3-25)$$

$$D_n = D'_1 \cdot a_n + b_n$$

式中 a 和 b 为计算系数,由相应各式算得,将上述各式相加得

$$D = D_1 + D_2 + D_3 + \cdots + D_n$$
$$= D'_1 \cdot (a_1 + a_2 + a_3 + \cdots + a_n) + (b_1 + b_2 + \cdots + b_n)$$

因此第一效加热蒸汽消耗量为:

$$D'_1 = \frac{D - (b_1 + b_2 + \cdots + b_n)}{(a_1 + a_2 + \cdots + a_n)} \qquad (6-3-26)$$

3.3.3.4 有效温度差的分配

多效蒸发中的有效温度差 $\Sigma\Delta t$ 为

$$\Sigma \Delta t = \Delta t_{总} - (\Sigma \Delta_n + \Sigma \Delta'_n + \Sigma \Delta_{m-n}) \tag{6-3-27}$$

总温度差 $\Delta t_{总}$ 为加热蒸汽温度减去未效压强下水的沸点之差。$\Sigma \Delta_n$，$\Sigma \Delta'_n$，$\Sigma \Delta_{m-n}$ 分别为各效因沸点升高，静压头、管道阻力而造成的温度损失之和。

有效温度差分配的目的是为了求取蒸发器的加热面积 F

$$F_n = \frac{Q_n}{U_n \Delta t_n}$$

在设计中为了便于制造和安装，常将各效蒸发器的传热面积做成相等的。例如三效蒸发器即 $F_1 = F_2 = F_3$

$$\therefore \Delta t_1 : \Delta t_2 : \Delta t_3 = \frac{Q_1}{U_1} : \frac{Q_2}{U_2} : \frac{Q_3}{U_3} \tag{6-3-28}$$

或

$$\Delta t_1 = \frac{\Sigma \Delta t \cdot \dfrac{Q_1}{U_1}}{\dfrac{Q_1}{U_1} + \dfrac{Q_2}{U_2} + \dfrac{Q_3}{U_3}}$$

$$\Delta t_2 = \frac{\Sigma \Delta t \cdot \dfrac{Q_2}{U_2}}{\dfrac{Q_2}{U_2} + \dfrac{Q_2}{U_2} + \dfrac{Q_3}{U_3}}$$

$$\Delta t_3 = \frac{\Sigma \Delta t \cdot \dfrac{Q_3}{U_3}}{\dfrac{Q_1}{U_1} + \dfrac{Q_2}{U_2} + \dfrac{Q_3}{U_3}}$$

由此则多效蒸发器中任一效 n 的有效温度 Δt_n 为

$$\Delta t_n = \frac{\Sigma \Delta t \cdot \dfrac{Q_n}{U_n}}{\dfrac{Q_1}{U_1} + \dfrac{Q_2}{U_2} + \cdots + \dfrac{Q_n}{U_n}} \tag{6-3-29}$$

此外,若各效二次蒸汽的温度已知,则各效的有效温度差(℃)分配可按下表求出:

项　　目	Ⅰ　　效	Ⅱ　　效	Ⅲ　　效
加热蒸汽温度	T_1	$T_2 = T'_1 - 1.0$	$T_3 = T'_2 - 1.0$
溶液的沸点	$t_1 = T'_1 + \Delta_1 + \Delta'_1$	$t_2 = T'_2 + \Delta_2 + \Delta'_2$	$t_3 = T'_3 + \Delta_3 + \Delta'_3$
二次蒸汽温度	$T'_1 = t_1 - \Delta_1 - \Delta'_1$	$T'_2 = t_2 - \Delta_2 - \Delta'_2$	$T'_3 = t_3 - \Delta_3 - \Delta'_3 = T_k + 1.0$
有效温度差	$\Delta t_1 = T_1 - t_1$	$\Delta t_2 = T_2 - t_2$	$\Delta t_3 = T_3 - t_3$
蒸汽进入冷凝器温度			$T_k = T'_3 - 1.0$

3.3.4　多效蒸发计算实例

拟用并流法三效升膜式蒸发器蒸发烧碱液,已知条件:

进料量:$W = 10000\text{kg} \cdot \text{h}^{-1}$

初浓度:$B_0 = 10\%$

终浓度:$B_3 = 30\%$

进料温度:$t_o = 80℃$

加热蒸汽压强:$p_0 = 5\text{kg} \cdot \text{cm}^{-2}$(绝压)　　　　$t_0 = 151.1℃$

第三效压强:$p_3 = 0.2\text{kg} \cdot \text{cm}^{-2}$(绝压)　　　　$t_3 = 59.7℃$

传热系数:$U_1 = 1100\text{kcal} \cdot \text{m}^{-2} \cdot \text{h}^{-1} \cdot ℃^{-1}$

$\qquad U_2 = 900\text{kcal} \cdot \text{m}^{-2} \cdot \text{h}^{-1} \cdot ℃^{-1}$

$\qquad U_3 = 850\text{kcal} \cdot \text{m}^{-2} \cdot \text{h}^{-1} \cdot ℃^{-1}$

求:蒸发量 D,加热蒸汽消耗量 D'_1,传热面积 F

解:

(1)总蒸发量 D 根据式(6-3-2)

$$D = W\left(1 - \frac{B_0}{B_3}\right) = 10000\left(1 - \frac{10}{30}\right) = 6667\text{kg} \cdot \text{h}^{1}$$

(2)假定各效蒸发量及溶液浓度因并流操作有自蒸发,故设

$$D_1 : D_2 : D_3 = 1 : 1.1 : 1.2$$

$$\because D = D_1 + D_2 + D_3 = 6667(\text{kg} \cdot \text{h}^{-1})$$

$$\therefore D_1 = 6667 \times \frac{1}{3.3} = 2020(\text{kg} \cdot \text{h}^{-1})$$

$$D_2 = 6667 \times \frac{1 \cdot 1}{3 \cdot 3} = 2222(\text{kg} \cdot \text{h}^{-1})$$

$$D_3 = D - (D_1 + D_2) = 2425(\text{kg} \cdot \text{h}^{-1})$$

$$B_1 = \frac{W \times B_0}{W - D_1} = \frac{10000 \times 0.10}{10000 - 2020} = 12.5\%$$

则　　　　$$B_2 = \frac{W \times B_0}{W - D_1 - D_2} = 17.4\%$$

$$B_3 = 30\%$$

(3)假定各效压强及各效温度损失

由式(6-3-18)

$$p_0 - p_1 = p_1 - p_2 = (p_0 - p_3) \div 3$$

$$= (5 - 0.2) \div 3$$

$$= 1.6 kg \cdot cm^{-2} = 0.16 MPa$$

$\therefore \quad p_1 = 0.34 MPa$，此压强下水沸点为 136.9℃

$p_2 = 0.18 MPa$，此压强下水沸点为 116.3℃

$p_3 = 0.02 MPa$，此压强下水沸点为 59.7℃

由图 6 - 3 - 2 查得：

$$\Delta_1 = 143.9 - 136.9 = 10(℃)$$

$$\Delta_2 = 125 - 116.3 = 8.7(℃)$$

$$\Delta_3 = 77 - 59.7 = 17.3(℃)$$

取各效间的管路阻力温度损失 $\Delta_{m-n} = 1℃$

由于是升膜式蒸发器 $\Delta' = 0$

因此装置的总温度损失 $\sum \Delta_n = 10 + 8.7 + 17.3 + 1 + 1 = 38(℃)$

所以总有效温度差 $\sum \Delta t = 151.1 - 59.7 - 38 = 53.4(℃)$

(4)加热蒸汽消耗量 D'_1

自蒸发系数：$\beta_1 = 0$

$$\beta_2 = \frac{t_1 - t_2}{i_2 - \theta'_2} = \frac{143.9 - 125}{653.4 - 125} = 0.0358$$

$$\beta_1 = \frac{t_2 - t_3}{i_3 - \theta'_3} = \frac{125 - 77}{646.3 - 7} 0.0843$$

各效比热 c，由于对浓度 <20% 的稀溶液其比热可由下式估算：$c = 1 - B$

$\therefore c_1 = 1 - 0.1 = 0.9; c_2 = 1 - 0.125 = 0.875; c_3 = 1 - 0.174 = 0.826$

损失热量 Q'_n 估算：为简便计算，设各效损失热量为总传热量 5%，即 $\eta_1 = \eta_2 = \eta_3 = 95\%$，于是各效热量衡算可由式(6 - 3 - 22)计算

$\because \beta_1 = 0$

$\therefore D_1 = D'_1 \eta_1 = 0.95 D'_1$

$\because D_1 = D'_1$

$\therefore D_2 = (D'_2 + W \cdot c_2 \cdot \beta_2) \eta_2 = (D_1 + W \cdot c_2 \cdot \beta_2) \eta_2$

$$= [0.95 D'_1 + 10000 \times 0.875 \times 0.0358] \times 0.95$$

$0.9025 D'_1 + 298$

$$D_3 = [D_2 + W \cdot c_3 \cdot \beta_3] \eta_3$$

$$= [(0.9025 D'_1 + 298) + 10000 \times 0.826 \times 0.0843] \times 0.95$$

$$= 0.9025 D'_1 + 930.5(kg \cdot h^{-1})$$

$\because D = D_1 + D_2 + D_3 = 6667(kg \cdot h^{-1})$

$$\therefore D'_1 = \frac{6667 - (298 + 930.5)}{0.95 + 0.9025 + 0.8145} = 2040(kg \cdot h^{-1})$$

因此 $\qquad D_1 = 0.95D'_1 = 1938(\text{kg} \cdot \text{h}^{-1})$

$$D_2 = 0.9025D'_1 + 298 = 2138(\text{kg} \cdot \text{h}^{-1})$$

$$D_3 = 0.8145D'_1 + 930.5 = 2591(\text{kg} \cdot ^{-1})$$

此结果与原假定的蒸发量相近,故不再复核各效浓度。

(5)各效传热量 Q_n

$$Q_1 = D'_1(I_1 - \theta_1) = 2040(657.3 - 151.1) = 1032141.8(\text{kCal} \cdot \text{h}^{-1})$$
$$= 4321371.3(\text{kJ} \cdot \text{h}^{-1})$$

$$Q_2 = D'_2(I_2 - \theta_2) = D_1(I_2 - \theta_2) = 1938(653.4 - 135.9)$$
$$= 1002915(\text{kCal} \cdot \text{h}^{-1}) = 4199004.5(\text{kJ} \cdot \text{h}^{-1})$$

$$Q_3 = D_2(I_3 - \theta_3) = 2318(646.3 - 116.3) = 1133140(\text{kCal} \cdot \text{h}^{-1})$$
$$= 4744230.6(\text{kJ} \cdot \text{h}^{-1})$$

(6)有效温度的分配

依式(6-3-29)的要求计算各效的 $\dfrac{Q_n}{U_n}$ 值:

$$\because \frac{Q_1}{U_1} = \frac{1032141.8}{1100} = 938$$

$$\frac{Q_2}{U_2} = 1114$$

$$\frac{Q_3}{U_3} = 1333$$

$$\therefore \sum \frac{Q}{U} = 938 + 1114 + 1333 = 3385$$

依式(6-3-29)分配各效温度差

$$\Delta t_1 = \frac{\sum \Delta t \cdot \dfrac{Q_1}{U_1}}{\sum \dfrac{Q}{U}} = \frac{53.4 \times 938}{3385} = 14.8\,℃$$

$$\Delta t_2 = \frac{53.4 \times 1114}{3385} = 17.6\,℃$$

$$\Delta t_3 = \frac{53.4 \times 1333}{3385} = 21\,℃$$

(7)校正各效温度

效　数	I	II	III
加热蒸汽温度/℃	151.1	126.1 − 1 = 125.1	98.8 − 1 = 97.8
料液温度/℃	151.1 − 14.8 = 136.3	125.1 − 17.6 = 107.5	97.8 − 21 = 76.8
二次蒸汽温度/℃	136.3 − 10 = 126.3	107.5 − 9.7 = 98.8	59.7
加热蒸汽热焓/$(kJ \cdot kg^{-1})$	2781.1	2673.7	2186.8

总有效温度差：$\Sigma \Delta t = 151.1 - 59.7 - 38 = 53.4$（℃）

（8）校正加热蒸汽消耗量 D'_1

各效自蒸发系数：$\beta_1 = 0$

$$\beta_2 = \frac{136.1 - 107.5}{638.6 - 107.5} = 0.053$$

$$\beta_3 = \frac{107.5 - 76.8}{622.3 - 76.8} = 0.056$$

各效水分蒸发量 D_n：

$$D_1 = 0.95D'_1$$

$$D_2 = （D_1 + W \cdot c_2 \cdot \beta_2）\eta_2$$

$$= （0.95D'_1 + 10000 \times 0.875 \times 0.053）\times 0.95$$

$$= 0.9025D'_1 + 440.6$$

$$D_3 = 0.814D'_1 + 837$$

$$D'_1 = \frac{6667 - （440.6 + 837）}{0.95 + 0.9025 + 0.8145} = 2021（kg \cdot h^{-1}）$$

$$\therefore \quad D_1 = 2021 \times 0.95 = 1920（kg \cdot h^{-1}）$$

$$D_2 = 2264（kg \cdot h^{-1}）$$

$$D_3 = 2483（kg \cdot h^{-1}）$$

各效传热量 Q_n

$$Q_1 = D'_1（I_1 - \theta_1）= 2021（649.2 - 151.1）$$

$$= 1006660 kCal \cdot h^{-1} = 4214684（kJ \cdot h^{-1}）$$

$$Q_2 = 1920（638.6 - 125.1）= 985920 kCal \cdot h^{-1} = 4127850（kJ \cdot h^{-1}）$$

$$Q_3 = 2264（622.3 - 97.8）= 1187468 kCal \cdot h^{-1} = 4971691 kJ \cdot h^{-1}$$

各效 $\dfrac{Q_n}{U_n}$ 值

$$\frac{Q_1}{U_1} = 915.1; \qquad \frac{Q_2}{U_2} = 1095.5; \qquad \frac{Q_3}{U_3} = 1397; \qquad \Sigma \frac{Q}{U} = 3407.6$$

各效温度差 Δt

$$\Delta t_1 = \frac{53.4 \times 915.1}{3407.6} = 14.3 \ (\text{℃})$$

$$\Delta t_2 = \frac{53.4 \times 1095.5}{34047.6} = 17.2 \ (\text{℃})$$

$$\Delta t_3 = \frac{53.4 \times 1397}{3407.6} = 21.9 \ (\text{℃})$$

两次计算的各效温度差基本相等，试算可行。

（9）各效加热面积 F_n

$$F_1 = \frac{Q_1}{U_1 \cdot \Delta t_1} = \frac{915.1}{14.3} = 64 \ (\text{m}^2)$$

$$F_2 = \frac{1095.5}{17.2} = 64 \ (\text{m}^2)$$

$$F_3 = \frac{1397}{21.9} = 64 \ (\text{m}^2)$$

考虑10%的安全系数则每效传热面积：

$$F_n = 64 \times 1.1 \approx 70 \ (\text{m}^2)$$

4　结晶设备

4.1　结晶操作及有关问题

结晶可以在气相、熔融相和溶液相中产生。但工业上实际应用的，绝大多数是在溶液中的结晶。这是因为气相法容积大，熔融法温度高，而溶液则便于处理、相对的生产规模可以小到每日几克、大到每日几千吨。

作为一项单元操作，结晶是十分重要的，在有色冶金工业上也应用颇广，如氧化铝的生产，稀有金属纯化合物的制取等都采用结晶操作。多数物质是以结晶状态作为商品，在相当不纯的溶液中一步制成高纯度和外观漂亮的产品。在能耗上，结晶常常比蒸馏或其他精制方法低得多。

在一项较成功的结晶操作设计之前，需要对产品及溶液的以下问题进行了解。

（1）结晶的性质

（2）可否形成结晶？是水化物，还是无水物？

（3）在研究条件下，结晶在水或其他溶剂中的溶解度如何？温度改变后，又如何？

（4）有结晶存在，以及溶液中杂质的存在，对溶解度的影响如何？

（5）结晶形状和结晶习性（简称"晶习"，Crystal habit）是如何的？

（6）结晶与溶液的比重、比热、结晶热或溶液的焓——浓度关系是怎样的。

（7）有哪些水化物形成？在什么温度？

（8）产品的粒度要求多大？而且如何使结晶与母液分离？如何干燥？

（9）最终产品是否需要与其他结晶或固体相掺混？

（10）怎样使这些固体或混合物在运贮、包装过程不致粉碎或结块？

4.2　结晶设备

结晶装置在冶金工业中早就为人们所使用，当时多属于各型各类的间歇式结晶器，也不考虑过饱和度的控制，这是第一代结晶装置，由于此种结晶装置结疤沉积严重，能力小，劳动力消耗大。目前除小批量生产仍有沿用外，多半被淘汰。

随着结晶装置广泛地使用和大型化，现代结晶装置的特点除规模大，操作自动化外，都是连续式的，而且无一例外的要精确控制过饱和度的影响。为了控制合理的过饱和度，溶液循环就必不可少，按照物质溶解度因温度的变化特性不同，结晶器有五种类型：①冷却结晶器；②蒸发结晶器；③真空结晶器；④盐析结晶器；⑤其他类型：如喷雾结晶器，附有反应的结晶器，非混相的两相直接触致冷结晶器等。

然而使用得最多的是前三种。

4.2.1　空气冷却式结晶器

空气冷却结晶器是一种最简单的敞开型结晶器见图 6-4-1，靠顶部较大的开敞液面以及器壁与空气间的换热而达到冷却析出结晶的目的。由于操作是间歇的，冷却又很缓慢，对于一些含有多结晶水的盐类往往可以得到高质量、较大的结晶。但必须指出，这种结晶器的能力是较低的，占用地面积大。它适用于生产硼砂、铁矾、铁铵矾等等。这种结晶每一次的产率是总容积与注入热溶液和空气温度差所形成浓度过饱和度的乘积。如果精密计算时，还要考虑每一周期蒸发的水分影响（它包括蒸发潜热的

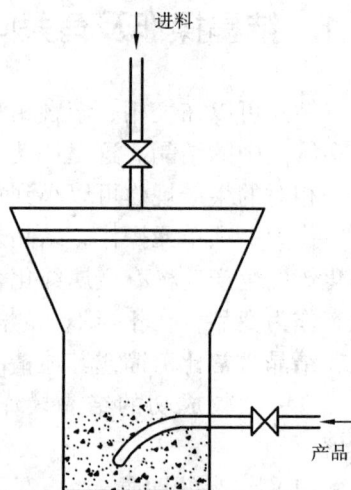

图 6-4-1　空气冷却式结晶器

致冷效应和溶剂去除效应，不过这部分是很小的）。所以主要控制在总容积与注入溶液与气温的温差。每周期的生产时间，决定于液面传热系数和容器外壁的传热系数。一般可取 $21 \sim 63 kJ \cdot m^{-2} \cdot ℃^{-1} \cdot h^{-1}$，它与放置室外的气温（或器壁与空气的温差）和风速有关，A. T. Kacatknh 提出一个粗略的估算式：

$$当 u < 5 m \cdot s^{-1}, a = 5.3 + 3.6u \quad kCal \cdot m^{-2} \cdot ℃^{-1} \cdot h^{-1} \qquad (6-4-1A)$$

$$当 u > 5 m \cdot s^{-1}, a = 6.7 u^{0.78} \quad kCal \cdot m^{-2} \cdot ℃^{-1} \cdot h^{-1} \qquad (6-4-1B)$$

例如：当风速 $u = 5 m \cdot s^{-1}$ 时，$a = 21.3 kCal \cdot m^{-2} \cdot ℃^{-1} \cdot h^{-1}$

$$= 89.2 kJ \cdot m^{-2} \cdot ℃ \cdot h^{-1}$$

当风速 $u = 10 m \cdot s^{-1}$ 时，$a = 6.7 \times 10^{0.78} = 40.37 kCal \cdot m^{-2} \cdot ℃^{-1} \cdot h^{-1} = 169.0 kJ \cdot m^{-2} \cdot ℃^{-1} \cdot h^{-1}$

4.2.2　桶管式结晶器

此类结晶器的生产能力也比较小，也不控制过饱度。因此必须在结垢严重影

响传热能力（也就是生产能力）时，进行切换、清洗。这就带来清洗液中溶质的损失。有时多个结晶器串联，为了减少清洗损失，定出轮流切换清洗制。刚清洗的结晶虽然换热面结垢被清除，传热系数提高了，可是与之串联的结晶器其传热系数仍然很低，势必冷却集中于新清洗的结晶器中，其结垢情况很快就与其他结晶器相同，使结晶器清洗后的使用周期缩短，清洗后效果不佳。

按照过程操作的需要，结晶器可以是连续的，也可以是间歇操作的，夹套或者内设的鼠笼形冷却管（也有用蛇管的）可以通入冷冻盐水。（见图6-4-2）。

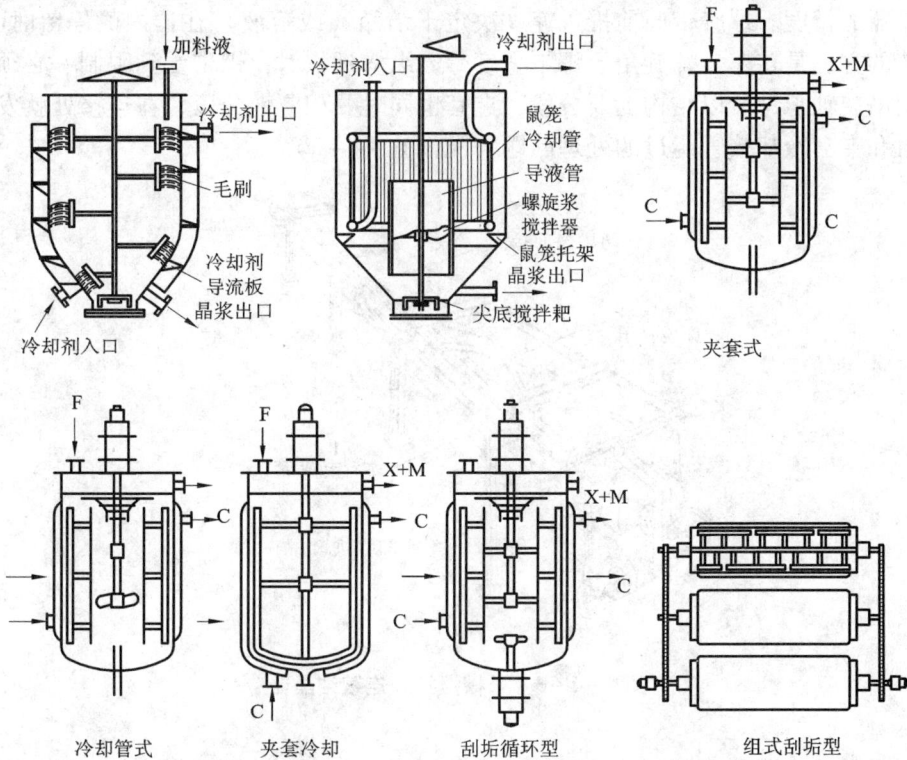

图6-4-2　桶管式-夹套冷却式-组式冷却晶器的发展进程

有些结晶在夹套冷却的内壁装有多组毛刷，既起到搅拌作用，又能减缓结垢的速度，延长使用时间。但由于过饱和度没有得到控制，未从根本上解决结垢问题，而且这类设备的能力较小，生产上有时须要强化，使过饱和度也随之增高。实践证明，企图用机械式的刮垢器效果很不理想，因为结垢十分坚硬，在使用后期，机械传动功率逐步加大甚至结成一体损坏机件。

根据实践测定。这类型的传热强度为4000~5000kJ·m^{-2}·h^{-1}，结垢热阻是靠温差的加大来补偿。

4.2.3　夹套螺旋带结晶器

　　此类型结晶器很早就开始使用，至今一些老厂的设备以及硝酸钠、亚硝酸钠的冷却结晶等等，仍在继续使用。它好像是一个长螺旋带式输送机，外部装有夹套冷却器。生产能力决定于冷却面积的大小，为适应生产需要，扩大传热面积有两种办法：一是加大结晶器截面、也就是加大夹套冷却器的周边；另一法是延长结晶器的长度。螺旋带向前推进速度决定于结晶（或溶液）在器内的停留时间、调节的方法是转速、螺旋角、螺带宽度等。纵向延长时、螺带受到限制、必须有中间吊装轴承，所以结构上要分段，夹套也同时要相应地分段，在连接处就发生密封和夹套冷却接管绕过的处理问题（见图 6 - 4 - 3）。

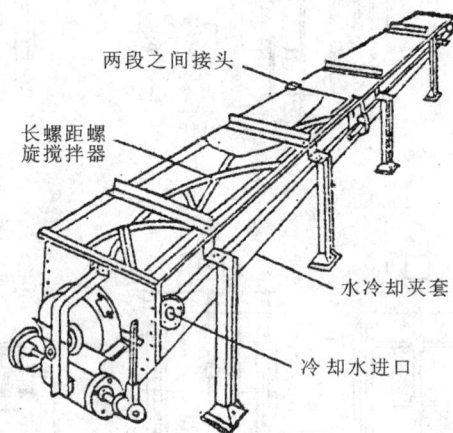

　　　　　　　　　　　　　两段之间接头

长螺距螺
旋搅拌器

水冷却夹套

冷却水进口

图 6 - 4 - 3　长槽搅拌式连续结晶器

　　此类结晶器使用虽广，但它是无法控制过饱和度的；又受到冷却面积的限制无法大型化；机械传动部分及搅拌部分结构繁琐，设备费用也就昂贵。这些都是缺点。不过对于高粘度、高塑性、高固液化的特殊结晶还是十分有效的。对于规模较大的，除加大截面外还可以多组并联使用，相互重叠，以期节省占地面积和扩大机组能力。

4.2.4　锥形夹套（Howard）式结晶器

　　这种结晶器虽属连续式，而且对析出的结晶有淘洗、分级选粒的功能，可是它又属于夹套冷却，没有溶液的循环系统。因此它只适用于小规模生产，更确切地说，只适用于试验。它在流动设计上是理想的，对液相造料分级，质量传递，以及用新鲜加料溶液洗涤成品结晶，溶解或浮选细小结晶是它的独到之处（见图6-4-4）。

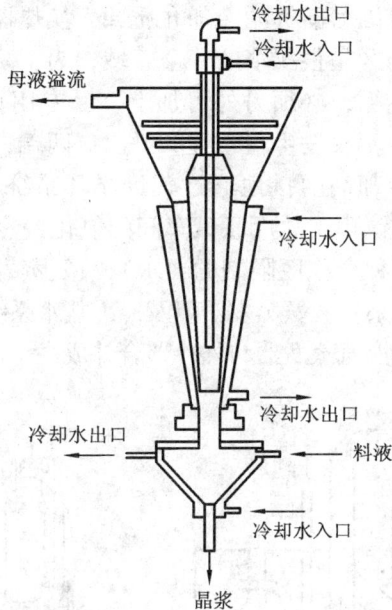

图6-4-4　Howard冷却分级结晶器

4.2.5　Krystal - Oslo分级结晶器

Krystal - Oslo分析结晶器是20年代由挪威Issachsen及Jeremiassen等人开发的一种制造大粒结晶、连续操作的结晶器，至今仍广泛使用着。这类结晶器又分为蒸发与冷析式以及真空蒸发式三种类型。不论过饱和度产生的方法如何，过饱和溶液都是通过晶浆的底部，然后上升，从而消失过饱和度。接近饱和的溶液由结晶段的上部溢流而去，再经过循环泵进行下一次循环；强烈循环产生在由溢流口经循环泵通过过饱和发生器再至晶床的底部，回到溢流口。设计与操作控制在过饱和发生器中不超过介稳定区的限度；在溢流口上面的一段，通过的流量在不取出成品晶浆时等于在溢流管处注入的加料流率，因此上升速度很低，细小结晶就在这一段积累，另由一个外设的结晶捕集器间歇或连续取出，经过沉降后，或者过滤，或者用新鲜加料液溶解，也可以辅之以加热助溶的办法，消除过剩的细小结晶，溶化后的溶液供结晶器作为原料液。这样可以保证结晶颗粒稳步长大（见图6-4-5）。

冷却式Krystal分级结晶器的过饱和产生设备是一个冷却换热器（见图6-4

-5），一般是溶液通过换热器的管程，而且管程以单程式的最普遍。冷却介质通过壳程。须指出的是壳程冷却介质的循环方式很重要。在管程通过的溶液过饱和度设计限制范围靠主循环泵的流量控制，但是冷却介质一侧也同样会发生过饱和度超过设计限的问题。因为新鲜的冷却介质冲入换热器壳程时，与溶液温度差很大，而过饱和度的介稳区是很狭窄的一个区域，为了防止这一现象发生，不致使冷却介质入口处迅速结垢，必须另外再加上一套专用辅助循环泵。这就说明：换热器中产生的过饱和度不仅发生在管程的进出口两端；而且也发生在管壁内外两侧。为此就不得不使冷却剂间接地通过辅助循环系统加以缓冲（见图6-4-6）。近年来，自贡市鸿鹤镇化工总厂联碱车间的氯化铵冷析结晶器用受控（蒸发压力的精密调节以满足这种介稳区限制的要求）液氨蒸发直接致冷得到了圆满成功，从而取消了辅助循环泵，液氨蒸发器以及冷冻盐水系统，节省大量的能源和结构金属。实际上是等于把液氨蒸发器与外冷器合并成一个设备（见图6-4-7）。

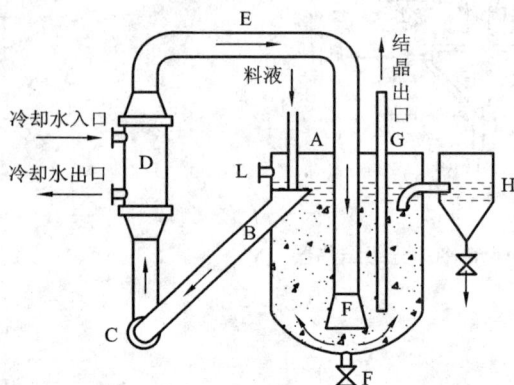

图 6-4-5　Krystal 式冷却结晶器

A—结晶器进液管　B—循环管入口
C—主循环泵　D—冷却器
E—过饱和吸入管　F—放空管
G—晶浆取出管　H—结晶捕集器

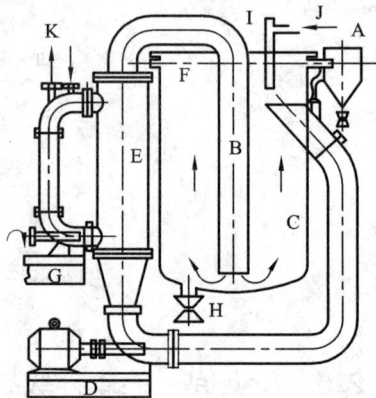

图 6-4-6　冷却式连续分级结晶器

A—结晶捕集器　B—中心降液管
C—分级段　D—主循环泵　E—冷却器
F—溢流口　G—辅助循环泵　H—取出口
J—加液口　K—冷却剂出口　L—排放出口

　　大型结晶器往往配置多组换热器（外冷器），这是由于在实际生产中，为了强化生产，各循环泵的扬程又已固定，只好超过设计过饱和度操作，结晶沉积的结垢速度增加，当传热劣化，甚至大部分冷却小管的截面明显减小，循环量变小，扬程加大，这时必须切换。我国的制碱机械工程师刘季芳在20世纪60年代开发了一种无阀切换系统，十分巧妙。他把轴流泵安装在结晶器的顶上，既取消了操作、设计都十分困难的切换阀，又便于切换启动与停车，对轴流泵的检修吊装都很方便。

为了更经济起见，有时配备两个以上外冷器，使运用外冷器和停洗外冷器的数量比加大。

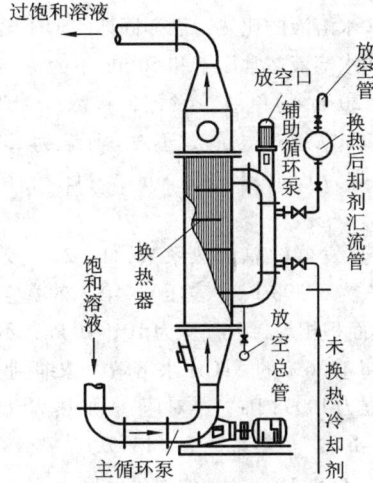

图 6 – 4 – 7　**Krystal—Oslo** 结晶器冷却换热器的辅助冷却循环系统

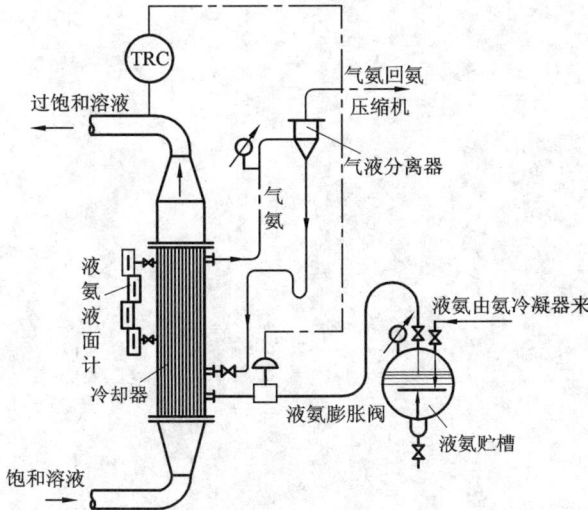

图 6 – 4 – 8　**液氨蒸发直接致冷的冷析器**

习题及思考题

6-0-1 在一个单效蒸发器内，欲将浓度为 14% 的 NaOH 溶液浓缩到 30%，已知处理量为 2000kg·h^{-1}，试求蒸发水量。

6-0-2 试求 25% NaOH 水溶液的比热，已知固体 NaOH 比热为 3.26kJ·kg^{-1}·k^{-1}。

6-0-3 试求 30% NaOH 水溶液在常压下和 50kPa 下的沸点，及沸点升高。

6-0-4 有传热面积为 20 m^2 的单效蒸发器，将浓度为 15% 的 NaOH 水溶液浓缩到 30%，使用加热蒸汽为 2×10^5 Pa（绝对压强），蒸发室压强为 19998 Pa（绝对压强），溶液预先加热到沸点进料，总传热系数为 1200 kJ·h^{-1}·m^{-2}·℃$^{-1}$，试求不计热损失的加热蒸汽消耗量和完成液量。

6-0-5 测得顺流三效蒸发器的总传热系数，1，2，3 效分别为 1800，1400 和 1000 kJ·m^{-2}·K^{-1}，1 效的加热蒸汽为 30398 Pa（表压），第 3 效真空度为 79993 Pa，估算各效沸点为若干度？可假设各效传热面积相等，大气压为 101991 Pa，不计沸点升高。

6-0-6 用单效蒸发器将 11.6% 的 NaOH 水溶液，浓缩到 18.3%，每小时处理量为 10 t，原液温度 20℃，蒸发室压强为 19998 Pa（绝对压），加热蒸汽压强为 198.64kPa，加热管高为 1.6m，热损失为 100000kJ·h^{-1}，传热系数 $K = 1395$kJ^{-1}·m^{-2}·℃$^{-1}$，不计浓缩热，求蒸汽耗量及传热面积，已知 60℃时 18.3% NaOH 水溶液密度为 1170kg·m^{-3}。

第七篇
水溶液电解设备

1　概述

有色冶金过程往往需要把粗金属或它们的盐经过电解精炼或电沉积来制得满足用途要求的纯金属。用作电解精炼或电沉积的主体设备，我们称之为电解槽。与电解槽配套的供电系统和电解液循环系统为电解附属设备。其中供电系统包括变压器、整流器、输电线路等；电解液循环系统则包括加热器或冷却器、贮槽、泵及管道等。

电解精炼和电沉积所用设备的主要区别在于电解槽阳极材质的不同。电解精炼所用的阳极为被精炼的粗金属，是可溶性阳极，它在精炼过程中不断被溶解，阴极不断析出纯金属，从而完成电解精炼过程。电解沉积过程的阳极为不溶阳极（如 Pb – Ag 合金），电积时从水溶液中析出的金属不断地沉积在阴极上。

精炼金属不同，电解槽及电解液循环系统则有所差别。例如铜的电解精炼要求电解液温度在 60℃ 左右，电解槽防腐材料则须选用耐较高温度的软 PVC 作衬里或者辉绿岩作槽体价格贵。而铅电解精炼电解液温度只需 40℃ 左右，所以用廉价的沥青——瓦斯灰作衬里即可。在锌电解沉积时，其电流密度和槽电压均较高，电积过程中放出大量的热，使电解液温度超过锌电积所要求的 45℃，所以在此类电解液循环系统中常常须安装电解液冷却装置。

电解精炼与电积均需直流电源，而工业用电一般为高压交流电，这就是电解设备中需配置电解供电系统的原因。值得注意的是，输电线路对直流电和交流电的最高负载也不一样；在下面的章节中我们会提到这一点。

2　电解槽

2.1　电解槽结构及尺寸计算

2.1.1　电解槽结构

　　水溶液电解槽是长方形、无盖的钢筋混凝土槽。槽内壁衬以环氧树脂或聚氯乙烯或铅皮或沥青等。采用上进下出电解液循环方式的电解槽，出液端设有隔板用来调节液面，槽体外设有出液口。电解槽底部设有一个或两个放液漏斗，供放出阳极泥或电解液用，漏斗塞采用耐酸陶瓷或硬铅制成，中间嵌有橡胶圈密封。混凝土槽体底部设有几个检漏孔，以检查槽内衬是否损坏。槽体放在钢筋混凝土立柱架起的横梁上，槽底四周垫有电绝缘的瓷砖或橡胶板，槽侧壁的槽沿敷设瓷砖或塑料板；槽长壁上设有母线（共同导体），其上交互平行地垂吊着悬挂在横杆（导电杆）上的阴极和阳极。槽内极间电路并联，槽间电路串联，以此种复联法与电源连接。相邻槽间留有 20～40mm 的槽间绝缘空隙。电解槽结构及联结方式如图 7-2-1 所示。

2.1.2　电解槽计算

2.1.2.1　昼夜生产阴极金属量的计算（t·d^{-1}）

$$a = \frac{A'}{360}\ (1 + x) \qquad\qquad (7-2-1)$$

式中：A'——金属锭年产量，t；

　　　x——阴极金属在熔化时的损失，按金属锭的质量百分率表示。

2.1.2.2　阴极有效表面积的计算（m^2）

$$F = \frac{10^6 a}{D_{阴}\ t_{槽}\ \eta_i q} \qquad\qquad (7-2-2)$$

式中：$D_{阴}$——阴极电流密度，A·m^{-2}；

　　　$t_{槽}$——电解槽每日实际工作时数，h 一般为 23～23.5h；

　　　η_i——电流效率，%；

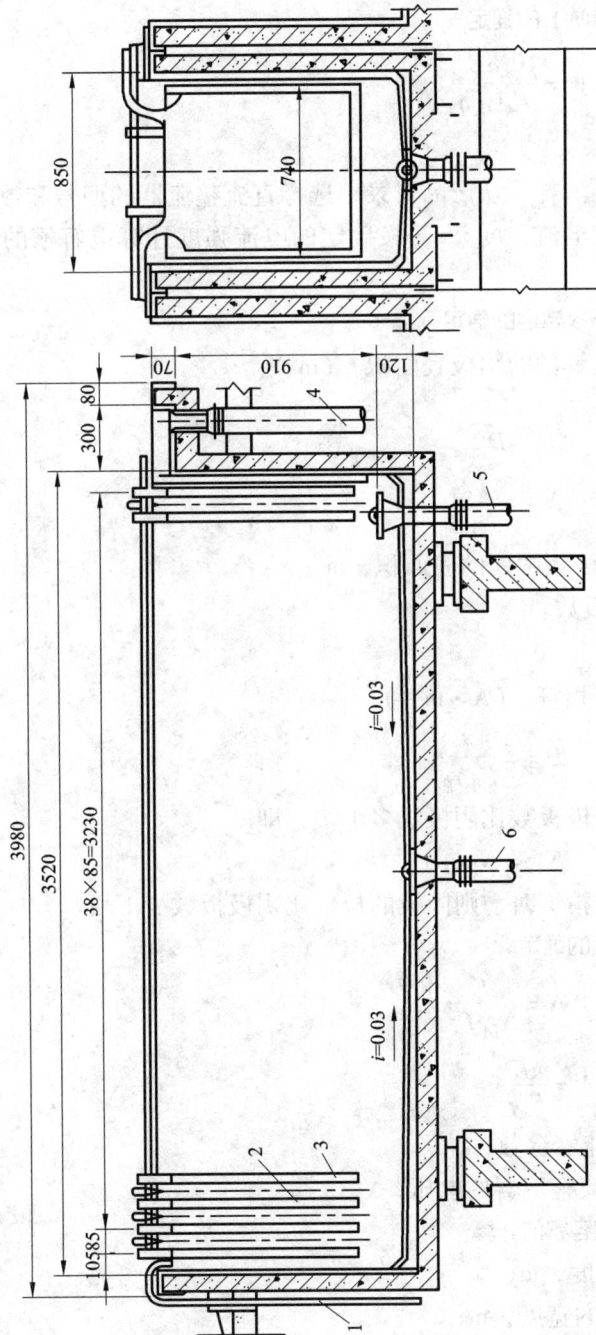

图7-2-1 铜电解槽

1—电解液进液管 2—阳极 3—阴极 4—电解液出液管 5—放液口 6—放阳极泥口

q——电化当量，$g \cdot A^{-1} \cdot h^{-1}$。

2.1.2.3 直流电耗 W (kW) 的确定

$$W = \frac{10^3 a E_槽}{t_槽 \, \eta_i q} \qquad\qquad (7-2-3)$$

式中：$E_槽$——槽电压，V。

由计算出的电能消耗，从产品目录中选择直流整流器的型号和数量，并按照选定的配置方案确定电流强度 I。再按确定的电流强度计算电解槽的阴极面积及阴极数目。

2.1.2.4 阴极数目和阳极数目的确定

首先确定一个电解槽的阴极表面积 f（m^2）：

$$f_阴 = \frac{I}{D_阴} \qquad\qquad (7-2-4)$$

$$N_阴 = \frac{I}{f_阴} \qquad\qquad (7-2-5)$$

式中：$f_阴$——1 块阴极板两面的表面积，m^2；

$\qquad N_阴$——阴极板数。

其次验算 $D_阴$

与前面取值是否相符；（$A \cdot m^{-2}$）

$$D_阴 = \frac{I}{I_阴 f_阴} \qquad\qquad (7-2-6)$$

在电解沉积，阳极板数比阴极板多 1 块，即

$$N_阳 = N_阴 + 1 \qquad\qquad (7-2-7)$$

请注意，在电解精炼时，则阳极的板数比阴极板数少 1 块。

2.1.2.5 电解槽数目 N 的确定

$$N = \frac{F}{N_阴 f_阴} = \frac{F}{f} \qquad\qquad (7-2-8)$$

或 $\qquad\qquad N = \frac{nE}{E_槽} \qquad\qquad (7-2-9)$

式中：n——直流整流器台数；

$\qquad E$——每台直流整流器的电压，V。

2.1.2.6 电解槽尺寸和容积的计算

设 B——槽的宽度，m；

$\qquad b$——阴极板的宽度，m；

$\qquad b'$——阴极的边缘到槽壁的距离，m，可选 0.075 ~ 0.10m；

H——槽的有效深度，m；

h——阴极板浸没在电解液中的高度，m，一般取阴极板高度的 85% 左右；

h'——阴极底边距离槽底的高度，m，通常为 0.2~0.4m；

L——槽的长度，m；

$\delta_{阴}$——阴极板厚度，m；

$\delta_{阳}$——阳极板厚度，m；

d——阴极与阳极间距离，m，通常为 0.2~0.4m；

l——两端阴极到槽端的距离，m；通常为 0.15~0.25m。

则电解槽的尺寸如下：

$$B = b + 2b' \tag{7-2-10}$$

$$H = h + h' \tag{7-2-11}$$

$$L = N_{阴}\ (\delta_{阴} + \delta_{阳} + 2d)\ + \delta_{阳} + 2l \tag{7-2-12}$$

电解槽的淹没度通常为 85~90%，故电解槽的总容积（m³）为：

$$V_{效} = BHL \tag{7-2-13}$$

$$V_{总} = \frac{BHL}{(0.85 \sim 0.90)} \tag{7-2-14}$$

电解槽单位容积有效表面积 S（m² · m⁻³）为：

$$S = \frac{f}{V_{效}} \tag{7-2-15}$$

计算得到的单位有效表面积应与现代工厂的实践指标相符。

2.2　电解槽绝缘

2.2.1　电解槽材质

现在普遍采用的电解槽槽体为钢筋混凝土槽体。

钢筋混凝土电解槽有成列就地捣制，单槽整体预制，近代又发展到预制板拼装式槽体。整列就地捣制施工快、造价低。但是检修更换不便，绝缘处理难，易漏电；而单槽整体预制，搬运、安装、检修、更换方便、绝缘好，漏电少，为多数工厂所采用；预制板拼装式电解槽搬运、安装、更换方便，造价低，节省车间面积。为国外一些新建工厂采用。

我国一些工厂采用过辉绿岩耐酸混凝土单个捣制槽和花岗岩单个整体槽，这些槽耐酸、绝缘较好。但辉绿岩槽易渗漏。花岗岩槽价格贵，运输不便，且易产生暗缝渗漏，仅适合于小型且能就地取材的工厂采用。近十年来，聚乙烯（PE）整体槽得到广泛应用，主要原因是造价低、重量轻、耐腐蚀、绝缘性好，也耐60℃以下的温度，施工和安装都很方便。

2.2.2　电解槽的绝缘

电解槽安装在钢筋混凝土横梁上。为防止电解液滴在横梁上造成腐蚀漏电，在横梁上首先铺设厚 3~4mm、比横梁每边宽出 200~300mm 的软聚氯乙烯保护板，然后在槽底四角垫以瓷砖及橡胶板用以绝缘。电解槽由多个排成一列，两个相邻电解槽要留 20~30mm 的空隙。槽侧壁顶面覆以塑料垫层，装设槽间导电板、绝缘分隔板等，以防止槽与槽之间短路漏电。

2.3　电极及电极材料

水溶液电解的电极材料及结构是多种多样的。它随电解工艺（是电解沉积还是电解精炼）和被精炼金属的不同而不同。而对于用同种工艺精炼同种金属，其电极结构材料有时也不相同。

2.3.1　阳极

对于电解精炼如铜与铅的电解精炼，其阳极为被精炼的粗金属。而对于电解沉积，如铜与锌的电积，则阳极一般为不溶性的 Pb—Ag 合金（含银约 1%），银的加入可延缓铅阳极的溶解。近年来，不锈钢板，钛板被逐渐用作不溶性阳极板。阳极板一般比阴极略小。阳极形状如图 7-2-2 所示。

为了减小 Pb-Ag 阳极板变形弯曲，改善绝缘，在阳极板边缘装有绝缘套。一般用瓷套，每边装 8 块，也可采用压模的乙烯绝缘条套在阳极两边。

粗金属阳极尺寸有大有小。尺寸的选择与生产规模、操作机械化程度及其他一些条件有关。机械化程度较高的大型工厂采用大型阳极板，其重量一般在300kg 以上。中小型工厂，机械化程度较低，常采用小型阳极，其重量约 150~260kg。

2.3.2　阴极

阴极尺寸一般较阳极略大，其目的是减少周边的枝晶的产生而引起短路。

铜与铅的电解精炼或电积的阴极一般用对应的纯金属为始极片，近年来，一种发展趋势是不锈钢板被用来作为铜电积的阴极板。而铜与铅的始极片制作工艺则有所不同。

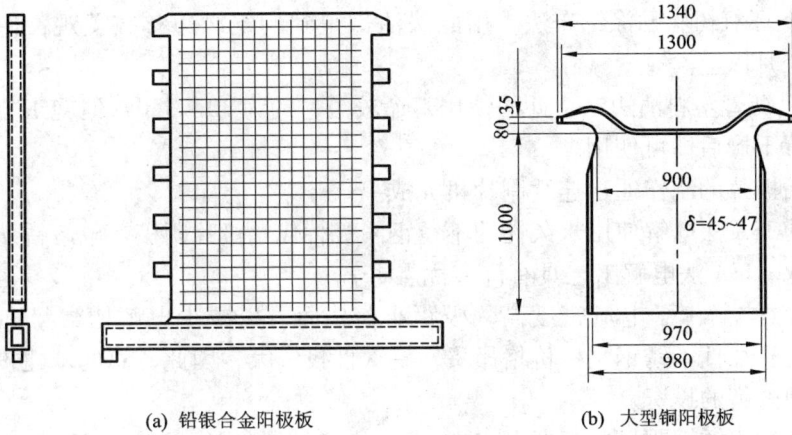

(a) 铅银合金阳极板　　　　　　　(b) 大型铜阳极板

图 7-2-2　阳极形状示意图

　　铜始极片系先在种板槽中电积出 0.5mm 厚的铜片，然后经脱板加工而成。铜始片如图 7-2-3 所示。

　　种板的材质目前有紫铜板，不锈钢板和钛三种，从紫铜板为多，各种材质优缺点比较如下：

　　紫铜板厚 3~4mm　优点：价格便宜；铜挂耳与母板接触良好；绝缘材料粘附强度大；缺点：对隔离剂要求较严，质地较软，易变形引起槽内短路，笨重。

　　不锈钢板厚 2~3mm　优点：重量轻，始极片易剥离；缺点：质硬，与绝缘材料粘结不如铜材，弹性大，难以平直。

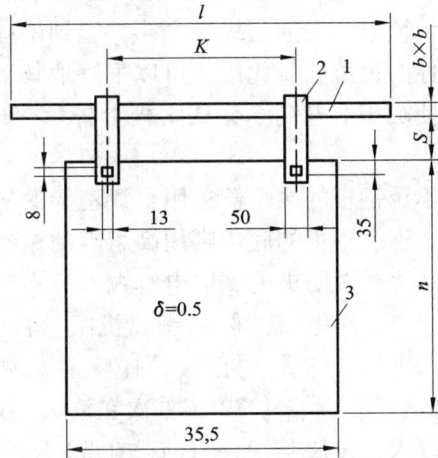

图 7-2-3　铜始极片

1—阴极导电棒　2—攀条　3—铜片

　　钛板厚 2.5~3.5mm　优点：不需隔离剂，剥片容易，重量轻，始极片成品率高达 95% 以上，使用寿命长，推广应用较快。缺点：铜耳与钛板因膨胀系数不同，铆接处易松动，积留硫酸铜结晶，影响导电，须定期细砂打毛，处理氧化膜；变形后不易矫正；包边问题难解决，造价高。

　　种板的尺寸一般比始极片宽 20~30mm，长 45~70mm，如过宽、过长，会造成种板边上的电力线减弱，析出的始极片过薄而酥脆，不便剥离。为便于始极片剥离，种板三边涂有宽 10~20mm 的绝缘边。国内常用的沾边方法有两种：

（1）环氧树脂贴涤纶布法。用此法沾边得到的绝缘边整齐美观，使用寿命可达两个月以上。

（2）沥青塑料沾边法。此法使用寿命较短，约为 30～35d，但施工方便，沾边后静置干燥后即可使用。

铅始极片的制作通过连续制片机完成。

铜的 ISA 法电解使用永久性的不锈钢阴极替代始极片阴极。电解铜从永久阴极上剥取。ISA 法电解工艺具有许多优点

ISA 法电解由于电流密度高，极距小，从而可以减少电解槽数量和厂房面积。但是永久性不锈钢阴极价格昂贵，一次性投资大，因此，总的基建投资将略高于常规电解的投资。

永久性不锈钢阴极的极板用 316—L 不锈钢板制作，厚度 3.25mm，其表面粗糙度为 2B。用 304 不锈钢异型钢管焊接在钢板上，然后镀上 2.5mm 厚的铜，替代传统电解法的阴极导电棒，起到吊挂阴极并导电的作用。不锈钢表面有一层永久性的很薄的氧化层，可以很好地解决沉积铜的粘附性和剥离性之间的矛盾。既能使沉积的电铜不会从阴极上掉落于电解槽内，又可以容易地从阴极上剥离下来。

不锈钢板的两个侧边用聚氯乙烯的挤压件包边，并用高熔点的蜡密封其间的缝隙。不锈钢板的底边则用高熔点的蜡蘸边。

从永久性阴极上剥取电解铜，日本三井金属矿业公司 MESCO 公司开发了专门用于 ISA 法电解的阴极剥离机组。其功能包括受板、洗涤（含除蜡）、剥片、电解铜堆垛、称重、打字、捆包、阴极侧边喷蜡，阴极底边蘸蜡，阴极排板等。

ISA 法电解自 1979 年首次在澳大利亚汤斯维尔 PTY 精炼有限公司用于工业生产以来，发展甚快，目前已在 30 余家工厂推广应用。共约 1/3 的工厂用于电解精炼，2/3 的工厂用于电解沉积。

图 7-2-4，图 7-2-5 为永久性不锈钢和阴极侧边包边。

锌的阴极沉积在铝板上进行的，阴极铝板结构如图 7-2-6 所示。

为了便于锌的剥离，在阴极铝板边缘应粘压聚乙烯塑条。

其他的有色金属的电解用电极材料请参照有关的设计资料。

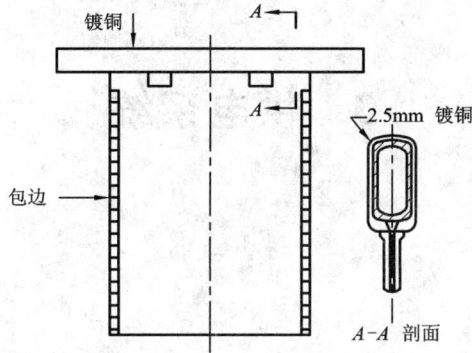

图7-2-4　永久性不锈钢阴极

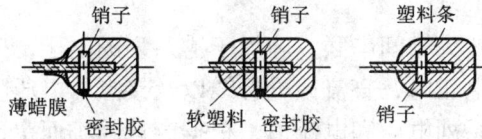

图7-2-5　阴极侧边包边

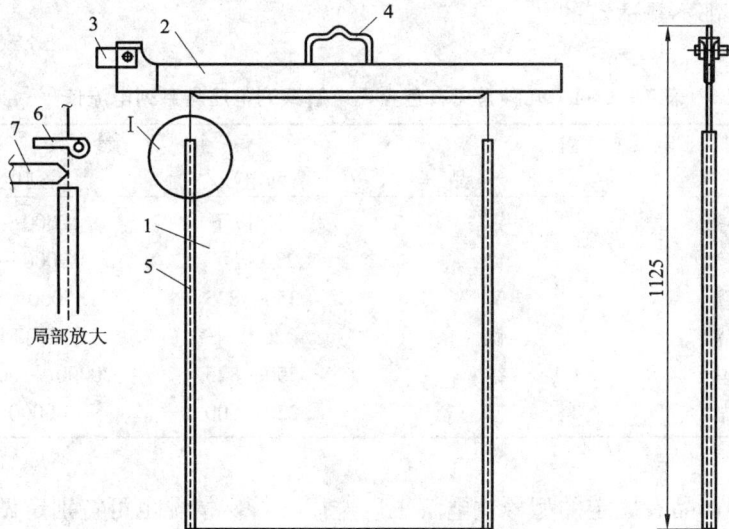

图7-2-6　锌电解用阴极板

3　供电系统

3.1　整流器

有色金属电解要用直流电，因此，必须用整流器将从发电厂或变电所输送来的交流电转变为直流电。

水溶液电解槽一般为槽间串联，施加于槽系列的电压，应等于系列槽中的反电动势，电解质内的电压降，直流馈电母线以及接点的电压降之和。有色金属水溶液电解时所采用的系列电压和电流值，根据产量大小而定，其电压由数伏至数百伏，其电流由数百至数千安。常见的几种有色金属所采用的最高系列电压和最大系列电流值如表7－3－1所示。一般认为超过下列电压时，不论从漏电或安全的观点看，都不是适宜的。

表7－3－1　几种常见有色金属电解系列电压与系列电流值

电　解		主　要　参　数	
种　类	产　品	系列电压/V	系列电流/A
水溶液	铜	230 以下	10000—15000
水溶液	铅	230 以下	10000—15000
水溶液	锌	350—825	5000—18000
水溶液	镍	220 以下	8000 以下
熔　盐	铝	350—825	70000—100000 以上
熔　盐	镁	220—500	60000 以下

整流器产品有固定的型号供电解工厂选用，特殊情况也可特别定做。

3.2　输电线路

输电线路包括槽边导电排、槽间导电板、阴极导电棒和出装槽短路器等。

3.2.1 槽边导电排

槽边导电排与整流器供电导线相连，通过电流为电解槽的总电流。导电排的允许电流密度可取 $1 \sim 1.1 A \cdot mm^{-2}$；对小型精炼厂，由于电流强度不大，导电排允许电流密度还可适当提高到 $1.4 \sim 1.6 A \cdot mm^{-2}$。导电排截面积可按下式计算：

$$F_1 = \frac{A}{D_1} \qquad (7-3-1)$$

式中：F_1——导体截面积，mm^2；

A——总电流，A

D_1——允许电流密度，$A \cdot mm^{-2}$。

导电排的温度不应高于周围空气 $20 \sim 40℃$，当计算出导体截面积后，还应用下式进行升温验算：

$$\Delta t = \frac{KI^2 \rho}{Sn} \qquad (7-3-2)$$

式中：Δt——导体与周围空气温度差，℃；

K——散热系数，在露天取 25，在室内取 85；

I——电流强度，A；

ρ——导体比电组，$\Omega \cdot m^{-1} \cdot mm^{-2}$，铜为 0.0175；

S——导体横截面积，mm^2；

n——导体断面的周长，mm。

大型电解槽电流强度大，截面积过大的导电排难于在槽边安装，故不宜采用组合式的槽边导电排直接安装于槽边，而是采用单片式导电排，沿槽边长度方向由多个接点自供电母线接入电流。

3.2.2 槽间导电板

槽间导电板由紫铜制作，其断面一般采用圆形、半圆形、三角形等，使接触点保持清洁；国外有的厂为防止接触点过热氧化而导致槽电压上升，采用了槽形导电板；通水冷却的所谓湿式导电系统；也有因为采用对称挂耳阳极而采用带冲压凸台的导电板。槽间导电板允许电流密度可取 $0.3 \sim 0.9 A \cdot mm^{-2}$，其截面积可接下式计算：

$$F_2 = \frac{A}{nD_2} \qquad (7-3-3)$$

式中：F_2——槽间导电板的截面积，mm^2；

A——总电流，A；

n——每槽阴极数；

D_2——槽间导电体允许电流密度，$A \cdot mm^{-2}$。

　　槽间导电板的截面积的确定，还与电解槽的操作方式有关，若出装槽作业采用人工横棒短路断电操作，则槽间导电板截面积还需要满足通过短路电流的要求并进行验算。因横棒短路断电的时间不长，允许电流密度以不超过 $7.5A \cdot mm^{-2}$ 为宜。

3.2.3　阴极导电棒

　　阴极导电棒一般以紫铜制作，其断面有圆形、方形、中空方形及钢芯铜皮方形等，视阴极的大小和重量决定。考虑到强度及加工的方便，中、小极板一般选用中空方形导电棒；大极板则选用钢芯包铜方形导电棒。阴极导电棒允许电流密度可取 $1 \sim 1.25A \cdot mm^{-2}$。其截面积可按公式（7 – 3 – 3）计算。

　　导电排、槽间导电板和阴极导电棒实例，见表 7 – 3 – 2。

表 7 – 3 – 2　导电排、槽间导电板和阴极导电棒实例

名　称	上　冶	白　银	云　冶	贵　冶	株　冶
电流强度/KA	18	10	12	30	12
每槽阴极数/片	42	40	—	51	27 ~ 31
宽×厚/mm	100×10	240×17	100×10	200×10	120×10
片数/片	—	—	—	10	8
电流密度/（$A \cdot mm^{-2}$）	—	—	—	1.224	1.25
断面形状（槽间导电板）					
电流密度/（$A \cdot mm^{-2}$）	0.3	0.15 ~ 0.18			0.46 ~ 0.40
断面形状（阴极导电棒）					
电流密度/（$A \cdot mm^{-2}$）	2.06	0.87 ~ 1.04	—	1.43	2.85 ~ 2.48

3.2.4　出装槽短路器

电解槽出装槽时，需要短路断电。断电方式目前有两种，一为横铜棒断电，人工操作；一为采用遥控短路开闭器，即可在仪表室操纵，也可在现场动手操作。因内一般小厂操作电流强度小，可用单槽人工横棒短路断电；而大、中型工厂，即采用大极板、大电解槽的工厂，操作电流强度大，应采用遥控短路开闭器断电，以减轻劳动强度和保护槽面的绝缘垫板。

4　电解液循环系统

为了减少阴极附近溶液中离子的浓度差极化，使电解添加剂均分布于电解液中，同时保持电解液温度的恒定，以得到平整光滑的阴极产品，电解时电解液需循环使用。

以铜为例，电解液循环系统主要由电解槽、循环贮槽、高位槽、电解液循环泵和加热器等组成，如图 7 - 4 - 1 所示。对锌电积则还包括空气冷却塔。

电解槽中电解液每个电解槽一般采用上进下出的循环方式，电解液循环量一般为每个电解槽 20L · min^{-1}。

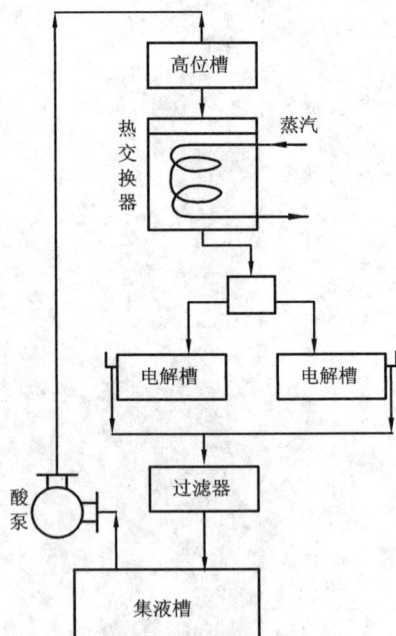

图 7 - 4 - 1　电解液循环系统示意图

4.1　贮液槽

贮液槽一般为钢筋混凝土制作，内衬铅板或软聚氯乙烯板。相邻槽共同槽壁，槽壁设有连通管，以便轮换检修；槽面用包软聚氯乙烯塑料的木板覆盖，以防酸雾逸散。

根据实践，循环液贮槽的容积约为电解槽内电解液总量的20%左右。

4.2　高位槽

高位槽一般采用钢筋混凝土内衬铅板制成，其容积按 5～10min 时间内的溶液循环量计算。

4.3　电解液加热器

电解液加热多数厂采用钛列管换热器或钛板换热器，部分厂仍用浮头列管式不透性石墨换热器。钛板换热器阻力大，应位于电解液循环泵与高位槽之间，石墨管耐震性差易损坏，不宜直接与电解液循环泵相连，而应设置于高位槽之后，使电解液利用位差流入石墨热交换器内。换热器的传热面积可通过平衡计算确定，计算方法已在冶金设备系列教材之一中述及。

根据加热器的类别和材质计算的传热面积，选择加热器类型及台数；由于钛管（板）加热器要定期清理结垢，石墨加热器的石墨管容易堵塞影响加热面积，故选择台数时均应考虑备用量。表 7 - 4 - 1 为国内铜电解厂电解液加热设备实例。

表 7 - 4 - 1　国内铜电解厂电解液加热设备实例

厂　　名	加热器类别	加热器材质	台数/（台·m^{-2}）	备　　注
白银一冶	列管式	钛	1/40	
	列管式	石墨	3/140	
	列管式	石墨	2/120	无备用
	列管式	石墨	3/62	
云冶	列管式	钛	4/60	
	—	—	1/29	
贵冶	板式	钛	5/11.2	1 台备用
珠冶	列管式	钛	4/45	种板 1 台

4.4 电解液循环泵

多数工厂使用悬卧式耐腐蚀离心泵。近年来，新建及改建的铜电解厂已推广使用立式耐腐蚀液下泵。其优点是可以避免因泵漏液腐蚀基础及地面；并可防止泵密封不严使空气进入电解液。

电解液循环泵一般采用不锈钢泵，也有用铅泵的，贵溪冶炼厂电解车间采用 1Cr10Ni12Mo2Ti 不锈钢泵，运行情况良好。

泵的流量是根据车间电解液每小时循环量确定，场程则根据电解液输送的垂直高度和沿程阻力损失确定。电解液循环须有备用泵，备用系数一般取 1.3 ~1.5。

习题及思考题

7－0－1 详述电解槽及电解附属设备的构成及作用。

7－0－2 电解槽除了尺寸结构要求外，另外还要注意哪两个问题，如何解决这两个问题？

7－0－3 供电系统中的汇流排（导电排）的设计应注意哪些问题？

7－0－4 电解液循环系统中如何实现电解液的冷却或加热？

附录 Ⅰ 常用搅拌设备的技术性能及参数

附录 Ⅰ-1 有色金属冶金使用的部分搅拌设备的技术性能

序号	规格/mm	容积①/m³	操作条件	搅 拌 方 式	传动方式与轴封	罐体和换热类型	使用地点和用途
1	$\varnothing 3000 \times 2650$	15.5 11.6	$t=90℃$	机械搅拌,推进式桨叶,$d_i=0.7m,n=200$r·min⁻¹	三角带轮减速、电动机,14kW,1430 r·min⁻¹	立式,锥形底	锦西葫芦岛锌厂
2	$\varnothing 600 \times 1600$		$p_g=3MPa$,固体颗粒,小于200目的大于60%,$t=160℃$	机械搅拌,开启涡轮式折叶桨,$\theta=45°,d_i=0.2m,n_y=4,\delta=0.01m,b=0.03m$,材料为TA3,$n=614$r·min⁻¹	三角带轮减速、电动机,2.2kW,950 r·min⁻¹,机械密封	卧式,三个搅拌室,外壳16MnR,内衬8mmTA3,夹套式换热	用于北京矿冶研究总院试验厂浸出实验
3	$\varnothing 3000 \times 12890$	85 (60)	矿浆:浓度20%,NH₃90kg·m⁻³,CO₂60kg·m⁻³,$t=50\sim60℃,p_g=0.15\sim0.2MPa$	机械搅拌,开启涡轮式折叶桨,$\theta=45°,d_i=0.9m,n_y=6,\delta=0.016m,b=0.120m$,材料为不锈钢,$n=168$r·min⁻¹	三角带轮减速、电动机,30kW,730 r·min⁻¹,轴封为双端面非平衡型机械密封	卧式,四个搅拌室,钢板外壳,内衬环氧玻璃钢(底层)/耐酸瓷板(面层)	用于镍、钴提纯浸出过程
4	$\varnothing 3000 \times 3000$		$t=105℃,pH=5\sim7$	机械搅拌,开启涡轮式折叶桨,$d_i=0.9m,\theta=45°,\delta=0.018m,B=0.115m,n_y=6$,材料为1Cr18Ni9Ti,$n=168$r·min⁻¹	三角带轮减速、电动机,22kW,730 r·min⁻¹,轴封为石棉盘根填料密封	立式,平底,1Cr8Ni9Ti制的蛇管式换热,蛇体,材料为1Cr18Ni9Ti	用于镍钴提纯溶解部分的一次溶解

续附录 I-1

序号	规格/mm	容积[①]/m³	操作条件	搅拌方式	传动方式与轴封	罐体和换热类型	使用地点和用途
5	Ø1600×6000	13.3 (9.3)	$p_g < 0.1MPa$, $t = 90℃$	机械搅拌，开启涡轮式折叶桨，$d_i = 0.65m$, $\theta = 45°$, $b = 0.095m$, $n_y = 6$, 材料为TA3, $n = 250r \cdot min^{-1}$	齿轮减速器，电动机；22kW，1470 $r \cdot min^{-1}$，轴封为单端面外装式（四氟波比方管）机械密封	卧式，四个搅拌室，外壳Q235-C，内衬环氧玻璃钢（底层）/耐酸瓷板（面层）	金川冶炼厂二钴车间，用于钴冰铜的物料预浸
6[②]	Ø2000×1200	23 (13.7)	钴冰铜酸浸溶液，$p_g = 1.5MPa$, $t = 140℃$	机械搅拌，开启涡轮式折叶桨，$d_i = 0.75m$, $\theta = 45°$, $b = 0.020m$, $n_y = 6$, 材料为镍基合金，$n = 215r \cdot min^{-1}$	三角带轮减速，电动机：30kW，730 $r \cdot min^{-1}$，轴封为机械密封	卧式，五个搅拌室，外壳为20g钢板制造，内衬搪铝（底层）/耐酸瓷板（面层）	金川冶炼厂二钴车间，用于钴冰铜物料的浸出
7	Ø3000×3500		矿浆：浓度20%，$NH_3 \approx 40kg \cdot m^{-3}$, $CO_2 \approx 60kg \cdot m^{-3}$, 固体粒度：小于200目占70%~80%	机械搅拌，开启涡轮式折叶桨，$d_i = 0.75m$, $\theta = 45°$, $b = 0.125m$, $\delta = 0.020m$, $n_y = 6$, 材料为1Cr18Ni9Ti, $n = 270r \cdot min^{-1}$	三解带轮减速，电动机：40kW，730 $r \cdot min^{-1}$，轴封为石棉盘根的填料密封	立式，钢制外壳，内衬玻璃钢（底层）/耐酸瓷板（面层）	用于镍钴提纯预浸过程
8	Ø2000×2500		固液比为1；固体颗粒：全部小于200目，含少量氨	机械搅拌，开启涡轮式折叶桨，$\delta = 0.016m$, $b = 0.075m$, $\theta = 45°$, $n_y = 6$, 材料为1Cr18Ni9Ti, $n = 270r \cdot min^{-1}$	三角带轮减速，电动机：15kW，1000 $r \cdot min^{-1}$	立式，平底，倒制外壳，内衬玻璃钢（底层）/耐酸瓷板（面层）	用于镍钴提纯细泥浆化

续附录 I-1

序号	规格/mm	容积①/m³	操作条件	搅拌方式	传动方式与轴封	罐体和换热类型	使用地点和用途
9	Ø6400×4600	(100)	溶液 pH = 5.2 ~ 5.4, 42~50℃	机械搅拌,推进式桨叶,$d_i = 1.3m$, $d_L = 1.464m$,桨叶为 HT15-32 包橡胶,$n = 120r \cdot min^{-1}$	齿轮减速器,电动机:22kW,960r·min⁻¹	立式,锥底,混凝土外壳,内衬环氧酚醛玻璃钢	株洲冶炼厂,用于除钴作业
10	Ø1600×7603	12(8)	镍粉粒度:小于200目,占60%,$p_g ≤ 3.5MPa$,$t ≤ 200℃$	机械搅拌,开启涡轮式折叶桨,$d_i = 0.7m$,$θ = 45°$,$δ = 0.014m$,$b = 0.100m$,$n_y = 6$,材料为1Cr18Ni9Ti,$n = 270 r \cdot min^{-1}$	电动机:40kW,735 r·min⁻¹,轴封为双端面平衡型机械密封	卧式,四套搅拌装置,不锈钢制的罐体,其壁厚为40mm	用于镍钴提纯氢还原过程
11	Ø1700×1700			机械搅拌,$d_i = 0.58m$,$n_y = 3$,螺旋角 45°,$n = 40 ~ 120r \cdot min^{-1}$	蜗杆减速器,电动机功率为2.8kW	罐体材料为不锈钢	用于钢焙烧矿的浸出
12	Ø2200×2200			机械搅拌,$d_i = 0.9$ ~ 0.96m,$n_y = 3$,螺旋角 45°,$n = 120r \cdot min^{-1}$	圆柱圆锥齿轮减速器,电动机功率为4.5kW	同上	同上
13	Ø8000×12000			机械搅拌,持链式桨叶,$n = 7r \cdot min^{-1}$	电动机功率为28kW		山东铝厂

续附录 I－1

序号	规格/mm	容积①/m³	操作条件	搅拌方式	传动方式与轴封	罐体和换热类型	使用地点和用途
14	Ø4000×10000			空气搅拌，原循环式，现改为 $d_k=0.5m$，Ø0.2m，扬升器和两根 Ø0.38m风管，由于空气消耗量增加，还准备恢复原来的型式	空气搅拌，空气压力 $p_k \geqslant 0.15MPa$，空气消耗量为 $0.2\sim0.3 m^3 \cdot min^{-1} \cdot m^{-3}$（矿浆）	立式，锥底，混凝土制外壳，内衬环氧玻璃钢	株洲冶炼厂，用于锌焙烧矿矿浸出过程
15	Ø33000×10490			空气搅拌，循环式，循环器 $d_k=0.65m$，空气管 $d_q=0.037m$		立式，锥底，混凝土制外壳，内衬聚异丁烯（底层）/耐酸瓷砖（面层）	金川冶炼厂镍净化车间，用于镍阳极液净化过程
16	Ø14000×31000	4770（4500）		机械搅拌，五层叶轮，其中上面四层为涡轮，下面一层为推进式，$d_i=8.4m$，轮式，$d_i=9.5m$，$n=6.45 r \cdot min^{-1}$	三角带轮和减速器减速，电动机：45kW，1480$r \cdot min^{-1}$	立式，平底，钢制外壳	山西铝厂，用于氧化铝生产分解过程

①括号内的数字为有效容积；②该搅拌罐为西北有色冶金机械厂的产品。

附录 I–2　各种常用搅拌器的主要参数

搅拌器型式	简图	主要参数		
		常用尺寸	常用运转条件	常用介质粘度范围
桨式　平直叶		$d_i/D = 0.35 \sim 0.80$; $b/d_i = 0.10 \sim 0.25$; $n_y = 2$;	$n = 1 \sim 100 \text{r} \cdot \text{min}^{-1}$; $v = 1.0 \sim 5.0 \text{m} \cdot \text{s}^{-1}$	$< 2 \text{Pa} \cdot \text{s}$
折叶式		折叶角 $\theta = 45°$、$60°$		
开启涡轮式　平直叶　折叶　后弯叶		$d_i/D = 0.2 \sim 0.5$, 以 0.33 居多; $d/d_i = 0.15 \sim 0.3$, 以 0.2 居多; $n_y = 3 \sim 16$, 以 3、4、6、8 居多;折叶角度 $\theta = 24°$、$45°$、$60°$; 后弯角 $\theta_h = 30°$、$50°$、$60°$、$80°$	$n = 10 \sim 300 \text{r} \cdot \text{min}^{-1}$; $v = 4 \sim 10 \text{m} \cdot \text{s}^{-1}$ 折叶式的 $v = 2 \sim 6 \text{m} \cdot \text{s}^{-1}$; 最高转速可达 $600 \text{r} \cdot \text{min}^{-1}$	$< 50 \text{Pa} \cdot \text{s}$ 折叶、后弯叶的 为 $< 10 \text{Pa} \cdot \text{s}$

搅拌器型式	简图	主要参数		
		常用尺寸	常用运转条件	常用介质粘度范围
圆平直盘				
折涡叶		$d_i:L:b=20:5:4$ $n_y=4、6、8$ $d_i/D=0.2\sim0.5$； 以 0.33 居多； 折叶角 $\theta=45°、60°$； 后弯叶、后弯角 $\theta_h=45°$	$n=10\sim300\mathrm{r\cdot min^{-1}}$； $v=4\sim20\mathrm{m\cdot s^{-1}}$ 折叶式的 $v=2\sim6\mathrm{m\cdot s^{-1}}$；最高 转速可达 $600\mathrm{r\cdot min^{-1}}$	$<50\mathrm{Pa\cdot s}$； 折叶、后弯叶的 为 $<10\mathrm{Pa\cdot s}$
轮后弯叶式				
推进式		$d_i/D=0.2\sim0.5$， 以 0.33 居多； $S/d_i=1,2$； $n_y=2、3、4$ 以 3 叶居多	$n=100\sim500\mathrm{r\cdot min^{-1}}$； $v=3\sim15\mathrm{m\cdot s^{-1}}$； 最高转速可达 $1750\mathrm{r\cdot min^{-1}}$； 最高 $v=25\mathrm{m\cdot s^{-1}}$	$<2\mathrm{Pa\cdot s}$

搅拌器型式	简 图	主 要 参 数		
		常用尺寸	常用运转条件	常用介质粘度范围
锚 式	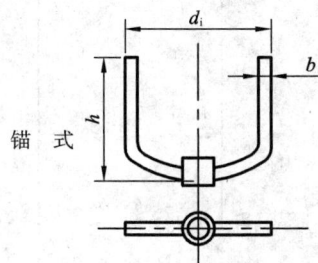	$d_i/D = 0.9 \sim 0.98$； $d/D = 0.1$； $h/D = 0.48 \sim 1.0$	$n = 1 \sim 100\text{r} \cdot \text{min}^{-1}$； $v = 1 \sim 5\text{m} \cdot \text{s}^{-1}$	$< 100\text{Pa} \cdot \text{s}$
框 式	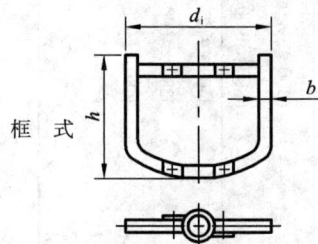			

附录Ⅱ 常用过滤设备的性能及参数

附录Ⅱ-1 国产转鼓真空过滤机规格、性能表

名称	型号	转鼓规格/mm 直径×长度	过滤面积/m²	转鼓转数/r·min⁻¹ Ⅰ组	Ⅱ组	搅拌次数/次·min⁻¹	外型尺寸/mm 长×宽×高	质量/t	配用电动机功率 转鼓/kW	搅拌/kW	制造厂家
外滤式转鼓真空过滤机	GW-3	Ø1600×700	3	0.13~2.6	0.13~2.6		2450×2375×1900	3.43	1.1	1.1	A
	GW-5	Ø1750×960	5	0.13~2.0	0.13~2.0	25	2975×2570×2092	6.3	1.1	1.1	A,B,C
	GW-20	Ø2500×2650	20	0.14~0.54	014~0.54		4480×4085×2890	10.6	2.5	2.2	
	GW-30	Ø3350×3000	30	0.12~0.16	0.11~0.14	或	5200×4910×37432	17.2	3.5	3	A,C
	GW-40	Ø3350×4000	40	0.23~0.29	0.21~0.26	45	6200×4910×3742	19.5	5	5	
	GW-50	Ø3350×5000	50	0.39~0.56	0.34~0.5		7200×4960×3743	21			
内滤式转鼓真空过滤机	GN-8	Ø2784×1020	8	0.34~0.72	0.34~0.72		3200×3200×3400	7	2.2	2.2	A,C
	GN-12		12	0.47~1.0	0.47~1.0		3200×3200×3400	7	2.2	1.5	A
	GN-20		20				5200×3900×4100	13	3.5	2.2	B
	GN-30	Ø3668×2700	30				6300×3900×4100	14	5	4	C
	GN-40		40				6800×3900×4100	17	5	5	
折带式外滤式转鼓真空过滤机	GD-5	Ø1785×970	5	0.15~0.18	0.15~01.8		3400×2177×2068	4	1.5	1.5	A,C
	GD-10	Ø1944×1880	10	0.15~0.18	0.15~0.18		3280×4600×2360	5.9	2.2	2.2	
	GD-20	Ø2500×2770	20	0.15~0.30	0.15~0.30		4480×5025×3190	11.2	4	2.2	A,C
	GD-30	Ø3350×2015	30					17.8	3	3	
	GD-40	Ø3350×4015	40					23.5	4.5	3	C

续附录 Ⅱ-1

名称	型号	转鼓尺寸规格/mm 直径×长度	过滤面积/m²	转鼓转数/r·min⁻¹ Ⅰ组	Ⅱ组	搅拌次数/次·min⁻¹	外型尺寸/mm 长×宽×高	质量/t	配用电动机功率 转鼓/kW	搅拌/kW	制造厂家
外滤式永磁真空过滤机	GYW-8	Ø2000×1400	8	0.5~2.0	0.5~2.0		2611×2905×2500	4.81	1.5		C
永磁真空过滤机	GYW-12	Ø2000×2000	12	0.5~2.0	0.5~2.0		3211×2905×2500	5.56	2.2		C
衬胶过滤机	GYW-20	Ø2550×2650	20	0.5~2.0	0.5~2.0		3930×3370×2980	6.53	4		C
	G2-1	Ø1000×700	2	0.13~0.26	0.13~0.26	16~20	1790×1557×1250	1.8	1.1		D,E
	G5-1.75	Ø1750×980	5	0.13~0.26	0.13~0.26	16~20	2500×2260×2460	4	1.5		E
	G20-2.6	Ø2600×2600	20	0.08~0.12（无级调速）	0.08~0.12（无级调速）	28	4960×4100×3310	14.5	2.2	3	
	GM50-3	Ø3000×5400	50	0.26~1.53（无级调整）	0.26~1.53（无级调速）		8940×4720×4270	33.1	13		F
无格折带式过滤机	GDU-20	Ø2500×2650	20								
	GDU-30	Ø3350×3000	30				5967×5189×4930	23	5.5	2.8	
	GDU-40	Ø3350×4000	40				6967×5189×4930	24	7.5	2.8	C
	GDU-50	Ø3350×5000	50				7967×5189×4930	25	7.5	2.8	

注：制造厂家用代号表示：A—吉林辽源重型机械厂；B—河北承德矿山机械厂；C—沈阳矿山机械厂；D—河北石家庄新生机械厂；E—上海化工机械厂；F—广州重型机器厂。

附录 Ⅱ-2 PF 型翻斗真空过滤机的结构参数及过滤性能

	项 目	PF-5	PF-10	PF-25
结构参数	总过滤面积/m²	6.3	11.25	25
	有效过滤面积/m²	5	8.8	20
	有效利用系数/%	79	78.2	80
	电动机功率/kW		4	5.5
	转速/r·min⁻¹		120~1200	120~1200
	圆弧蜗杆减速器型号		WHC250-50-TVF	WHC250-50-NF
	总速比	2680	2402	
	过滤机转速/r·min⁻¹	0.2~0.44	0.2~0.5	
	翻斗转角范围/(°)		140	150
	滤斗个数/个	16	16	20
	滤斗偏心距/mm		50	55
	转台直径/mm	5450	8515	9030
	总 高/mm		1960	2125
	总 重/t		13.7	约19
结构参数	过滤物料	磷酸料浆	磷酸料浆	磷酸料浆
	物料液固比	约2.5	约2.5	约2.5
	物料温度/℃	65±5	65±5	65±5
	操作真空度/MPa	0.04		0.06
	过滤一洗(一洗,二洗)		0.06±0.0067	
	二洗(二洗,三洗)		0.053~0.06	
	吸干		0.027~0.04	
	过滤强度/kg·m⁻²·h⁻¹	400~450		
	滤饼厚度/mm		20~45	2045

附录Ⅱ-3　凹板型压滤机基本参数

滤板内边尺寸/mm	滤室数量/个	滤板数量/个	过滤面积/m²	滤室计算总容积/L	滤饼厚度/mm	过滤压力/MPa
				218	20	
	17	16	20	272	25	0.8
				326	30	
	21	20	25	336	25	
				403	30	
	25	24	30	400	25	1.2
800×800				480	30	
	33	32	40	528	25	
				634	30	
				525	20	
	41	40	50	656	25	1.6
				878	30	
				627	20	
	49	48	60	784	25	
				941	30	
				930	30	
	31	30	60	1085	35	
				1240	40	
				1230	30	
	41	40	80	1435	35	0.8
				1640	40	
				1530	30	
1000×1000	51	50	100	1785	35	1.2
				2040	40	
				1830	30	
	61	60	120	2135	35	1.6
				2440	40	
				2460	30	
	82	81	160	2870	35	
				3280	40	

滤板内边尺寸/mm	滤室数量/个	滤板数量/个	过滤面积/m²	滤室计算总容积/L	滤饼厚度/mm	过滤压力/MPa
1200×1200	57	56	160	2873	35	0.8
				3283	40	
				4925	60	
	71	70	200	3578	35	1.2
				4090	40	
				6134	60	
	89	88	250	4486	35	
				5126	40	
				7690	60	
	106	105	300	5342	35	1.6
				6106	40	
				9158	60	
1600×1600	59	58	300	5386	35	0.8
				6042	40	
				9062	60	
	79	78	400	7078	35	
				8090	40	
				12134	60	
	99	98	500	8870	35	1.2
				10138	40	
				15206	60	
	119	118	600	10662	35	
				12186	40	
				18278	60	
	158	157	800	14157	35	
				16179	40	
				24269	60	
2000×2000	101	100	800	14140	35	0.8
				16160	40	
				24240	60	
	126	125	1000	17640	35	1.2
				20160	40	
				30240	60	
	151	150	1200	21140	35	
				24160	40	
				36240	60	

附录Ⅲ　常用萃取齐及有机溶剂的种类、性能和参数

附录Ⅲ-1　常用的萃取剂及其物性参数

类别	名　称	简　称	结　构　式	萃取应用例	规　模
中性萃取剂	异戊醇		$(CH_3)_2CHCH_2CH_2OH$	铼的萃取	工　业
	仲辛醇		$CH_3(CH_2)_5CHOHCH_3$	铌钽萃取	工　业
	乙醚		$C_2H_5OC_2H_5$	萃取铁(Ⅲ)、铈(Ⅳ)	分析用
	甲异丁基酮	MIBK	$CH_3COCH_2CH(CH_3)CH_3$	锆、铪分离铌的萃取	工　业
	磷酸三丁酯	TBP	$(C_4H_9O)_3P=O$（$C_4H_9O\!-\!P(=O)(OC_4H_9)\,OC_4H_9$）	铀、钍与稀土分离，镉和锌、镍和钴分离	工　业
	甲基膦酸二甲庚酯	P350	$[CH_3(CH_2)_5CH(CH_3)O]_2P(=O)CH_3$	混合稀土中分离镧	工　业
	三正辛基氧化膦	TOPO	$(C_8H_{17})_3P=O$	稀土与其他金属的分离	分析用
	NN'二混合烷胺酰基	A101	$CH_3\!-\!C(=O)\!-\!N(R)_2$（$R=C_7\sim C_9$）	铌钽萃取分离	工　业
中性萃取剂	脂肪酸		$C_nH_{2n+1}COOH(n=7\sim9)$	钴、镍、铜等的分离	工　业
	环烷酸		$R\!-\!(CH_2)_nCOOH$（分子量）$=170\sim330$	稀土中分离钇	工　业
	二(2乙基己基)磷酸	P204 D₂EHPA	$[CH_3(CH_2)_3CH(C_2H_5)CH_2O]_2P(=O)OH$	轻重稀土分组，钴镍分离，钒的萃取	工　业
	维尔萨特酸	Versatic911	$R_1R_2C(CH_3)COOH$	铜的萃取	

类别	名　称	简　称	结　构　式	萃取应用例	规　模
聚合萃取剂	硫酰基三氟丙酮	TTA		铈(Ⅳ)钍(Ⅳ)与稀土(Ⅲ)的分离	分析用
	5,8 二乙基·7 羟基十二烷肟	N509 LIX－63		萃取铜、钴、镍	工　业
	2 羟基·5 烷基二苯甲酮肟	N510 LIX－64		萃取铜	工　业
	7 烷基·8 羟基喹啉	Kelex100		有铁(Ⅲ)时萃取铜	半工业
碱性萃取剂	三辛胺	TOA	$N[CH_2(CH_2)6CH_3]_3$	萃取铀	工　业
	三烷基胺	N235	$N[C_nH_{2n+1}]_3 (n=8\sim10)$	铀、环分离	工　业
	氯化三烷基甲胺	Aliquot336	$CH_3N[CH_2(CH_2)_n\cdot CH_3]_3Cl(n=6\sim8)$	稀土与钇的分离, 钒的萃取	工　业

附录Ⅲ-2　常用有机溶剂及其物理常数

类型	溶剂名称	分子式	分子量	密度	沸点/℃	折射率	介电常数	在水中溶解度/%
碳氢化合物（N型）	环己烷	C_6H_{12}	84.16	0.7831(15℃)	87.738	1.42623(20℃)	2.0	0.01g/100g(20℃)
	正己烷	$CH_3(CH_2)_4CH_3$	86.17	0.6603(20℃)	69.0	1.37486(20℃)	1.9	0.148g·L^{-1}(15.5℃)
	正庚烷	$CH_3(CH_2)_5CH_3$	100.20	0.684(20℃)	98.52	1.3867(23℃)	1.9	0.052g·L^{-1}(15.5℃)
	苯	C_6H_6	78.11	0.8944(0℃)	80.103	1.50110(20℃)	2.3	0.180g/100g(25℃)
	甲苯	$C_6H_5CH_3$	92.13	0.866(20℃)	110.8	1.49782(16.4℃)	2.4	047g·L^{-1}(16℃)
	邻二甲苯	$C_6H_4(CH_3)_2$	106.16	0.8745(20℃)	144	1.50543(20℃)	2.6	
	间二甲苯	$C_6H_4(CH_3)_2$	106.16	0.8684(15℃)	138.8	1.49721(20℃)	2.4	0.196g·L^{-1}(25℃)
	对二甲苯	$C_6H_4(CH_3)_2$	106.16	0.8611(20℃)	138.5	1.49581(20℃)	2.3	0.19g·L^{-1}(25℃)
取代碳氢化合物	二硫化碳	CS_2	76.13	1.2626(20℃)	46.3	1.62950(18℃)	2.6	2.2g·L^{-1}(22℃)
	四氯化碳	CCl_4	153.84	1.595(20℃)	76-77	1.46305(15℃)	2.2	0.8g·L^{-1}(20℃)
	硝基甲烷	CH_3NO_2	61.04	1.1448(15℃)	101.25	1.38189(20℃)	35.9	9.5ml/100ml
	硝基乙烷	$CH_3CH_2NO_2$	75.07	1.5028(20℃)	114	1.3920(20℃)	28.1	4.5ml/100ml(20℃)
	四氯乙烯	C_2Cl_4	165.85	1.6311(15℃)	121.20	1.50566(20℃)	2.3	0.015g/100g
	甲基氯仿	CH_3CCl_3	133.42	1.3249(26℃)	74.1	1.43765(21℃)	7.5	0.132g/100g(20℃)
	邻二氯苯	$C_6H_4Cl_2$	147.01	1.3003(25℃)	180.48	1.54911(25℃)	9.9	近乎不溶
	间二氯苯	$C_6H_4Cl_2$	147.01	1.28280(25℃)	173.00	1.54337(25℃)	5.0	0.0123g/100ml(25℃)
	对二氯苯	$C_6H_4Cl_2$	147.01	1.4581(20.5℃)	174.12	1.52849(60℃)	2.4	0.077g/100g(30℃)

续附录Ⅲ－2

类型	溶剂名称	分子式	分子量	密度	沸点/℃	折射率	介电常数	在水中溶解度/%
氯仿	氯仿	CHCl₃	119.39	1.49845(15℃)	61.26	1.44643(18℃)	4.8	10g·L⁻¹(15℃)
	二氯甲烷	CH₂Cl₂	84.94	1.336(20℃)	40.1	1.42456(20℃)	9.1	20g·L⁻¹(20℃)
	1,2—二氯乙烷	ClCH₂CHCl	98.97	1.257(20℃)	83.5~83.7	1.44759(15℃)	10.4	9g·L⁻¹(0℃)
	均四氯代乙烷	Cl₂CHCHCl₂	167.86	1.600(20℃)	146.3	1.49678(15℃)	8.2	0.288g/100g(25℃)
	1,1,2—三氯乙烷	ClCH₂CHCl₂	133.42	1.443(20℃)	112.5	1.4711(20℃)		0.436g/100g(20℃)
醚（B型）	乙醚	C₂H₅OC₂H₅	74.12	0.71925(15℃)	34.5	1.35424(17.1℃)	4.3	7.42(wt)(20℃)
	正丙醚	CH₃(CH₂)₂O(CH₂)₂CH₃	102.17	0.75178(15℃)	91	1.3803(20℃)	3.4	0.25(wt)
	异丙醚	(CH₃)₂CHOCH(CH₃)₂	102.17	0.72813(20℃)	67.5	1.36888(20℃)	3.9	0.65(V.)(25℃)
	正丁醚	CH₃(CH₂)₂O(CH₂)₂CH₃	130.22	0.769(20℃)	142	1.39925(20℃)	3.1	几乎不溶
	β,β'—二氯二乙醚	Cl(CH₂)₂O(CH₂)₂Cl	143.02	1.2192(20℃)	178.5	1.45750(20℃)	21.2	1.02
	三氯六圈	C₄H₈O₂	88.10	1.03375(20℃)	101.32	1.42241(20℃)	2.2	可溶
	乙二醇二乙醚	C₂H₅O(CH₂)₂OC₂H₅	118.06	0.8417(20℃)	121.4			
	二甘醇二丁醚	C₄H₉O(CH₂)₂O(CH₂)₂OC₄H₉	218.12	0.8853(20℃)	254.6			
醛	丁醛	CH₃CH₂CH₂CHO	72.10	0.8016(20℃)	74.18	1.37911(20℃)	13.4	7.1(25℃)

续附录 Ⅲ-2

类型	溶剂名称	分子式	分子量	密度	沸点/℃	折射率	介电常数	在水中溶解度/%
酮	丙酮	CH_3COCH_3	58.09	0.79079(20℃)	56.5	1.35886(19.4℃)	20.7	完全混溶
	乙酰丙酮	$CH_3COCH_2COCH_3$	100.11	0.9753	140.5	1.45178(18.5℃)	25.7	溶于以盐酸酸化水
	甲乙酮	$CH_3CH_2COCH_3$	72.10	0.805(20℃)	79.6	1.38071(15.9℃)	18.7	35.3(10℃)
	甲丙酮	$CH_3CO(CH_2)_2CH_3$	86.05	0.812(15℃)	101.70	1.38946(20.2℃)	15.4	极微溶
	二乙基酮	$(C_2H_5)_2CO$	86.50	0.80953(25℃)	101.70	1.39240(20℃)	17.0	4.7g/100mL(20℃)
	甲异丙酮	$CH_3COCH(CH_3)_2$	86.05	0.815(15℃)	93	1.38788(16℃)	13.1	极微溶
	甲异丁酮	$(CH_3)_2CHCH_2COCH_3$	102.17	0.8006(20℃)	115.8	1.3959(20℃)	11.9	2份/100份(20℃)
	甲戊酮	$CH_3CO(CH_2)_4CH_3$	114.07	0.822(15℃)	150	1.4300(9℃)		极微溶
	二异丁酮	$(CH_3)_2CHCH_2COCH_2CH(CH_3)_2$	142.09	0.938	164~166			可溶
	二异丙酮	$(CH_3)_2CHCOCH(CH_3)_2$	114.07	0.8062(20℃)	123.7			不溶
	环己酮	$(CH_2)_5CO$	98.14	0.95099(15℃)	156.7	1.45203(15℃)	18.3	5g/100mL(30℃)
	甲异丁烯酮	$(CH_3)_2C=CHCOCH_3$	98.14	0.8539(20℃)	128.7	1.446(16℃)	15.6	3g/100mL
	异佛尔酮	$CH_2\big\langle{}^{C(CH_3)_2-CH_2}_{C(CH_3)=CH}\big\rangle CO$	148.90	0.9229(20℃)	215.2			微溶
酯	醋酸甲酯	CH_3COOCH_3	74.08	0.9274(25℃)	57.1	1.36193(20℃)	6.7	31(20℃)
	醋酸乙酯	$CH_3COOC_2H_5$	88.10	0.901(20℃)	77.15	1.37216(18.9℃)	6.0	8.6(20℃)
	醋酸丙酯	$CH_3COOC_3H_7$	102.13	0.8867(20℃)	101.6	1.38442(20℃)	5.7	1.89(20℃)
	醋酸异丙酯	$CH_3COOCH(CH_3)_2$	102.13	0.869(25℃)	89	1.37730(20℃)		3.09(20℃)
	醋酸丁酯	$CH_3COOC_4H_9$	116.16	0.8813(20℃)	126.5	1.39406(20℃)	5.0	0.5(25℃)

续附录 Ⅲ－2

类型	溶剂名称	分子式	分子量	密度	沸点/℃	折射率	介电常数	在水中溶解度/%
	醋酸正丁酯	CH₃COOCHCH₃C₂H₅	116.16	0.8648(25℃)	112~113	1.3866(25℃)		3
	醋酸异丁酯	CH₃COOCH₂CH(CH₃)₂	116.16	0.871(20℃)	116.5	1.39018(20℃)	5.3	0.63(25℃)
	醋酸异戊酯	CH₃COOC₅H₁₁	130.18	0.8753(20℃)	149.2	1.40228(20℃)	4.8	0.2mL/100mL(20℃)
	醋酸苄酯	CH₃COOCH₂C₆H₅	150.17	1.057(16℃)	215.0	1.5200(20℃)	5.1	微溶
	丙酸乙酯	C₂H₅COOC₂H₅	102.13	0.8846(25℃)	99.10	1.38394(20℃)	5.7	2(20℃)
	丙酸丁酯	C₂H₅COOC₄H₉	129.18	0.8828(15℃)	145.4			不溶
	丙酸戊酯	C₂H₅COOC₅H₁₁	144.21	0.870~0.873	140~170			0.1mL/100mL(20℃)
酯	丁酸丁酯	C₃H₇COOC₂H₉	144.21	0.870~0.880	160~165	1.4049(20℃)		不溶
	苯甲酸甲酯	C₆H₅COOCH₃	136.14	1.09334(15℃)	199.6	1.51810(16℃)	6.6	不溶
	苯甲酸乙酯	C₆H₅COOC₂H₅	150.17	1.05112(15℃)	212.6	1.50748(15℃)	6.0	0.08g/100g(20℃)
	丙二酸二乙酯	CH₂(COOC₂H₅)₂	160.17	1.05496(20℃)	199.30	1.41363(20℃)	7.9	2.08g/100mL(20℃)
	二草酸乙酯	(COOC₂H₅)₂	146.14	1.0785(20℃)	185.4	1.41239(15℃)	8.1	微溶
	磷酸三丁酯	(C₄H₉O)₃PO₄	266.10	0.9727(27℃)	177~178	1.4226(20℃)	8.0	0.0份/100份
	乙酰醋酸乙酯	CH₃COCH₂COOC₂H₅	130.14	1.0250(20℃)	180~181		15.7	微溶

续附录 III - 2

类型	溶剂名称	分子式	分子量	密度	沸点/℃	折射率	介电常数	在水中溶解度/%
	二乙胺	$(C_2H_5)_2NH$	73.14	0.7108(18℃)	55.5	1.38730(18℃)	3.6	可溶
	二丙胺	$(C_3H_7)_2NH$	101.19	0.73400(20℃)	110.7	1.40455(19.5℃)	2.9	可溶
	二丁胺	$(C_4H_9)_2NH$	129.24	0.7601(20℃)	159~161	1.41766(20℃)		可溶
含氮化合物	二戊胺	$(C_5H_{11})_2NH$	157.29	0.77~0.78(20℃)	202~203	1.430(20℃)		微溶
	二乙醇胺	$(HOCH_2CH_2)_2NH$	73.04	1.0966(20℃)	269.1	1.4776(20℃)		可溶
	二苄胺	$(C_6H_5CH_2)_2NH$	197.27	1.026(22℃)	300.0	1.57432(22℃)	3.6	不溶
	吡啶	C_5H_5N	79.10	0.98783(15℃)	115.3	1.50919(21℃)	12.3	可溶
	喹啉	C_9H_7N	129.15	1.095(20℃)	237.7	1.62450(23.9℃)	9.0	6g/100mL
	乙二醇	$HOCH_2CH_2OH$	62.7	1.11710(15℃)	197.2	1.43312(15℃)	37.7	完全混溶
多元醇	α-丙二醇	$CH_3CHOHCH_2OH$	76.09	1.0364(20℃)	189	1.4331(20℃)	32.0	完全混溶
	甘油	$CH_2OHCHOHCH_2OH$	92.09	1.26134(20℃)	290	1.47352(25℃)	42.5	完全混溶

续附录 Ⅲ－2

类型	溶剂名称	分子式	分子量	密度	沸点/℃	折射率	介电常数	在水中溶解度/%
	糠醇	$C_4H_3OCH_2OH$	98.10	1.1238(30℃)	170	1.4873(20℃)		完全混溶
	四氢糠醇	$C_4H_9OCH_2OH$	102.13	1.1326(25℃)	177~178	1.4505(25℃)		极易混溶
	乙二醇甲醚	$CH_3OCH_2CH_3OH$	76.09	0.96848(15℃)	124.3	1.4017(20℃)	16.0	完全混溶
	乙二醇乙醚	$C_2H_5OCH_2CH_3OH$	90.12	0.9297(20℃)	135.1	1.40751(20℃)		完全混溶
醇	乙二醇丁醚	$C_4H_9OCH_2CH_2OH$	118.17	0.9027(20℃)	170.6	1.4190(25℃)		与等体积水混溶
醚	二乙二醇	$HO(CH_2)_2O(CH_2)_2OH$	106.12	1.177	244.5	1.4475(20℃)		可　溶
	二甘醇甲醚	$CH_3O(CH_2)_2O(CH_2)_2OH$	148.20	1.0354(20℃)	193.2	1.4264(27℃)	完全混溶	
	二甘醇乙醚	$C_2H_5O(CH_2)_2O(CH_2)_2OH$	134.17	0.9855(25℃)	201.9	1.4254(25℃)		极易溶解
	二甘醇丁醚	$C_4H_9O(CH_2)_2O(CH_2)_2OH$	162.22	0.9553(20℃)	231.2	1.4290(27℃)		完全混溶
	三甘醇	$(CH_2OCH_2CH_2OH)_2$	150.17	1.1274(15℃)	280~290	1.4578(15℃)		完全混溶
醇酮	4—羟基—4—甲基—戊酮	$CH_3COCH_2C(CH_3)_2OH$	116.16	0.9385(20℃)	169.1	1.42416(20℃)	18.2	完全混溶

续附录 Ⅲ - 2

类型	溶剂名称	分子式	分子量	密度	沸点/℃	折射率	介电常数	在水中溶解度/%
	甲醇	CH_3OH	32.04	0.79609(15℃)	64.7	1.33118(14.5℃)	32.6	完全混溶
	乙醇	C_2H_5OH	46.09	0.78934(20℃)	78.325	1.36242(18.4℃)	24.3	完全混溶
	正丙醇	$CH_3(CH_2)_2OH$	60.09	0.80749(15℃)	97.2	1.38556(20℃)	20.1	完全混溶
	异丙醇	$(CH_3)_2CHOH$	60.09	0.78916(15℃)	82.3	1.3747(25℃)	18.3	完全混溶
	正丁醇	$CH_3(CH_2)_3OH$	74.12	0.81337(15℃)	117.71	1.39922(20℃)	17.1	79g·L^{-1}(20℃)
	异丁醇	$(CH_3)_2CHCH_2OH$	74.12	0.8169(20℃)	107~108	1.39768(15℃)	17.7	95g·L^{-1}
	正戊醇	$CH_3(CH_2)_4OH$	88.15	0.8144(20℃)	138.06	1.40999(20℃)	13.9	2.19(wt.25℃)
	异戊醇	$(CH_3)_2CHCH_2CH_2OH$	88.15	0.81289(15℃)	130.5	1.40853(15℃)	14.7	2.67(wt.)
二元醇	正己醇	$CH_3(CH_2)_5OH$	102.17	0.82239(15℃)	155~158	1.41816(20℃)	13.3	0.706(wt.)
	一甲基异丁基甲醇	$(CH_3)_2CHCH_2CHOHCH_3$	102.17	0.80747(25℃)	131.4	1.4089(25℃)		18g·L^{-1}
	二异丙基甲醇	$[(CH_3)_2CH]_2CHOH$	116.07	0.959	140	1.42259		微　溶
	二异丁基甲醇	$[(CH_3)_2CHCH_2]_2CHOH$	144.09	0.8237(0℃)	172~174	1.423(21℃)		不　溶
	2-乙基-1-已醇	$CH_3(CH_2)_3CHC_2H_5CH_2OH$	130.22	0.8344	184.6	1.4300		0.14%(25℃)
	辛醇-1	$CH_3(CH_2)_7OH$	130.22	0.826(20℃)	194~195	1.42913(20℃)	10.3	0.0538(wt.)
	辛醇-2	$CH_3(CH_2)_5CHOHCH_3$	130.22	0.8193(20℃)	178.5	1.4260(20℃)	8.2	不　溶
	环己醇	$C_6H_{11}OH$	100.16	0.9684(25℃)	161.5	1.4656(22.6℃)	15.0	0.567(15℃)
	苯甲醇	$C_6H_5CH_2OH$	108.13	1.05(15℃)	205.2	1.54033(20℃)	13.1	4(17℃)

主要参考文献

［1］ 王增品,姜安玺,腐蚀与防护工程,高等教育出版社,北京,1991.4

［2］《有色金属冶炼设备》编委会,湿法冶炼设备(《有色金属冶炼设备》第二卷),
冶金工业出版社,北京,1993.12

［3］ 姜志新,湿法冶金分离工程,北京:原子能出版社,1993.12

［4］ 蒋维钧等,化工原理,北京:清华大学出版社,1992.12

［5］ 马荣骏,溶剂萃取在湿法冶金中的应用,北京:冶金工业出版社会,1979.12

［6］ 孙佩极,冶金化工过程及设备,北京:冶金工业出版社,1980.12

［7］ 李洪桂,稀有金属冶金学,北京:冶金工业出版社,1990.5

［8］《铜铅锌冶炼设计参考资料》编写组,铜铅锌冶炼设计参考资料(上、中、下
册),北京:冶金出版社,1978.7

［9］ Н. И. 叶列明等著,王延明等译,氧化铝生产过程与设备,北京:冶金工业出版
社,1987.4

［10］ Elshawesh, F. ; El Houd, A. ; El Raghai, O. *Corrosion Engineering Science
and Technology*, 38(3), September, 2003, p 239 – 240

［11］ Anwar, M. Y. ; Davies, H. A. ; *Messer, P. F. ; Ellis, B. Advances in Powder
Metallurgy and Particulate Materials*, 1995,(2), p 6/37 – 6/43

［12］ Anon. *Filtration and Separation*, 30(2), Mar – Apr, 1993, p 104 – 106

［13］ Sato, Taichi; Sato, Keiichi. *Hydrometallurgy*, 37(3), Apr 1995, p 253 – 266

［14］ Almela, A. ; Elizalde, M. P. ; Danobeitia, I. *Separation Science and Technolo-
gy*, v 33, n 15, Nov, 1998, p 2411 – 2422

［15］ Gu, Z. M. ; Wasan, D. T. *Journal of Membrane Science*, 26(2), Mar, 1986,
p 129 – 142

［16］ Loret, J. F. ; Brunette, J. P. ; Leroy, M. J. F. ; Candau, S. J. ; Prevost, M.
Solvent Extraction and Ion Exchange, 6(4), 1988, p 585 – 603

［17］ Xiao, Liansheng; Zhang, Qixiu; Gong, Bofan; Huang, Shaoying. *Rare Metals*,
22,(2), June, 2003, p 81 – 85

［18］ Wang, Lily L. ; Wallace, Terry C. ; Hampel, Fredrick G. ; Steele, James H.
Metallurgical and Materials Transactions B: *Process Metallurgy and Materials
Processing Science*, 27(3), Jun, 1996, p 433 – 443

［19］ Brodard, F. ; Romero, J. ; Belleville, M. P. ; Sanchez, J. ; Combe – James,

C. ; Dornier, M. ; Rios, G. M. *Separation and Purification Technology*, 32(1 – 3), Jul 1, 2003, p 3 – 7

[20] Nakamura, Hirohiko; Fukuyama, Seijiro; Yoshizaki, Izumi; Yoda, Shin – Ichi. *Journal of Crystal Growth*, 259(1 – 2), November 2003, p 149 – 159

[21] Amarchand, S. ; Ramamohan, T. R. ; Ramakrishnan, P. *Mineral Processing and Extractive Metallurgy Review*, 22(1 – 3), SPEC. ISS, 2001, p 279 – 285

[22] Lenthall, K. C. ; Bryson, A. W. *TMS Annual Meeting*, *Aqueous Electrotechnologies: Progress in Theory and Practice*, 1997, p 305 – 320

[23] Van der Pas, V. ; Dreisinger, D. B. *TMS Annual Meeting*, *Aqueous Electrotechnologies: Progress in Theory and Practice*, 1997, p 189 – 204

[24] Eichbaum, B. R. ; Schultze, L. E. *Separation Science and Technology*, 28 (1 – 3), Jan – Feb, 1993, p 693 – 717

[25] Caogui. Hydrometallurgical Equipment. Central South University Teaching Material Faculty. Changsha. July 2003

湿法冶金设备

主　编　唐谟堂

副主编　曹　㓟

□ **责任编辑**　秦瑞卿
□ **责任印制**　易红卫
□ **出版发行**　中南大学出版社

　　　　　　　社址：长沙市麓山南路　　　　邮编：410083
　　　　　　　发行科电话：0731 - 88876770　　　传真：0731 - 88710482
□ **印　　装**　长沙印通印刷有限公司

□ **开　　本**　730×960　1/16　□ **印张** 24　□ **字数** 439 千字
□ **版　　次**　2004 年 5 月第 1 版　□ 2019 年 1 月第 6 次印刷
□ **书　　号**　ISBN 978 - 7 - 81061 - 851 - 9
□ **定　　价**　49.00 元
